DIE KLEINBAHNEN

IN PREUSSEN.

VON

DR. MAX WAECHTER.

Springer-Verlag Berlin Heidelberg GmbH
1902.

ISBN 978-3-662-34938-0 ISBN 978-3-662-35272-4 (eBook)
DOI 10.1007/978-3-662-35272-4

Vorwort.

Die vorliegende Arbeit bezweckt in erster Linie, das Material zur Beurteilung des Kleinbahnwesens in Preussen in übersichtlicher Form zusammen zu stellen.

Alsdann soll dieselbe eine Uebersicht der Vorschläge geben, welche eine Abänderung bezw. Verbesserung der bestehenden Spezialgesetze erstreben.

Als Anlagen sind die Gesetze von 1892 und 1895, sowie die neuesten Ausführungsbestimmungen beigefügt worden, um dieser Arbeit auch den Wert eines Nachschlagebuches zu verleihen, das auf diesem Gebiet bisher fehlte.

Um sowohl die Wünsche der Kleinbahn-Interessenten, insbesondere der Landesdirektoren, Landwirtschaftskammern etc., als auch die Entgegnungen des Herrn Ministers möglichst objektiv darzulegen, sind diese zum Teil auszugsweise, zum Teil wortgetreu wiedergegeben worden.

Der Verfasser.

Inhaltsverzeichnis.

		Seite

Einleitung: Ueberlegenheit des Schienenweges anderen Transportmitteln auf dem Lande gegenüber 1

I. Die Haupt- und Nebenbahnen.

    1. Das Eisenbahngesetz vom 3. November 1838 3

    2. Die Bestimmungen der Reichsverfassung über die Bahnen Deutschlands 4

    3. Entwickelung der Hauptbahnen 6

    4. Entwickelung der Nebenbahnen 7

II. Bahnunternehmungen, welche obigen Gesetzen nicht unterliegen.

    1. Die Kleinbahnen 9

    2. Gründe welche die Entwickelung des Kleinbahnwesens hemmten . 10

    3. Wichtigkeit der Entwickelung des Nahverkehrs 11

III. Die Entwickelung des Eisenbahnrechts für Kleinbahnen.

    1. Das Kleinbahngesetz vom 28. Juli 1892 15

    2. Die Kleinbahnen vor dem Gesetz von 1892 17

    3. Entwickelung des Kleinbahnwesens nach dem Inkrafttreten des Gesetzes vom 28. Juli 1892 bis Ende 1901 22

    4. Das Eisenbahnpfandgesetz vom 19. August 1896 70

    5. Erfolg dieses Gesetzes vom 19. August 1895 74

IV. Die öffentliche Unterstützung der Kleinbahnen. `

    1. Der Staat und die Kleinbahnen 77

    2. Die Provinzen und die Kleinbahnen 80

        I. Provinz Ostpreussen 80

        II.   „   Westpreussen 82

        III.   „   Brandenburg 83

        IV.   „   Pommern 84

        V.   „   Posen 85

        VI.   „   Schlesien 87

        VII.   „   Sachsen 90

        VIII. „   Schleswig-Holstein 91

        IX.   „   Hannover 93

        X.   „   Westfalen 95

Seite

   XI. Provinz Hessen-Nassau:

      a) Bezirksverband des Regierungsbezirks Cassel 96

      b)   „   „   „   Wiesbaden . . . 97

  XII. Rheinprovinz 99

 XIII. Hohenzollernsche Lande 100

V. Die Reform des Kleinbahnwesens.

    1. Wünsche in betreff einer Ausdehnung des Kleinbahnnetzes 102

    2. Wünsche auf Abänderung der bestehenden Gesetze bezw. deren
       Handhabung 103

VI. Die Kleinbahnen in anderen Staaten.

    1. England 178

    2. Frankreich 179

    3. Italien 180

    4. Holland 181

    5. Belgien 182

    6. Oesterreich 188

    7. Ungarn 187

    8. Rumänien 187

    9. Die deutschen Bundesstaaten:

      Bayern 189

      Sachsen 189

      Königreich Württemberg und Grossherzogtum Baden 190

    Zusammenstellung über die Rentabilität derjenigen badischen Neben-
      bahnen. über welche die Baurechnungen abgeschlossen sind 193

VII. Schlusswort 198

Anlagen:

  Das Gesetz über Kleinbahnunternehmungen vom 3. November 1838 . . 202

  „   „   „ Kleinbahnen und Privatanschlussbahnen vom 28. Juli
    1892 (nebst Ausführungsanweisung dazu) 211

  Das Gesetz betreffend das Pfandrecht an Privateisenbahnen und
    Kleinbahnen und die Zwangsvollstreckung in dieselben vom
    19. August 1895 245

  Allgemeine Bestimmungen für den Wagenübergang auf Kleinbahnen 259

Einleitung.

Unter allen Fortschritten, welche das neunzehnte Jahrhundert der Menschheit gebracht hat, hat die Entwickelung des Verkehrswesens den grössten wirthschaftlichen und kulturellen Einfluss ausgeübt.

Insbesondere ist durch die Vervollkommnung des Verkehrs ein Weltmarkt ermöglicht worden. Das Dampfschiff, dank seiner Unabhängigkeit von den Winden, und die Lokomotive vermöge der Ueberlegenheit des Schienenwegs über die Landwege, haben die Verwertbarkeit und damit den Wert der wirtschaftlichen Güter bedeutend erhöht. Der elektrische Draht zeigt uns anderseits an, an welchen Orten die Güter verwertbar sind und wo die beste Konjunktur für den Markt ist.

Die vollkommenen Transportmittel wiederum ermöglichen den Gütern diesem Markt zu folgen.

Einen ungefähren Anhalt für die Ueberlegenheit der modernen Transportmittel, namentlich der Schienenwege gegenüber anderen Fortbewegungsarten auf dem Lande, bietet die Durchschnittsleistung eines Pferdes.

Vermag ein Pferd in ruhigem Schritt für längere Zeit zwei bis drei Zentner auf seinem Rücken zu tragen, so bewältigt es bequem fünf Zentner Wagenlast auf ungebahnten Wegen, auf guten Chausseen zwanzig Zentner, auf dem Schienengleise zweihundert Zentner, auf dem Wasserwege beim Treideln 1200 Zentner. Immerhin respektable Leistungen. Aber als der Dampf im Dienste der Menschheit für das Transportwesen nutzbar gemacht wurde und durch die Lokomotive auf dem Schienengleise Lasten jeden Gewichts schnell und billig verfrachtet werden konnten, erfuhr das Eisenbahnwesen einen ungeahnten Aufschwung.

Waechter, Kleinbahnen.

Die ersten Eisenbahnunternehmungen waren vom gesetzlichen Standpunkt aus nichts anderes, als gewöhnliche gewerbliche Unternehmungen; doch schon nach kurzer Zeit machte sich, wie beim Bergbau, so auch im Eisenbahnwesen eine spezielle gesetzliche Regelung und Verleihung besonderer Privilegien erforderlich.

Ersteres, weil ein bedeutender Teil des Volksvermögens, meist in Form von Aktien-Gesellschafts-Unternehmungen, Anlage in Eisenbahnen suchte und durch unsolide oder unrationelle Geschäftsführung die wirtschaftliche Lage weitester Kreise ausgebeutet und gefährdet werden konnte. Letzteres, weil besondere Rechte und Privilegien, wie z. B. das Enteignungsrecht, untrennbar mit der Natur der Eisenbahnen verbunden sein müssen.

I. Die Haupt- und Nebenbahnen.

1. Das Eisenbahngesetz vom 3. November 1838.

Obgleich die ersten Eisenbahnen von Privaten ins Leben gerufen wurden, bemächtigte sich der Staat bald dieses wichtigen Transportmittels.

Für das Königreich Preussen wurde zur Regelung des Eisenbahnwesens das Gesetz vom 3. November 1838 erlassen, das im wesentlichen noch heute massgebend ist (Anlage 1). Das Gesetz enthält die Bestimmungen über die Konzessionserteilung für Bahnen und über die Anforderungen an Aktiengesellschaften, die sich zum Zweck einer Eisenbahn-Unternehmung bilden. Es sind dies gleichzeitig die ersten gesetzlichen Massnahmen für die rechtliche Regelung der Aktiengesellschaften im Preussischen Staat.

So wird der Nachweis in bestimmter Frist verlangt, dass das Aktienkapital gezeichnet und die Gesellschaft wirklich nach einem unter den Aktienzeichnern vereinbarten Statut zusammengetreten ist. Inhaber-Aktien sind erlaubt, der Aktionär ist für $40\,^0/_0$ der Einzahlung unbedingt haftbar pp.

Auch die Möglichkeit einer zwangsmässigen Versteigerung der Bahn wird vorgesehen, falls die Gesellschaft die Bedingungen der Konzession nicht erfüllt, jedoch unter der Einschränkung, dass der Bau der Bahn fortgesetzt wird.

Zur Emission neuer Aktien oder Aufnahme neuer Darlehen ist allerhöchste Genehmigung notwendig.

Im übrigen sind der einzelnen Gesellschaft grosse Rechte und Freiheiten gewährt. Vor allem das Enteigungsrecht, sowie Stempel- und Sportelfreiheit bei allen Verhandlungen betreffend Expropriation; freie Tarifbestimmung für die ersten drei Jahre; jedoch sollen nach Bestreitung der Rücklagen pp. keine Einnahmen über $10\,^0/_0$ gemacht werden; es muss dann vielmehr eine Herabsetzung des Tarifs stattfinden.

Von der Entrichtung einer Gewerbesteuer sind die Eisenbahnen befreit, müssen aber die Postverwaltung für die ihr durch die Konkurrenz erwachsenden

Verluste durch billige Beförderung der Post entschädigen. Schliesslich soll nach vollständiger Amortisation dem Unternehmen eine solche Einrichtung gegeben werden, dass der Ertrag des Bahngeldes die Kosten der Verwaltung nicht überschreitet.

2. Bestimmungen der Reichsverfassung über die Bahnen Deutschlands.

Das Gesetz vom 3. November 1838 blieb in Preussen wesentlich die Norm für das Eisenbahnwesen, bis 1871 die Bestimmungen der neuen Reichsverfassung auch auf die preussischen Eisenbahnen Anwendung finden mussten.

Die Stellung der Eisenbahnen im Deutschen Reiche ist durch Artikel 41—47 der Reichsverfassung bestimmt. Im Artikel 41 wird die Möglichkeit geboten, Eisenbahnen im Interesse der Verteidigung Deutschlands oder im Interesse des gemeinsamen Verkehrs gegen den Widerspruch der Bundesglieder, deren Gebiet die Eisenbahnen durchschneiden, unbeschadet der Landeshoheitsrechte auf Rechnung des Reiches oder durch Privatunternehmer anzulegen, zu konzessionieren und mit dem Enteignungsrecht auszustatten.

Jede bestehende Eisenbahn ist verpflichtet, sich den Anschluss neu angelegter Bahnen auf Kosten der letzteren gefallen zu lassen.

Alle gesetzlichen Bestimmungen bestehender Eisenbahn-Unternehmungen auf Widerspruchsrecht gegen die Anlegung von Parallel- oder Konkurrenz-Bahnen werden unbeschadet bereits erworbener Rechte aufgehoben. Ein Widerspruchsrecht kann auch in den künftig zu erteilenden Konzessionen nicht weiter verliehen werden.

Der Artikel 42 verpflichtet die Bundesregierungen:

> „Die deutschen Eisenbahnen im Interesse des allgemeinen Verkehrs wie ein einheitliches Netz zu verwalten und zu diesem Behuf auch die neu herzustellenden Bahnen nach einheitlichen Normen anlegen und herstellen zu lassen.“

Die Bahnen des Deutschen Reiches, im Sinne dieses Artikels 42 vereint bilden ein einheitliches Eisenbahnnetz, welches auf der Welt nicht seinesgleichen hat.

In Deutschland betrug die Gesamtlänge der Staatseisenbahnen im Jahre 1898 47 119 km, wovon 43 704 km = 92,7 % Staatsbahnen waren, die Privatbahnen besassen nur eine Länge von 3 415 km = 7,3 % der Gesamtheit.

Dazu zählen die Nebenbahnen 15 049 km = 31,9 %. Das Anlagekapital aller Bahnen wird auf ungefähr 11 854 000 000 Mark geschätzt.

Wie glänzend das Eisenbahnwesen in Deutschland und insbesondere in Preussen dasteht, erhellt aus einem Vergleich mit andern Ländern:

Stand des Eisenbahnwesens i. J. 1897 in den Europ. Grossstaaten:

	Ges. Länge km	Anl.-Kapit. Mill. M.	per km M.	Roheinnahmen i. ganz. Mill. M.	per km M.	Betr.-koeffi-zient	Reineinn. i. ganz. Mill. M.	per km	% i. Verh. d.Anl. Kap.
Deutschland	47 337	11 854	252 832	1 675	35 775	55,73	726	15 882	6,32
Preussen (mit hessisch. Staatsb.)	29 265	7 483	256 494	1 157	39 831	53,52	531	18 541	7,24
Oesterreich-Ungarn	32 239	7 136	235 678	641	21 461	56.6	280	9 314	3,96
Frankreich (Vollbahn)	37 188	12 772	344 250	1 060	28 701	52,0	508	13 769	3,98
Grossbrittanien und Irland	34 486	21 795	632 569	1 875	54 363	57,0	813	23 577	3,7
Russische Vollbahn (1896)	37 665	7 234	192 059	600	26 741	58,0	255	11 229	4,6

Die Königreiche Sachsen und Württemberg besitzen im wesentlichen nur Staatsbahnen, desgleichen die Reichslande. Im Königreich Bayern sind etwa 86 % der Eisenbahnen staatlich.

Für das Rechnungsjahr 1900 ist nach der Statistik der Eisenbahnen Deutschlands, bearbeitet im Reichs-Eisenbahn-Amt, der Stand der Eisenbahnen:

A. Normalspurige Bahnen.

	km	Anlage-Kapital		p. km	Verfügb. Uebersch.	%
I. Staatsbahnen	45 167,26	11 941 255 022	M.	260 277	713 521 294	= 5,98
II. Privatbahnen	3 867,43	574 846 102	„	143 701	27 946 283	= 4,88
	49 034,69	12 516 101 124	M.	250 928	741 467 582	= 5,923

B. Schmalspurbahnen (Nebenbahnen, nicht Kleinbahnen).

	km	Anlage-Kapital		p. km	Verfügb. Uebersch.	%
I. Staatsbahnen	795,25	51 089 186	M.	76 849	49 880	= 0,10
II. Privatbahnen	1 004,38	47 638 448	„	51 255	1 459 732	= 2,76
	1 799,63	98 727 634	M.	61 928	1 509 612	= 1,63

Diese Zahlen beziehen sich auf sämtliche deutsche Eisenbahnen mit Ausnahme der Kleinbahnen in Preussen und der Strassenbahnen in andern deutschen Staaten. Für Preussen allein sind die Zahlen für die normalspurigen Staatsbahnen ohne Reichsbahnen (Hauptb. 1 276,81 und Nebenb. 339,20), aber mit den hessischen Bahnen (711,83 und 280,69);

Preussisch-Hessische Gemeinschaft

Länge	Anlage-Kapital	p. km
30 652,61 km	7 781 202 204 M.	253 854 M.;

die Gesamt-Brutto-Einnahme = 1 392 335 630 M., der verfügbare Ueberschuss = 564 217 527 M.; der Betriebs-Koeffizient war = 59,475 %.

Eine wie grosse Bedeutung die Einnahmen der Eisenbahnen für den Staatshaushalt haben, zeigen folgende Zahlen aus dem preussischen Etat von 1897/98: Netto-Einnahmen aus:

Domänen und Forsten	43,0 Mill.	M.
Berg-, Hütten- und Salinenwerken	14,2 „	„
Eisenbahnen	484,0 „	„
Lotterie	10,0 „	„
Seehandlung	2,0 „	„
	Sa. 553,4 Mill.	M.

Es ist in die Augen springend, welche Vorteile ein derartiges nach gleichen Grundsätzen organisiertes Eisenbahnnetz namentlich im Kriegsfalle bringt.

Durchgehender Verkehr, in einander greifende Fahrpläne, Uebergang der Transportmittel von einer Bahn auf die andere (gegen übliche Vergütung), Aushilfe durch Personal und Material (Kohlen, Schienen, Lokomotiven, Wagen), einheitlicher Signal- und Nachrichtendienst, einheitliche Tarife, grosse Sicherheit und Pünktlichkeit sind die weiteren Vorteile einer solchen einheitlichen Organisation.

3. Entwickelung der Hauptbahnen.

Dieses einheitliche Bahnnetz in Deutschland ist quantitativ und qualitativ der Grenze seiner Vollendung nahe gekommen.

Namentlich von Anfang der vierziger bis Ende der siebziger Jahre ist das Netz soweit ausgebaut worden, dass es keine wirtschaftlich bedeutenden Punkte, keine Städte über 5000 Einwohner mehr giebt, die jetzt nicht ihre Eisenbahn haben.

Auch die Technik steht bei den jetzt angewandten Mitteln fest auf der Höhe ihres Könnens. Die Schnelligkeit der Züge kann bei bestehendem Oberbau nur noch wenig erhöht werden, ebenso wie es Schwierigkeiten bietet, noch schwerere Güterzugmaschinen zu bauen, ohne mit dem ganzen bisherigen Eisenbahnsystem zu brechen, in dem in Deutschland allein über 11 Milliarden Mark angelegt sind.

Der Zukunft muss es überlassen bleiben, ob solche geplanten Geschwind-verbindungen, wie sie auf anderem Planum, ohne Niveaukreuzungen, bei schwereren Schienen und elektrischem Betriebe mit einer Fahrgeschwindigkeit bis zu 200 km in der Stunde geplant sind, sich bewähren werden (Hamburg—Berlin, Pest—Wien).

Technische Versuche werden auf der Militärbahn Berlin—Zossen gemacht, namentlich durch Siemens & Halske und die Allgem. Elektrizitäts-Gesellschaft.

Eine derartige Entwickelung hat neben den bedeutenden Vorteilen aber auch Nachteile gehabt. Namentlich hat sich das Reich durch die Einheits-bestimmungen, durch die Generalisierung der Eisenbahnen selbst die Hände gebunden.

Alle Bahnen müssen, soweit sie im Interesse des allgemeinen Verkehrs liegen, nach bestimmten Normen gebaut werden.

Die Polizeigesetze, das Bahnpolizeireglement ist für alle Bahnen das gleiche, ebenso die Betriebsreglements.

Das gleiche Schema lässt sich aber nicht allemal für eine Eisenbahn anwenden.

Namentlich passt der grosse Zuschnitt der Hauptbahnen im Deutschen Reiche nicht auf kleine Verhältnisse. Je kleiner und bescheidener die Eisenbahnen werden, umsomehr müssen sie individualisieren, sich dem Terrain anpassen, die Trace gemäss den Ortschaften, die sie versorgen sollen, festsetzen. Das ist aber mit grossen Bahnen nicht zu erreichen; der Bau und Betrieb wird zu teuer, grössere Steigungen und schärfere Kurven sind nicht zulässig.

4. Entwickelung der Nebenbahnen.

Da man mithin nicht an alle Bahnen die höchsten Ansprüche stellen konnte, sind die Eisenbahnen des Reichs schon in zwei grosse Gruppen geteilt worden, die zwar noch die gleiche Norm haben (Militärzüge müssen auf den Bahnhofsgleisen Platz haben, die Schienen müssen auch die schweren Schnellzugmaschinen tragen können, wegen des grossen Axenabstandes letzterer dürfen keine scharfen Kurven vorkommen pp.), von denen die einen aber, die Nebenbahnen, mannigfache Erleichterungen den Haupt- oder Vollbahnen gegenüber im Betriebe haben. Insbesondere fällt bei den Nebenbahnen die Bewachung und Schliessung der Wegübergänge fort, wodurch wesentliche Ersparungen im Betrieb erzielt werden.

Diese Nebenbahnen verdanken ihre gesetzliche Regelung einem Erlass des Bundesrates vom 14. Juni 1878 für deutsche Bahnen untergeordneter Bedeutung. Auch der Bau dieser Bahnen zweiter Ordnung ist seit Anfang der 70er Jahre, namentlich durch die Bauthätigkeit des Staats mächtig gefördert worden.

Aber selbst diese Bahnen sind in ihrem Zuschnitt noch zu gross, in ihrer Verwaltung zu schwerfällig, um die Aufgaben des Klein-Verkehrs erfüllen zu können.

II. Bahnunternehmungen, welche obigen Gesetzen nicht unterliegen.

1. Die Kleinbahnen.

In Preussen lagen die Verhältnisse folgendermassen. Sowie eine Bahn aus technischen oder finanziellen Gründen genötigt ist, von der Norm abzuweichen, hört sie auf, im Sinne des Gesetzes eine Eisenbahn zu sein, desgleichen, wenn sie nicht dem allgemeinen Verkehr dient, denn dies sind die beiden Bedingungen, die nach der Reichsverfassung eine Eisenbahn zu erfüllen hat. Bahnen, denen diese Bedingungen fehlen, fallen in Preussen auch nicht unter das Gesetz vom 3. November 1838.

Solche Unternehmungen waren, soweit sie nicht etwa als Bergbahnen unter dem Schutz des Berggesetzes standen, nichts anderes als gewerbliche Unternehmungen ohne irgend welche besonders privilegierte Rechte, wenn auch unter der Aufsicht der gewerblichen Polizei.

Die Folge war, dass Bahnen, die den an sie gestellten Anforderungen mehr und besser als Bahnen dritter Ordnung genügten, entweder nach der kostspieligen Staatsbahn-Norm gebaut werden, oder jegliches Recht als Eisenbahn aufgeben mussten.

Im ersten Falle war ihre Rentabilität gefährdet, in letzterem entbehrten sie die Privilegien, ohne die sich das Unternehmen nicht oder nur mit grossen Schwierigkeiten durchführen liess, d. h. des Enteignungsrechtes, gewisser Abgabefreiheiten; der Anschluss an bestehende Bahnen brauchte nicht gewährt zu werden.

So kam es, dass Deutschland und besonders Preussen im Bau solcher Bahnen dritter Ordnung zurückblieb.

Als im Jahre 1878 die Verstaatlichung der Eisenbahnen durchgeführt worden und damit das Privatkapital aus den Eisenbahnunternehmungen herausgedrängt worden war, hoffte man auf Besserung.

2. Gründe, welche die Entwickelung des Kleinbahnwesens hemmten.

In der Aera der Hauptbahnen hatte sich das Privatkapital mit grosser Lebhaftigkeit auf Eisenbahnunternehmungen gestürzt; jetzt sollte das gleiche bei den Bahnen dritter Ordnung stattfinden und so das vernachlässigte Kind zu seinem Rechte kommen.

Das freigewordene Kapital hielt sich jedoch im allgemeinen von der Anlage in Eisenbahnwerten zurück. Zwar wurden in grossen Städten Strassenbahnen anfangs mit Pferden, dann mit Dampf-Betrieb und jetzt meist mit elektrischem Betriebe eingerichtet. Es waren dies Anlagen, die wegen des grossen zu erwartenden Personen-Verkehrs von vornherein eine günstige Rente für Privatkapital versprachen. Für den Bau kleiner nebenbahnähnlicher Bahnanlagen fand sich nur unter ganz besonders günstigen Bedingungen Privatkapital.

Die Gründe hierfür sind folgende:

Auf Linien und Projekte, die Aussicht auf Rentabilität gewährten, hatte der Staat meist selbst Hand gelegt. Dann kann auch eine Bahn dritter Ordnung nur ausnahmsweise auf eine grosse Rentabilität hoffen.

Wären die Prämissen dazu vorhanden, dann würde sie nicht Bahn dritter Ordnung sein wollen, sondern zweiter oder erster Ordnung, um an den Vorteilen des Durchgangsverkehrs teilnehmen zu können.

Eine Bahn dritter Ordnung muss sich ihren Verkehr erst schaffen. Die Bevölkerung, Landwirtschaft und Industrie müssen ihren Wirtschaftsbetrieb erst auf sie einrichten, das vorhandene Fuhrwerk abschaffen oder vermindern, Zufuhrwege herstellen; die konservativen Landbewohner müssen den horror novi überwinden, allmählich kennen und verstehen lernen, welche Vorteile sie aus der Bahn durch weitere Verfrachtungsmöglichkeit ihrer Produkte ziehen können, gegebenen Falls andere Früchte bauen, bei der Nähe von Städten z. B. Bedarfsartikel für den städtischen Markt.

Die Erfahrung hat daher gelehrt, dass solche neu erbauten Bahnen in den ersten Betriebsjahren häufig nicht nur keine Rente bringen, sondern sogar noch Zuschüsse bedürfen.

Mit solchen Unternehmungen, die in der ersten Zeit ihres Bestehens noch Zubussen erfordern, die selten Renten von wesentlich höherem als dem landesüblichen Zinsfuss bringen werden und volkswirtschaftlich auch nicht sollen, da sie ja gerade in der Billigkeit des Kommunikationsmittels ihren Schwerpunkt suchen, wurde kein Kapital angelockt.

Einzelunternehmungen waren zu klein, um an die Börse gebracht zu werden; grössere Zentralisierungen von Kleinbahnbetrieben kamen nicht zu stande; Effekten-Banken waren mit ihrem Kapital sehr zurückhaltend, hauptsächlich wohl, weil die zu erwartenden mässigen Dividenden für Agiotage und Börsengewinne zu wenig Spielraum boten. Dass die Neigung im Publikum noch vorhanden ist, Kapitalanlagen in Eisenbahnaktien zu suchen, zeigt ein Blick auf den Kurszettel. Eine grosse Zahl ausländischer Eisenbahnpapiere scheint recht beliebt zu sein.

Ein weiterer Grund war, wie schon geschildert, der Mangel an rechtlicher Sicherheit bei der Durchführung derartiger Kleineisenbahnunternehmungen. Die Kommunalverbände und Wegeunterhaltungspflichtigen, ohne deren Erlaubnis eine Benutzung vorhandener Wege unmöglich war, gebrauchten das Erfordernis ihrer Zustimmung nicht selten dazu, sich einen Einfluss auf Fahrplan, Tarifbildung, späteren Kauf der Bahnen etc. vorzubehalten. Eine derartige Unfreiheit und Abhängigkeit konnte naturgemäss nicht immer von Segen sein.

Wie erwähnt, waren bisher diejenigen Bahnen, die nach der Reichsverfassung oder in Preussen nach dem Gesetz vom 3. November 1838 keine Eisenbahnen waren, als gewerbliche Unternehmungen angesehen worden, sie wurden nach § 37 der Reichsgewerbeordnung vom 21. Juni 1869 der Ortspolizeibehörde unterstellt und bedurften von dieser einer besonderen Konzession.

Der § 37 der Reichsgewerbeordnung weist die Regelung der Unterhaltung des öffentlichen Verkehrs innerhalb des Orts durch Wagen aller Art, Gondeln, Sänften und andere Transportmittel der Ortspolizeibehörde zu.

Hatte solche Bahn aber einen eigenen Bahnkörper und benutzte keine öffentlichen Strassen, so war zu bestreiten, ob solche Bahn überhaupt einer Konzession bedurfte; wurde dies bejaht, so war immer noch strittig, ob die Landes- oder Ortspolizeibehörde zur Genehmigung befugt war[1]). Derartige Unsicherheiten, Streitigkeiten und damit verbundene Weitläufigkeiten konnten jedoch ohne Eingreifen des Staates nicht aus der Welt geschafft werden.

3. Wichtigkeit der Entwickelung des Nahverkehrs.

Die Frage des Nahverkehrs war für den Staat von weitestgehender, tief eingreifender, wirtschaftlicher Bedeutung geworden. Die ausgedehnte Entwickelung der grossen Eisenbahnen für den Fernverkehr hatte den wirtschaftlichen Schwerpunkt ganzer Länder-Strecken verschoben und manche Gegenden dadurch empfindlich benachteiligt. Die gewaltige Ueberlegenheit der Eisenbahn gegenüber dem Fuhrwerk erzeugte eigentümliche Verhältnisse. An der Bahn liegende Plätze berührten sich wirtschaftlich näher als geographisch, vergleichbar etwa Enklaven in den Thünen'schen Kreisen, die wegen ihrer ausgezeichneten Verbindung mit dem Wirtschaftszentrum noch intensivere Bearbeitung vertragen, als ihre weitere Umgebung.

In demselben Masse, wie die Bahn die an ihr liegenden Orte fördert, in demselben Masse benachteiligt sie die, an denen sie die Massengüter vorbeifährt. Sie nimmt diesen ihr Absatzgebiet, die Möglichkeit der Konkurrenz mit den direkt expedierenden Produzenten. Die Verwertbarkeit und damit der Wert der Produkte solcher Orte wird geringer.

---

[1]) Hilse, Band I. Strassenbahnrecht. München 1892.

Hier muss das Kleineisenbahnverkehrswesen helfend eingreifen. Es hat die Aufgabe, Orte, die nicht in der Lage sind, eine Haupteisenbahn zu besitzen, durch ein billiges Kommunikationsmittel zu verbinden und diesen dadurch gleichfalls die Vorteile des Fernverkehrs zu erschliessen. Denn bei der Produktion spielt gerade der Kleintransport eine äusserst wichtige Rolle. Ein augenfälliges Beispiel hierfür ist die Zuckerfabrikation.

Wohl kein Land der Erde hat so erfolgreich auf dem Weltzuckermarkte konkurrieren können wie Deutschland. Ja, selbst in die Heimat des Zuckerrohrs ist unser Rübenzucker exportiert worden. Die Grundbedingung ist aber immer, dass nicht nur die grossen Transportwege, sondern auch in der Heimat die Kleinverbindungen möglichst vollkommen sind.

Eine Ware hat die Exportfracht nur einmal zu zahlen und hat nach ihrer Fertigstellung dann auch einen hohen spezifischen Wert, der höhere Fracht tragen kann; so verschmäht der fertige Zucker meist die billige Wasserfracht und wird grösstenteils per Bahn wegen der grösseren Schnelligkeit nach den Exporthäfen transportiert. Bis das zu erzeugende Produkt aber fertig ist, wird es durch den Kleintransport viele mal belastet.

Bei der Zuckerfabrikation müssen

1) die Rüben zur Fabrik,
2) die Rübenschnitzel aufs Land zurück,
3) Kohlen, sowie Mineralien zur Klärung des Zuckers (Kalk, Strontianit) zur Fabrik,
4) die künstlichen Düngemittel aufs Land,
5) der hergestellte Rohzucker oft noch nach einer Zuckerraffinerie, die die Halbfabrikate mehrerer Fabriken aufarbeitet,
6) die Konsumptionsartikel der Produzenten etc. herbeigeschafft werden,
7) die fertigen Zuckerprodukte ihre Reise auf den Weltmarkt antreten.

Das Areal, dessen eine Zuckerfabrik zu ihrer Versorgung bedarf, und damit der Weg, den der Kleinverkehr zu durchmessen hat, ist beträchtlich gross namentlich in den Gegenden, wo man sich genötigt sieht, den regelmässigen Rübenbau wegen der Nematode zu unterbrechen und zeitweise Rübsen und dergleichen bauen muss, ferner dort, wo die Ertragsfähigkeit des Bodens nur in einzelnen Distrikten Rübenbau erlaubt. Ohne die sogenannten „Rübenbahnen" ist eine ökonomische Bewirtschaftung solcher Gebiete ganz unmöglich. Die vielen Kleinfrachten, die häufige Bewältigung der Rohmaterialmassen im Produktionsgebiet selbst sprechen beim Export das ausschlaggebende Wort.

Durch ein billiges und geeignetes Verkehrsmittel kann auch eine ökonomisch wichtige Arbeitsteilung hervorgerufen werden, da durch dasselbe Halbfabrikate an Punkte befördert werden können, wo ihre Fertigstellung am günstigsten erfolgen kann. Selbst gewaltige Massen von geringem spezifischen Wert können weithin versandt werden. Ihr Absatzgebiet wird durch die Transportgelegenheit wie ein Kreis vergrössert, dessen radius vector seiner

Länge nach von der Höhe der Fracht bestimmt wird, den die Ware noch zu tragen vermag.

Auch die Härte der steigenden Grundrente, wenn eine solche besteht, wird allein durch Eisenbahnen und besonders Kleineisenbahnen erfolgreich gemildert werden können.

Ländereien, die wegen ihrer Unzugänglichkeit nur extensive Arbeit bezahlt machen, können bei günstiger Verkehrsverbindung intensiv bewirtschaftet werden.

Die lokalen Vorzüge eines Landes, billige Löhne, Kohlen, Rohmaterialien, Wasserkräfte können ihre Ueberlegenheit anderen gegenüber bethätigen. Die Produktionszweige werden sich nach den wirtschaftlich besten Standorten gruppieren (territoriale Arbeitsteilung) und so können alle Quellen eines Landes ausgebeutet werden. Man kann da kaufen, wo die Waare „am besten und billigsten ist." Die örtliche Marktlage bleibt nicht mehr allein massgebend, sondern die natürlichen Produktionsbedingungen.

Die Sicherheit, Schnelligkeit und Massenhaftigkeit, mit der die Eisenbahn mit der Schiffahrt im Verein, ohne grosse Kosten Waren aus allen Ländern auf Plätze höchster Konjunktur befördern kann, schaffen einen Weltmarktpreis. Das Ziel eines jeden Wirtschaftsbetriebes muss es daher sein, auf dem Markt, womöglich auf dem Weltmarkt, erfolgreich konkurrieren zu können.

Rasche Nachrichten, billige und schnelle Reisen, Badereisen werden gefördert und nicht von geringster Wohlthätigkeit sind die kleinen täglichen Reisen zwischen den grossen Städten und den Vororten, wo gesunde und billige Wohnungen, namentlich für grössere Familien, leichter zu beschaffen sind.

Die Schulkinder vom Lande können in der Stadt eine höhere Schule besuchen. Das Fahrgeld wird sich noch immer billiger stellen, als die teuere Pension in der Stadt, auch bleiben die Kinder im elterlichen Hause unter elterlicher Aufsicht.

Von dem Gesichtspunkte ausgehend, dass alle diese Vorzüge des Verkehrs sich nur durch die ausgedehnte Gliederung des Verkehrsnetzes der Allgemeinheit, der weit zerstreuten Landbevölkerung nutzbar machen lassen, richtete die Staatsverwaltung ihr Augenmerk auf die Förderung der kleinen Verkehrsadern.

Jede Verminderung der toten Last beim Transport, der Zeit, in der das aufgewendete Kapital brach liegen muss, jede Beschleunigung des Güterumsatzes durch Vervollkommnung der Kommunikationsmittel bedeutet eine Kapitalersparnis, die zu neuer Produktion und neuem Verkehr anregt. Diese Produktion braucht aber nicht dem Unternehmen selbst zu gute kommen. Das Kapital, das durch die Geschäfte eines nicht mehr zu forcierenden Betriebes gewonnen wird — Zuckerfabrik, wenn kein Rübenland mehr vorhanden ist — wird sich an andere Punkte des Landes begeben und sich dort an neuen Unternehmungen beteiligen, andere Verkehrsinstitute, Haupt-, Neben- oder Kleinbahnen fördern. An dieser Ueberwälzung der Rentabilität, der Einnahmen einer Bahn auf andere Unternehmungen hat das Privatkapital Dritter natürlich kein Interesse. Die Interessenten und wiederum der Staat, der mittelbar ja auch Interessent ist, müssen hier eingreifen.

Das in der Transportvervollkommnung fixierte Kapital leistet auch noch zahlreiche andere Nutzeffekte: Ersparung an Arbeitskräften, die auf dem Lande knapp sind, Ersparung an umlaufendem Kapital, die Güter sind kürzere Zeit auf der Axe, die Assekuranz ist billiger.

Für den Staat wird die Post gegen äusserst billige Entschädigung befördert. Das Aufblühen des ganzen Landstriches wird ein wesentlicher Teil der Rente sein. Den bestehenden Bahnen, den Staatsbahnen, werden Frachten und somit Einnahmen zugeführt werden, deren Ertrag ihnen ohne das Bestehen von Kleinbahnen verloren gegangen sein würde.

Den Gewinn hieraus hat wiederum der Staat, mittelbar auch noch durch die Steuern.

Der Einfluss der Kleinbahnen auf die Steuerkraft des Landes ist sehr bedeutend, wie der Umstand erweist, dass im Königreich Sachsen am Schluss einer etwa zehnjährigen Betriebsperiode der schmalspurigen Staatsbahnen die Steuerkraft der an den Bahnen liegenden Orte sich um 73—276 % des früheren Einkommens gesteigert hat.

Um aus diesen Gründen das Kleinbahnwesen zu fördern, entschloss sich der preussische Staat, diesem die noch fehlende gesetzliche Grundlage zu verschaffen.

III. Die Entwickelung des Eisenbahnrechts für Kleinbahnen.

1. Das Kleinbahngesetz vom 28. Juli 1892.

Nachdem der preussische Staat sich mit der Reichsregierung dahin verständigt hatte, dass durch eine diesbezügliche gesetzliche Regelung in den Bundesstaaten die Reichsverfassung nicht verletzt werden würde, konnte im Herrenhause ein Gesetzentwurf für diese „sonstigen" Eisenbahnen am 11. März 1892 zur Verhandlung kommen (17. Legislaturperiode 1892 No. 34).

Die erste Beratung des Entwurfes im Plenum am 23. März 1892 hatte die Verweisung der Vorlage an die um 5 Mitglieder verstärkte Eisenbahnkommission zur Folge (Stenogr. Ber. p. 25 ff.), welche die Vorlage in 5 Sitzungen beriet und die Annahme des Gesetzentwurfes mit einigen Aenderungen empfahl.

Bei der zweiten Beratung im Plenum vom 2. April 1892 beschloss das Herrenhaus dem Kommissionsvorschlage entsprechend.

Vom Abgeordnetenhaus wurde der Entwurf nach der Beratung im Plenum am 26. April 1892 einer besonders zu diesem Zwecke gebildeten Kommission überwiesen. Diese Kommissionsberatungen erforderten 8 Sitzungen und 3 Sitzungen der Redaktionskommission. Nach mannigfachen Aenderungen des Entwurfes wurde dieser dem Abgeordnetenhause durch schriftlichen Bericht (Drucksachen des Hauses der Abgeordneten 17. Legislaturperiode 1892 No. 206) zur Annahme vorgeschlagen. Die zweite Beratung des Abgeordnetenhauses fand am 13., 14. und 15. Juni 1892 (Stenogr. Ber. des Hauses der Abgeordneten Seite 1963), die dritte Beratung am 17. Juni 1892 (Stenogr. Ber. des Hauses der Abgeordneten Seite 2062—82) statt.

Nach wiederholten Verhandlungen im Herrenhause erteilte dieses mit zwei Aenderungen (Stenogr. Berichte des Herrenhauses Seite 365—378) am 22. Juni dem Entwurf des Abgeordnetenhauses seine Zustimmung. Am 23. Juni genehmigte auch das Abgeordnetenhaus den geänderten Entwurf. (Stenogr. Ber. des Hauses der Abgeordneten Seite 2159—64).

Am 28. Juli 1892 wurde dann der Entwurf als Gesetz über Kleinbahnen und Privatanschlussbahnen (Ges.-Sammlung Seite 225 No. 25) publiziert. Mit Ausnahme der Besteuerungs-Bestimmungen, die erst am 1. April 1893 in Kraft treten sollten, sollte es vom 1. Oktober 1892 an Geltung haben.

Nunmehr lassen sich also in Preussen folgende vier Hauptgruppen von Eisenbahnen unterscheiden.

1. Haupt- oder Vollbahnen	dem Gesetz vom
2. Nebenbahnen	3. Dezember 1838 unterstehend;
3. Kleinbahnen	dem Gesetz vom
4. Privatanschlussbahnen	28. Juni 1892 unterstehend.

Hierzu kämen dann noch diejenigen Bahnen, die vor dem 1. Oktober 1892 gemäss § 37 der Gewerbe-Ordnung konzessioniert, sich nachträglich ausnahmsweise nicht dem Kleinbahngesetz unterworfen haben.

Unter die Gruppen 3 und 4 gehören nun ausser den nebenbahnähnlichen Kleinbahnen noch alle anderen Bahnen, wie Drahtseilbahnen, Bergbahnen, Strassenbahnen etc.

Durch die in den Ausführungsbestimmungen vom 15. August 1898 enthaltenen Anordnungen des Ministers der öffentlichen Arbeiten werden weitere zwei Unterklassen unterschieden. Die eine umfasst die städtischen Strassenbahnen und solche Unternehmungen, welche trotz der Verbindung von Nachbarorten infolge ihrer hauptsächlichen Bestimmung für den Personenverkehr und ihrer baulichen und Betriebs-Einrichtungen einen den städtischen Strassenbahnen ähnlichen Charakter haben. Der zweiten Klasse sind diejenigen Kleinbahnen zuzurechnen, welche darüber hinaus den Personen- und Güterverkehr von Ort zu Ort vermitteln und sich nach ihrer Ausdehnung, Anlage und Einrichtung der Bedeutung der nach dem Gesetze über die Eisenbahnunternehmungen vom 3. November 1838 konzessionierteu Nebenbahnen nähern (nebenbahnähnliche Kleinbahnen).

Vor Erteilung der Genehmigung ist seitens der Genehmigungsbehörden, in Zweifelsfällen nach Anrufung des Ministers der öffentlichen Arbeiten, darüber Entscheidung zu treffen und in der Genehmigungsurkunde zum Ausdruck zu bringen, in welche der beiden Klassen von Kleinbahnen — Strassenbahnen oder nebenbahnähnlichen Kleinbahnen — das betreffende Unternehmen einzureihen ist.

In den folgenden Betrachtungen ist nur auf die für die Landwirtschaft und Industrie wirtschaftlich wichtigen nebenbahnähnlichen Kleinbahnen Rücksicht genommen.

Durch das Gesetz wird allen diesen „Fuhrgeschäften auf Schienen" die rechtliche Grundlage gegeben und werden ihnen insbesondere noch folgende Rechte ertheilt:

1. Die dem Eisenbahngesetze von 1892 unterstehenden Bahnen können den Anschluss an andere bestehende Bahnen verlangen.

2. Ihnen kann von allerhöchster Stelle das Enteignungsrecht verliehen werden.

3. Sie dürfen mit Erlaubnis der Wegeunterhaltungspflichtigen öffentliche Wege benützen (gegen angemessenes Entgelt). Die Zustimmung der Unterhaltungspflichtigen kann durch den Provinzialrat, den Bezirks- oder Kreisausschuss ergänzt werden (Beschwerden an den Minister der öffentlichen Arbeiten).

4. Die Aufsicht über die Kleinbahn steht den dazu berufenen Eisenbahn- und Verwaltungsbehörden zu.

5. Werden die Fragen betreffend Konzessionierung einer Kleinbahn geregelt.

2. Die Kleinbahnen vor dem Gesetz von 1892.

Bis zum Inkrafttreten des Gesetzes von 1892 waren die Kleinbahnen und ihre Entwickelung sehr zurückgeblieben.

Zwar waren nach der Zusammenstellung des von den Regierungs-Präsidenten und dem Polizei-Präsidenten von Berlin gelieferten Materials schon 82 Bahnen vor dem 28. Juli 1892 genehmigt. Dies sind aber grösstenteils ausgesprochene Strassenbahnen, meist Pferdebahnen mit ausschliesslichem Personenverkehr. Nach Ausscheidung dieser, sowie lediglich Vergnügungszwecken dienender Bahnen, Zahnradbahnen nach Aussichtspunkten etc. bestand das Kleinbahnnetz aus folgenden nach den Anordnungen des Herrn Ministers vom 13. August 1898 später als „nebenbahnähnliche Kleinbahnen" bezeichneten Linien.

Es ist aus nachstehender Tabelle ersichtlich, dass vor dem Jahr 1880 noch keine nebenbahnähnliche Kleinbahn im Betriebe war.

Von 1880 bis zum 1. Oktober 1892 wurden im ganzen 145,3 km nebenbahnähnliche Kleinbahnen gebaut, oder wenigstens schon konzessioniert, wofür 3 304 500 M. aufgewendet worden sind. Mithin kostete der Kilometer Kleinbahn durchschnittlich noch nicht 23 000 M., heute dagegen betragen die Kosten pro Kilometer weit über das Doppelte.

Bei fast allen Bahnen haben die Bahnunternehmer das erforderliche Kapital selbst aufgebracht, nur bei der Straussberger Kleinbahn (No. 1) haben sich die Provinz mit 55 000 M., der Kreis mit 34 000 Mk. und die Interessenten mit 241 000 M. beteiligt, um die notwendigen 330 000 M. aufzubringen.

1	2	3	4	5		6	7
				Gesamtlänge davon			
Laufende No.	Bezeichnung der Kleinbahn unter Angabe des Anfangs- und des Endpunktes	Genehmigung ist erteilt von wem, wann, dauernd oder auf Zeit?	Eigentümer und Betriebsunternehmer, Bauunternehmer	auf eigenem Bahnkörper	auf vorhandenen Strassen	Spurweite	Gewicht der Schienen für das laufende Meter
				m	m	m	kg

Regierung

| 1. | Straussberger Kleinbahn (von der Stadt nach dem Bahnhof Straussberg). | Von dem Regierungspräsidenten zu Potsdam am 1. Sept. 1892 bezw. 2. März 1893 dauernd. | Straussberger Klein-Bahn A.-G. | 6 200 | | 1,435 | 23,8 |

Regierungs

2.	Mecklenburg-Pommersche Schmalspurbahnen. 1. Von der Landesgrenze bei Ferdinandshof (Kreis Ueckermünde) bis Ferdinandshof.	Von dem Regierungspräsidenten zu Stettin am 20. Februar 1892 auf 10 Jahre, verlängert am 11. Juni 1892 auf 50 Jahre, ferner Nachtrag vom 8. Februar 1893.	Kulturtechnisches Bureau von Schweder zu Gross-Lichterfelde, jetzt Mecklenburg-Pommersche Schmalspurbahn A.-G. zu Friedland i. M.	Gesamtlänge einschl. der in Mecklenburg-Schwerin belegenen Anschlussstrecken. 76 085 m. Davon entfallen auf preussisches Gebiet 50 020 m und auf mecklenburgisches 20 025 m.		0,600	rund 7,8
	2. Von der Landesgrenze bei Rebelow (Kreis Anklam) bis Jarmen (Kreis Demmin) mit Abzweigung nach Neuenkirchen.	Von dem Regierungspräsidenten zu Stettin am 20. Mai / 11. Juni 1892 auf 50 Jahre, ferner Nachtrag vom 15. August 1892 und 8. Februar 1893.	dgl.			0,600	rund 7,8
	3. Von der Landesgrenze bei Löwitz (Kreis Anklam) bis Schwerinsburg mit Abzweigungen nach Sophienhof und Schmuggerow	Von dem Regierungspräsidenten zu Stettin am 29. September 1892 auf 50 Jahre, Nachtrag vom 8. Februar 1893.	dgl.	Gesamtlänge 11 000 m; in Preussen 9000 m, in Mecklenburg 2000 m.		dgl.	rund 7,0

8	9	10	11	12					13	14
				von den anschlagsmässigen Kosten sind oder werden aufgebracht						Zeit
onstruktion des Oberbaues	Betriebsmittel (Lokomotiven, elektr. Maschinen, Drahtseil, Pferde)	Betriebszweck	Anschlagsmässige Kosten	vom Unternehmer	durch Beihilfe				Kosten der Ausführung	der Betriebseröffnung
					der Provinz	des Kreises	der Interessenten			
			M	M	M	M	M			

zirk Potsdam.

8	9	10	11	12				13	14
Querschwellenoberbau.	Lokomotiven.	Personen- u. Güterverkehr.	330 000	—	55 000	34 000	241 000	—	17 8. 1893.

zirk Stettin.

8	9	10	11	12				13	14
Hölzerne Querschwellen.	Lokomotiven	Güterverkehr, demnächst auch Personenverkehr.	1 000 000, davon entfallen auf die Strecken in Preussen 653 220, auf die in Mecklenburg 346 780.	600 000 in Aktien, 400 000 in Prioritäts-Obligationen.	—	—	Freie Hergabe des Geländes für den Bahnkörper.	1 000 000	1. 10. 1892
Hölzerne Querschwellen.	Lokomotiven	Güterverkehr, demnächst Personenverkehr.	1 000 000	600 000 in Aktien, 400 000 in Prioritäts-Obligationen.	—	—	Freie Hergabe des Bahnkörpers.	1 000 000	1. 10. 1892.
dgl.	dgl.	Güterverkehr.	—	99 000	—	—	dgl.	rund 11 000 Mk. für das km.	

1	2	3	4	5		6	7
Laufende No.	Bezeichnung der Kleinbahn unter Angabe des Anfangs- und Endpunktes.	Genehmigung ist erteilt von wem, wann, dauernd oder auf Zeit?	Eigentümer und Betriebsunternehmer, Bauunternehmer	Gesamtlänge davon		Spurweite	Gewicht der Schienen für das laufende Meter
				auf eigenem Bahnkörper m	auf vorhandenen Strassen m	m	kg
							Regierungs[...]
3.	Kleinbahn von der Zuckerfabrik Opalenitza (Kreis Grätz) über Glupon nach Brody (Kreis Neutomischel).*)	Von der Regierung zu Posen a) für die Strecke Opalenitza—Glupon am 10. Juli 1886 b) für die Strecke Glupon—Brody am 29. Juni 1889 auf Zeit	Zuckerfabrik A.-G. zu Opalenitza.	4 000	10 000	0,750	12
				14 000			
							Regierungs[...]
4.	Vom Bahnhof Goldbeck nach Iden und Giesenslage.	Von der Regierung zu Magdeburg am 6. Juli 1880, dauernd für die Strecke Goldbeck–Rohrbeck-Iden. Von den Amtsvorstehern zu Iden und Berge am 19. Juni 1884, dauernd für die Strecke Iden—Giesenslage.	Rittergutsbesitzer Philipp Freise in Iden.	12 700		1,435	über 15
							Regierungs[...]
5.	Bahn von Gross-Ilsede nach Lengede. **)	Von dem Oberbergamt zu Clausthal und der ehemaligen Landvogtei zu Hildesheim, 1883 dauernd.	Bergbau- und Hüttengesellschaft Ilseder Hütte.	13 991		0,780	16
							Regierungs[...]
6.	Borkumer Eisenbahn.	Von dem Landrat zu Emden am 30. Juli 1885 auf 30 Jahre.	Habich & Goth in Emden.	11 321 davon 7 321 m Hauptgleis auf fiskalischem Dünengelände und dem Watt und 4000 m Nebengleis.		0,900	14 bezw. 12,6[...]

---

*) Die Bahn dient hauptsächlich den Zwecken der Unternehmerin, nebenbei nur dem öffentlichen Verkehr[...]
**) Die Bahn von der Hochofenanlage Gross-Ilsede nach den Grubenfeldern bei Lengede, im Interess[...] öffentlichen Verkehr.

in Preussen vor dem 1. Oktober 1892.

8	9	10	11	12					13	14
				von den anschlagsmässigen Kosten sind oder werden aufgebracht						
Konstruktion des Oberbaues	Betriebsmittel (Lokomotiven, elektr. Maschinen, Drahtseil, Pferde)	Betriebs-zweck	Anschlags-mässige Kosten		vom Unter-nehmer	durch Beihilfe			Kosten der Ausführung	Zeit der Betriebs-eröffnung
						der Provinz	des Kreises	der Interessen-ten		
				M	M	M	M	M		

bezirk Posen.

| Stahlschie-nen auf eisernen Quer-schwellen. | Lokomotiven | Güter-verkehr. | Es sind sämtliche Kosten von der Unter-nehmerin aufgebracht worden. | | | | | | 300 500 einschl. des rollen-den Materials, jedoch aus-schliesslich der Gebäu-de und des Grund und Bodens. | 23 10. 1886 bis Glupon, 9. 11. 1889 bis Brody. |

bezirk Magdeburg.

| Stählerne Schienen mit guss-eisernen Längs-schwellen in Kies-bettung (System Haarmann). | Lokomotiven | Personen- und Güter-verkehr. | 450 000 | — | — | — | — | — | 450 000 | 1. 4. 1886. |

bezirk Hildesheim.

| Eiserne Guss-schwellen in Schlacken-Bettung. | Lokomotiven | Personen-verkehr (Erze). | rund 600 000 | Es sind sämtliche Kosten von der Eigentümerin bezw. Unter-nehmerin aufgebracht worden. | | | | | 740 000 | 12. 11. 1884. |

bezirk Aurich.

| Stahlschie-nen. Das Hauptgleis auf eiche-nen, das Nebengleis auf kiefer-nen Schwellen. | dgl. | Personen- und Güter-verkehr. | 350 000 | dgl. | | | | | 385 000 | 15. 6. 1888. |

des Ilseder Hüttenwerks als Erztransportbahn gebaut, dient nur auf der Strecke Gross-Ilsede—Lengede dem

3. Entwickelung des Kleinbahnwesens nach dem Inkrafttreten des Gesetzes vom 28. Juli 1892 bis Ende 1901.

Bis zum 31. März 1901 wurden im ganzen 201 nebenbahnähnliche Kleinbahnen gebaut oder wenigstens konzessioniert, mit einer gesamten Kilometerlänge von 5871,3 km, wofür 316 370 181 ℳ aufzuwenden sind, pro Kilometer ohne Berücksichtigung der Spurweite, 53 714 ℳ, gegen 181 519 ℳ pro Kilometer Strassenbahn.

Bei dem Betriebe dieser Kleinbahnen wurden am 30. September 1900 2813 Beamte und 2950 Arbeiter ständig beschäftigt.

Das Kleinbahnnetz verteilt sich auf die einzelnen Provinzen wie folgt:

Verteilung der nebenbahnähnlichen Kleinbahnen auf die Provinzen.

	Auf je 10 000 Einwohner entfallen km	Auf je 10 000 ha entfallen km
Ostpreussen	3,14	1,73
Westpreussen	1,91	1,15
Brandenburg	1,18	1,41
Pommern	7,57	4,06
Posen	2,51	1,64
Schlesien	0,93	1,04
Sachsen	1,70	1,88
Schleswig-Holstein	2,32	1,64
Hannover	1,76	1,15
Westphalen	0,89	1,27
Hessen-Nassau	1,38	1,60
Rheinprovinz	1,15	2,29
Hohenzollernlande	5,92	3,41
Die östlichen Provinzen	2,14	1,80
Die westlichen Provinzen	1,37	1,58
Staat	1,81	1,73

Dagegen beträgt die Länge sämtlicher Eisenbahnen in Preussen einschliesslich der Kleinbahnen und Privatbahnen 34 662,26 km, auf je 100 qkm entfallen 9,94 km und auf je 10 000 Einwohner, nach der Volkszählung von 1900, 10,06 km Schienenwege.

In Deutschland mit seinem Gesamtnetz von 55 667,67 km entfallen auf 100 qkm 10,30 km Eisenbahn und auf 10 000 Einwohner 9,88 km.

In welcher Weise sich die Kleinbahnbauthätigkeit auf die einzelnen Jahre verteilt, ist aus nachstehender Tabelle ersichtlich. Die abweichenden Spurweiten einzelner Bahnen von den sonst durch das Gesetz geforderten (1,435 m, 1,00 m, 0,75 m und 0,60 m) erklärt sich daraus, dass diese meist im Anschluss an Grubenbahnen mit abweichender Spurweite entstanden sind oder vor 1892 schon konzessioniert waren.

Im allgemeinen scheint die Tendenz hervorzutreten, die nebenbahnähnlichen Kleinbahnen leistungsfähiger und den Nebenbahnen ähnlicher zu gestalten; eine Kleinbahn in Ostpreussen (Cranz - Cranzbeck) ist in eine Nebenbahn (8. Juli 1895) verwandelt worden, das gleiche soll mit der Linie Oberpleis—Herresbach geschehen.

Die über 100 km lange schmalspurige Moselkleinbahn soll nachträglich normalspurig ausgebaut werden.

Am deutlichsten tritt dies an dem kilometrischen Durchschnittspreis hervor, der von 23 000 *Mk.* bis über 50 000 *Mk.* gestiegen ist, die 60 cm Spur wird immer seltener.

Entwickelung des Eisenbahnnetzes in den einzelnen Jahren.

Jahre	Ges. Zahl der konz. Bahn	Gesamte Kilometer-Länge km	Zahl der normalspurig. Bahn und deren Länge (Zahl)	(km)	Zahl der 1,00 m-spurigen Bahn und deren Länge (Zahl)	(km)	Zahl der 0,75 m spurig. Bahn und deren Länge (Zahl)	(km)	Zahl der 0,60 m-spurigen Bahn und deren Länge (Zahl)	(km)	Zahl der Bahnen mit anderen Spurweiten und deren Länge (Zahl)	(km)
v. 1892	4	51,527	2	32,927	—	—	1	7,200	—	—	1 (0,900)	11,400
1892	2	16,550	1	6,000	—	—	—	—	1	10,550	—	—
1893	7	217,520	4	71,870	1	118,870	—	—	—	—	2 (0,785)	26,780
1894	16	731,550	5	113,080	3	222,580	3	171,240	4	218,300	1 (0,800)	6,350
1895	25	671,130	12	201,450	6	135,520	5	283,020	1	29,990	1 (0,900)	21,150
											1 (0,780)	11,140
1896	18	451,830	9	118,740	2	104,010	3	111,180	1	16,900	2 (0,785)	89,860
1897	30	856,965	9	187,874	10	299,114	9	328,490	1	5,290	1 (0,785)	—
1898	40	1053,335	19	389,725	12	378,650	8	257,060	1	27,900	—	36,197
1899	21	608,354	9	176,294	8	260,210	3	140,680	–	—	1 (0,785)	31,170
1900	29	981,002	12	259,372	7	193,310	7	463,237	—	—	1 (0,860)	5,500
											2 (0,785)	59,583
1901	9	231,509	4	118,919	4	100,590	1	12,000	—	—	—	—
Zus.	201	5871,272	86	1676,251	53	1812,854	40	1774,107	9	398,930	13	239,130

In obiger Tabelle ist nur die eigentliche Länge der Bahnen selbst mit in Rechnung gezogen worden, bei zweigleisigen oder teilweise dreigleisigen

Bahnen ist nur die Länge eines Gleises berücksichtigt worden, ebenso wie alle Nebengeleise fortgelassen worden sind. Bahnen mit verschiedenen Spurweiten sind derjenigen Spurweite zugeschrieben worden, in der der grössere Teil der Gleise verlegt ist.

Die Statistik der Kleinbahnen ist noch in der Entwickelung begriffen. Der Vorstand des Vereins Deutscher Kleinbahnen hat sich auf Wunsch des Ministers der öffentlichen Arbeiten bereit erklärt, von den Vereinsmitgliedern und soweit es möglich auch von nicht preussischen Kleinbahnen die Daten zu sammeln und zusammen zu stellen.

Die auf Grund dieser Arbeiten im Januarheft 1902 und im Septemberheft 1901 der Zeitschrift für Kleinbahnen erschienenen Statistiken sind noch unvollständig namentlich bezüglich derjenigen Zahlen, aus welchen die Rentabilität der Kleinbahnen ersichtlich ist. Eine genauere und vollständigere Statistik ist nach einer im Ministerium anberaumten Besprechung zwischen dieser Behörde und den Haupt-Kleinbahninteressenten zum 1. April 1903 zu erwarten.

Aus diesem Grunde schien es nicht ratsam, die ältere Statistik in extenso in diese Arbeit aufzunehmen.

Es ist vielmehr aus derselben unter Vernachlässigung der rein technischen Angaben nur das wirtschaftlich Wichtige ausgeschieden und unter Benutzung des vorhandenen Materials herausgerechnet worden, welchen Ueberschuss jede einzelne Bahn aus sich selbst — ohne Berücksichtigung etwaiger Zuschüsse à fonds perdu oder Zinsgarantien — erbracht hat und welchen Zinsertrag das gesamte Anlagekapital jeder Bahn demnach ergeben hat. In nachstehender Tabelle sind in den Rubriken 1—5 die Angaben über die Bezeichnung der Bahn, den Eigentümer und Betriebsunternehmer, die Länge und die Spurweite jeder Bahn aufgeführt.

Die Rubrik 6 giebt das gesamte Anlagekapital der hergestellten Bahn an, einschliesslich oder ausschliesslich des Grunderwerbs. Es sind hierbei etwaige Subventionen, Geschenke à fonds perdu nicht in Abzug gebracht.

Die Rubrik 7 spezifiziert die Quellen, aus welchen das Anlagekapital geflossen ist, also die Beteiligung des Staates, der Provinzen, Kreise, Hauptinteressenten, Unternehmer pp.

Rubrik 8 enthält die gesamten Betriebseinnahmen der Bahn, einschliesslich der Nebeneinnahmen, aber ohne etwaige bare Zuschüsse; Rubrik 9 dagegen die sämtlichen Betriebsausgaben, einschliesslich der Kosten der allgemeinen Verwaltung und den Ausgaben für Wohlfahrtseinrichtungen.

Die Rubrik 10 bringt in gemeinsamer Zahl die Rücklagen, welche die Bahn in den Erneuerungsfonds, den gesetzlichen Reservefonds, den Spezialreservefonds und eventuell für Amortisation des Anlagekapitals verwendet hat.

Für diese Rubrik fehlen leider vielfach die erforderlichen Daten.

Trotzdem ist versucht worden, aus dem gegebenen Material annäherungsweise die wirkliche Rentabilität der einzelnen Kleinbahnen rechnerisch zu ermitteln.

Die Rubrik 11 enthält die Angaben über den wirklichen Reinüberschuss der Bahnen nach Abzug der sämtlichen Betriebsausgaben und Rücklagen, ohne Berücksichtigung etwaiger Zinsgarantieen und sonstiger Zuschüsse einerseits und etwa gezahlter Schuldenzinsen andererseits.

In denjenigen Fällen, in welchen die Ausgaben die Einnahmen überstiegen haben, ist die angeführte Zahl als negativer Ertrag mit einem Minuszeichen kenntlich gemacht.

Die Gesamtsumme der in Rubrik 11 angeführten positiven Zahlen beträgt 2 653 415,59 ℳ. Die der negativen Zahlen, d. h. der Verluste im Betriebe, beträgt 147 220,86 ℳ, so dass nur 2 506 194,73 ℳ als eigentlicher Betriebsgewinn sämtlicher Bahnen anzusehen sind.

Ziehen wir vom Anlagekapital sämtlicher 201 Kleinbahnen das auf die 28 noch nicht vollendeten Bahnen entfallende Anlagekapital von 57 514 416 ℳ ab, so ergiebt sich zur Verzinsung der übrigen 173 Bahnen mit einem Anlagekapital von 258 855 765 ℳ, durchschnittlich ein Reinertrag von 0,91 %, wobei zu berücksichtigen bleibt, dass eine grosse Zahl Betriebe nicht imstande war, die gesetzlichen Erneuerungsfonds etc. zu dotieren.

Wenn man als Ausgaben die Verzinsung der Schuldobligationen, Hypotheken und sonstigen Anleihen ansieht und ferner die Zuschüsse von Staat, Kreisen, Gemeinden und Interessenten als Einnahmen verbucht, ergiebt sich folgende Aufstellung über die Rentabilität der Kleinbahnen.

Von sämtlichen Bahnen rentieren sich nur 90, mit einem Kapital von 113 659 597 ℳ, während die übrigen 28 mit einem Kapital von 57 514 416 ℳ noch fertig zu stellen waren und 81 mit einem Kapital von 160 491 924 ℳ mit Verlust arbeiteten.

Von diesen 90 Bahnen verzinsen sich:

von	0— 1 %	19 Bahnen mit einem Kapital von	26 810 341	ℳ
	1— 2 „	13 „ „ „ „ „	84 296 960	„
	2— 3 „	22 „ „ „ „ „	32 864 101	„
	3— 4 „	15 „ „ „ „ „	16 496 066	„
	4— 5 „	9 „ „ „ „ „	9 487 599	„
	5— 6 „	8 „ „ „ „ „	4 290 951	„
	6— 7 „	2 „ „ „ „ „	122 880	„
	7— 8 „	1 „ „ „ „ „	1 180 000	„
	11—12 „	1 (Grubenbh.)	893 500	„
Der Rohgewinn dieser Bahnen betrug			3 766 478,66	„
Der Rohverlust			573 730,65	„
Rohgewinn, abz. des Verlustes			3 192 748,01	ℳ

Fortsetzung des Textes Seite 66.

	1.	2.	3.	4.	5.	6.
Lfd. No.	Benennung der Bahn	Eigentümer	Betriebs-Unternehmer	Länge der Bahn	Spur-weite	Anlagekapital a) mit Grunderwerb, b) ohne Grunderwerb
				km	m	ℳ.
1	Rastenburg—Sensburger Kleinbahn	Kreis Rastenburg	Ostpr. Südbahn-Gesellschaft Königsberg i. Pr.	83. 25	0. 75	b) 1 885 539
2	Haffuferbahn . . . . (Von Elbing nach Braunsberg)	Haffuferbahn Akt.-Ges., Elbing	Ostdeutsche Eisenbahn-Gesellschaft Königsberg i. Pr.	48. 16	1. 435	a) 4 725 000
3	Wehlau—Friedländer Kreisbahn	Wehlau-Friedländer Kreisbahn-Aktien-Gesellschaft, Tapiau	desgl.	62.29	0. 75	b) 1 860 000, Aktienkapital 1 860 000, davon Aktien A (garantiert) 442 000
4	Samland-Bahn . . . . (Von Königsberg nach Warnicken)	Samland-Bahn-Akt.-Ges., Königsberg i. Pr.	desgl.	45. 18	1. 435	a) 4 056 000, Aktienkapital 2 000 000
5	Fischhausener Kreisbahn . . . . (Von Dellgienen nach Fischhausen)	Fischhausener Kreisbahn-Akt.-Ges.	desgl.	18 600 m (ausserdem werden 5 200 m der Neben-eisenbahn Fisch-hausen—Palmnicken mitbenutzt)	1. 435	b) 1 011 000
6	Königsberger Kleinbahn . . . . (Von Podewitten nach Waldau)	Königsberger Kleinbahn-Aktien-Gesellschaft, Königsberg i. Pr.	desgl.	11. 28	0. 75	b) 2 000 000

7. Von dem Anlagekapital sind oder werden aufgebracht seitens					8. Gesamt-Einnahmen	9. Gesamt-Ausgaben	10. Rück-lagen	11. Erzielter Rein-Ueberschuss zur Verzinsung des Anlagekapitals (ohne etwaige Garantie-Zuschüsse)	
des Staates ℳ.	der Provinz ℳ.	der Kreise ℳ.	der zunächst Beteiligten ℳ.	in sonstiger Weise ℳ.	ℳ.	ℳ.	ℳ.	ℳ.	%
628 513	Jahres-zuschuss von 1½% zur Verzinsung von 1 885 589	1 257 026	—	—	121 935.00	130 755.00	—	− 8 820.00	− 0.5
500 000 Darlehn an den Kreis Braunsberg	100 000 Stammaktien B und Zinsbürgschaft für 200 000 Stammaktien A auf 20 Jahre	500 000 Stammaktien B und Zinsbürgschaft für 393 000 Stammaktien A auf 20 J.	56 000 Stammaktien B	1 500 000 Vorzugs-aktien 593 000 Stammaktien A u 1000 Stammaktien B, 1 900 000 (Darlehn)	112 394.52	104 552.72	6 728.19	+ 886.40	+ 0.02
803 000 {Aktien B}	414 000	Gewähr für die Verzinsung und Einlösung von 177 000 M. Aktien A binnen 43 Jahren und Jahreszuschuss bis zum Betrage von 2800 M.	Gewährleistung für die Verzinsung u. Einlösung von 263 000 M. Aktien A binnen 43 Jahren	442 000 Aktien A und 201 000 Aktien B	94 527.21	84 980.08	9 537.62	− 9.51	—
—	—	56 000 (Kreis Fisch-hausen)	—	4 000 000	99 137.29	50 855.04	—	+ 48 282.25	+ 1.18
402 000	282 000	282 000	—	45 000 (Lenz & Co.)	—	—	—	—	—
1 000 000 {Aktien B}	330 000	Gewähr-leistung für die Verzinsung und Ein-lösung von 330 000 M. Aktien A binnen 43 Jahren	167 000 Aktien B	330 000 Aktien A und 167 000 Aktien B	2 771.45	12 025.01	1 092.76	− 10 253.56	− 0.51

	1.	2.	3.	4.	5.	6.
Lfd. No.	Benennung der Bahn	Eigentümer	Betriebs-Unternehmer	Länge der Bahn km	Spur-weite m	Anlagekapital a) mit Grund-erwerb, b) ohne Grund-erwerb ℳ.
7	**Insterburger Kleinbahnen** . . . . 1) Bahn von Insterburg nach Trempen, Ragnit, Skaisgirren 2) Von Gross-Brittanien nach Kaukehmen 3) Von Pogegen nach Schmalleningken	Insterburger Kleinbahn-Akt.-Ges.	Lenz & Co.	261 977 m	0.75	a) 8 424 000
8	**Pillkallener Kleinbahn** . . . . (Von Pillkallen nach Schirwindt und nach Lasdehmen)	Pillkallener Klein-bahn-Akt.-Ges.	desgl.	57 371 m auf eigenem Bahn-körper, 600 m auf vor-handenen Strassen, zusammen 57 971 m	0.75	a) 1 689 000
9	**Neuteich—Liessauer Kleinbahnen** . . . . 1) Von Liessau nach Mielenz 2) Von Gross-Lichtenau nach Neuteich 3) Von Gross-Lichtenau nach Schöneberg	Allgemeine Deutsche Klein-bahn-Gesellschaft, Berlin	Allgemeine Deutsche Klein-bahn-Gesellschaft, Berlin	67. 70	0.75	a) 2 661 800
10	**Marienburger Kleinbahnen** . . . . 1) Von Marienburg nach Lindenau 2) Von Marienburg nach Schönau 3) Von Altfelde nach Stalle	Marienburger Kleinbahn-Akt.-Ges., Berlin	desgl.	38. 20	0.75	b) 2 820 000
11	**Kreuz—Schloppe**	Kreis Dt. Krone	Becker & Co., Berlin	25 33	1.435	a) 1 088 000
12	**Culmsee—Melno**	Kleinbahn-Akt.-Ges. Culmsee—Melno in Melno	Ostdeutsche Eisen-bahn-Gesellschaft in Bromberg	45. 48	1.435	b) 2 185 000
13	**Bahn von Gross-Falkenau nach Stangen-dorf (Russenau)**	Kleinbahn-Aktien-Gesellschaft in Marienwerder	Kleinbahn-Aktien-Gesellschaft in Marienwerder	56. 13	0.75	b) 2 124 000
14	**Strausberg (Staatsbahnhof) — Strausberg (Stadt)**	Strausberger Eisenbahn-Aktien-Gesellschaft in Strausberg	Strausberger Eisenbahn-Aktien-Gesellschaft in Strausberg	6. 00	1.435	a) 380 000

| 7. Von dem Anlagekapital sind oder werden aufgebracht seitens | | | | | 8. | 9. | 10. | 11. | |
des Staates (M.)	der Provinz (M.)	der Kreise (M.)	der zunächst Beteiligten (M.)	in sonstiger Weise (M.)	Gesamt-Einnahmen (M.)	Gesamt-Ausgaben (M.)	Rück-lagen (M.)	Erzielter Rein-Ueberschuss zur Verzinsung des Anlagekapitals (ohne etwaige Garantie-Zuschüsse (M.)	(%)
3 498 000	1 749 000	1 633 000	Gewähr-leistung für die Verzinsung u. Einlösung von 172 000 M. Aktien A binnen 43½ Jahren	1 544 000, davon Aktien A 330 000 (Lenz & Co.)	—	—	—	—	—
Aktien B		Gewähr für die Verzinsung und die Einlösung von 158 000 M. Aktien A binnen 43½ Jahren							
660 000	333 000	355 000	—	335 000 (Lenz & Co.)	—	—	—	—	—
Aktien									
—	—	—	—	2 661 800	—	—	—	—	—
720 000	360 000	550 000	—	1 190 000	—	—	—	—	—
Aktien									
524 000	88 400	464 600	11 000	—	—	—	—	—	—
874 000	437 000	548 000 Aktien	—	326 000 Aktien (Bauunternehmer)	57 311. 44	45 177. 39	1 489. —	+ 10 645. 05	+ 0. 49
Aktien									
652 000	326 000	326 000	—	820 000 (Bauunternehmer)	—	—	—	—	—
Aktien									
—	55 000	34 000	241 000	67 308	66 943. 42	45 597. 42	4 923. 71	+ 16 422. 29	+ 4. 1
Aktien									

	1.	2.	3.	4.	5.	6.
Lfd. No.	Benennung der Bahn	Eigentümer	Betriebs-Unternehmer	Länge der Bahn km	Spur-weite m	Anlagekapital a) mit Grund-erwerb, b) ohne Grund-erwerb ℳ.
15	Osthavelländische Kreisbahn . . . . . . (Von Nauen nach Ketzin)	Osthavelländische Kreisbahn-Aktien-Gesellschaft in Nauen	Osthavelländische Kreisbahn-Aktien-Gesellschaft in Nauen	17. 2	1. 435	a) 1 180 000
16	Königswusterhausen — Mittenwalde — Töpchiner Kleinbahn	Königswuster-hausen—Mitten-walde—Töpchiner Kleinbahn-Ges. in Berlin	Becker & Co.	21. 25	1. 435	a) 1 500 000
17	Strausberg—Herzfelder Eisenbahn . . .	Lenz & Co., Berlin	Lenz & Co., Berlin	8. 50	1. 435	a) 888 000
18	Löwenberg—Lindower Kleinbahn	Löwenberg—Lindower Kleinbahn-Aktien-Gesellschaft, Rheinsberg i. M.	Löwenberg—Lindower Kleinbahn-Aktien-Gesellschaft, Rheinsberg i. M.	37. 60	1. 435	a) 1 470 000
19	Ostprignitzer Kreisbahn . . . . (Von Pritzwalk nach Putlitz)	Kreis Ostprignitz	Prignitzer Eisenbahn-Ges. Perleberg	17. 05	1. 435	b) 684 000
20	Kreisbahn Kyritz-Hoppenrade	Kreis Ostprignitz	desgl.	41. 75	0. 75	b) 1 070 000
21a	Kreisbahn Perleberg—Hoppenrade	Kreis Westprignitz	desgl.	16. 09	0. 75	b) 430 559
21b	Bahn von Viesecke nach Glöwen (mit Anschluss an die Strecke zu a)	desgl.	desgl.	15. 5	0. 75	b) 464 100

| 7. Von dem Anlagekapital sind oder werden aufgebracht seitens | | | | | 8. Gesamt-Einnahmen | 9. Gesamt-Ausgaben | 10. Rücklagen | 11. Erzielter Rein-Ueberschuss zur Verzinsung des Anlagekapitals (ohne etwaige Garantie-Zuschüsse) | |
| des Staates | der Provinz | der Kreise | der zunächst Beteiligten | in sonstiger Weise | | | | | |
$\mathscr{M}$.	$\mathscr{M}$.	$\mathscr{M}$.	$\mathscr{M}$.	$\mathscr{M}$.	$\mathscr{M}$.	$\mathscr{M}$	$\mathscr{M}$.	$\mathscr{M}$.	%
—	—	833 000	267 000		205 540 03	104 198. 95	42 824. 25	+ 58 516. 85	+ 4.95
		Aktien	und	80 000					
—	—	150 000	490 000	860 000 Aktien	115 038. 90	62 500. —	6 500. —	+ 46 038. 90	+ 3.0
		Aktien B							
—	—	—	—	888 000	60 611. 51	26 814. 65	3 469. 55	+ 30 327. 31	+ 3.4
290 000	274 000	274 000	632 000	—	114 507. —	58 826. —	19 354. —	+ 36 327. —	+ 2.5
		Aktien							
130 947	130 947	892 841	Bürgschaft für die Hälfte des Fehlbetrags an einer $3^{1}/_{2}$ prozentigen Verzinsung des Anteils des Kreises	—	38 863. 11	28 030. 83	11 692. 61	— 860. 33	— 0.13
	bedingte Beteiligung								
266 622	266 622	553 069	desgl.	—	62 264. 70	53 015. 62	16 367. 39	— 7 118. 22	— 0.66
105 279	105 279	220 000	Bürgschaft, Verzinsung, und Tilgung	—	20 523. 99	18 242 55	5 502. 25	— 3 220. 81	— 0.75
	bedingte Beteiligung								
114 775	114 775	234 550	Zins- und Tilgungsbürgschaft für den Anteil des Kreises, Deckung eines etwaigen Betriebsverlustes der ersten 5 Jahre	—	—	—	—	—	—
	bedingte Beteiligung								

	1.	2.	3.	4.	5.	6.
Lfd. No.	Benennung der Bahn	Eigentümer	Betriebs- Unternehmer	Länge der Bahn km	Spur- weite m	Anlagekapital a) mit Grund- erwerb, b) ohne Grund- erwerb _M._
22	**Uckermärkische Lokalbahn.** . . . . (Von Löcknitz nach Brüssow)	Uckermärkische Lokalbahn Akt.-Ges., Stettin	Lenz & Co., Berlin	10. 69	1. 435	a) 670 000
23	**Alt-Landsberger Kleinbahn** . . . . (Von Alt-Landsberg nach Hoppe- garten)	Alt-Landsberger Kleinbahn-Aktien- Gesellschaft, Berlin	Allgemeine DeutscheKleinbahn- Gesellschaft, Berlin	6. 79	1. 435	b) 418 914
24	**Kleinbahn Rathenow—Paulinenaue**	Kreis Westhavelland	Kreis Westhavelland	31. 36	0. 75	b) 1 452 500
25	**Jüterbog—Luckenwalder Kreisbahnen** . . . (Von Dahme nach Luckenwalde, Jüterbog, Görsdorf)	Kreis Jüterbog- Luckenwalde	Kreis Jüterbog- Luckenwalde	91. 20	0. 75	b) 2 081 000
26	**Rixdorf—Mittenwalder Eisenbahn.**	Rixdorf— Mittenwalder Eisenbahn-Ges., Berlin	Vering & Waechter, Berlin	27. 0	1. 435	a) 2 000 000
27	**Lehniner Kleinbahn** . . . . (Von Gr. Kreutz nach Lehnin)	Lehniner Kleinbahn- Aktien-Ges., Lehnin	Philipp Balke, Berlin	11. 95	1. 435	b) 600 000
28	**Bahn von Brandenburg nach Röthehof** . .	Kreis Westhavelland	Kreis Westhavelland	26. 3	1. 435	b) 2 150 000
29	**Bahn von Brüssow über Prenzlau nach Strassburg U.-M.**	Kreis Prenzlau	Kreis Prenzlau	71. 8	1. 435	b) 3 637 000
30	**Oppenheim'sche Industriebahn** . . . . . . (Stienitzsee—Herzfelde)	Ritterguts- besitzer Oppenheim zu Rüdersdorf	Ritterguts- besitzer Oppenheim zu Rüdersdorf	12. 0	0. 75	a) 350 000
31	**Frankfurter Gütereisenbahn** . . . . (Vom Bahnhof Grube Vaterland der Eisenbahn Frankfurt—Cüstrin bis zur Oder)	Frankfurter Gütereisenbahn- Gesellschaft	Frankfurter Gütereisenbahn- Gesellschaft	6. 127	1. 435	a) 600 000

*) Noch kein volles Betriebsjahr. — **) Rücklagen noch nicht gemacht.

| 7. Von dem Anlagekapital sind oder werden aufgebracht seitens | | | | | 8. Gesamt-Einnahmen | 9. Gesamt-Ausgaben | 10. Rück-lagen | 11. Erzielter Rein-Ueberschuss zur Verzinsung des Anlagekapitals (ohne etwaige Garantie-Zuschüsse | |
| des Staates | der Provinz | der Kreise | der zunächst Beteiligten | in sonstiger Weise | | | | | |
M.	*M.*	*M.*	*M.*	*M.*	*M.*	*M.*	*M.*	*M.*	%
—	—	10 000	29 000	631 000	37 599.02	—	—	—	—
—	—	20 000	60 000 (Aktien B)	338 914 davon Aktien A 285 000	29 170.—	24 026.—	1968.—	+ 3 176.—	+ 0.75
363 125	363 125 (bedingte Beteiligung)	726 250	—	—	54 386.65	54 165.29	221.36	—	—
520 250	520 250 (bedingte Beteiligung)	1 040 500	Zins-bürgschaft von 3½ % für den Anteil des Kreises	—	—	—	—	—	—*)
—	—	200 000	629 000 (Aktien)	1 171 000	—	—	—	—	—*)
133 000	133 000	133 000	180 000	21 000 (Aktien)	17 930.06	13 548.30	— **)	4 381.76	0.73
512 500	512 500 (bedingte Beteiligung)	1 125 000 (100 000 Stadtkreis Brandenbg.)	—	—	—	—	—	—	—
909 250	909 250 (bedingte Beteiligung)	1 818 500	—	—	—	—	—	—	—
—	—	—	—	350 000	—	—	—	—	—
—	—	—	—	597 740	—	—	—	—	—

	1.	2.	3.	4.	5.	6.
Lfd. No.	Benennung der Bahn	Eigentümer	Betriebs-Unternehmer	Länge der Bahn	Spurweite	Anlagekapital a) mit Grunderwerb, b) ohne Grunderwerb
				km	m	M.
32	**Zschipkau–Finsterwalder Eisenbahn . . .** (Von Sallgast nach Lauchhammer)	Zschipkau-Finsterwalder Eisenbahn-Ges. in Finsterwalde	Zschipkau-Finsterwalder Eisenbahn-Ges. in Finsterwalde	12.0	1.435	b) 624 887
33	**Spremberger Stadtbahn . . . .** (Von Spremberg [Stadtbahnhof] nach dem Staatsbahnhof und den Kohlengruben bei Pulsberg und Terppe)	Stadt Spremberg	Vering & Waechter, Berlin	3.5 6.0	1.435 1.0	a) 1 219 300
34	**Cüstrin–Sonnenburger Eisenbahn . . . .**	Lenz & Co., Berlin	Lenz & Co., Berlin	12.48	1.435	a) 850 000
35	**Friedeberger Kleinbahn . . . . . .** (Von Friedeberg N.-M. Stadt zum Bahnhof)	Kreis Friedeberg N.-M.	Kreis Friedeberg N.-M.	6.67	1.435	b) 357 825
36	**Friedeberg N.-M.—Alt-Libbehne*) . . .**	Desgl.	Desgl.	29.084	1.435	b) 1 436 000
37	**Buckow—Damsdorf—Müncheberg . . .**	Stadt Buckow	Ph. Balke, Berlin	5.0	0.75	a) 180 000
38	**Lübben—Cottbuser Kreisbahnen . . . . .**	Landkreis Lübben und Stadtkreis Cottbus	J. Becker & Co., Berlin	84.72	1.—	a) 2 820 000
39	**Soldin—Carzig . . . .**	Kreis Soldin	Kreis Soldin	18.561	1.435	b) 940 000
40	**Mecklenburg-Pommersche Schmalspurbahn**	Mecklenburg-Pommersche Schmalspurbahn-Aktien-Ges. in Friedland i. M.	Mecklenburg-Pommersche Schmalspurbahn-Aktien-Ges. in Friedland i. M.	172.41	0.60	b) 2 900 209
41	**Saatziger Kleinbahnen. . . . . . .** (Stargard—Janikow)	Aktien-Ges. Saatziger Kleinbahnen, Stargard i. P.	Lenz & Co., Berlin	116.87	1.—	a) 3 549 968

*) Soll G. m. b. H. werden. — **) Geschäftsbericht lag noch nicht vor.

| 7. Von dem Anlagekapital sind oder werden aufgebracht seitens | | | | | 8. Gesamt-Einnahmen | 9. Gesamt-Ausgaben | 10. Rück-lagen | 11. Erzielter Rein-Ueberschuss zur Verzinsung des Anlagekapitals (ohne etwaige Garantie-Zuschüsse) | |
| des Staates | der Provinz | der Kreise | der zunächst Beteiligten | in sonstiger Weise | | | | | |
$\mathcal{M}$.	$\mathcal{M}$.	$\mathcal{M}$.	$\mathcal{M}$.	$\mathcal{M}$.	$\mathcal{M}$.	$\mathcal{M}$.	$\mathcal{M}$.	$\mathcal{M}$.	$^0/_0$
—	—	—	—	624 887	74 791.—	39 611.—	7 634.—	27 546.—	4. 4
—	—	—	1 219 300	—	126 340. 41	96 977. 61	12 500. —	16 862. 80	1. 38
—	—	—	—	850 000	81 468. 55	40 328. 41	4 602. 17	36 542. 97	4. 3
85 384	89 384	179 057	—	—	50 701. 29	30 866. 24	7 235. 85	12 599. 20	3. 55
bedingte Beteiligung									
355 000	341 000	740 000	—	—	—	—	—	—	—
50 000	35 000	35 000	51 083	—	25 367. 98	17 060. 39	3 500. —	4 807. 59	2. 67
bedingte Beteiligung									
200 000	200 000	2 420 000	—	—	149 046. 41	158 771. 69	—	9 725. 28	0. 34
—	—	940 000	—	—	—	—	—	—	—
—	—	410 000	142 994	2 347 215	408 131. 17	288 778. 93	29 355 84	8 996. 40	3. 1
492 000	797 000	937 000	84 000	1 239 968	237 345. 47	—	—	—	—**)

	1.	2.	3.	4.	5.	6.
Lfd. No.	Benennung der Bahn	Eigentümer	Betriebs-Unternehmer	Länge der Bahn km	Spur-weite m	Anlagekapital a) mit Grunderwerb, b) ohne Grunderwerb ℳ.
42	Greifenhagener Kreisbahnen	Akt.-Ges. Greifenhagener Kreisbahnen	Lenz & Co., Berlin	59. 99	1. 485	a) 2 450 000
43	Kolberger Kleinbahn	Kolberger Kleinbahn Akt.-Ges. Kolberg	desgl.	98. 33	1. —	b) 2 742 286
44	Randower Kleinbahn	Randower Klein-bahn-Akt.-Ges. Stolzenburg	desgl.	26. 79	1. 435	b) 993 180
45	Regenwalder Kleinbahnen	Regenwalder Kleinbahnen-Akt.-Ges. i. Labes	desgl.	34. 87	1. —	a) 1 087 000
46	Demminer Kleinbahnen	Demminer Kleinbahnen-Akt.-Ges. Demmin	desgl.	62. 98	0. 75	b) 2 037 246
47	Greifenberger Kleinbahnen	Greifenberger Kleinbahnen-Akt.-Ges. Greifenberg i. P.	desgl.	54. 58	1. — und 0. 75	b) 1 929 000
48	Pyritzer Kreisbahnen	Kreis Pyritz	Stargard—Cüstriner Eisenbahn-Ges. Soldin N.-M.	35. 46	1. 435	b) 1 315 600
49	Kleinbahn Casekow—Pencun—Oder . . .	Akt.-Ges. Kleinbahn Casekow—Pencun—Oder	Lenz & Co., Berlin	42. 05	0. 75 und 1. 435	b) 1 600 000
50	Stolpethalbahn	Akt.-Ges. Stolpethalbahn Stolp i. P.	desgl.	18. 90	1. 435	a) 568 000
51	Von der Stolpethalbahn in Stolp über die städtische Gasanstalt bis zur Stolp-Bütower Chaussee	Stadt Stolp	Stolpethalbahn Akt.-Ges.	990 m	1. 435	a) 22 681

*) Geschäftsbericht lag noch nicht vor. — **) Es ist eine Erhöhung des Aktien-Kapitals auf 1 710 000 Mark in Aussicht

	7.				8.	9.	10.	11.	
Von dem Anlagekapital sind oder werden aufgebracht seitens					Gesamt-Einnahmen	Gesamt-Ausgaben	Rück-lagen	Erzielter Rein-Ueberschuss zur Verzinsung des Anlagekapitals (ohne etwaige Garantie-Zuschüsse)	
des Staates	der Provinz	der Kreise	der zunächst Beteiligten	in sonstiger Weise					
M.	*M.*	*M.*	*M.*	*M.*	*M.*	*M.*	*M.*	*M.*	%
400 000	477 000	580 000	103 000	890 000	168 601.71	101 754.44	—	66 847.27	2.7
400 000	696 000	525 000	—	1 129 000	132 422.50	131 689.56	—	732.94	0.03
—	223 000	224 000	77 000	370 000	79 357.77	—	—	—	—*)
160 000	242 000	326 000	8 000	328 000	34 251.23	—	—	—	—*)
—	414 000	600 000	—	518 000	127 678.31	98 397.49	800.—	28 480.82	1.4
391 000	476 000	376 000	15 000	671 000	72 638.18	71 492.15	—	1 146.03	0.05 *)
465 000	263 120	587 480	—	—	86 130.77	78 312.19	7 644.96	173.62	0.01
	Betheiligung								
322 000	322 000	322 000	431 000	75 000	114 786.43	—	—	—	—**)
—	189 000	190 000	124 000	65 000	77 078.19	⊥	3 891.05	—	—*)
—	—	22 681	—	—	—	—	—	—	—

:enommen. Geschäftsbericht lag noch nicht vor.

	1.	2.	3.	4.	5.	6.
Lfd. No.	Benennung der Bahn	Eigentümer	Betriebs-Unternehmer	Länge der Bahn	Spur-weite	Anlagekapital a) mit Grunderwerb, b) ohne Grunderwerb
				km	m	ℳ.
52	**Stolper Kreisbahn** . . . . (Rathsdamnitz—Muttrin)	Kreis Stolp	Lenz & Co., Berlin	8.66	1.435	b) 223 000
53	**Stolper Kreisbahnen** . . . . (Stolp — Schmolsin und Wend — Silkow—Dageröse)	desgl.	desgl.	55.53	0.75	b) 1 440 000
54	**Kreiseisenbahn Schlawe - Pollnow – Sydow**	Kreis Schlawe	Kreis Schlawe	63.38	0.75	a) 1 574 784
55	**Kleinbahn Cöslin – Natzlaff**	Akt.-Ges. Kleinbahn Cöslin—Natzlaff	Akt.-Ges. Kleinbahn Cöslin—Natzlaff	32.80	0.75	b) 878 000
56	**Bahn von Deutsch-Krone bis zur Dramburger Kreisgrenze bei Hoffstädt**	Kreis Dt.-Krone	Lenz & Co., Berlin	20.695	1.435	b) 764 000
57	**Bahn von der Dramburg—Deutsch-Kroner Kreisgrenze nach Virchow** (Fortsetzung der Bahn zu Pos. 56)	desgl.	desgl.	17.05	1.435	b) 625 000
58	**Franzburger Kreisbahnen** . . . . (Stralsund—Barth—Damingarten u. Alten-Pleen—Clausdorf)	Akt.-Ges. Franzburger Kleinbahnen in Barth	desgl.	66.55	1.—	b) 1 976 000
59	**Franzburger Südbahn** . . . . (Velgast—Tribsees und Neusechagen—Franzburg)	Akt.-Ges. Franzburger Südbahn in Barth	desgl.	39.10	1.435	b) 1 467 000
60	**Rügen'sche Kleinbahnen** . . . . (Altefähr — Göhren, Bergen — Wittower Fähre und Fährhof—Altenkirchen)	Rügen'sche Kleinbahn Akt.-Ges., Puttbus	desgl.	96.90	0.75	b) 2 411 114
61	**Kleinbahn-Gesellschaft Anclam—Lassan** . (Anclam—Lassan und Crenzow—Buddenhagen)	Kleinbahn-Ges. Anclam—Lassan	desgl.	29.99	0.60	b) 824 500

*) Jahresbericht lag noch nicht vor.

7.					8.	9.	10	11.	
Von dem Anlagekapital sind oder werden aufgebracht seitens					Gesamt-Einnahmen	Gesamt-Ausgaben	Rück-lagen	Erzielter Rein-Ueberschuss zur Verzinsung des Anlagekapitals (ohne etwaige Garantie-Zuschüsse)	
des Staates	der Provinz	der Kreise	der zunächst Beteiligten	in sonstiger Weise					
ℳ.	ℳ.	ℳ.	ℳ.	ℳ.	ℳ.	ℳ.	ℳ.	ℳ.	%/₀
—	55 230	165 770	—	—	9 242.05	—	—	—	—*)
—	404 320	1 039 680	—	—	106 539.40	—	—	—	—*)
—	428 000	1 146 784	—	—	108 753.—	113 048.—	—	— 4 295.—	— 0.27
238 000	238 000	331 000	70 000	1 000	95 979.20	75 758.69	10 118.—	+ 10 102.51	1.15
367 850	183 925	208 042	5 000	—	—	—	—	—	—
185 000 .. 70 000 M. Darlehn	135 000	135 000	50 000	50 000	—	—	—	—	—
—	588 000	624 000	68 000	682 000	146 269.43	—	10 661.72	—	—
318 000	321 000	335 000	112 000	314 000	72 957.98	—	8 583.25	—	—
300 000	569 000	600 000	—	863 000	200 899.12	—	11 959.69	—	—*)
143 500	191 000	211 000	47 000	227 000	66 485.22	—	3 893.95	—	—*)

	1.	2	3.	4.	5.	6.
Lfd. No.	Benennung der Bahn	Eigentümer	Betriebs-Unternehmer	Länge der Bahn km	Spur-weite m	Anlagekapital a) mit Grunderwerb, b) ohne Grunderwerb *M.*
62	**Kleinbahn-Gesellschaft Greifswald-Jarmen** (Greifswald — Jarmen, Dargezin — Züssow und Wiek — Gützkow — Gützkower Fähre)	Kleinbahn-Ges. Greifswald—Jarmen in Greifswald	Lenz & Co., Berlin	44.23	0.75	b) 1 280 000
63	**Kleinbahn-Gesellschaft Greifswald— Wolgast** (Greifswald—Wolgast u. Kemnitz—Boltenhagen)	Kleinbahn-Ges. Greifswald-Wolgast in Greifswald	desgl.	62.53	0.75 und 1.435	b) 1 500 000
64	**Opalenitza'er Kleinbahn-Gesellschaft G. m. b. H.** (Opalenitza—Neustadt b. P. und Neutomischel—Trczionka)	Opalenitza'er Kleinbahn-Gesellschaft G. m b. H. in Opalenitza	Opalenitza'er Klein-bahn-Gesellschaft G. m. b. H. in Opalenitza	42.80	0.75	a) 1 124 000
65	**Wreschener Kleinbahn . . . . . .** (Wreschen—Borzykowo und Wreschen—Kleparz)	Kreis Wreschen	Kreis Wreschen	27.90	0.60	a) 623 000
66	**Kleinbahn Krotoschin—Pleschen . . . . .**	Kreis Krotoschin	Kreis Krotoschin	39.55	0.75 und 1.435	a) 900 000
67	**Kosten—Gostyn . . . .**	Kostener Kreisbahn Akt.-Ges.	Vereinigte Eisenb.-Bau- und Betriebs-Ges. in Berlin	41.10	1.435	b) 2 100 000
68	**Schmiegeler Kreisbahnen . . . .** (Altboyen—Kriewen und Altboyen—Ujazd II)	Kreis Schmiegel	Kreis Schmiegel	52.28	1.—	a) 1 394 000
69	**Bromberger Kreisbahnen . . . . .** (Maximilianowo—Koselitz, Bromberg—Crone i. Br., Goscieradz—Kasprowo — Suchary, Marthas-hausen—Kasprowo, Trzementowo—Wierzchucin)	Kreis Bromberg	Ostdeutsche Eisen-bahn-Gesellschaft in Bromberg	71.92	0.60	a) 1 992 358
70	**Kleinbahn Znin . . . .** (Znin — Biskupin — Rogowo — Hohenau u. Biskupin—Schebejewo)	Kreis Znin	Kreis Znin	39.90	0.60	a) 781 800
71	**Kleinbahnen des Kreises Witkowo . . . .** (Gnesen — Powitz, Niechanowo—Mieltschin, Niechanowo—Mierzewo —Kleparz) ††)	Kreis Witkowo	Kreis Witkowo	56.70	0.60	a) 800 000

---

*) Jahresbericht lag noch nicht vor. — **) Ueberschüsse bisher nicht erzielt. Rücklagen sollen erst nach Ablauf der ersten Kleparz ist an die Wreschener Kleinbahn verpachtet.

7. Von dem Anlagekapital sind oder werden aufgebracht seitens					8. Gesamt-Einnahmen	9. Gesamt-Ausgaben	10. Rück-lagen	11. Erzielter Rein-Ueberschuss zur Verzinsung des Anlagekapitals (ohne etwaige Garantie-Zuschüsse)	
des Staates _M._	der Provinz _M._	der Kreise _M_	der zunächst Beteiligten _M._	in sonstiger Weise _M._	_M._	_M._	_M._	_M._	/0
339 000	339 000	430 000	102 000	—	109 146. 48	—	7 440. 37	—	—*)
390 000	375 000	375 000	137 000	223 000	80 878. 70	—	—	—	—*)
175 000	40 000	50 000	480 000	378 122	115 332. —	71 365. —	25 900. —	18 067. —	1. 6
240 000	120 000	256 000	7 000	—	67 130. 92	53 802. 92	—**)	13 328. —	2. 1
282 000	141 000	477 000	—	—	31 091. 24	34 359. 39	—	—3 268. 15	—0.36
500 000	250 000	1 298 000	2 000	300 000	—	—	—	—	—
452 000	226 000	716 000	—	—	36 236. —	35 112. —	—	1 124. —	0.08
—	—	67 494	—	1 924 864	174 737. 07	155 792. 71	—	18 944. 36	0.95
260 600	40 500	390 900	—	—	60 552. 79	89 931. 82 †)	—	— 29 379. 03	—3. 76
—	22 502	777 498	—	—	121 274. —	84 835. 25	18 332. 57	18 106. 18	2. 26

drei Betriebsjahre gemacht werden. — †) Ausgaben für Pensions- und Krankenkasse waren nicht erhältlich. — ††) Mierzewo—

	1.	2.	3.	4.	5.	6.
Lfd. No.	Benennung der Bahn	Eigentümer	Betriebs-Unternehmer	Länge der Bahn	Spur-weite	Anlagekapital a) mit Grunderwerb, b) ohne Grunderwerb
				km	m	$\mathscr{M}$.
72	Wirsitzer Kreisbahnen . . . . (Weissenhöhe—Lobsens—Witoslaw mit Abzweigung von Czaycze nach Wissek)	Kreis Wirsitz	Ostdeutsche Eisenbahn-Gesellschaft in Bromberg	49.78	0.60	a) 1 833 500
73	Schmalspurbahn Bachwitz—Lindenwald . .	Ostdeutsche Eisenbahn-Gesellschaft in Bromberg	desgl.	5.29	0.60	b) 92 000
74	Trachenberg—Militscher Kreisbahn. . . . (Trachenberg—Prausnitz und Przittkowitz—Sulmierczyce) ·	Trachenberg— Militscher Kreisbahn A.-G., Berlin	Allgemeine Deutsche Kleinbahn-Gesellschaft, Berlin	68.46	0.75	b) 1 704 136
75	Breslau—Trebnitz—Prausnitzer Kleinbahn	Breslau—Trebnitz— Prausnitzer Kleinbahn Act.-Ges., Berlin	Allgemeine Deutsche Kleinbahn-Gesellschaft, Berlin	37.16	0.75	a) 2 882 603
76	Camenz—Reichenstein.	H. Güttler in Reichenstein	H. Güttler in Reichenstein	12.10	1.435	a) 2 200 000 .
77	Eulengebirgsbahn . . . . (Reichenbach—Silberberg)	Eulengebirgsbahn Akt.-Ges., Reichenstein	Lenz & Co., Berlin	26.19	1.435	a) 6 100 000
78	Zillerthal—Erdmannsdorf—Arnsdorf— Krummhübel	Riesengebirgsbahn-Gesellschaft m.b.H., Berlin	Vereinigte Eisenb.-Bau- u. Betriebs-Gesellschaft, Berlin	6.74	1.435	a) 1 000 000
79	Landeshut—Albendorf	Ziederthaler Eisenb.-Ges., Landeshut	Bachstein Berlin	21.59	1.435	a) 2 200 000
80	Polkwitz—Raudten.	Polkwitz— Raudtener Kleinb.-Ges., Berlin	Vereinigte Eisenb.-Bau- u. Betriebs-Gesellschaft, Berlin	17.50	1.435	a) 1 400 000
81	Gleiwitz—Rauden . . . . (Mit Abzweigung nach Nieborowitz und Nieder-Wilcza)	Oberschlesische Dampfstrassenbahn-Ges. m. b. H.	Oberschlesische Dampfstrassenbahn-Ges. m. b. H.	25.73	0.785	b) 14 728 321 (zugleich für die Bahnen 82 u. 83, 84 u. 87)
82	Strassenbahn in Gleiwitz	desgl.	desgl.	77.87	0.785	siehe No. 81

*) Es ist eine Staatsbeihülfe von 600 000 M. beantragt. — **) Angaben waren nicht erhältlich.

7. Von dem Anlagekapital sind oder werden aufgebracht seitens					8. Gesamt-Einnahmen	9. Gesamt-Ausgaben	10. Rück-lagen	11. Erzielter Rein-Ueberschuss zur Verzinsung des Anlagekapitals (ohne etwaige Garantie-Zuschüsse)	
des Staates *M.*	der Provinz *M.*	der Kreise *M.*	der zunächst Beteiligten *M.*	in sonstiger Weise *M.*	*M.*	*M.*	*M.*	*M.*	%
—	—	21 000	—	1 812 500	175 383.76	141 519.94	—	33 863.82	1.85
—	—	—	—	92 000	5 955.80	2 101.37	—	3 854.43	4.19
100 000	175 000 zinsfreies Darlehn mit bedingter Tilgung	Gewähr für die 4%ige Verzinsung v. 620 000 M. Stamm-Aktien	12 508	1 520 000 Aktien und 84 136 Darlehn	93 250.—	89 719.—	—	3 531.—	0.21
—	92 898 zinsfreies Darlehn mit bedingter Tilgung	44 705 Gewähr für 4%ige Verzinsung von 700 000 M. Aktien	Gewähr für 4%ige Verzinsung von 605 500 M. Aktien	2 745 000	144 217.—	138 342.—	—	5 875.—	0.24
—*)	Jährlicher Zinszuschuss von 1¾% v. 500 000 M.	50 000 als verlorener Zuschuss	2 150 000	—	7 030.—	3 438.—	—	3 592.—	0.16
1 400 000 Aktien	Zinszuschuss von 1¾% für höchstens 600 000 M.	647 000	753 000	1 500 000 Aktien und 1 800 000 Darlehn	—	—	—	—	—**
—	—	—	—	1 000 000	108 283.57	45 349.19	7 008.85	55 925.53	5.59
64 778	64 778	105 000	—	1 965 444	21 855.—	33 560.—	1 500.—	—14 205.—	—0.65
192 000	50 000	Gewähr für 3½%ige Verzinsung von 50 000	208 000	950 000	32 434.07	35 864.20	—	—3 430.13	—0.25
—	—	—	—	14 728 321	71 139.26	56 891.16	—	14 248.10	0.39
—	—	—	—	—	1 148 919.20	848 088.14	138 000.—	162 831.06 (zugleich für 83)	8.76

	1.	2.	3.	4.	5.	6.
Lfd. No.	Benennung der Bahn	Eigentümer	Betriebs-Unternehmer	Länge der Bahn	Spurweite	Anlagekapital a) mit Grunderwerb, b) ohne Grunderwerb
				km	m	ℳ.
83	Königshütte—Kattowitz—Laurahütte . . .	Oberschles. Dampf-strassenbahn-Gesellsch. m. b. H., Berlin	Oberschles. Dampf-strassenbahn-Gesellsch. m. b. H., Berlin	12. 490	0. 785	siehe No. 81
84	1. Königshütte—Chorzow—Laurahütte, 2. Königshütte—Schwientochlowitz—Antonienhütte, 3. Zabrze—Biskupitz—Borsigwerk—Bobrek—Schomberg—Beuthen O.-S., 4. Schomberg—Morgenroth—Antonienhütte 5. Carl Emanuel-Kolonie—Ruda—Rudahammer	desgl.	desgl.	86. 197	0. 785	siehe No. 81
85	Rosenberg—Landsberg—Zwisna	Kreis Rosenberg O.-S.	Kreis Rosenberg O.-S.	22. 84	0. 75	a) 675 277
86	Gr.-Peterwitz—Katscher	Allgemeine DeutscheKleinbahn-Gesellschaft, Berlin	Deutsche Eisenbahn-Betriebs-Gesellschaft	8. 10	1. 435	a) 810 890
87	Gleiwitz—Rauden—Ratibor	Oberschles. Dampf-strassenbahn-Gesellsch. m. b. H., Berlin	Oberschles. Dampf-strassenbahn-Gesellsch. m. b. H., Berlin	48. 083	0. 785	siehe No. 81
88	1. Königshütte—Myslowitz, 2. Nieder-Heiduk—Beuthen (Mit Abzweigung nach Chropaczow und Lipine)	Oberschl. Klein-bahnen und Elektr.-Werke zu Kattowitz	Oberschl. Klein-bahnen und Elektr.-Werke zu Kattowitz	31. 170	0. 785	b) 4 281 500
89	Zawodzie—Laurahütte	Schikora & Wolff zu Kattowitz	Schikora & Wolff zu Kattowitz	11. 500	0. 785	a) 600 000
90	Bahn von Neisse bis zur Landesgrenze . . (In der Richtung auf Weidenau)	Kramer & Co., Berlin	Kramer & Co., Berlin	17. 882	1. 435	a) 3 000 000
91	Börssum—Hornburg	Stadt Hornburg u. Akt.-Gesellschaft Rübenzuckerfabrik Hornburg	Stadt Hornburg u. Akt.-Gesellschaft Rübenzuckerfabrik Hornburg	4. 88	1. 435	a) 4 500 000

7. Von dem Anlagekapital sind oder werden aufgebracht seitens					8. Gesamt-Einnahmen	9. Gesamt-Ausgaben	10. Rück-lagen	11. Erzielter Rein-Ueberschuss zur Verzinsung des Anlagekapitals (ohne etwaige Garantie-Zuschüsse)	
des Staates	der Provinz	der Kreise	der zunächst Beteiligten	in sonstiger Weise					
$\mathit{M.}$	$\mathit{M.}$	$\mathit{M.}$	$\mathit{M.}$	$\mathit{M.}$	$\mathit{M.}$	$\mathit{M.}$	$\mathit{M.}$	$\mathit{M.}$	$^0/_0$
—	—	—	—	—	—	—	—	siehe Nr. 82	
—	—	—	—	—	—	—	—	—	—
—	55 548	619 729	—	—	41 795. —	28 197. —	10 500. —	3 098. —	20. 46
—	24 000	5 000	—	624 186	77 936. —	43 305. —	4 412. —	30 219. —	3. 73
—	—	—	—	—	—	—	—	—	—
—	—	—	—	4 281 500	—	—	—	—	—
—	—	—	—	600 000	—	—	—	—	—
—	—	—	—	3 000 000	—	—	—	—	—
—	—	—	430 000	—	49 179. 80	26 936. 70	8 385. —	13 857. 60	3. 08

	1.	2.	3.	4.	5.	6.
Lfd. No.	Benennung der Bahn	Eigentümer	Betriebs-Unternehmer	Länge der Bahn	Spur-weite	Anlagekapital a) mit Grunderwerb, b) ohne Grunderwerb
				km	m	$\mathscr{M}.$
92	Aschersleben—Schneidlingen und Schneidlingen—Nienhagen	Aschersleben—Schneidlingen-Nienhagener Kleinbahn-Ges., Aschersleben	Aschersleben—Schneidlingen-Nienhagener Kleinbahn-Ges., Aschersleben	44. 74	1. 435	a) 3 740 000
93	Burg—Ziesar und Burg—Magdeburgerförth	Kreis Jerichow	Kreis Jerichow	73. 70	0. 75	b) 1 315 666
94	Bahnhof Goldbeck bis zur Elbe bei Werben	Philipp Freise zu Iden	Philipp Freise zu Iden	22. 0	1. 435	a) 1 000 000
95	Heudeber—Mattierzoll	Kleinbahn-Akt.-Ges. Heudeber—Mattierzoll i. Halberstadt	Lenz & Co., Berlin	20. 85	1. 435	a) 1 657 000
96	Stendal—Arneburg	Kleinbahn-Akt.-Ges. Stendal—Arneburg in Arneburg	Kleinbahn-Akt.-Ges. Stendal—Arneburg in Arneburg	12. 97	1. 0	a) 430 000
97	Bismark—Calbe—Beetzendorf	Akt.-Ges. Kleinb. Bismark—Calbe—(Milde)—Beetzendorf i. Calbe	Lenz & Co., Berlin	42. 23	1. 435	b) 1 932 000
98	Genthin—Schönhausen und Genthin—Milow	Genthiner Kleinbahn-Akt.-Ges. in Genthin	desgl.	47. 07	1. 435	b) 1 693 000
99	Marienborn—Beendorf	Marienborn—Beendorfer Klein-bahn-Ges., Berlin	Vereinigte Eisenb.-Bau- und Betriebs-gesellschaft, Berlin	4. 59	1. 435	a) 1 000 000
100	Salzwedel—Neustadt—Dülseburg	Salzwedeler Kleinbahn-Ges. G. m. b. H. in Salzwedel	Salzwedeler Kleinbahn-Ges. G. m. b. H. in Salzwedel	26. 80	1. 0 u. 1. 435	b) 730 000
101	Clötze—Lindstedt.	Altmärkische Kleinbahn G. m. b. H. in Clötze	Altmärkische Kleinbahn G. m. b. H. in Clötze	36. 00	0. 75	a) 1 196 000

*) Zahlen für sämtliche Rücklagen noch nicht festgestellt. — **) Noch kein volles Betriebsjahr.

7. Von dem Anlagekapital sind oder werden aufgebracht seitens					8. Gesamt-Einnahmen	9. Gesamt-Ausgaben	10. Rück-lagen	11. Erzielter Rein-Ueberschuss zur Verzinsung des Anlagekapitals (ohne etwaige Garantie-Zuschüsse)	
des Staates	der Provinz	der Kreise	der zunächst Beteiligten	in sonstiger Weise					
ℳ.	ℳ.	ℳ.	ℳ.	ℳ.	ℳ.	ℳ.	ℳ.	ℳ.	%
—	—	—	1 180 000	320 000	173 917.54	195 174.96	—	— 21 257.42	— 0.57
354 000	353 666	608 000	—	—	183 519.07	162 997.86	24 730.70	— 4 209 49	— 0.32
—	—	—	1 000 000	—	—	—	—	—	—
200 000	200 000	28 000	425 000	365 000 80 000 M. verlorener Zuschuss u. 359 000 M. Darlehn	99 396.32	55 133.12	—	44 263.20	2 67
105 000	105 000	60 000	160 000	—	40 878.18	28 561.05	3 600. —	8 717.13	2.03
488 000	500 000	255 000	389 000	305 000	47 471.72	38 518.33	7 076.24	1 877.15	0.10
460 000	460 000	270 000	353 000	150 000	115 171.60	58 620.42	12 561.83*)	43 989.35	2.6
—	—	—	—	1 000 000	113 609.48	41 574.19	8 525 59	63 509.70	6.35
—	—	—	370 000	360 000	—	—	—	—	— **)
—	—	124 500	431 600	569 850	45 736.44	51 371.60	—	— 5 635.16	— 0.47

	1.	2.	3.	4.	5.	6.
Lfd. No.	Benennung der Bahn	Eigentümer	Betriebs-Unternehmer	Länge der Bahn	Spurweite	Anlagekapital a) mit Grunderwerb, b) ohne Grunderwerb
				km	m	*M.*
102	**Vom Verschiffungsplatz Alte Elbe nach Kilometer 2,30, von Kilometer 2,30 nach Bahnhof Gommern**	Gommern—Pretziener Eisenb.-Ges., G. m. b. H. in Pretzien (Elbe)	Gommern—Pretziener Eisenb.-Ges., G. m. b. H. in Pretzien (Elbe)	4.30	0.75	a) 340 000
103	**Zörbig—Niemberg**	Burchard & Co., Berlin	Burchard & Co., Berlin	9.745	0.75	a) 421 893
104	**Halle—Hettstedt und Gerbstedt—Friedeburg**	Halle—Hettstedter Eisenb.-Ges., Akt.-Ges. in Halle	Lenz & Co., Berlin	59.86	1.435 u. 1.0	a) 5 126 900
105	**Zörbig—Köthen** . . . . (Mit Abzweigung nach Dessau)	Allgemeine Deutsche Kleinb.-Ges., Berlin	Allgemeine Deutsche Kleinb.-Ges., Berlin	17.6	0.75	a) 971 188
106	**Torgauer Hafenbahn** . . . . (Rangiergleise der Hafenbahn am Staatsbahnhof)	Stadt Torgau	Speditionsverein Mittelelbische Hafen- und Lagerhaus-Akt.-Ges., Torgau	2.53	1.435	a) 175 750
107	**Von Helfta nach Hettstedt, von Eisleben nach dem Bahnhof, von Eisleben nach dem Friedhof**	Elektrische Kleinbahnen im Mansfelder Bergrevier, Akt.-Ges., Berlin	Allgemeine Deutsche Kleinb.-Ges., Berlin	31.81	1.0	a) 4 500 000
108	**Elmshorn—Barmstedt**	Elmshorn—Barmstedter Eisenb.-Akt.-Ges. in Elmshorn	Elmshorn—Barmstedter Eisenb.-Akt.-Ges. in Elmshorn	10.0	1.435	b) 539 413
109	**Niebüll—Dagebüll-Hafen**	Kleinbahn-Gesellschaft Niebüll—Dagebüll in Flensburg	Kleinbahn-Gesellschaft Niebüll—Dagebüll in Flensburg	13.78	1.0	a) 367 000
110	**Schleswig—Suderbarup** . . . . (Hafenbahn-Anschlussgleis Lederfabrik)	Stadt Schleswig	Stadt Schleswig	22.44	1.435	a) 1 012 000
111	**Kiel—Schönberg** . . . . (Anschlussweiche Schönberg)	Kleinb.-Akt.-Ges. Kiel—Schönberg in Kiel	Lenz & Co., Berlin	19.60	1.435	b) 1 164 693

*) Noch kein volles Betriebsjahr. — **) Die Provinzial-Beihülfe steht ziffernmässig noch nicht genau fest. — †) Jahres-

7.					8.	9.	10.	11	
Von dem Anlagekapital sind oder werden aufgebracht seitens					Gesamt-Einnahmen	Gesamt-Ausgaben	Rück-lagen	Erzielter Rein-Ueberschuss zur Verzinsung des Anlagekapitals (ohne etwaige Garantie-Zuschüsse)	
des Staates	der Provinz	der Kreise	der zunächst Beteiligten	in sonstiger Weise					
$\mathit{M.}$	$\mathit{M.}$	$\mathit{M.}$	$\mathit{M.}$	$\mathit{M.}$	$\mathit{M.}$	$\mathit{M.}$	$\mathit{M.}$	$\mathit{M.}$	%
—	—	—	340 000	—	43 434.24	43 198.77	—	235.47	0.07
—	...	—	—	421 893	—	—	—	—	—
—	—	510 000	—	4 740 000	613 707.10	299 668.42	—	314 038.68	5.98
—	—	—	—	971 188	—	—	—	—	—
—	—	—	175 750	—	9 200.—	16 687.—	—	7 847.—	4.26
—	—	—	—	4 500 000	206 742.—	—	—	—	—*)
—	—	—	—	. 589 413	62 373.22	42 110.93	4 410.26	15 852.03	2.81
—	65 000 **)	—	302 000	—	43 105.—	35 205.—	400.—	7 500.—	2.04
—	—	150 000	—	—	70 035.—	91 403.—	—	21 368.—	2.11
—	275 000	400 000	—	400 000	103 532.29	—	6 711.01	—	—†)

abschluss lag noch nicht vor.

	1.	2	3.	4.	5.	6.
Lfd. No.	Benennung der Bahn	Eigentümer	Betriebs-Unternehmer	Länge der Bahn	Spur-weite	Anlagekapital a) mit Grund-erwerb, b) ohne Grund-erwerb
				km	m	ℳ.
112	Apenrade—Gravenstein . ⅃	Kreis Apenrade	Kreis Apenrade	31.50	1.0	a) 2 680 000
113	Sonderburg—Norburg, Wollerup—Schamby, Kl. Mummark—Mummarkfähre	Kreis Sonderburg	Lenz & Co., Berlin	48.90	1.0	a) 2 065 100
114	Hadersleben—Christiansfeld, Haders-leben—Woyens, Woyens—Rödding	Kreis Hadersleben	Kreis Hadersleben	68.90	1.0	a) 4 083 964
115	Rendsburg—Hohenwestedt	Kreis Rendsburg	Kreis Rendsburg	33.0	1.0 u. 1.435	a) 1 200 000
116	Lägerdorf—Itzehoe	Alsen'schePortland-zementfabriken Akt.-Ges. in Hamburg	Alsen'schePortland-zementfabriken Akt.-Ges. in Hamburg	5.50	0.660	a) 378 000
117	Flensburg—Rundhof	Landkr. Flensburg	Landkr. Flensburg	44.090	1.0	a) 1 800 000
118	Westerland—Hörnum a. S.	Nordseelinie Dampfschiff-Gesell-schaft G. m. b. H.	Nordseelinie Dampfschiff-Gesell-schaft G. m. b. H.	18.300	1.0	a) 600 000
119	Voldagsen—Duingen	Deutsche Eisenb.-Betr.-Gesellschaft, Berlin	Deutsche Eisenb.-Betr.-Gesellschaft, Berlin	15.90	1.435	a) 1 260 000
120	Duingen—Delligsen . . . . (Fortsetzung von No. 119)	Vering & Waechter in Berlin	Vering & Waechter in Berlin	11.7	1.435	994 000
121	Wunsdorf—Stolzenau—Uchte	Steinhuder Meer-Bahn Akt.-Ges. in Wunstorf	Steinhuder Meer-Bahn-Akt.-Ges. in Wunstorf	51.45	1.0	a) 2 218 000
122	Hoya—Syke . . . . (Mit Abzweigung nach Asendorf)	Kleinbahn Hoya—Syke—Asen-dorf G. m. b. H.	Kleinbahn Hoya—Syke—Asen-dorf G. m. b. H.	37.067	1.0	b) 1 278 200
123	Gross-Ilsede—Lengede	Bergbau- u. Hütten-gesellschaft Ilseder Hütte zu Gross-Ilsede	Bergbau- u. Hütten-gesellschaft Ilseder Hütte zu Gross-Ilsede	11.140	0.780	a) 740 000

*) Angaben wegen des Zusammenhanges der Bahn mit der Fabrik noch nicht erhältlich.

7. Von dem Anlagekapital sind oder werden aufgebracht seitens					8. Gesamt-Einnahmen	9. Gesamt-Ausgaben	10. Rück-lagen	11. Erzielter Rein-Ueberschuss zur Verzinsung des Anlagekapitals (ohne etwaige Garantie-Zuschüsse)	
des Staates ℳ	der Provinz ℳ	der Kreise ℳ	der zunächst Beteiligten ℳ	in sonstiger Weise ℳ	ℳ	ℳ	ℳ	ℳ	%
907 500	665 579	1 353 950	—	—	83 915.72	66 718.13	7 500.45	+ 9 697.14	+ 0.36
500 000	204 399	1 360 701	—	—	164 920.30	—	9 485.35	—	—
905 106	603 404	2 575 454	—	—	218 524.38	156 564.28	18 255.36	43 704.74	1.07
450 000	150 000	275 000	325 000	—	—	—	—	—	—
—	—	—	378 000	—	—	—	—	—	—*)
600 000	400 000	800 000	—	—	—	—	—	—	—
—	—	—	—	600 000	—	—	—	—	—
—	800 000	Zinsbürgschaft für das Provinzial-Darlehn	—	460 000	101 848.—	54 708.—	10 372.—	36 768.—	2.91
—	—	—	185 000	809 000	—	—	—	—	—
300 000	1 051 000	569 000	699 000	650 000	160 565.—	187 672.—	—	—27 111.—	— 1.22
275 000	1 003 200	110 000	898 200	—	—	—	—	—	—
—	—	—	740 000	—	—	—	—	—	—

	1.	2.	3.	4.	5.	6.
Lfd. No.	Benennung der Bahn	Eigentümer	Betriebs-Unternehmer	Länge der Bahn	Spur-weite	Anlagekapital a) mit Grunderwerb, b) ohne Grunderwerb
				km	m	*M.*
124	**Göttingen – Rittmarshausen**	Göttinger Kleinbahn-Akt.-Ges. in Göttingen	Lenz & Co., Berlin	18. 50	0. 75	a) 1 045 288
125	**Von Marienburg i. H. nach den Kalischächten im Beusterthale**	Gewerkschaft Hildesia in Hannover	Gewerkschaft Hildesia in Hannover	6. 60	1. 435	a) 798 000
126	**Osterode – Förste. Westerhof - Kreiensen u. Förste – Westerhof**	Kreis Osterode a. H.	Kreis Osterode a. H.	32. 72	0. 75	a) 3 369 520
127	**Dahlenburg—Bleckede—Echem**	Kreis Bleckede	Lenz & Co., Berlin	47. 25	0. 75	b) 1 166 000
128	**Bergen b. Celle – Garssen**	Landkreis Celle	Landkreis Celle	27. 35	1. 435	a) 1 250 000
129	**Stade—Itzwörden**	Kreis Kehdingen	Havestadt & Contag in Wilmersdorf-Berlin	50. 60	1. 0	a) 1 672 000
130	**Bremen—Tarmstedt**	Bremisch-Hannover'sche Kleinbahn Akt.-Ges. i. Frankfurt a. M.	Akt.-Ges. für Bahn-Bau u. -Betrieb in Frankfurt a. M.	26. 7	1. 0	a) 1 700 000
131	**Dortmund—Emskanal– Werlte**	Kreis Hümmling	Kreis Hümmling	27. 86	0. 75	a) 470 000
132	**Bohmte—Holzhausen**	Wittlager Kreisbahn-Akt.-Ges., Wittlage	Wittlager Kreisbahn-Akt.-Ges., Wittlage	20. 50	1. 435	a) 1 220 000
133	**Vom Borkumer Hafen bis ins Dorf Borkum** (Vom Hauptgleise abzweigend zum Strand und am Strand entlang)	Borkumer Inselbahn Habich & Goth in Emden	Borkumer Inselbahn Habich & Goth in Emden.	11. 40	0. 60	b) 585 000
134	**Wittmund—Aurich – Leer.**	Kreisbahn Wittmund—Aurich—Leer G. m. b. H., Aurich	Kreisbahn Wittmund—Aurich—Leer G. m. b. H., Aurich	67. 47	1. 0	a) 2 275 000
135	**Emden—Pewsum**	Landkreis Emden	Landkreis Emden	12. 40	1. 0	a) 526 087
136	**Bahn von Gronau nach der Holländ. Grenze** (In der Richtung auf Oldenzaal)	Aktien-Gesellschaft Nederlandsch-Westfaal'sche Stoomtram-Matchappy	Niederländisch-Westfälische Lokaleisenbahngesellschaft zu Oldenzaal	16. 0 davon 1. 5 in Preussen	1. 435	a) 272 000 (für die in Preussen gelegene Strecke)

*) Geschäftsbericht lag noch nicht vor. — **) Noch kein volles Betriebsjahr. — †) Fehlt Jahresabschluss.

7. Von dem Anlagekapital sind oder werden aufgebracht seitens					8.	9.	10.	11. Erzielter Rein-Ueberschuss zur Verzinsung des Anlagekapitals (ohne etwaige Garantie-Zuschüsse)	
des Staates	der Provinz	der Kreise	der zunächst Beteiligten	in sonstiger Weise	Gesamt-Einnahmen	Gesamt-Ausgaben	Rück-lagen		
$\mathscr{M}$.	$\mathscr{M}$.	$\mathscr{M}$.	$\mathscr{M}$.	$\mathscr{M}$.	$\mathscr{M}$.	$\mathscr{M}$.	$\mathscr{M}$.	$\mathscr{M}$.	%
—	30 000	90 000	365 000	590 288	64 490.39	—	5 754.55	—	—*)
—	—	—	798 000	—	9 537.88	13 060.29	—	— 3 522.41	— 0.44
826 920	2 142 600	400 000	—	—	—	—	—	—	—**)
45 000	1 121 000	—	—	—	57 587.41	—	10 978.64	—	—†)
383 000	867 000	—	—	—	—	—	—	—	—
400 000	1 200 000	72 000	—	—	102 659.—	83 541.—	—	+ 19 118.—	+ 1.14
—	—	—	—	1 700 000	—	—	—	—	—
160 000	Darlehn bis zur Höhe von 311 400	8 375	19 427	—	—	—	—	—	—
239 000	600 000 Darlehn	750 000 .	231 000	—	—	—	—	—	—**)
		Aktien							
—	—	—	—	585 000	—	141 580.62	—	—	—
375 000	1 900 000	—	—	—	143 150.77	115 500.14	—	+ 27 650.63	+ 1.22
90 000	410 000	26 087	—	—	26 031.52	13 635.61	2 119.48	+ 10 276.43	+ 1.95
—	—	—	—	272 000	—	—	—	—	—

	1.	2.	3.	4.	5.	6.
Lfd. No.	Benennung der Bahn	Eigentümer	Betriebs-Unternehmer	Länge der Bahn	Spur-weite	Anlagekapital a) mit Grunderwerb, b) ohne Grunderwerb
				km	m	ℳ.
137	Piesberge—Rheine	Kleinbahn-Aktien-Gesellschaft Piesberge—Rheine in Tecklenburg	Kleinbahn-Aktien-Gesellschaft Piesberge—Rheine in Tecklenburg	47.0	1.0 u. 1.435'	a) 2 300 000
138	Von Kirchlengern nach Wallücke . . . . . (Anschluss an Löhne, Werrebrücke)	Wallückebahn Georgs-Marien-Bergwerks- und Hüttenverein in Georgsmarienhütte	Wallückebahn Georgs-Marien-Bergwerks- und Hüttenverein in Georgsmarienhütte	16.90	0.60	a) 585 000
139	Minden—Uchte	Kreis Minden i. Westf.	Kreis Minden i. Westf.	29.00	1.0	a) 2 250 000
140	Herford—Wallenbrück	Herforder Klein-bahnen G. m. b. H. in Herford	Herforder Klein-bahnen G. m. b. H. in Herford	17.87	1.0	a) 3 050 000
141	Höxter Staatsbahnhof—Zementfabrik Eich-wald	Industriebahn-Aktien-Gesellschaft in Frankfurt a. M.	Industriebahn-Aktien-Gesellschaft in Frankfurt a. M.	4.20	1.435	a) 320 000
142	Bielefeld—Enger . . . . (Mit Abzweigung nach Werther)	Landkreis Bielefeld	Landkreis Bielefeld	27.2	1.0	a) 1 355 000
143	Bahn von der Stadt nach dem Bahnhof Plettenberg	Plettenberger Strassenbahn A.-G. zu Plettenberg	Plettenberger Strassenbahn A.-G. zu Plettenberg	4.83	1.0	a) 435 000
144	Neheim—Hovestadt u. Ostönnen—Werl . .	Kreis Soest	Kreis Soest	44.15	1.0	a) 2 325 000
145	Neheim—Hüsten—Sundern	Westdeutsche Eisenb.-Ges. in Cöln	Westdeutsche Eisenb.-Ges. in Cöln	14.31	1.435	a) 1 566 377

*) Noch kein volles Betriebsjahr.

| 7. Von dem Anlagekapital sind oder werden aufgebracht seitens | | | | | 8. Gesamt-Einnahmen | 9. Gesamt-Ausgaben | 10. Rücklagen | 11. Erzielter Rein-Ueberschuss zur Verzinsung des Anlagekapitals (ohne etwaige Garantie-Zuschüsse) | |
| des Staates | der Provinz | der Kreise | der zunächst Beteiligten | in sonstiger Weise | | | | | |
ℳ.	ℳ.	ℳ.	ℳ.	ℳ.	ℳ.	ℳ.	ℳ.	ℳ.	%
400 000	100 000	160 000	1 140 000	—	—	—	—	—	—
—	Jahreszuschuss von 1 % zur Verzinsung und Tilgung des von der Landesbank gewährten Darlehns von 22 000 Mark	93 000	—	492 000	49 300.—	53 088.—	—	— 3 788.—	— 0.65
500 000	Jahreszuschuss von $1\frac{1}{8}$ % zur Verzinsung und Tilgung des von der Landesbank gewährten Darlehns von 750 000 Mark	1 450 000	300 000	—	119 621.83	113 352.80	14 500.—	— 8 230.47	— 0.37
427 000	Jahreszuschuss von $1\frac{1}{8}$ % zur Verzinsung und Tilgung des von der Landesbank gewährten Darlehns von 876 000 Mark	1 019 000	381 000	1 650 000	—	—	—	—	—*)
—	—	—	—	320 000	28 087.82	8 696.71	5 734.78	+ 14 456.33	+ 4.52
394 000	Zuschuss von $1\frac{1}{8}$ % zur Verzinsung und Tilgung des von der Landesbank bewilligten Darlehns von 394 000 Mark	961 000	—	—	—	—	—	—	—
—	Zuschuss von $1\frac{1}{8}$ % zur Verzinsung und Tilgung von 87 500 M. Darlehn	—	435 000	—	—	—	—	—	—
557 000	Zuschuss von $1\frac{1}{8}$ % zur Verzinsung und Tilgung von 750 000 M. Darlehn	1 693 000	75 000	—	192 776.—	133 827.—	13 212.—	+ 45 737.—	+ 1.97
—	—	—	—	1 566 377	44 779.22	24 094.89	5 115 28	+ 15 569.05	+ 1.0

	1.	2.	3.	4.	5.	6.
Lfd. No.	Benennung der Bahn	Eigentümer	Betriebs-Unternehmer	Länge der Bahn	Spur-weite	Anlagekapital a) mit Grund-erwerb, b) ohne Grund-erwerb
				..km	m	*M.*
146	**Werl—Hamm**	Kreis Hamm	Kreis Hamm	16.2	1.0	a) 700 000
147	**Hohenlimburg—Nahmerthal**	Hohenlimburger Kleinbahn-Gesellschaft in Hohenlimburg	Hohenlimburger Kleinbahn-Gesellschaft in Hohenlimburg	3.7	1.0	a) 410 000
148	**Letmathe—Iserlohn**	Westfälische Kleinbahn-Akt.-Ges. zu Bochum	Akt.-Ges. Elektrizitätswerke vormals O. L. Kummer, Dresden-Niedersedlitz	10.78	1.0	b) 1 285 000
149	**Gelnhausen — Lochborn und Bieber — Schmelze**	Spessartbahn Akt.-Ges. in Cöln	Spessartbahn Akt.-Ges. in Cöln	21.15	0.90	a) 900 000
150	**Hanau—Hüttengesäss** . . . . (Mit Abzweigung nach Langen-selbold)	Hanauer Klein-bahnen Akt.-Ges. in Hanau	Hanauer Klein-bahnen Akt.-Ges. in Hanau	20.49	1.435	a) 917 733
151	**Kleinschmalkalden—Brotterode**	Kreis Schmalkalden	Kgl. Eisenbahn-Direktion Erfurt	8.45	1.435	a) 730 000
152	**Bahn von Kirchhain bis zur Landesgrenze bei Schweinsberg**	Kreis Kirchhain	Kreis Kirchhain	9.854	1.435	b) 676 000
153	**Wächtersbach—Birstein**	Wächtersbach—Birsteiner Kleinb.-Ges. in Gelnhausen	Deutsche Eisenbahn-Betriebs-Gesellschaft in Berlin	12.10	1.435	a) 870 000
154	**Grifte—Gudensberg**	Grifte—Gudens-berger Kleinbahn Akt.-Ges. in Gudensberg	Kgl. Eisenbahn-Direktion Cassel	8.20	1.435	b) 600 000
155	**Wernshausen—Herges-Vogtei**	Trusebahn Akt.-Ges.Wernshausen—Herges-Vogtei in Schmalkalden	Trusebahn Akt.-Ges.Wernshausen—Herges-Vogtei in Schmalkalden	8.95	0.75	b) 270 000
156	**Wächtersbach— Orb**	Akt.-Ges. Bad—Orber Kleinbahn in Gelnhausen	Akt.-Ges. Bad—Orber Kleinbahn in Gelnhausen	6.7	1.435	b) 540 000

7.					8.	9.	10.	11.	
Von dem Anlagekapital sind oder werden aufgebracht seitens					Gesamt-Einnahmen	Gesamt-Ausgaben	Rück-lagen	Erzielter Rein-Ueberschuss zur Verzinsung des Anlagekapitals (ohne etwaige Garantie-Zuschüsse)	
des Staates	der Provinz	der Kreise	der zunächst Beteiligten	in sonstiger Weise					
$\mathcal{M}$.	$\mathcal{M}$.	$\mathcal{M}$.	$\mathcal{M}$.	$\mathcal{M}$.	$\mathcal{M}$.	$\mathcal{M}$	$\mathcal{M}$.	$\mathcal{M}$.	%
233 000	Zuschuss von $1^1/_8$% zur Verzinsung u. Tilgung von 266 400 M. Darlehn	267 000	200 000	—	—	—	—	—	—
—	Zuschuss von $1^1/_8$% zur Verzinsung u. Tilgung von M. 130 000 Darlehn	—	390 000	20 000	37 602. 79	23 109. 03	2 913. 16	+ 11 580. 60	+ 2. 82
—	—	—	—	1 285 000	—	—	—	—	—
—	—	—	—	900 0C0	90 201. —	48 636. —	9 750. —	+ 31 815. —	+ 3. 54
—	—	380 000	—	537 733	110 882. 51	51 302. 09	9 858. 11	+ 49 722. —	+ 5. 42
356 000	350 000	16 500	7 500	—	17 626. —	13 500. —	—	+ 4 126. —	+ 0. 57
188 000	188 000	300 000	—	—	—	—	—	—	—
—	253 000	254 000	110 000	253 000	67 668. —	47 961. —	5 806. —	+ 13 901. —	+ 1. 60
196 000	196 000	—	404 000	—	42 806. 03	33 018. 49	3 334. 16	+ 6 453. 38	+ 1. 71
90 000	90 000	90 000 Darlehn inzwischen auf 140 000 M. erhöht	90 000	—	7 236. 14	13 950. 50	—	— 6 714. 36	— 2. 49
180 000	180 000	180 000 Darlehn	180 000	—	—	—	—	—	—

	1.	2.	3.	4.	5.	6.
Lfd. No.	Benennung der Bahn	Eigentümer	Betriebs-Unternehmer	Länge der Bahn	Spurweite	Anlagekapital a) mit Grunderwerb, b) ohne Grunderwerb
				km	m	ℳ.
157	Oberursel—Hohemark	Frankfurter Lokalbahn-Akt.-Ges. in Frankfurt a. M.	Frankfurter Lokalbahn-Akt.-Ges. in Frankfurt a. M.	4.50	1.435	a) 450 000
158	Giessen—Bieber.	Allgemeine Deutsche Kleinb.-Ges. in Berlin	Allgemeine Deutsche Kleinb.-Ges. in Berlin	8.80	1.0	a) 850 000
159	Bahn von St. Goarshausen nach dem Bahnhofe Zollhaus der Eisenbahn Wiesbaden—Diez	Nassauische Kleinb.-Akt.-Ges. in Berlin	Allgemeine Deutsche Kleinb.-Ges. in Berlin	79.59	1.0	a) 5 436 000
160	Selters—Herschbach—Hachenburg	Kleinbahn A.-G. Selters	Ph. Balke, Berlin	23.5	1.0	a) 1 664 000
161	Vallendar—Wirges.	Kreis Unterwesterwald	Stadt Vallendar	24.0	1.0	a) 2 700 000
162	Städtische Waldbahn Frankfurt a. M.. . .	Stadt Frankfurt a. M.	Stadt Frankfurt a. M.	14.95	1.435	a) 1 750 000
163	Heddernheim—Oberursel	Frankfurter Lokalb.-Akt.-Ges. in Frankfurt a. M.	Frankfurter Lokalb.-Akt.-Ges. in Frankfurt a. M.	6.6	1.435	a) 1 140 000
164	Höchst—Königstein	Kleinb.-Akt.-Ges. Höchst—Königstein in Frankfurt a. M.	Aktien-Ges. für Bahnbau u. Betrieb in Frankfurt a. M.	16.04	1.435	a) 1 910 000
165	Von Philippstein (Oberlahnkreis) nach Stadt Braunfels (Station Stift), von Station Stift (Stadt Braunfels) nach Bahnhof Braunfels	Ernstbahn-Ges. in Braunfels	Ernstbahn-Ges. in Braunfels	6.35	0.80	a) 207 456
166	Rasselstein—Augustenthal	Fr. Bösner in Augustenthal	Königl. Eisenbahn-Direktion Cöln	2.87	1.435	a) 275 367
167	Rasselstein—Neuwied	Rasselsteiner Eisenwerks-Ges. m. b. H. in Rasselstein bei Neuwied	desgl.	2.41	1.435	a) 372 471
168	Kreuznach—Winterburg und Lohrermühle—Wallhausen	Kreis Kreuznach	Westdeutsche Eisenbahn-Ges. in Cöln	27.10	0.75	a) 1 146 000

*) Bahn gelangt wahrscheinlich noch nicht zur Ausführung.

7.					8.	9.	10.	11.	
Von dem Anlagekapital sind oder werden aufgebracht seitens					Gesamt-Einnahmen	Gesamt-Ausgaben	Rück-lagen	Erzielter Rein-Ueberschuss zur Verzinsung des Anlagekapitals (ohne etwaige Garantie-Zuschüsse)	
des Staates	der Provinz	der Kreise	der zunächst Beteiligten	in sonstiger Weise					
ℳ.	ℳ.	ℳ.	ℳ.	ℳ.	ℳ.	ℳ.	ℳ.	ℳ.	%
—	—	—	—	450 000	31 188. 27	27 067. 22	4 050. —	+ 7 105. —	+ 0.02
—	—	—	—	750 000	78 376. —	61 333. —	7 838. —	+ 9 205. —	+ 1.08
500 000	500 000	250 000	—	4 186 000	—	—	—	—	—
200 000	200 000	184 000	—	1 080 000	—	—	—	—	—
—	—	2 700 000	—	—	—	—	—	—	—*)
—	—	2 146 000	—	—	292 828. 65	162 399. 49	50 914. 31	+ 79 514. 85	+ 3.71
—	—	—	—	1 140 000	—	—	—	—	—
200 000	200 000	200 000	—	1 060 000	—	—	—	—	—
—	—	—	207 456	—	85 700. —	34 559. 89	2 157. 42	+ 8 982. —	+ 4.33
—	—	—	—	275 367	21 987. 65	14 982. 13	4 690. 16	+ 2 365. 36	+ 0.86
—	—	—	372 471	—	80 303. 29	1 541. 44	10 138. 29	+ 18 623. 56	+ 5
—	Zuschuss von 1/2% für Verzinsung von Mark 1 146 000	1 146 000	—	—	69 493. 82	53 063. 94	—	+ 16 429. 88	+ 1.43

6*

	1.	2.	3.	4.	5.	6.
Lfd. No.	Benennung der Bahn	Eigentümer	Betriebs-Unternehmer	Länge der Bahn	Spurweite	Anlagekapital a) mit Grunderwerb, b) ohne Grunderwerb
				km	m	_M._
169	**Ehrenbreitstein – Ahrenberg**	Coblenzer Strassenbahn A.-G. in Coblenz	Coblenzer Strassenbahn A.-G. in Coblenz	3.887	1.0	a) 1 720 537 zugleich für Bahn 171
170	**Rheinbrohl – Mahlbergbahn**	Kontinentale Eisenbahn-Bau- u. Betriebs-Ges. in Berlin	Kontinentale Eisenbahn-Bau- u. Betriebs-Ges. in Berlin	5.35	0.75	a) 450 000
171	**Vallendar—Niederlahnstein**	Coblenzer Strassenbahn A.-G. in Coblenz	Coblenzer Strassenbahn A.-G. in Coblenz	9.740	1.0	siehe bei Bahn 169
172	**Heddesdorf—Oberbieber**	Kreis Neuwied	Kreis Neuwied	6.7	1.0	a) 350 000
173	**Rees—Empel**	Stadt Reeser Anschlussbahn G. m. b. H., Rees	Stadt Reeser Anschlussbahn G. m. b. H., Rees	5.6	1.0	a) 350 000
174	**Mülheim a. Rh. – Leverkusen**	Farbenfabriken vorm. Friedr. Bayer & Co. in Elberfeld	Farbenfabriken vorm. Friedr. Bayer & Co. in Elberfeld	6.14	1.435	b) 920 180
175	**Schwebebahn von Vohwinkel über Sonnborn nach Elberfeld u. Barmen**	Kontinentale Gesellschaft für elektrische Unternehmungen A.-G. zu Nürnberg	Kontinentale Gesellschaft für elektrische Unternehmungen A.-G. zu Nürnberg	13.3	—	a) 7 650 000
176 a	**Ronsdorf– Müngsten**	Ronsdorf— Müngstener Eisenbahn-Ges. in Ronsdorf	Westdeutsche Eisenb.-Ges. in Cöln	15.10	1.0	a) 1 982 000 einschliesslich 400 000 für 176 b
176 b	**Wermelskirchen—Burg und Remscheid— Remscheider Thalsperre**	desgl.	desgl.	14.10	1.0	siehe 176 a
177	**Zahnradstrecke Barmen—Toellethurm, Adhäsionsstrecke Toellethurm— Ronsdorf**	Barmer Bergbahn Akt.-Ges. in Barmen	Barmer Bergbahn Akt.-Ges. in Barmen	4.40	1.0	a) 1 125 998
178	**Düsseldorf—Crefeld**	Rheinische Bahn-Gesellschaft in Düsseldorf	Rheinische Bahn-Gesellschaft in Düsseldorf	22.30	1.435	a) 3 500 000
179	**Velbert—Heiligenhaus—Hösel**	Bergische Kleinbahnen Akt.-Ges. in Elberfeld	Bergische Kleinbahnen Akt.-Ges. in Elberfeld	13.16	1.0	a) 1 248 168

*) Angaben nicht erhältlich.

| 7. Von dem Anlagekapital sind oder werden aufgebracht seitens | | | | | 8. Gesamt-Einnahmen | 9. Gesamt-Ausgaben | 10. Rück-lagen | 11. Erzielter Rein-Ueberschuss zur Verzinsung des Anlagekapitals (ohne etwaige Garantie-Zuschüsse) | |
| des Staates | der Provinz | der Kreise | der zunächst Beteiligten | in sonstiger Weise | | | | | |
M.	M.	M.	M.	M.	M.	M.	M.	M.	%
—	—	—	—	—	—	—	—	—	—
—	—	—	—	450 000	18 356. 80	15 976. 18	3 839. —	— 1 458. 38	— 0. 32
—	—	—	—	—	—	—	—	—	—
—	—	350 000	—	—	—	—	—	—	—
—	Zuschuss für 350 000 M. Darlehn von Landesbank	—	350 000	—	34 952. 48	38 503. 71	—	— 3 551. 23	— 1. 01
—	—	—	—	920 180	183 180. 07	106 726. 79	10 140. 40	+ 66 312. 88	+ 7. 21
—	—	—	—	7 650 000	—	—	—	—	—
—	—	—	—	1 987 850	61 883. 49	56 630. 57	—	+ 5 252. 92	} 0. 31
—	—	—	—	—	51 120. 99	45 237. 32	1 078. 72	+ 4 804. 95	
—	—	600 000	—	525 998	158 258. 35	141 907. 94	3 507. 53	+ 12 842. 88	+ 1. 14
—	—	—	—	3 500 000	560 508. 48	349 433. 08	192 982. 85	+ 18 092. 55	+ 0. 20
—	—	—	—	1 248 168	64 548. 45	—	—	—	— *)

	1.	2.	3.	4.	5.	6.
Lfd. No.	Benennung der Bahn	Eigentümer	Betriebs- Unternehmer	Länge der Bahn km	Spur- weite m	Anlagekapital a) mit Grund- erwerb, b) ohne Grund- erwerb *M.*
180	Kempen—Kevelaer.	Kreis Geldern	Kreis Geldern	34. 6	1. 0	a) 1 403 400
181	Von Elberfeld nach Cronenberg, von Cronenberg nach Sudberg, von Cronenberg nach Remscheid	Akt.-Ges. „Union", Elektrizitäts-Ges. in Berlin	Akt.-Ges. „Union", Elektrizitäts-Ges. in Berlin	11. 45	1. 0	a) 1 750 000
182	Kaldenkirchen—Oebel bei Brüggen	Kontinentale Eisenb.-, Bau- und Betr.-Ges. in Berlin	Kontinentale Eisenb.-, Bau- und Betr.-Ges. in Berlin	12. 47	1. 435	a) 650 000
183	Kleinbahn von der Wessel'schen Porzellan-fabrik zu Poppelsdorf nach dem Güter-bahnhof Bonn	Ludw. Wessel, Akt.-Ges. für Porzellan- und Steingutfabrikation in Poppelsdorf	Königliche Eisenb.-Direktion Cöln	2. 02	1. 435	a) 500 000
184	Von Niederdollendorf nach Grengelsbitze (Abzweigung Niederdollendorf nach dem Rheinufer)	Heisterbacher Thalbahn, Akt.-Ges. in Niederdollendorf am Rhein	Bröhlthaler Eisenb.-Akt.-Ges. zu Hennef	7. 20	0. 75	a) 620 000
185	Cöln—Frechener Eisenbahn	Gemeinde Frechen	Kontinentale Eisenb.-, Bau- und Betr.-Ges. in Berlin	14. 60	1. 0 u. 1. 435	a) 823 500
186	Oberpleis—Herresbach.	Bröhlthaler Eisenb.-Akt.-Ges. zu Hennef	Bröhlthaler Eisenb.-Akt.-Ges. in Hennef	1. 050	0. 785	a) 50 000
187	Liblar—Euskirchen und Mülheim—Arloff .	Kreis Euskirchen	Westdeutsche Eisenb.-Ges. in Cöln	57. 40	1. 0	a) 1 960 000
188	Engelskirchen—Marienheide	Kreis Gummersbach	desgl.	18. 50	1. 0	a) 890 868
189	Mödrath—Bedburg, Bedburg—Ameln, Blatz-heim—Benzelrath, Zieverich — Elsdorf und Bergheim—Rheydt	Kreis Bergheim	desgl.	57. 94	1. 0	a) 2 066 000

*) Noch kein volles Betriebsjahr. — **) Angaben können wegen Zusammengehörigkeit mit dem Fabrikunternehmen nicht

7. Von dem Anlagekapital sind oder werden aufgebracht seitens					8. Gesamt-Einnahmen	9. Gesamt-Ausgaben	10. Rücklagen	11. Erzielter Rein-Ueberschuss zur Verzinsung des Anlagekapitals (ohne etwaige Garantie-Zuschüsse)	
des Staates	der Provinz	der Kreise	der zunächst Beteiligten	in sonstiger Weise					
$\mathit{M.}$	$\mathit{M.}$	$\mathit{M.}$	$\mathit{M.}$	$\mathit{M.}$	$\mathit{M.}$	$\mathit{M.}$	$\mathit{M.}$	$\mathit{M.}$	$^0/_0$
—	Darlehn der Landesbank von 400 000 M.	1 403 400	—	—	—	—	—	—	—
—	—	—	—	1 750 000	80 458. 27	—	—	—	—*)
—	—	—	—	650 000	—	—	—	—	—
—	—	—	500 000	—	—	—	—	—	—**)
—	—	—	—	620 000	98 968. 38	112 101. 84	—	— 13 133. 46	— 2. 12
—	—	—	823 500	—	290 105. 49	152 181. 91	78 937. 97	+ 58 985. 61	+ 7. 16
—	—	—	—	50 000	—	—	—	—	—†)
—	Zuschuss von $^1/_2\,^0/_0$ zur Verzinsung von 1 960 000 M.	1 960 000	—	—	215 571. 37	137 465. 98	—	78 105. 39	+ 3. 99
—	Zuschuss von $^1/_2\,^0/_0$ zur Verzinsung	730 270	—	160 098	60 416. 25	46 410. 57	5 235. —	8 770. 68	+ 0. 99
—	Zuschuss von $^1/_2\,^0/_0$ zur Verzinsung.	2 518 280	62 000	—	562 810. 74	301 789. 25	30 239. 90	+ 280 781. 59	+ 8. 94

gemacht werden. — †) Wird demnächst in eine Nebenbahn umgewandelt.

	1.	2	3.	4.	5.	6.
Lfd. No.	Benennung der Bahn	Eigentümer	Betriebs-Unternehmer	Länge der Bahn	Spur-weite	Anlagekapital a) mit Grund-erwerb, b) ohne Grund-erwerb
				km	m	_M._
190	Vochem—Wesseling	Akt.-Ges. Cöln—BonnerKreisbahnen in Cöln	Havestadt & Contag in Dt. Wilmers-dorf-Berlin	6. 99	1. 0 u. 1. 435	—
191	Mödrath—Liblar und Liblar—Brühl	Westdeutsche Eisenb.-Gesellsch. in Cöln	Westdeutsche Eisenb.-Gesellsch. in Cöln.	20. 60	1. 0	a) 1 365 000
192	Benzelrath—Cöln (cfr. No. 185)	desgl.	desgl.	10. 9	1. 0	a) 1 750 000
193	Werft - Kleinbahn Mülheim a. Rh. — Stadt Mülheim a. Rh.	Werft-Kleinbahn Mülheim—Stadt Mülheim	Werft-Kleinbahn Mülheim—Stadt Mülheim	1. 71	1. 435	a) 275 200
194	Beuel—Grossenbusch	Industriebahn Akt.-Ges. in Frankfurt a. M.	Industriebahn Akt.-Ges. in Frankfurt a. M.	7. 25	1. 435	a) 900 000
195	Ensdorf — Saarlouis — Wallerfangen und Saarlouis—Fraulautern	Stadt Saarlouis	Vering & Waechter in Berlin	9. 70	1. 435	a) 925 017
196	Philippsheim—Binsfeld	Allgemeine Deutsche Kleinb.-Ges. in Berlin	Allgemeine Deutsche Kleinb.-Ges. in Berlin	8. 20	0. 75	a) 550 000
197	Trier—Bullay	Moselbahn-Akt.-Ges. in Cöln	Moselbahn-Akt.-Ges. in Cöln	102. 1	1. 0	a) 11 150 000
198	Von Eupen bis zur Landesgrenze	Eupener Kleinbahn-Gesellschaft	Société nationale des chemins de fer vicinaux zu Brüssel	1. 50	1. 435	a) 144 328
199	Eschweiler—Eilendorf, Eschweiler—Alsdorf, Eschweiler — Bergrath Hamich, Stolberg—Vicht, Eschweiler über Rathhaus n. Eschweiler (Rhein. Bhf.)	Aachener Kleinb.-Gesellsch. in Aachen	Aachener Kleinb.-Gesellsch. in Aachen	41. 50	1. 0	a) 3 250 000
200	Alsdorf—Wehr	Kreis Geilenkirchen	Westdeutsche Eisenb.-Gesellsch. in Cöln	38. 1	1. 0	a) 1 422 000
201	Sigmaringen—Bingen	Hohenzollern'sche Kleinb.-Gesellsch. in Sigmaringen	desgl.	5. 60	1. 435	a) 3 699 400

*) Noch kein volles Betriebsjahr. — **) Soll demnächst normalspurig ausgebaut werden. — †) Die Betriebsergebnisse sind von denselben nicht abhängig, indem die Pächterin der E. K. G. das Anlagekapital mit $3^1/_2\%$ verzinst. Die Betriebspächterin ist eines Erneuerungsfonds abgesehen.

| 7. Von dem Anlagekapital sind oder werden aufgebracht seitens | | | | | 8. Gesamt-Einnahmen | 9. Gesamt-Ausgaben | 10. Rück-lagen | 11. Erzielter Rein-Ueberschuss zur Verzinsung des Anlagekapitals (ohne etwaige Garantie-Zuschüsse) | |
| des Staates | der Provinz | der Kreise | der zunächst Beteiligten | in sonstiger Weise | | | | | |
$\mathcal{M}$.	$\mathcal{M}$.	$\mathcal{M}$.	$\mathcal{M}$.	$\mathcal{M}$.	$\mathcal{M}$.	$\mathcal{M}$.	$\mathcal{M}$.	$\mathcal{M}$.	%
—	—	—	—	—	—	—	—	—	—
—	—	—	—	1 365 000	79 492.56	39 023.04	7 985.07	+ 32 484.45	+ 2.38
—	—	—	—	1 750 000	—	—	—	—	—
—	—	—	220 499	—	39 222.19	21 784.—	—	+ 17 438.19	+ 6.34
—	—	—	—	900 000.	—	—	—	—	—*)
—	Jahreszuschuss wie zu 187 für 925 000 M.	—	925 017	—	125 681.—	76 525.—	14 759.—	+ 34 397.—	+ 3.72
—	—	—	—	550 000	32 067.—	16 166.—	1 972.—	+ 13 929.—	+ 2.53
—	Zuschuss wie zu 195 für 375 000 M.	575 000	111 000	10 464 000	—	—	—	—	—**)
—	—	—	—	144 328	4 654.57	5 752.08	—	− 1 097.51	− 0.61 †)
—	—	—	—	3 250 000	317 930.—	231 637.—	19 381.—	+ 66 912.—	+ 2.06
—	Zuschuss wie zu 195 für 1 260 000 M.	1 260 000	—	1 260 000	—	—	—	—	—
1 620 000	810 000 Zinsbürgschaft von $3^{1}/_{2}$ % für 810 000 M.	115 000	97 000	810 000	26 022.—	23 176.—	1 886.—	+ 960.—	+ 0.03

diejenigen der Pächterin der Société nationale des chemins de fer vicinaux. Die Einnahmen der Eupener Kleinb.-Gesellsch. sind vertragsmässig dafür verantwortlich, dass die Bahn in gutem Zustande erhalten bleibt. Der Herr Minister hat von der Einrichtung

Der Rohgewinn von 3 192 748,01 wurde, so weit es sich ermitteln liess, ausser für Dividenden für folgende Zwecke verwendet:

Ueberweisung an Erneuerungs-Fonds	Abschreibungen und Amortisationen	gesetzliche Reservefonds	Spezial-Reservefonds und sonstige Rücklagen	Tantièmen und Gratifikationen
ℳ.	ℳ.	ℳ.	ℳ.	ℳ.
606 750,21	418 670,59	69 150,37	179 223,25	13 579,78

Zusammen: 1,287,374,20 ℳ. oder rot. 40 % des Gesamtüberschusses, so dass für Dividenden, Gewinnbeteiligung Dritter, Vortrag auf neue Rechnung übrig blieben:

$$1\ 805\ 373,81\ \text{ℳ}$$

Dies gäbe zur Verzinsung des Gesamtanlagekapitals der im Betrieb befindlichen Bahnen von 160 491 924 + 113 659 597 = 274 151 521 ℳ. nur 0,66 %.

Wegen des teilweise lückenhaften Materials können diese Zahlen natürlich nur annähernd einen Begriff von der Rentabilität der Kleinbahnen geben.

Für diejenigen Kleinbahnen, über welche die nötigen Angaben (1900) gemacht worden sind, sind im Oktoberheft 1901 der Zeitschrift für Kleinbahnen die Betriebsleistungen, auch der ausserpreussischen Bahnen, zusammengestellt:

	Personenverkehr		Güterverkehr	
	Personenwagen km	Beförderte Personen	Güterwagen km	Gewicht der beförderten Güter in Tonnen
Preussische Kleinbahnen (4 125,05 km)	27 652 393	36 091 135	28 328 813	7 121 656
Ausserpreussische Kleinbahnen (212,55 km)	1 079 913	6 668 554	199 548	74 373
Alle Kleinbahnen (4 337,60 km)	28 731 586	43 359 689	28 527 961	7 191 029

von der gesamten Betriebs-Einnahme von	entfallen auf den Personenverkehr	auf den Güterverkehr	Die Zuschüsse von Staat, von Kreisen, von Gemeinden, Interessenten betragen	Die Summe aller Einnahmen	Betriebs-Ausgaben
ℳ.	ℳ	ℳ.	ℳ.	ℳ.	ℳ.
14 212 246	7 179 866	6 910 467	672 842	15 416 432	9 727 747
973 159	829 166	142 176	20 510	1 000 649	627 573
Sa. 15 185 405 (Gilt für km 4 323,03	8 009 032 4 328,53	7 052 643 4 328,53)	693 352	16 417 081	10 355 320 (Gilt für km 4 265,69)

Ausgaben für Wohlfahrts-einrichtungen M.	Steuern und Ausgaben M.	Gesamt-Ausgabe M.	Der Gesamt-gewinn M.	Davon sind verwandt worden:	
				für die Dividende M.	für Tantieme M.
224 198	106 741	12 084 121	2 765 040	983 748	43 904
18 582	14 030	677 199	319 449	—	—
Sa. 242 780 (Gilt für km 4 265,69	120 771 4 210,16	12 761 320 3 448,87)	3 084 489	983 748	43 904

Im Verhältnis zur Dividende sind von den preussischen Kleinbahnen verwandt worden:

für Wohlfahrtszwecke   22,8 %.

für Steuern und Abgaben   10,8 %.

Nachweisung über den Stand des Kleinbahn-

Bezeichnung der Provinzen	Gesamtzahl der vorhandenen oder genehmigten neuen Kleinbahn am 30. September 1900	Gesamtlänge
1	2	3
Ostpreussen	9	638,9
Westpreussen	5	294,8
Brandenburg.	23	562,6
Pommern	24	1222,7
Posen	10	474,9
Schlesien	16	421,8
Sachsen	18	474,6
Schleswig-Holstein	9	312,2
Hannover	17	442,5
Westfalen	13	257,1
Hessen-Nassau	14	250,7
Rheinprovinz	35	617,8
Hohenzollernsche Lande . .	1	38,9
	194	6009,5

						Von den aufgeführten Bahnen					
Bezeichnung der Provinzen	1.435 m		1,00 m		0,750 m		0,700 m		eine gemischte		eine abweichende	
					Spurweite							
	Anzahl	mit km	Anzahl	mit km	Anzahl	mit km	Anzahl	mit km	Anzahl	mit km	Anzahl	mit km
	14	15	16	17	18	19	20	21	22	23	24	25
Ostpreussen	4	114,5	.	.	3	202,7			2	321,7		
Westpreussen .	2	72,0	.	.	3	222,8			.	.		
Brandenburg.	16	264,4	1	85,1	5	194,3			1	18,8		
Pommern	9	228,8	4	317,7	7	432,2	2	146,6	2	97,4		
Posen	1	41,1	1	54,7	2	82,3	6	296,8	.	.		
Schlesien	6	119,4	.	.	3	126,7	.	.	.	.	7	175,7
Sachsen	9	212,7	2	45,2	5	127,0	.	.	2	89,7	.	
Schleswig-Holstein . . .	3	52,1	4	220,6	.	.	.	.	1	33,0	1	6,5
Hannover	5	74,1	6	224,2	4	121,7	.	.	.	.	2	22,5
Westfalen.	3	20,0	9	219,9	.	.	1	17,7	.	.	.	.
Hessen-Nassau	8	87,9	4	131,0	1	8,8	.	.	.	.	1	23,0
Rheinprovinz. . .	9	57,6	17	467,2	4	53,4	.	.	2	20,9	2+3	18,7
Hohenzollernsche Lande . .	1	38,9	.	.	.	.	.	.	.	.	.	.
	76	1383,5	48	1765,6	37	1571,9	9	460,6	10	581,5	14	246,4

wesens in Preussen am 30. September 1900.

Von den aufgeführten Bahnen									
befinden sich				entfallen auf Bahnen für					
im Betriebe		in der Ausführung		Personenverkehr		Güterverkehr		Personen- und Güterverkehr	
Anzahl	mit km	Anzahl	mit km	Anzahl	mit km	Anzahl	mit km	Anzahl	mit km
4	5	6	7	8	9	10	11	12	13
5	240,7	4	398,2	.			.	9	638,9
2	104,2	3	190,6	.			.	5	294,8
20	445,7	3	116,9	.		1	6,1	22	556,5
23	1205,6	1	17,1	.		1	1,0	23	1221,7
7	339,8	3	135,1	.		.	.	10	474,9
12	317,5	4	104,3	1	5,9	.	.	15	415,9
16	413,7	2	60,9	.		2	6,2	16	468,4
8	279,2	1	33,1	.		1	6,5	08	305,7
12	300,9	5	141,6	.		.	.	17	442,5
7	118,5	6	138,6	.		2	8,0	11	249,1
10	117,0	4	133,7	.		.	.	14	250,7
24	392,6	11	225,2	2	17,2	7	24,6	26	576,0
.	.	1	38,9	.		.	.	1	38,9
146	4 275,4	48	1734,1	3	23,1	14	52,4	177	5934,0

werden betrieben mit

Dampflokomotiven		elektrischen Motoren		Dampflokomotiven und elektrischen Motoren		Dampflokomotiven und Pferden	
Anzahl	mit km	Anzahl	mit km	Anzahl	mit km	Anzahl	mit km
26	27	28	29	30	31	32	33
9	638,9						
5	294,8						
22	556,5	1	6,1				
24	1 222,7	.	.				
10	474,9	.	.				
10	294,2	6	127,6				
15	386,4	2	59,5			1	28,7
9	312,2	.	.				
17	442,5		.				
12	246,3	1	10,8				
14	250,7	.	.				
25	460,2	8	113,8	2	43,8		
1	38,9	.	.				
173	5 619,2	18	317,8	2	43,8	1	28,7

Mit Pferden allein wurde keine Bahn mehr betrieben.

Bezeichnung der Provinzen	Von den aufgeführten Bahnen dienen									
	dem Personenverkehr, vorzugsweise in Städten und deren Umgebung		dem Fremden-(Bade-) Verkehr		vorzugsweise für Handel und Industrie		vorzugsweise für landw. Zwecke		annähernd gleichen Masse Handel u. Indu sowie für Lan wirtschaft	
	Anzahl	in km	Anzahl	in km	Anzahl	in km	Anzahl	in km	Anzahl	in km
	34	35	36	37	38	39	40	41	42	43
Ostpreussen	.	.			1	2,4	7	588,1	1	48,4
Westpreussen	.	.			.	.	5	294,8	.	.
Brandenburg	.	.			6	92,9	12	354,5	5	115,2
Pommern	.	.			1	1,0	20	1062,7	3	159,6
Posen	.	.			.	.	10	474,9	.	.
Schlesien	1	5,9	1	6,9	9	215,0	4	144,3	1	49,2
Sachsen	2	59,5	.	.	3	67,1	12	342,6	1	5,4
Schleswig-Holstein .	.	.	1	13,8	2	16,5	6	281,9	.	.
Hannover	.	.	1	11,3	2	18,6	13	394,3	1	18,3
Westfalen	.	.	.	.	6	42,3	3	90,4	4	124,4
Hessen-Nassau	.	.	1	6,6	5	130,1	2	16,8	6	97,2
Rheinprovinz	2	17,2	.	.	26	263,5	2	72,7	5	264,4
Hohenzollernsche Lande . .	.	.	.	.	1	38,9	.	.	.	.
	5	82,6	4	38,6	62	883,3	96	4118,0	27	882,0

Bis zum 30. September 1900 sind vom Staate aufgebracht worden insgesamt 34 104 167 M. oder 11,09 % der Gesammt-Anlagekosten, pro km mithin 5 675 M. (gegen 6400 M. pro Jahr 1896). Von den Provinzen 33 728 086 M. oder 10,97 % der Gesamtkosten, pro km 5 612 M. Von den Kreisen 55 584 344 M. oder 18,08 % der Gesamtkosten, pro km 9 249 M. Von den zunächst Beteiligten 25 518 034 M. gleich 8,30 % der Gesamtkosten pro km 4 246 M. In sonstiger Weise 154 413 737 M. gleich 50,22 % der Gesamtkosten, pro km 25 693 M. Es beträgt hiernach die Beteiligung des Privatkapitals mehr als die Hälfte der Gesamt-Aufwendungen. Bei dieser Berechnung sind die 4 136 000 M., von denen keine Angaben zu erlangen waren, wer sie aufbringen wird (1,34 %) unberücksichtigt geblieben.

4. Das Eisenbahnpfandgesetz vom 19. August 1895.

Wurde durch das Gesetz vom 28. Juli 1892 die öffentlich rechtliche Stellung der Kleinbahnen und Privatanschlussbahnen festgelegt, so erfuhr die privatrechtliche durch das Gesetz betreffend das Pfandrecht an Privateisenbahnen und die Zwangsvollstreckung in dieselben vom 19. August 1895 ihre Ergänzung.

Schon in den Jahren 1879 und 1880 war dem Reichstag ein derartiger Gesetzentwurf vorgelegt worden (Drucksachen des Reichstages, 4. Legislaturperiode II. Session 1879 No. 130 und III. Session 1180 No. 33), der in der Kommissionsberatung mit geringen Aenderungen angenommen worden war,

	Bei den aufgeführten Bahnen beträgt die Zahl der				Von den aufgeführten Bahnen entfallen auf			Das Anlage-Kapital beträgt	Von dem Betrage in Spalte 52 sind und werden aufgebracht				
	ständigen Arbeiter	vorhandenen			Gesellschafts-Unternehmen	Unternehmen von Kommunal-Verbänden	Unternehmen sonstiger Art		von dem Staate	von den Provinzen	von Kreisen	von zunächst Beteiligten	in sonstiger Weise
		Loko-mo-tiven	Perso-nen-wagen	Güter-wagen				M.	M.	M.	M.	M.	M.
44	45	46	47	48	49	50	51	52	53	54	55	56	57
132	211	24	85	265	8	1	.	25 246 377	7 497 513	3 226 000	3 589 026	241 000	10 692 338
40	127	10	9	268	4	1	.	10 694 000	2 770 000	1 211 400	1 899 600	.	4 813 000
234	243	59	87	565	13	10	.	23 851 499	2 408 006	2 432 006	7 712 519	3 793 033	7 505 935
482	382	109	169	1897	18	6	.	35 226 676	5 027 850	7 894 595	10 294 320	1 580 994	10 428 917
162	157	43	59	1136	3	7	.	11 426 718	1 857 600	904 680	3 669 952	487 000	4 507 486
385	422	33	373	616	13	1	2	37 885 286	1 756 778	287 224	1 516 546	2 253 000	32 071 230
315	221	53	122	883	13	2	3	34 110 926	1 602 000	1 618 666	1 527 834	5 077 770	24 284 656
151	166	38	66	609	4	5	.	12 483 765	2 707 500	1 939 978	5 416 779	1 155 000	1 264 508
189	275	53	101	485	9	6	2	22 042 094	2 635 920	11 346 537	675 000	2 636 637	4 748 000
110	127	30	40	243	9	4	.	16 752 000	2 511 000	100 000	5 366 000	2 771 000	6 004 000
147	145	29	99	169	10	4	.	15 919 733	1 710 000	1 957 000	3 628 000	408 000	8 216 733
163	471	77	266	966	24	9	2	54 009 894	.	.	10 213 768	4 729 692	39 066 434
3	3	7	11	14	1	.	.	3 699 400	1 620 000	810 000	75 000	384 400	810 000
813	2 950	565	1 487	8 116	129	56	9	303 348 368*)	34 104 167	33 728 086	55 584 344	25 518 034	154 413 737
								4 136 000					
								307 484 368					

aber wegen Schlusses der Session nicht mehr im Plenum zur Verhandlung gelangte.

Durch die inzwischen eingetretene Verstaatlichung der Privatbahnen hatte sich das Bedürfnis nach Realkredit für Eisenbahnunternehmungen vermindert, weshalb eine Wiedervorlegung des Entwurfes im Reichstage nicht stattfand. Erst nach dem Kleinbahngesetz vom 28. Juli 1892 wurde ein Bedürfnis nach dieser Richtung wieder fühlbar.

Zur Herstellung von Kleinbahnen gehören naturgemäss erhebliche Kapitalien und mussten deshalb die Wege zur Inanspruchnahme eines Realkredits zum Zwecke der Kapitalbeschaffung geebnet werden.

Die Rentabilität der Kleinbahnen lässt sich selten von vornherein ziffernmässig feststellen. Im Allgemeinen wird sich der Verkehr langsamer als bei Hauptbahnen und nach einigen Betriebsjahren erst soweit entwickeln, dass auf befriedigende Ueberschüsse gerechnet werden kann. Kleinbahnunter-

---

*) Bei einer Bahn und einer Strecke konnte die Art der Aufbringung des auf 4 136 000 M. veranschlagten Anlagekapitals noch nicht angegeben werden.

nehmungen ist deshalb hauptsächlich mit langfristigen, auch nicht in einer Summe, sondern durch planmässige Tilgung aus den wachsenden Betriebsüberschüssen rückzahlbaren, d. h. Amortisationsdarlehen gedient.

Solche Kredite zu gewähren sind am wenigsten Privatkapitalisten fähig und bereit, selten auch kommunale Verbände, wie Provinzen, Kreise, Gemeinden, da die bezüglichen meist börsenmässigen Finanzoperationen mit grösseren Aufwendungen verbunden sind.

Für die grösseren privaten Kapitalassoziationen, also Banken, ist die Geldversorgung der Kleinbahnen, abgesehen davon, dass solche Geschäfte mit langem Ziel bei wechselnden Geldmarktkonjunkturen nur mässige Gewinnchancen bieten, erst dann annehmbar, wenn das den Kleinbahnen darzuleihende Kapital nicht für lange Jahre festgelegt wird, sondern dem darleihenden Institute zu anderweiter nutzbringender Verwendung wieder zufliesst. Es war deshalb erforderlich, dass nach dem Vorgange der Hypothekenbanken, welche bekanntlich auf Grundlage der von ihnen gewährten Hypothekendarlehen, Obligationen unter staatlicher Kontrole ausgeben und dem Publikum zum Kauf anbieten, auch die Darlehn auf Kleinbahnen durch Schaffung von Obligationen wieder mobilisiert werden konnten.

Ein derartiges Kreditbedürfnis der Kleinbahnunternehmungen kann aber nur dann in vollem Masse befriedigt werden, wenn im Wege der Gesetzgebung die Möglichkeit der Verpfändung einer Kleinbahn als einer Gesamteinheit geschaffen ist.

Bisher[1]) konnte die Veräusserung einer Bahn nur in der Weise geschehen, dass alle einzelnen beweglichen und unbeweglichen Bestandteile in den dafür geltenden Formen dem Käufer zum Eigentum übertragen wurden.

Eine Verpfändung der Einzelwerte war aber nur in sehr beschränktem Umfange ausführbar. Die Verpfändung der zur Ausrüstung und zum Betriebe des Unternehmens dienenden beweglichen Gegenstände konnte nur durch Bestellung eines Faustpfandes erfolgen; eine solche verbot sich aber, weil die hierzu erforderliche Einräumung der Gewahrsam an den Gläubiger mit dem Fortbetriebe des Unternehmens unverträglich ist. Die Bestellung von Hypotheken war nicht ausgeschlossen, aber schon mit grossen Umständen verknüpft, falls die Bahn über den Bezirk eines Amtsgerichts sich hinauserstreckte, da es dann nicht angängig war, den ganzen Grundbesitz der Bahn auf ein Blatt einzutragen (vergl. Grundbuchordnung § 2 Absatz 2 § 13).

Die Hypothekenbestellung versagte vollständig, wenn die Bahn nicht auf eigenen Grund und Boden, sondern auf Landstrassen oder dergl. hergestellt war.

In Uebereinstimmung mit dem Entwurf eines Reichsgesetzes, sowie mit der österreichischen und schweizerischen Gesetzgebung (vergl. die Gesetze vom

---

[1]) Vergl. Immunität der Eisenbahnfahrbetriebsmittel nach dem Reichsgesetz vom 3. Mai 1886. betreffend die Unzulässigkeit der Pfändung von Eisenbahnfahrbetriebsmitteln R.-G.-Bl. 1886 S. 131.

19. Mai 1874, bezw. 24. Juni 1874) wurde daher im Gesetz vom 9. August 1875 bestimmt:

1. Dass eine Kleinbahn mit ihrem ganzen beweglichen und unbeweglichen Zubehör ein wirtschaftliches und rechtliches Ganzes, die sogenannte „Bahneinheit" bildet und als solche privatrechtlichen Verfügungen, insbesondere der hypothekarischen Verpfändung unterliegen kann.

Zu der dinglichen Sicherheit, die eine Bahnpfandschuld bietet, gehört aber auch neben dem Bahnkörper und dem sonstigen Grundbesitz mit den darauf errichteten Baulichkeiten, das rollende Betriebsmaterial — selbst wenn es auf fremden Bahnen läuft —, ferner alle sonstigen beweglichen körperlichen Sachen, die zur Herstellung, Erhaltung und Erneuerung des Bahnbetriebes dienen, die dem Unternehmen gehörigen Fonds und Kassenbestände, ausstehende Forderungen, gestundete Frachten, Zuversicherungen Dritter, welche die Leistung von Zuschüssen, Garantien für das Bahnunternehmen zum Gegenstand haben, schliesslich die dem Bahnunternehmen dauernd eingeräumten Rechte an fremden Grundstücken.

Ein Ausscheiden einzelner Teile aus der Bahn ist nur dann zulässig, wenn die Betriebsfähigkeit des Unternehmens hierdurch nicht beeinträchtigt wird, was dem Gläubiger die grosse Sicherheit bietet.

2. Wurde bestimmt, dass derartige Verpfändungen in das von den zuständigen Amtsgerichten geführte Bahngrundbuch eingetragen werden müssen.

Nach den Vorschriften über die Bahngrundbücher folgen:

3. Die allgemeinen Vorschriften über die dinglichen Rechtsverhältnisse der Bahnen im allgemeinen.

4. Die Teilschuldverschreibung auf den Inhaber.

5. Die Zwangsvollstreckung.

6. Die Zwangsliquidation.

7. Den letzten Abschnitt bilden eine Reihe von Schlussbestimmungen, die namentlich die Rechte der Inhaber von Prioritätsobligationen zum Gegenstande haben.

Schon am 27. Februar 1894 wurde ein derartiges Eisenbahnpfandgesetz dem Herrenhause zur verfassungsmässigen Beschlussfassung wieder vorgelegt, (Drucksachen des Herrenhauses Session 1894 No. 92) wegen verschiedener in der Kommissionsberatung vorgebrachter Bedenken jedoch von der Staatsregierung zurückgezogen (Stenographischer Bericht des Herrenhauses 1894 S. 144/50, 222).

Nach entsprechender Umarbeitung wurde auf Grund Allerhöchster Ermächtigung der Entwurf am 13. März 1895 im Herrenhause nochmals vorgelegt (Drucksachen des Herrenhauses Session 1895 No. 24) und nach einer Vorberatung in besonderer Kommission (Stenographischer Bericht 1895 S. 29/30) am 3. April 1895 unverändert angenommen (Stenographischer Bericht S. 177/78).

Im Abgeordnetenhaus wurde der Entwurf (Drucksachen des Abgeordnetenhauses 1895 No. 131 S. 2039 bis 2047) in der ersten Lesung am 24. April einer Kommission von 21 Mitgliedern überwiesen. (Verhandlung des Abgeordnetenhauses 1895 S. 1804 bis 1810). Nach zahlreichen Abänderungen ging der Entwurf am 15. Juni 1895 dem Plenum zur Annahme zu (Drucksachen des Abgeordnetenhauses II. Session 1895 No. 254 S. 3145 bis 3178).

Die Beratung des Abgeordnetenhauses nahm in der zweiten Lesung eine Sitzung (28. Juni 1895 Verhandlung des Abgeordnetenhauses S. 2574 bis 2584) und in der dritten Lesung eine Sitzung (1. Juli 1895, Verhandlung des Abgeordnetenhauses S. 2606 bis 2612) in Anspruch.

Im Herrenhaus wurde dann in der Sitzung vom 6. Juli 1895 der Entwurf endgiltig angenommen (Verhandlung des Herrenhauses 1895 S. 330) und als Gesetz betreffend das Pfandrecht an Privateisenbahnen und Kleinbahnen und die Zwangsvollstreckung in dieselben vom 19. August 1895 in der Gesetzsammlung 1895 No. 36 S. 499 veröffentlicht.

Am 1. Oktober 1895 trat das Gesetz in Kraft.

5. Erfolg des Gesetzes vom 19. August 1895.

Bisher hat nur eine Hypothekenbank, die preussische Pfandbriefbank in Berlin, die Hergabe von Kapitalien zum Bau von Kleinbahnen in ihr Geschäftsprogramm aufgenommen.

Die Grundsätze, unter denen Darlehen von diesem Institut an Kleinbahnunternehmungen gewährt werden, sind gemäss § 42 Absatz 3 des Hypothekenbankgesetzes vom 13. Juli 1899 (R.-G.-Bl. S. 375) unter Vorbehalt des Widerrufs von dem Minister für Landwirtschaft, Domänen und Forsten am 23. April 1900 genehmigt worden.

Die Preussische Pfandbriefbank unterscheidet drei Arten der Gewährung von Kleinbahndarlehen.

1. Ohne Verpfändung der Bahn:

in Höhe des Kapitals, für welches durch eine deutsche Körperschaft des öffentlichen Rechtes die volle Gewährleistung übernommen ist.

2. Gegen Verpfändung der Bahn:

bis zur Hälfte der Herstellungskosten, in Gegenden mit regelmässig steigender Bevölkerungszahl und mit entwickelten Wirtschaftsverhältnissen bis zu drei Fünfteilen der Herstellungskosten.

3. Gegen Verpfändung der Bahn bei hinzutretender Gewährleistung seitens einer deutschen Körperschaft des öffentlichen Rechtes:

Bis zur Hälfte der Herstellungskosten zuzüglich desjenigen Teilbetrages, für welchen die Gewährleistung durch eine solche Körperschaft übernommen ist, jedoch nicht über die Herstellungskosten hinaus.

Derartige Darlehen werden als unkündbare, durch Jahresleistungen zu tilgende Amortisationsdarlehen gewährt. Die von den Schuldnern zu entrichtende Jahresleistung besteht aus den Zinsen, dem Verwaltungskostenbeitrag und der Amortisationsquote von mindestens einhalb vom Hundert der Darlehnssumme.

Der Beginn der Amortisation kann durch Vereinbarung bis zu höchstens zehn Jahren hinausgeschoben werden. In diesem Falle hat der Schuldner bis zum Beginn der Amortisation nur die vereinbarten Zinsen und den Verwaltungskostenbeitrag zu zahlen. Der Betrag der Jahresleistungen bleibt bis zu Beendigung der Amortisation unverändert; die auf den amortisierten Teil des Darlehen entfallenden Teilzinsen werden zur Amortisation verwendet.

Das Recht zur Kündigung des Kapitals steht bis zur Beendigung der Amortisation weder der Bank noch dem Schuldner zu, jedoch ist die Bank berechtigt das jeweilige Restkapital mit dreimonatlicher Frist vorzeitig zu kündigen, wenn,

a) der Schuldner der Bank die ihr zustehenden Beträge nicht binnen 8 Tagen nach Fälligkeit zahlt,

b) in drei aufeinander folgenden Betriebsjahren die Betriebsausgaben die Betriebseinnahmen übersteigen,

c) bei einer noch nicht fertig gestellten Bahn der Schuldner eine der vertragsmässig übernommenen Verpflichtungen bezüglich des Beginnens, der Ausführung und der Fertigstellung der Bahn nicht erfüllt.

Die Bank ist berechtigt, die sofortige Rückzahlung ihrer jeweiligen Restforderung ohne vorherige Kündigung zu verlangen, wenn

a) die Genehmigung zum Betriebe der Bahn erlischt,

b) aus irgend welchen Gründen der Betrieb der Bahn ganz oder teilweise eingestellt wird,

c) der Schuldner in Konkurs verfällt oder seine Zahlungen einstellt oder das Zwangsliquidationsverfahren eingeleitet wird,

d) die Zwangsverwaltung oder Zwangsversteigerung des Pfandobjekts oder eines Teiles desselben eingeleitet wird,

e) das Pfandobjekt teilweise veräussert oder unter mehrere Eigentümer geteilt und nicht vorher wegen Regulierung des Darlehens ein Abkommen mit der Bank getroffen wird,

f) die Rechtsgiltigkeit oder der Rang der bestellten Bahnpfandschuld von dem Schuldner bestritten wird.

Nach dem Geschäftsbericht dieser Bank bestehen bis jetzt acht Geschäfte in Höhe von 5 600 000 ℳ.

Es sind dies folgende nebenbahnähnliche Kleinbahnen (Strassenbahnen wurden nicht beliehen):

In der Provinz:

1. Brandenburg. Rixdorf—Mittenwalde.
   (Ausführungskosten mit Grunderwerb 200000 ℳ, Länge
   26,9 km) . . . . 830 000 ℳ

2. Rheinprovinz. Barmen—Töllethurm—Ronsdorf
   (Barmer elektrische Bergbahn)
   (Ausführungskosten mit Grunderwerb 1 125 998 ℳ, Länge
   5,95 km) . . . . 700 000 ℳ

3. **Hessen-Nassau.** Kirchheim—Burg—Neu-Gemünden
(Ohmthalbahn)
(Ausführungskosten mit Grunderwerb 676 000 ℳ, Länge
24,4 km) . . . . , ...   300 000 ℳ.

4. **Sachsen.** 3 Bahnen 1. Aschersleben, Schneidlingen—
Nienhagen
(Ausführungskosten mit Grunderwerb 3 740 000 ℳ, Länge
45,2 km) . . . . 175 000 ℳ

2. Clötze—Wernstädt
(Ausführungskosten mit Grunderwerb 850 000 ℳ, Länge
36 km) . . . . 480 000 ℳ

3. Salzwedel—Dilseberg
(Ausführungskosten mit Grunderwerb 730 000 ℳ Länge
28,7 km) . . . . 190 000 ℳ

Zusammen 2 420 000 ℳ. 2 420 000 ℳ

5. **Posen.** Opalenitza—Neutomischel—Neustadt bei Pinne.
(Ausführungskosten mit Grunderwerb 1 124 000 ℳ. Länge
43 km) . . . .   150 000 ℳ

6. **Schlesien.** Landshut—Schömberg—Albendorf (Zieder-
thalbahn)
(Ausführungskosten mit Grunderwerb 2 200 000 ℳ, Länge
21,593 km) . . . . 1 200 000 ℳ

Zusammen 8 Geschäfte im Betrage von 5 600 000 ℳ

Davon wurden gegen Bestellung von Bahnpfandschuld sechs Darlehn zusammen im Betrage von 4 600 000 ℳ, gegen Gewährleistung von Körperschaften
des öffentlichen Rechtes zwei Darlehn zusammen im Betrage von 1 000 000 ℳ
gewährt. Für letztere zwei Darlehn (No. 2 und 3 Barmer elektrischer Bergbahn und Ohmthalbahn) wurde Kommunalgarantie geleistet.

Der Zinssatz (exclusive Amortisationsquote und dem Verwaltungskostenbeitrag) beträgt pro anno zwischen $3^3/_4$ und $4^3/_4$ $^0/_0$.

Ausserdem haben auch Provinzen und Kreise mehrfach dieses Gesetz zur
Sicherstellung für Darlehn von Kleinbahnen benutzt. So hat z. B. die Provinz
Hannover der Kleinbahn Voldagsen—Duingen ein Darlehn von 800 000 ℳ gewährt
gegen die Garantie des Kreises Hameln, welch letzterer wiederum diese
Summe als Hypothek ins Bahngrundbuch eintragen liess.

Auch werden in neuerer Zeit von Aktiengesellschaften (Schlesische Kleinbahn) Partialobligationen auf Basis erststelliger Eintragungen in das Bahngrundbuch ausgegeben.

IV. Die öffentliche Unterstützung der Kleinbahnen.

1. Der Staat und die Kleinbahnen.

Die staatliche Unterstützung von Kleinbahnen aus den jährlich im Etat bewilligten Mitteln erfolgt meist nach dem diesbezüglichen Erlass des Ministers der öffentlichen Arbeiten vom 25. April 1895.

Im Einvernehmen mit dem Finanzminister und dem Minister für Domänen und Forsten haben die Königlichen Oberpräsidenten, sowie der Königliche Regierungs-Präsident zu Sigmaringen, ferner die Königlichen Eisenbahn-Direktionen die Gesuche auf Bewilligung von Staatsbeihilfen zur Förderung des Kleinbahnwesens (Gesetz vom 8. April 1895) vorzuprüfen und zu begutachten.

Bei der Prüfung müssen folgende Punkte beachtet werden:

1. Da der Fonds ausschliesslich für Kleinbahnunternehmungen bestimmt ist, kann der Frage der finanziellen Beteiligung des Staates erst dann näher getreten werden, wenn das Bauunternehmen gemäss § 1 des Gesetzes vom 28. Juli 1892 als Kleinbahn anerkannt und den Behörden die Ermächtigung erteilt ist, es als solches zu genehmigen.

2. Die erste Voraussetzung für die Unterstützung aus Staatsmitteln ist, dass die Bahn dem öffentlichen Interesse, insbesondere dem Verkehrsinteresse dient. Bahnen, welche lediglich dem Personalverkehr der Grossstädte und ihrer Vorstädte dienen, oder wenn auch für den öffentlichen Verkehr bestimmt und in der Hauptsache thatsächlich dem Vorteile einzelner Verkehrsinteressenten dienen, werden sich nicht zur Gewährung staatlicher Beihilfen eignen.

3. Wie das öffentliche Interesse, ist auch die Wirtschaftlichkeit eines Bahnunternehmens die Voraussetzung für die Anerkennung seiner Unterstützungswürdigkeit; die Kosten müssen in einem richtigen Verhältnis zu dem

zu erwartenden wirtschaftlichen Nutzen stehen. Dies wird in der Regel nur dann anzuerkennen sein, wenn wenigstens nach Ueberwindung der ersten Schwierigkeiten die Verkehrseinnahmen nicht nur die Deckung der Betriebsausgaben, sondern auch eine, wenngleich mässige Rente für das Anlagekapital in Aussicht stellen. — Wo ausnahmsweise die Unterstützung eines Unternehmens befürwortet wird, bei welchem die Betriebseinnahmen keinen Ueberschuss über die Betriebsausgaben ergeben, werden die besonderen Gründe, aus denen gleichwohl der wirtschaftliche Nutzen die Kosten der Bahnanlage rechtfertigt, im einzelnen darzulegen sein. Sofern gewerbsmässige Unternehmer beteiligt sind, wird ferner ein Unternehmen nur dann als unterstützungswürdig anzusehen sein, wenn die Vorteile, welche jenem Unternehmen zugestanden sind, in richtigem Verhältnisse zu ihren Leistungen stehen und nicht den Charakter einer Uebervorteilung der übrigen Beteiligten haben. Eine solche Uebervorteilung würde insbesondere in dem Falle anzunehmen sein, wenn die Unterstützungsbedürftigkeit der übrigen Beteiligten in wirklichem Zusammenhange mit übermässigen Vorteilen stände, welche den gewerbsmässigen Unternehmern zugestanden sind.

4. Der Staat kann nur dann mit seinen Mitteln eintreten, wo ohne seine Beihilfe das Unternehmen nicht zustande kommen könnte. Voraussetzung ist daher die Leistungsunfähigkeit der Unternehmer zur vollständigen Aufbringung der durch Vorleistungen der Zunächstbeteiligten (No. 6) und Beihilfen höherer Kommunalverbände nicht gedeckten Kosten der Anlage.

Soweit Kreise und Gemeinden in Frage kommen, bedarf es zur Beurteilung der Leistungsfähigkeit insbesondere der Angabe des Aufkommens an Einkommen- und Ergänzungssteuer des Veranlagungssolls der Grund-, Gebäude- und Gewerbesteuer, der öffentliche Lasten (Gemeinde-, Kreis-, Provinzial-, Schulen-, Kirchenabgaben) und des Vermögens sowie der Verschuldung.

5. Sowohl um bei der rein örtlichen Bedeutung der Kleinbahnen einen sicheren Anhalt für die Beurteilung der Unterstützungsbedürftigkeit und Unterstützungswürdigkeit eines Unternehmens zu gewinnen, als mit Rücksicht auf den Grundsatz, dass bei solchen Unternehmungen örtlicher Natur zunächst die höheren Komunalverbände des betreffenden Landesteiles (Kreis-, Provinzial- und Kommunalverband) aushelfend einzutreten haben, ist davon auszugehen, dass der Staat nur dann Hilfe leisten kann, wenn Kreis und Provinz (Kommunalverband), ausnahmsweise wenigstens einer von beiden und wenn Kreise Unternehmer der Bahn sind, die Provinz (Kommunalverband), zunächst das ihrige gethan haben. Soweit dies noch nicht geschehen, ist vor der Weiterreichung des Unterstützungsgesuches zunächst eine entsprechende Beschlussfassung des beteiligten Kommunalverbands herbeizuführen.

6. Aus demselben Grunde wird an einer entsprechenden Vorleistung der Zunächstbeteiligten und zwar in der Regel an der auch von einem Teil der Provinzen als Vorbedingung für ihre finanzielle Beteiligung festgestellten unentgeltlichen Hergabe von Grund und Boden oder den Kosten des Grund-

erwerbs à fonds perdu oder einer gleichwertigen Pauschsumme durch die Gesamtheit der Zunächstbeteiligten festzuhalten sein. Wo die Vorleistung auf anderem Wege z. B. durch Vorbelastung mit Kreis- und Gemeindeabgaben, Beiträgen nach dem Kommunalabgabengesetz, in Aussicht genommen ist, wird wenigstens darauf zu achten sein, dass diese Vorbelastungen nicht hinter den Kosten des Grunderwerbs zurückbleiben.

7. Die Höhe der Staatsbeihilfe wird nach der Unterstützungswürdigkeit und Bedürftigkeit des Unternehmens im einzelnen Fall zu bemessen sein; sie wird in angemessenem Verhältnis zu den Leistungen der höheren Kommunalverbände stehen müssen.

8. Die Form: Zins- oder Ertragsgarantie ist ausgeschlossen; auch die Gewährung von Darlehen wird nur da stattfinden können, wo besondere Gründe gerade für diese Form der Beihilfe sprechen. In den meisten Fällen wird die Beteiligung des Staates an dem Unternehmen unter Gleichberechtigung mit den anderen Zeichnern des Anlagekapitals in Aussicht zu nehmen sein.

Sofern einzelnen Teilen des Anlagekapitals ein Vorzugsrecht eingeräumt ist (Obligationen, Prioritätsaktien), wird auf eine allgemeine Beteiligung des Staates auch an den bezüglichen Teilen des Kapitals Bedacht zu nehmen sein. Der Staat soll nicht schlechter gestellt werden als die beteiligten höheren Kommunalverbände.

Die Gewährung der Beihilfe à fonds perdu wird nur in ganz besonderen Fällen und auch dann nur in mässigen Beträgen in Aussicht zu nehmen sein.

9. Die Zahlung der staatlichen Beihilfen wird von dem Nachweise abhängig gemacht, dass die Beschaffung des im übrigen erforderlichen Anlagekapitals und des Grund und Bodens seitens leistungsfähiger Personen oder Korporationen in rechtsverbindlicher Weise sichergestellt ist. Um ein übersichtliches Bild von der Entwicklung des Kleinbahnwesens in den dortigen Provinzen zu erlangen, muss dem Minister eine Uebersichtskarte in Skizzenform, in welcher

a) die im Betriebe befindlichen Kleinbahnen,

b) die genehmigten, aber noch nicht in Betrieb gesetzten Kleinbahnen,

c) die noch nicht genehmigten, aber als Kleinbahnen staatlich anerkannten Linien,

d) die als Kleinbahn geplanten, aber noch nicht als solche anerkannten Linien.

Besonders kenntlich gemacht sind und soweit diese Bahnen nicht bereits in den Halbjahrsnachweisen der Regierungspräsidenten aufgenommen sind, ein tabellarisches Verzeichnis der dort angeführten Linien nach dem Schema jener Nachweisungen eingereicht werden.

Die Kleinbahnunterstützung aus Staatsmitteln betrug im Jahre

1895	5 Millionen *M.*		
1896, 97, 98	8	„	„
1900	20	„	„
1901	20	„	„

Ueber den Stand und Verwendung des staatlichen Unterstützungsfonds ist folgendes zu bemerken:

An Staatsbeihilfen sind bis zum Schluss des Jahres 1900

bewilligt	34 334 736 M.
in Aussicht gestellt	10 129 071 „
	44 463 807 „
beantragt sind noch	7 241 000 „
	51 704 807 „

2. Die Provinzen und die Kleinbahnen.

Wie ersichtlich war, wird ein nicht unbeträchtlicher Teil des Kapitals für Kleinbahnunternehmungen von den Provinzen aufgebracht. Ausserdem werden die Kleinbahnen durch Benutzungsgestattung der Provinzial - Chausseen pp. gefördert; am wichtigsten bleibt jedoch die pekuniäre Unterstützung der Unternehmungen.

In allen Provinzen erfolgt die Unterstützung durch den Provinzialausschuss, nachdem durch den Provinziallandtag die leitenden Grundsätze festgelegt worden sind; eine Ausnahme macht Schleswig-Holstein, wo die Entscheidung dem Provinziallandtage vorbehalten ist.

Die Förderung durch die Provinzen erfolgt bisher auf viererlei Art, und Kombinationen dieser vier miteinander:

1. durch Darlehn,

2. Uebernahme der Zinsen für das Baukapital oder Leistung von Betriebszuschüssen,

3. Beihilfen à fonds perdu,

4. direkte Beteiligung in Aktien.

In den einzelnen Provinzen bestehen in der Art der Gewährung pekuniärer Unterstützungen mannigfache Versöhiedenheiten.

I. Provinz Ostpreussen.

Für die Provinz Ostpreussen sind die Beschlüsse des Provinziallandtages vom 10. März 1894, sowie die Ergänzungsbeschlüsse vom 23. Januar 1896, 24. Februar 1897 und 28. Februar 1899 massgebend:

Die Unterstützung kann geschehen durch Uebernahme der Vorarbeiten, Einräumung unentgeltlicher Benutzung der Provinzialchausseen und Gewährung von Baarmitteln unter folgenden Bedingungen:

1. Der Provinzialausschuss ist ermächtigt, die Vorarbeiten für den Bau von Kleinbahnen in dem Umfange, wie solche nach § 5 des Gesetzes vom 28. Juli 1892 und den dazu ergangenen Ausführüngsbestimmungen mit dem Antrage auf Genehmigung der Kleinbahn-Anlage vorgelegt werden müssen, unter Berücksichtigung der in den Bedingungen für die Benutzung von Provinzialchausseen hinsichtlich der einzureichenden Zeichnungen u. s. w. getroffenen Festsetzungen auf Kosten des Provinzialverbandes mit der Vorgabe anfertigen zu lassen, dass die Antragsteller verpflichtet sind, die Hälfte der durch die Ausführung der Vorarbeiten entstehenden Kosten zu erstatten.

Die für Vorarbeiten verausgabten Beträge werden in den Bauanschlag aufgenommen und kommen im Falle der Bauausführung zur Rückerstattung.

Die Vorarbeiten bleiben solange Eigentum der Provinzialverwaltung, bis das Unternehmen zur Durchführung gebracht worden ist.

Wird eine zur Prämiierung vorgelegte Kleinbahn innerhalb 5 Jahren nicht ausgebaut, so hat der Antragsteller gegen Rückgabe der Vorarbeiten die von der Provinz verauslagten Vorarbeitskosten zurückzuzahlen.

2. Voraussetzung für die unentgeltliche Benutzung der Provinzialchausseen und die Gewährung von Baarmitteln ist

a) die Ausbauwürdigkeit der Linie,

b) die Beteiligung des Kreisverbandes, in welchem der Bau zur Ausführung gelangt oder dem Kreise angehöriger Korporationen mit Leistungen, deren Wert mindestens der von dem Provinzialverbande gewährten Beihilfe entspricht;

c) die Wahrung eines dem öffentlichen Interesse entsprechenden Einflusses der Provinzialverwaltung auf den Bau, den Betrieb und die sonstigen die Rentabilität des Unternehmens bedingenden Einrichtungen;

d) die Zulassung der unentgeltlichen Benutzung der öffentlichen Wege des Kreises und der Gemeinden innerhalb der technisch zulässigen Grenzen;

e) die Einräumung des ausschliesslichen Vorrechtes auf den Erwerb der Bahn seitens des Unternehmers oder der beteiligten Kreise und Gemeinden an die Provinz, unbeschadet des gesetzlichen Vorkaufsrechtes des Staates.

3. Die Gewährung von Baarmitteln geschieht entweder durch die Bewilligung fortlaufender Zuschüsse oder durch die Gewährung von Anlagekapital, Uebernahme von Aktien u. s. w.

a) Die hierzu erforderlichen Mittel werden wie die übrigen Provinzialabgaben aufgebracht, soweit sie nicht aus dem Dotationsfonds gedeckt werden.
(§ 41 des Kleinbahngesetzes.)

b) Innerhalb der zur Verfügung stehenden Mittel kann der Provinzialausschuss jährliche Zuschüsse von in der Regel $1^1/_8$ % bis höchstens $1^1/_2$ % des Anlagekapitals mit der Massgabe übernehmen, dass dieselben bis zur Tilgung des Anlagekapitals, aber nicht über die Dauer von 43 Jahren zur Zahlung gelangen.

Die Beteiligung mit Kapital, Aktien u. s. w. darf in der Regel mit $1/_4$ bis $1/_3$ des Anlagekapitals erfolgen. Insoweit eine derartige Beteiligung stattfindet, verringert sich die Befugnis des Provinzialausschusses, fortlaufende Zuschüsse zu bewilligen, in der Weise, dass ein Kapital von 1000 ℳ einem Zinszuschuss von 45 ℳ entspricht. Die hierzu erforderlichen Gelder sollen durch eine Anleihe bei der Provinzialhilfskasse beschafft werden.

In das der Berechnung zu Grunde zu legende Anlagekapital darf eine Einrechnung von Grunderwerbskosten und Nutzungsentschädigungen nur stattfinden, soweit sich der Staat an diesen Kosten beteiligt.

Von dem Anlagekapital sind etwaige vom Staate à fonds perdu gewährten Beihilfen stets in Abzug zu bringen.

Unternehmern von Kleinbahnen, welche nicht mehr als die Provinz leisten, sollen besondere Vergünstigungen bei Verteilung des Reingewinns nicht zugesichert werden.

Zur Unterstützung von Kleinbahnunternehmungen innerhalb e i n e s Kreises darf der Provinzialausschuss in der Regel insgesamt an jährlichen Zuschüssen nicht mehr als 15 000 ℳ oder an Kapitalzahlungen nicht mehr als 333 333 ℳ bewilligen.

Etwaige Ueberschreitungen dieser Zuschüsse an einzelne Kreise bedürfen der Genehmigung des Provinziallandtages,

Die Bedingungen für die Benutzung der Provinzialchausseen der Provinz Ostpreussen zur Anlage von Kleinbahnen sind mit der Festsetzung massgebend, dass der Provinzialausschuss ermächtigt ist, in besonderen Fällen von dort getroffenen Festsetzungen ausnahmsweise abzuweichen.

Die wichtigsten Bestimmungen sind folgende:

Die Genehmigung darf auf höchstens 45 Jahre erteilt werden und zwar nur dem nachsuchenden Unternehmer, bezw. seinem Rechtsnachfolger, eine Uebertragung des Eigentums oder Verpachtung des Betriebes an dritte Personen bedarf der Genehmigung des Provinzialausschusses.

Der Unternehmer muss in Königsberg i. Pr. Domizil wählen, bezw. eine bestimmte Person nebst Wohnung daselbst bestellen.

Für Streitigkeiten, welche zur gerichtlichen Kognition gehören, soll das Amts- resp. Landgericht zu Königsberg zuständig sein.

Der Provinzialverband kann sich bei Erteilung der Genehmigung den Erwerb der Bahn nach Ablauf einer bestimmten Frist gegen allgemeine Schadloshaltung des Unternehmers unbeschadet des gesetzlichen Vorkaufsrechts des Staates vorbehalten.

Der Unternehmer hat für alle durch Anlage und Betrieb der Bahn erwachsenen Schäden auch gegen Dritte aufzukommen.

Sämtliche Bestimmungen über die Bedingungen für die Benutzung der Provinzialchausseen können ausnahmsweise abgeändert werden.

Ursprünglich (10. März 1894) war als Gesamthöchstbetrag für bare Zuwendungen für die Provinz Ostpreussen 15000 *M.* festgesetzt (jetzt für einen Kreis). Diese Summe wurde durch Beschluss vom 27. Januar 1896 auf 30000 *M.* erhöht, am 24. Februar 1897 um weitere 100000 *M.* und dieser Betrag dem Provinzialausschuss mit der Festsetzung zur Verfügung gestellt, dass in den 5 Etatsjahren 1897/98—1901/2 hiervon neben den früher bewilligten 30000 *M.* weitere je 20000 *M.* in den Hauptetat der einzelnen Jahre zur Einstellung gelangen dürfen. Diese Summe von 130000 *M.* wurde durch Beschluss des Provinziallandtages vom 24. Februar 1897 um weitere 80000 *M.* erhöht, so dass in den vier Rechnungsjahren 1902—1905 neben den früher bewilligten 120000 *M.* weitere je 30000 *M.* in die Haushaltungsrechnung der einzelnen Jahre eingestellt werden dürfen. (Mithin 1897/98 50000 *M.*, 1898/99 70000 *M.*, 1899/1900 90000 *M.*, 1900/01 110000 *M.*, 1901 130000 *M.*, 1903 150000 *M.*, 1903 170000 *M.*, 1904 190000 *M.*, 1905 und in den weiteren Jahren 210000 *M.*)

II. Provinz Westpreussen.

Für die Provinz Westpreussen sind die Beschlüsse des Provinziallandtages vom 1. März 1896 — ergänzt durch den Beschluss vom 18. März 1898 — massgebend.

Voraussetzung für die Unterstützung eines Kleinbahn-Unternehmens ist die Ausbauwürdigkeit der Linie im öffentlichen Verkehrsinteresse und die Beteiligung der Kreisverbände oder dem Kreise angehöriger, öffentlicher Korporationen mit Leistungen deren Jahreswert mindestens der von dem Provinzialverbande gewährten Beihilfe gleichkommt.

Die Uebernahme von Zinsgarantie geschieht in folgender Weise:

Der Provinzialverband übernimmt von der Verzinsung des wirklich verwendeten vollen Anlagekapitals (ausschliesslich der Kosten für den Grunderwerb und für Nutzungsentschädigungen, sowie der ohne Anspruch auf Rückzahlung gegebenen Beihilfen) einen in jedem Fall festzusetzenden Teilbetrag, jedoch höchstens $1^1/_2 \%$. Die Höhe der jährlichen Leistungen der Provinz ist abhängig von dem Reinertrage der Bahn.

Falls der Reinertrag der Bahn den Satz von $4^1/_2 \%$ des Anlagekapitals nicht erreicht, so übernimmt die Provinz den aus der Höhe der Gesamtgarantie sich ergebenden verhältnismässigen Anteil mit der Masgabe, dass ihre Leistung den Satz der übernommenen Zinsgarantie nicht übersteigen darf. Die bewilligten Beihilfen werden nicht über 43 Jahre hinausgezahlt. Der Provinzialausschuss wird ferner ermächtigt, sich auch durch Uebernahme von Aktien, Geschäftsanteilen oder durch Kapitalsbeiträge in sonst geeigneter Form bis zu einem Viertel des Anlagekapitals, abzüglich der Kosten für Grunderwerb und Nutzungsentschädigungen zu beteiligen. Die Grundsätze für die Gewährung von Zinsgarantieen finden sinngemässe Anwendung für die Uebernahme von Aktien u. s. w.

Der Provinzialausschuss hat bei seinen Bewilligungen derartige Bedingungen zu stellen, dass die Wahrung eines dem öffentlichen Interesse entsprechenden Einflusses auf den Bau, den Betrieb und die sonstigen, die Rentabilität des Unternehmens bedingenden Einrichtungen sicher gestellt wird.

Im Jahre 1896—97 wurde die Einstellung von 20 000 $\mathscr{M}$. für Unterstützung von Kleinbahnen genehmigt.

Dem Provinzialausschuss wurde durch Beschluss vom 18. März 1898 der Höchstbetrag von 70 000 $\mathscr{M}$. für Zinsgarantieen bewilligt, für Uebernahme von Aktien etc. ein Kredit von 1 000 000 $\mathscr{M}$.

III. Provinz Brandenburg.

Nach dem Beschluss des Provinziallandtages vom 6. März 1893 ist Folgendes bestimmt:

Zur Förderung des Baues von Kleinbahnen vier Arten von Beihilfen zn gewähren,

1. an kommunale Verbände (Kreise, Gemeinden u. s. w.) bis zu einem Viertel des zur betriebsfähigen Herstellung und Ausrüstung der Bahn — abgesehen von den Kosten des Grunderwerbes — erforderlichen Kapitals unter der Bedingung der Beteiligung der Provinzen an etwaigem Gewinn des Unternehmens (Verzinsung der Beihilfe mit $3^1/_2^0/_0$ und Zuweisung eines entsprechenden Teiles des Ueberschusses) und der Einräumung eines angemessenen Einflusses auf die Durchführung und Verwaltung des Unternehmens.

Diese Gewinnbeteiligung wurde durch den Beschluss des Provinzial-Landtages vom 15. Februar 1896 ergänzt, aber durch den Beschluss vom 23. Februar 1898 wiederum abgeändert, in der Art, dass mit Ausnahme der schon unter den vorhergehenden Bestimmungen konzessionierten Kleinbahnen eine Vorausverzinsung des kommunalen Unternehmers (Kreises) an dem Anlagekapital aus dem Reingewinne des Unternehmers, nach dem Vorgange des Staates aufgegeben werden sollte.

Endgiltig wurde die Gewinnbeteiligung durch den Beschluss des Provinziallandtages vom 4. Februar 1899 geregelt.

a) Danach fällt voran von dem Reingewinn dem kommunalen Unternehmer $2^0/_0$ seines Bahn-Aufwandes (einschlicssl. der Kosten des Grunderwerbes, soweit diese nicht ausnahmsweise unter Zustimmung des Staats und der Provinz einzurechnen sind) zu.

b) Der Ueberschuss wird den beteiligten öffentlichen Verbänden verhältnismässig bis zu $2^0/_0$ ihrer Beihilfen überwiesen.

c) Der weitere Ueberschuss bis zu $1^1/_2^0/_0$ ihrer Anteile am Bauaufwand wird unter die mit Beihilfen beteiligten Verbände und die Unternehmer verteilt.

d) Endlich wird ein noch weiterer Ueberschuss so verteilt, dass um soviel alle Anteile am Bauaufwand sich vermindern.

2. Ist Beihilfe zu gewähren an Aktien - Gesellschaften, Gesellschaften mit beschränkter Haftung durch Uebernahme von Aktien, bezw. Geschäftsanteilen bis zu $^1/_8$ (bei wesentlich kommunalem Charakter des Unternehmens bis zu $^1/_4$) des Gesellschafts-Kapitals und zwar sofern nicht über die Hälfte dieses Kapitals hinaus bevorzugte Aktien (Stammprioritätsaktien) oder Geschäftsanteile ausgegeben werden, durch Uebernahme von nicht bevorzugten Aktien, bezw. Geschäftsanteilen unter der Bedingung, dass die Aufbringung des Gesellschaftskapitals und die ordnungsmässige Durchführung des Unternehmens mit demselben vom Provinzialausschuss für genügend gesichert erachtet und der Provinz der von dem Provinzialausschuss beanspruchte Einfluss auf den Betrieb und die Verwaltung der Bahn (einschl. Tarifbildung, Ueberlassung an Dritte u. s. w.) cingeräumt wird.

Zur Beteiligung der Provinz an Kleinbahnunternehmungen werden dem Provinzialausschuss der Eisenbahnfonds der Provinz vom 1. April 1893 ab mit 1 532 406,37 M. unter Verstärkung desselben durch die Forderungen aus den an Kommunalverbände zu Kleinbahnunternehmungen gewährten Beihilfen, die vom Provinzialverbande gezeichneten Aktien und Geschäftsanteile von Gesellschaften für Kleinbahnunternehmungen und die davon aufkommenden Dividenden und Gewinnanteile die für den Neubau chaussierter Wege, sowie für die Verwaltung und Unterhaltung der Provinzialchausseeen bewilligten Summen, soweit diese Verwendung nicht gefunden haben und die für Be- Benutzung von Provinzialchausseeen zu Kleinbahnzwecken etwa gezahlten Entschädigungen zur Verfügung gestellt.

Dor Provinzialausschuss ist ferner ermächtigt, bei der Beteiligung der Provinz an Aktien-Gesellschaften oder Gesellschaften mit beschränkter Haftung die Provinz unter gewissen Bedingungen zur Uebernahme der bevorzugten Aktien, bezw. Geschäftsanteile zu verpflichten.

Die dazu erforderlichen Geldmittel sollen durch eine 4% Anleihe von 3 000 000 M. beschafft werden. Zur Sicherung der Verzinsung und Tilgung ist ein besonderer Fonds zu bilden durch alljährliche Bereitstellung von 1% der ausgegebenen Anleihescheine aus dem Eisenbahnfonds.

3. Ferner wurde durch Beschluss des Landtages vom 25. Februar 1895 bestimmt, dass an Gutsbesitzer oder Gemeinden und Kreise bis zur Höhe von denselben für Eisenbahnunternehmungen aufzuwendenden Kosten, Darlehen neugewährt werden können.

Die Darlehen sind in derselben Höhe zu verzinsen und zu amortisieren, wie die Provinzial-Bahnanleihe, für welche die Amortisation — sofern dies von dem Minister verlangt wird — auf 1% (mit den durch frühere Tilgung ersparten Zinsbeträgen) erhöht wird.

Gutsbesitzer haben für das Darlehn Sicherheit zu bestellen nach Massgabe der Bestimmungen, die für Darlehen aus dem Landesmeliorationsfonds gelten.

Cfr. Reglement für den Landesmeliorationsfonds der Provinz Brandenburg vom $\frac{10.\ \text{März}}{22.\ \text{April}}$ 1886 mit dem ersten Nachtrage vom $\frac{20.\ \text{Februar}}{6.\ \text{April}}$ 1895 (Amtsblatt 1886 P. S. 257, Fr. S. 154, bezw. 1895 P. S. 175, Fr. S. 144).

Zur Verstärkung des Eisenbahnfonds (1. April 1893: 1 582 406,37 M.) wurde eine höchstens (durch den Beschluss vom 15. Februar 1896) mit $3^1/_2\%$ zu verzinsende und mit $^1/_2\%$ und den zuwachsenden Zinsen zu tilgende Anleihe bis zum Betrage von 3 000 000 M. aufgenommen und dem Provinzialausschuss zur Festsetzung der weiteren Bedingungen der Anleihe überlassen.

Durch Beschluss des Provinziallandtages vom 23. Februar 1898 wurde diese Anleihe von bisher 600 000 M. um weitere 300 000 erhöht.

Durch Beschluss vom 4. Februar 1899 wurde diese Summe abermals unter gleichen Bedingungen um 300 000 M. erhöht, sodass insgesamt die Provinzial-Anleihe zur Förderung von Kleinbahnen die Höhe von 12 000 000 M. erreicht hat.

4. Durch erleichterte Benutzung der Provinzialchausseeen werden die Kleinbahnen gleichfalls seitens des Provinzialausschusses gefördert.

IV. Provinz Pommern.

Für die Provinz Pommern gelten die Bestimmungen des Provinziallandtages vom 18. März 1893 mit teilweisen Abänderungen durch die Beschlüsse vom 9. März 1894:

1. Leistungsfähigen Unternehmern von Kleinbahnen, die den öffentlichen Verkehr in der Provinz zu fördern geeignet sind, kann eine Beteiligung des Provinzialverbandes an der Aufbringung des Anlagekapitals in einer gewissen Höhe zugesagt werden — jedoch nicht über 8000 M. pro km (Zusatz vom 2. März 1894) — wenn sich die interessierten engeren Kommunalverbände mit mindestens derselben Summe beteiligen und dem Unternehmen keine Kosten für Grunderwerb oder an Entschädigungen für Nutzungen oder Wirtschaftserschwernisse erwachsen.

Die unentgeltliche Benutzung der Provinzialchausseeen kann gestattet werden.

2. Die Beteiligung des Provinzialverbandes kann durch Uebernahme von Aktien, Geschäftsanteilen oder in sonst geeigneter Form erfolgen.

Sie darf $^1/_3$ des Anlagekapitals nicht überschreiten.

3. Im Falle der Beteiligung muss dem Provinzialverband ein ausreichender Einfluss auf die Wahl der Richtungslinie, den Bau und den Betrieb der Bahn, sowie ein Anteil an dem Reinertrage gesichert werden.

Der Anteil an dem Reinertrage muss der Höhe der Beteiligung entsprechen. Es kann jedoch zugestanden werden, dass einem Teile des Anlagekapitals bis zum Höchstbetrage von $1/3$ ein Vorrecht an dem Reste dahin eingeräumt wird, dass die Reinerträge der Bahn in erster Linie dazu verwendet werden, dem bevorrechteten Kapital eine Verzinsung bis zu 4 % und die Nachzahlung etwaiger Ausfälle aus früheren Jahren zu gewähren.

Wird in solchem Falle demnächst für das ganze Anlagekapital eine den garantierten Zinssatz übersteigende Rente erzielt, so ist der Ueberschuss in erster Linie zur Nachzahlung der Zinsen für das nicht bevorrechtete Kapital zu verwenden.

Wenn vorzüglich Aktien ausgegeben werden, hat der Provinzialausschuss möglichst darauf zu sehen, dass die Hälfte der Beteiligung der Provinz in Prioritäts-Aktien angelegt werde (Beschluss vom 9. März 1894).

Zur Beschaffung der erforderlichen Geldmittel (Bildung eines Kleinbahnfonds) wurde durch den Beschluss vom 18. März 1893 eine Anleihe von 2 000 000 M. festgesetzt.

Durch den Beschluss vom 9. März 1894 wurde bestimmt, dass jährlich 15 000 M. dem Kleinbahnfonds aus allgemeinen Fonds zugeführt würden, dgl. die Aufnahme einer Anleihe von 6 000 000 M. Der Zeitpunkt und die Bedingungen für die Aufnahme sollen dem Provinzialausschuss überlassen bleiben.

Am 9. März 1899 wurden dazu noch 1 500 000 M. bewilligt. Am 8. März 1900 wurde durch Beschluss im Provinziallandtag der Provinzialausschuss ermächtigt, aus den Mitteln des Kleinbahnfonds an bereits im Betriebe befindliche Kleinbahnen zur Tilgung von Schulden, Erweiterung des Unternehmens und in geeigneten Fällen auch zur Abstossung von Prioritäts-Stammaktien Amortisationsdarlehen bis zur Höhe von $1/4$ des zum Bau und zur Ausrüstung der Kleinbahn verwendeten Kapitals zu gewähren, wenn der betreffende Kreis-Kommunalverband für die Verzinsung und Tilgung des Darlehns selbstschuldnerische Bürgschaft übernimmt, oder das Darlehn zur 1. Stelle in das Bahngrundbuch eingetragen wird. Im letzteren Falle ist die Sicherheit nur dann als ausreichend anzusehen, wenn die betreffende Kleinbahngesellschaft in jedem der letzten 2 vor der Darlehenshergabe abgeschlossenen Betriebsjahre aus dem Betriebe der zu verpfändenden Bahn wenigstens einen derartigen Ueberschuss erzielt hat, dass daraus ein Darlehen von der doppelten Höhe des zu gewährenden mit den für dieses festzusetzenden Zins- und Tilgungsraten hätte verzinst und getilgt werden können und wenn aus den sonstigen in Betracht zu ziehenden Umständen zu schliessen ist, dass die Entwicklung des Kleinbahnunternehmens eine dauernde und günstige bleiben werde.

Die Höhe des von dem Provinzialausschuss festzusetzenden Zins- und Amortisationssatzes muss denjenigen Sätzen entsprechen, welche der Provinzialverband für seine Anleihen zu geben hat.

V. Provinz Posen.

Im Provinziallandtage vom 19. März 1893 wurden für Kleinbahnen jährlich 50 000 ℳ. aus dem Kapitalfonds der Provinz bis zum Zusammentritt des nächsten Landtages bewilligt. Weiter wurde in der Provinziallandtagssitzung vom 4. März 1895 dem Provinzialausschuss die Ermächtigung erteilt aus den 50 000 ℳ. und aus solchen Mitteln, welche infolge Nichtverwendung bewilligter Chausseebauprämien und Wegebaubeihilfen im Chaussee- und Wegebaufonds flüssig werden, den Bau von Kleinbahnen finanziell in der ihm für den jeweiligen Fall geeignet erscheinenden Form zu unterstützen.

Auch soll der Provinzialausschuss befugt sein, zwecks Ausarbeitung von Kleinbahnprojekten einen Eisenbahnbautechniker anzustellen und aus dem Fonds zur Unterstützung von Kleinbahnen zu besolden. Zu den Projektkosten haben die den Techniker in Anspruch nehmenden öffentlichen Verbände (Kreise u. s. w.) nach näherer Bestimmung des Landeshauptmanns $1/3$ beizutragen.

Die aus den vorhandenen Beständen des Kleinbahnbaufonds nicht zur Verwendung gekommenen Beträge gehen bis zur endgiltigen Verwendung auf die folgenden Rechnungsjahre über.

Auch die bis zum 31. März 1895 nicht verwendeten Beträge, der für das Rechnungsjahr 1894/95 gemäss dem Landtagsbeschluss vom 9. März 1893 zur Verfügung gestellten 50 000 $\mathscr{M}$., werden auf den neugebildeten Kleinbahnbaufonds übertragen.

Von dem eigenen Bau und Betrieb von Kleinbahnen sieht der Provinziallandtag ab und weist diese Aufgabe wesentlich den Kreisen und kleineren öffentlich-rechtlichen Verbänden zu.

Die Bestimmung darüber, ob und unter welchen Voraussetzungen eine Rückgewähr der geleisteten Beihilfe oder die Beteiligung der Provinzen an dem Reingewinn des Unternehmens und eventl. in welcher Höhe auszubedingen sein wird, sowie die Entscheidung darüber, ob und welche Vorbehalte hinsichtlich der Bauausführung, der Tariffestsetzung und der Betriebsleitung zur Sicherung des öffentlichen Interesses erforderlich scheinen, bleibt dem Provinzialausschuss nach Lage des Falles überlassen, sobald es sich um Kleinbahnen handelt, die von privaten Unternehmern gewerblich betrieben werden; sollten sich die Kreise und sonstige öffentlich rechtliche Verbände ihres Eigentums an den Kleinbahnen entäussern wollen, so haben dieselben der Provinz auf Verlangen Rückgewähr der erhaltenen Unterstützungen zu leisten, einschliesslich einer etwaigen Entschädigung für die Chausseebenutzung.

Ferner wurde am 4. März 1895 beschlossen, die Kleinbahnen durch Benutzung der Provinzialchausseen ohne Vergütung zu fördern, wobei die näheren Bedingungen nach Vereinbarung mit den zuständigen Verwaltungs-, Polizei- und Eisenbahnbehörden festzustellen sind.

Am 26. Februar 1897 wurde im Provinziallandtage beschlossen:

1. Zur Bereitstellung von Mitteln für die Förderung und Unterstützung des Baues von Kleinbahnen innerhalb der Provinz und zur Ergänzung der durch den Beschluss des Provinziallandtages vom 4. März 1895 gebildeten Kleinbahnbaufonds ist die Summe von 1 000 000 $\mathscr{M}$. im Wege der Anleihe zu beschaffen.

2. Die Aufnahme des Darlehens in dieser Höhe soll bei der Provinzialhilfskasse nach Massgabe ihres Statutes gegen mindestens 1 % Amortisation erfolgen.

3. Der Provinzialausschuss wird ermächtigt, die weiteren Vereinbarungen mit der Direktion der Provinzialhilfskasse zu treffen, nach seinem Ermessen eine Verstärkung der Tilgung vorzubehalten, den Termin für den Beginn der Tilgung festzusetzen und für den Fall ratenweiser Abhebung des Darlehens die Hergabe der Valuta nach Wahl der Gläubigerin in Provinzial-Anleihescheinen zum Nennwert oder in bar einzuräumen und die Schuldurkunde zu vollziehen.

4. Die zur Verzinsung und Tilgung des Darlehns erforderlichen Jahresbeiträge sind in den Landeshauptetat einzustellen und gemäss der für die Provinzialabgaben für Verkehrsanlagen geltenden Massgabe zugleich mit diesen aufzubringen.

5. Dem Provinzialausschuss werden zur Unterstützung des Baues von Kleinbahnen, insbesondere auch zur Unterhaltung des Provinzialbureaus für Kleinbahnen zur Verfügung gestellt.

a) Die aus der Abhebung des Darlehens zu 1 erlangten Barmittel.

b) Diejenigen Mittel, welche infolge Nichtverwendung 1) der durch Beschluss des Provinziallandtages vom 4. März 1895 für die Kleinbahnen bewilligten Beiträge und 2) bewilligt gewesener Chausseebauprämien künftig im Chausseebaufonds flüssig werden.

6. Die Höhe der von dem Darlehn zu 1) abzuhebenden Raten bestimmt der Provinzialausschuss.

7. Die im Laufe des Rechnungsjahres nicht zur Verwendung gekommenen zur Unterstützung des Kleinbahnwesens bereiten Mittel gehen bis zur endgiltigen Verwendung auf die folgenden Rechnungsjahre über.

Am 18. März 1899 wurde eine Anleihe zur Ergänzung des Provinzialkleinbahn-Baufonds von 2 000 000 ℳ beschlossen und die ministerielle Bestätigung hierzu nach § 41 der Allerhöchsten Verordnung vom 5. November 1889 eingeholt und auch erteilt.

VI. Provinz Schlesien.

Nach § 41 des Kleinbahngesetzes wurde durch Beschluss des Provinziallandtages vom 8. März 1893 folgendes Reglement betreffend die Bewilligung von Hilfsgeldern zum Bau von Kleinbahnen eingeführt.

1. Bildung des Unterstützungs-Fonds.

§ 1.

Zur Unterstützung des Baues von Kleinbahnen wird ein Fonds dadurch gebildet, dass vom Etatsjahr 1893/94 einschliesslich an gerechnet, jährlich zunächst 50 000 ℳ vorweg aus dem Dotationsfonds zur Unterstützung des Kreis- und Gemeindewege-baues entnommen werden. Desgleichen fliessen diesem Fonds zu:

a) Die Entschädigungsgelder, welche der Provinzialverband für die Gestattung der Benutzung von Provinzialchausseen zu Kleinbahnzwecken auf Grund des § 6 des Kleinbahngesetzes zu verlangen berechtigt ist und deren Einforderung und Höhe in jedem einzelnen Falle dem Ermessen des Provinzialausschusses unterliegt.

b) Die Ersparnisse, welche sich bei dem Bauhilfsgelderfonds für den Bau von Eisenbahnen minderer Ordnung in der Provinz Schlesien ergeben, sofern das Reglement vom $\frac{\text{27. Oktober 1887}}{\text{10. März 1891}}$ insbesondere der § 3 desselben durch den Provinziallandtag nicht entsprechend abgeändert wird.

c) Die Beträge, welche gemäss § 5 dieses Reglements seitens der Unternehmer von Kleinbahnen aus den Geschäftsüberschüssen an den Provinzial-Verband zurück-zuerstatten sind.

§ 2.

Die Bestände des Fonds sind von der Landeshauptkasse zinsbar anzulegen.

§ 3.

Die in einem Jahre nicht verwendeten Gelder dieses Fonds werden auf das nächste Jahr übertragen.

§ 4.

Ueber die stattgefundenen Bewilligungen und über die disponiblen Geldmittel ist dem Provinziallandtage bei jedem Zusammentritt eine Uebersicht vorzulegen.

2. Bedingungen für die Bewilligung von Hilfsgeldern.

§ 5.

Die Bewilligung von Hilfsgeldern erfolgt durch den Provinzialausschuss.

Für dieselbe gelten folgende Bestimmungen:

a) Die Bewilligung erfolgt an Einzelunternehmer, private Gesellschaften und kommunale Verbände in der Regel nur für solche Kleinbahnen, welche dem durch-gehenden Verkehr dienen*) und von dem betreffenden Kreisverbande einen ent-sprechenden Zuschuss zu den Kosten des Baues oder Betriebes erhalten und zwar unter der Bedingung, dass, wenn das Unternehmen einen Reingewinn von mehr als 5% abwirft, aus dem Mehrertrage die von dem Provinzialverbande gewährten Zuschüsse ratenweise zurückgezahlt werden müssen. Der Unternehmer ist dem Provinzialver-bande zur Rechnungslegung verpflichtet.

Besteht die Beteiligung des Kreisverbandes in einer Zinsgarantie, so können Hilfsgelder gleichfalls bewilligt werden. Dieselben gelangen jedoch nur insoweit zur

---

*) Widerspricht der Definition des Ministers der öffentlichen Arbeiten.

Auszahlung, als der betreffende Kreisverband mit der von ihm eingegangenen Zinsgarantie in Anspruch genommen wird.

b) Geht im Falle des § 30 des Gesetzes das Unternehmen in den Besitz des Staates über, so sind die gewährten Zuschüsse, soweit dieselben noch nicht zurückgezahlt sind, der Provinz zu erstatten.

Den Gesuchen um Unterstützung ist beizufügen:

1. Das Genehmigungsattest der zuständigen staatlichen Prüfungsbehörden §§ 2—4 des Gesetzes;

2. Der von den staatlichen Prüfungsbehörden genehmigte Plan, aus welchem die Lage und Länge der Eisenbahnlinie hervorgeht.

3. ein Erläuterungsbericht, in welchem über die Verkehrsverhältnisse und über die Höhe der Baukosten Mitteilung gemacht wird.

4. Die zur Prüfung der finanziellen Leistungsfähigkeit des Unternehmens erforderlichen Unterlagen, bei Kommunen der Beschluss der zu ihrer Vertretung gesetzlich berufenen Behörden, durch welche die Beschaffung der erforderlichen Geldmittel sichergestellt wird.

3. Allgemeine Bestimmungen.

§ 6.

Die Höhe der Hilfsgelder wird in jedem einzelnen Falle — unter Würdigung der Gesamtverhältnisse des beabsichtigten Baues, namentlich seiner Bedeutung für den öffentlichen Durchgangsverkehr — vom Provinzialausschuss festgesetzt.

§ 7.

Für die Bewilligung von Hilfsgeldern ist nicht ohne weiteres die Priorität der Gesuche, sondern vor allem die Wichtigkeit der Bahnlinie für Hebung der Verkehrsinteressen massgebend. Lässt sich hieraus ein Grund für vorzugsweise Berücksichtigung nicht entnehmen, so entscheidet in der Regel die Priorität.

§ 8.

Die Zahlung der Hilfsgelder erfolgt in Raten je nach dem Fortschreiten des Baues.

§ 9.

Erfolgt der Beginn des Baues nicht innerhalb zweier Jahre nach Bewilligung der Hilfsgelder, so kann durch Beschluss des Provinzialausschusses die Bewilligung zurückgezogen werden.

§ 10.

Vorstehendes Reglement findet nur auf diejenigen Kleinbahnen Anwendung, deren Bau erst nach dem 1. April 1893 in Angriff genommen worden ist.

Auf dem nämlichen Provinziallandtage ist ferner beschlossen, dass dem nach § 1 vorstehenden Reglements gebildeten Fonds vom 1. April 1895 an die für den Bau von Eisenbahnen minderer Ordnung in der Provinz Schlesien bewilligten Hilfsgelder, soweit sie bestimmungsmässige Verwendung nicht gefunden haben, überwiesen werden können und der Provinzialausschuss ermächtigt sein soll, sofern die im Etat für Landchausseen und Wegebau in Abschnitt II Kap. 2 der Ausgabe zum Zwecke der Unterstützung des Baues von Kleinbahnen eingestellten 50 000 $\mathcal{M}$. jährlich in den Etatsjahren 1893/94 und 1894/95 sich als unzureichend zur Gewährung der bewilligten Hilfsgelder zum Bau von Kleinbahnen erweisen sollten, zu diesem Zwecke ein Darlehen bis zur Höhe von 300 000 $\mathcal{M}$. aus der Provinzialhilfskasse zu entnehmen, dessen Verzinsung und Amortisation aus dem oben angeführten Kapitel des Wegeetats erfolgt.

2. **Förderung des Baues von Kleinbahnen durch Gestattung der Benutzung von Provinzialchausseen.**

Der Unternehmer kann die Provinzialchausseeen gegen gewisse Entschädigungen (Schnee- und Schmutzreinigen, Pacht von gewöhnlich 100 $\mathcal{M}$. pro km jährlich) benutzen. Es muss der Unternehmer eine Kaution hinterlegen.

Genauere Bestimmungen hierüber sind von dem Provinziallandtag noch zu erwarten.

In dem Beschluss des Provinziallandtages vom 7. März 1897 wurde, um die Beschlüsse vom 8. März 1898 und 12. April 1895 in Einklang mit dem Runderlasse des Herrn Ministers der öffentlichen Arbeiten vom 25. April 1895, betreffend die staatliche Unterstützung von Kleinbahnen zu bringen und in Berücksichtigung des Umstandes, dass die Provinzialhilfskasse für Schlesien neuerdings auch Darlehen in 3 % Hilfskassenobligationen zu $3^{1}/_{4}$ Zinsen verleiht, ist eine Abänderung und Ergänzung der bisherigen Bestimmungen beschlossen.

Zur Förderung des Baues von Kleinbahnen in der Provinz Schlesien sollen in Zukunft wahlweise nach Wunsch der Berechtigten entweder die durch Reglement vom 8. März 1898 an Kleinbahnunternehmer vorgesehenen Bauhilfsgelder oder Darlehen an Kommunalverbände behufs Beschaffung der zur betriebsfähigen Herstellung von Kleinbahnen erforderlichen Mittel hergegeben werden.

I. Die Darlehen sind aus der Provinzialhilfskasse nach Massgabe des Statuts derselben und gegen 2% Zinsen und 1 % Tilgung zu gewähren, unter der Bedingung, dass, wenn der Reinertrag der Bahn über die dem Darlehnsnehmer obliegende jährliche Zinsen- und Tilgungsrate steigt, alsdann der Mehrbetrag und zwar bis zur Höhe der von der Provinz übernommenen einjährigen Zinsendifferenz dem Provinzialverbande gebührt und der Rest zur stärkeren Tilgung des Darlehens verwendet wird.

Werden die Darlehen aus der Hilfskasse in $3^{0}/_{0}$ Obligationen entnommen, so betragen die prinzipalen Leistungen des Darlehensunternehmers $1^{1}/_{2}$ % Zinsen und 1% Tilgung.

Für jedes der aufgenommenen Darlehen schiesst der Provinzialverband der Provinzialhilfskasse noch $1^{3}/_{4}$ % Zinsen zu, so dass letztere für jedes Darlehn überhaupt $3^{1}/_{4}$ % Zinsen, bezw. $3^{1}/_{4}$ % Zinsen und 1 % zur Abstossung erhält.

Der im Absatz I erwähnte Mehrertrag der Bahn über die dem Darlehensnehmer obliegenden prinzipalen Darlehensleistungen fällt dann der Provinz nicht allein zu, wenn dem Kommunalverbande von dem Staate gleichfalls eine Beihilfe gewährt wird.

In diesem Falle ist der aus dem Unternehmen sich ergebende Ueberschuss gleichmässig auf Provinz und Staat nach Verhältnis des in jedem einzelnen Falle zu vereinbarenden Wertes ihrer Beihilfen zu verteilen.

II. Behufs Bereitstellung der Mittel für die reglementmässigen Bauhilfsgelder soll ein weiteres Darlehen von 300 000 ℳ. bei der Provinzialhilfskasse gegen $3^{1}/_{4}$ % Zinsen und 1 % Amortisation aufgenommen werden. (Die Aufnahme des Darlehens ist durch Erlass des Herrn Ministers des Innern vom 19. April 1895 genehmigt.)

III. Die Gesamtsumme der zu I auszugebenden Darlehen darf vor weiterer Beschlussfassung den Betrag von 1 000 000 M. nicht übersteigen.

IV. Der durch Reglement vom 8. März 1893 dem Kleinbahnfonds aus dem Dotationsfonds zur Unterstützung des Kreis- und Gemeindewegebaus jährlich zufliessende Betrag von 300 000 M. ist sowohl zur Verzinsung und Tilgung der Anleihe zu II wie zur Bestreitung des von der Provinz zu leistenden Zinsenzuschusses bei den Darlehen zu I zu verwenden.

V. Bei der Wichtigkeit einer einheitlichen Spurweite für die Kleinbahnen innerhalb der Provinz hält der Provinziallandtag die Wahl einer Spurweite von 0,75 Meter als Regel für zweckmässig.

Am 16. Januar 1899 wurde beschlossen, dass die Gesamtsumme der nach den Provinziallandtagsbeschlüssen vom 12. März 1895 und 10. März 1897 an Kommunen zu gewährenden Kleinbahn-Darlehen mit erleichterten Zinsbedingungen bis auf weiteres den Betrag von 2 750 000 M. nicht übersteigen.

Durch Beschluss des Provinziallandtages vom 13. März 1901 werden dann noch an Kommunalverbände Darlehen aus der Provinzialhilfskasse und zwar nach Wahl des Darlehnnehmers entweder in 3, $3^{1}/_{2}$ oder 4 % Provinzialhilfskassen-Obligationen gegen $3^{1}/_{2}$ resp. $3^{3}/_{4}$ resp. $4^{1}/_{4}$ % Zinsen und mit einer mindestens 1 % des Darlehnkapitals betragenden Amortisation hergeliehen. Zu der dem Darlehnsnehmer obliegenden Zinsleistung steuert der Provinzialverband aus eigenen Mitteln für die Dauer der Tilgungszeit $1^3/_4\,\%$ des ursprünglichen Darlehnkapitals jährlich zu, jedoch unter der Bedingung, dass, wenn die Kleinbahn Reinerträge abwirft, die dem Darlehnsnehmer auf das Darlehnskapital zufallenden Erträge zwischen Provinz und Darlehnsnehmer gleichmässig verteilt und zur Herabminderung der in dem Etatsjahre gezahlten Zinszuschüsse der Provinz verwendet werden. Steigt der Reinertrag der Bahn über $3^1/_2\,\%$, so ist der nach den vorstehenden Bestimmungen der Provinz zustehende halbe Ueberschuss zur stärkeren Tilgung des Darlehns zu verwenden.

Die Kleinbahndarlehen können bis zu $^1/_4$ der anschlagsmässig ermittelten Baukosten gewährt werden, wobei die Grunderwerbskosten — abgesehen von Ausnahmefällen — ausser Berechnung bleiben.

Die Höhe des Aktienkapitals wird in jedem Falle von dem Provinzialausschuss festgesetzt.

Die Gewährung von Bauhilfsgeldern findet in Zukunft nicht mehr statt.

VII. Provinz Sachsen.

In Sachsen wurden durch den Beschluss des Provinziallandtages vom 28. Februar 1894 zuerst die Bestimmungen zur Unterstützung von Kleinbahnunternehmungen festgesetzt, dann aber durch den Beschluss vom 24. April 1895 abgeändert und schliesslich durch den Beschluss vom 7. März 1896 ersetzt.

Die allgemeinen Grundzüge zur Sicherung eines dem öffentlichen Interesse entsprechenden Einflusses der zur Aufsicht über die von der Provinzialverwaltung unterstützten Kleinbahnen berufenen Korporationen auf den Bau und die Verwaltung dieser Eisenbahnen wurden am 9. Mai 1894 beschlossen.

Nach dem Beschluss vom 7. März 1896 wird der Provinzialausschuss ermächtigt, Kleinbahnunternehmungen innerhalb der Provinz zu unterstützen.

I. A. Durch unentgeltliche Einräumung von Provinzialchausseen und -Strassen mit Einschluss der Gräben, Sicherheitsstreifen, Materialienbanketts und der neben den Provinzialchausseen und -Strassen liegenden, der Provinz gehörenden Grundstücke.

B. Durch Gewährung von Darlehen gegen Verzinsung und Tilgung mit der Befugnis, Kreisen und anderen Korporationen gegenüber ausnahmsweise auf Verzinsung zeitweilig zu verzichten, sowie die Tilgungsfristen zu verlängern. Bei Gewährung von Darlehen an andere Unternehmer bedarf es der Sicherstellung.

C. Durch Uebernahmen von Aktien bis zu $^1/_3$ des Anlagekapitals.

D. Durch Uebernahme einer Bürgschaft für Verzinsung und Tilgung zusammen bis zu höchstens $4\,\%$ oder auch unter Beschränkung auf eine bestimmte Reihe von Jahren für die Verzinsung allein bis zu höchstens $3^1/_2\,\%$ und zwar in beiden Fällen bis zur Hälfte des Anlagekapitals.

Voraussetzung für eine Gewährung der Beihilfen von B—D sind:

    a) die Vorlegung allgemeiner Baupläne, die durch sachverständige Techniker aufgestellt sein müssen,

    b) der Nachweis, dass der Ausbau der Linie dem öffentlichen Verkehrsinteresse dient,

    c) der Nachweis, dass die Durchführung des Unternehmens bei Gewährung der provinziellen Unterstützung gesichert ist,

    d) die angemessene Mitbeteiligung von Kreisen oder anderen Korporationen,

    e) die Sicherung eines dem öffentlichen Interesse entsprechenden Einflusses der Kreise, der anderen Korporationen oder der Provinzialverwaltung selbst auf den Bau, den Betrieb und die sonstigen, die Rentabilität bedingenden Einrichtungen des Unternehmens nach den von der Provinzialverwaltung aufzustellenden allgemeinen Grundsätzen,

    f) die Zulassung der Benutzung der öffentlichen Wege der Kreise und Gemeinden innerhalb der technisch zulässigen Grenzen, doch ohne Inanspruchnahme des Ankaufsrechtes,

g) im Falle der Gewährung des Darlehns oder der Uebernahme einer Zinsbürgschaft (B und D) die Uebernahme der Verpflichtung seitens des Unternehmers, das Reinerträgnis des Unternehmens, soweit es den landesüblichen oder den im voraus vereinbarten Zinssatz und den etwa vereinbarten Tilgungssatz übersteigt, zunächst zur Schadloshaltung der Provinz zu verwenden, dergestalt, dass ihr bei Darlehen der entstandene Zinsverlust, bei Zins- (und Tilgungs-) Bürgschaft aber die gewährten Zuschüsse erstattet werden.

Eine Bürgschaft für Verzinsung und Tilgung tritt erst mit dem Tage der Betriebseröffnung in Kraft.

II. Der Provinzialausschuss wird ermächtigt, zur Förderung des Kleinbahnbaues nach Massgabe der unter I B und C gegebenen Grundsätze einen Kapitalbetrag bis zu 2 000 000 M. aus den Beständen des Provinzialfonds II (Strassenunterhaltungsfonds) zu entnehmen.

Der Zinsfuss für die Forderung des Provinzialfonds II wird auf $3\frac{1}{2}\%$, der zur Wiederansammlung bestimmte Betrag auf 1% festgesetzt.

Zur Ausgleichung das Unterschieds zwischen den dem Provinzialfonds II zu vergütenden Zinsen und denjenigen Erträgnissen, welche die Provinz aus den gewährten Darlehen (I B) und den zum Aktienankaufe verwendeten Kapitalien (I C) bezieht, sowie zur Erfüllung der Bürgschaften (I D), endlich zur 1% Tilgung der zum Aktienerwerbe verausgabten Beträge ist eine Summe von jährlich 60 000 M. in den Haupthaushaltsplan einzustellen.

Die von dieser Summe in den einzelnen Jahren nicht verwendeten und die der Provinz nach I g erstatteten Beträge, nicht minder die Erträge aus den übernommenen Aktien, soweit sie den Zins- und Tilgungssatz von zusammen 4% übersteigen, fliessen in den Kleinbahnfonds, über dessen Verwendung der Provinziallandtag beschliesst.

III. Der Provinzialausschuss wird ermächtigt, die Bedingungen festzustellen, unter denen die Mitbenutzung von Provinzialchausseen und Provinzialstrassen gestattet sein soll.

Am 6. Februar 1900 wurde der Provinzialausschuss ermächtigt, einen weiteren Betrag von 2 000 000 M. zu bewilligen.

Die dem Provinzialausschuss zur Verfügung gestellte Summe beträgt mithin 6 000 000 M.

VIII. Provinz Schleswig-Holstein.

Durch den Beschluss des Provinziallandtages vom 16. Februar 1894 wurde zuerst die Unterstützung der Kleinbahnunternehmen geregelt.

Durch den Beschluss vom 22. Januar 1895 wurde das Regulativ, betreffend die Bedingungen für die Gewährung einer provinziellen Unterstützung des Kleinbahnwesens in der Provinz Schleswig-Holstein mit Ausnahme des Kreises Herzogtum Lauenburg festgestellt.

Dieses Regulativ wurde am 23. Februar 1900 durch nachfolgendes ersetzt.

§ 1.

Der Provinzialverband der Provinz Schleswig-Holstein beteiligt sich an dem Bau von Kleinbahnen durch Kommunalverbände in der Provinz Schleswig-Holstein mit Ausnahme des Kreises Herzogtum Lauenburg auf Grund des Kleinbahngesetzes unter nachstehenden Bedingungen.

§ 2.

Ueber die Beteiligung der Provinz entscheidet der Provinziallandtag nach Prüfung und Begutachtung der Anträge der Kommunalverbände durch den Provinzialausschuss. Voraussetzung jeder Beteiligung ist ein im Interesse der Aufschliessung des Landes anzuerkennendes Verkehrsbedürfnis und eine dementsprechende Feststellung der Richtungslinie der Bahn.

§ 3.

Die Beteiligung der Provinz erfolgt durch Gewährung eines Darlehens an die Kommunalverbände von $1/4$ des vom Provinzialausschuss anerkannten Kostenanschlages, ausschliesslich der von den Kommunalverbänden einseitig zu tragenden Grunderwerbskosten, Nutzungsentschädigungen und der Kosten der über den Zweck der Kleinbahnen hinausgehenden Hochbauten.

Wird der Bau unter dem anerkannten Kostenanschlag ausgeführt, so wird das eine Viertel nur nach den wirklich verausgabten Kosten festgesetzt.

§ 4.

Das seitens der Provinz gewährte Darlehen wird dergestalt getilgt, dass die Leistung der Provinz einem endgiltigen Verlust in Höhe von $1/8$ der in § 3 genannten Kosten entspricht.

Die Beschlussfassung des Provinziallandtags kann erst erfolgen, nachdem die Kommunalverbände nachgewiesen haben, dass, abgesehen von der Beihilfe des Staates und der Provinz die Mittel für den Bau der Bahn einschliesslich der Grunderwerbskosten bereitgestellt sind.

Der Beginn, die Höchstdauer der Tilgung und der hiernach zu entrichtende Tilgungsbetrag wird vom Provinzialausschuss mit dem Kommunalverbande vereinbart.

Falls das Unternehmen Ueberschüsse gewährt, so soll der Kommunalverband berechtigt sein, von deren Betrage nach Befriedigung des Staates den an die Provinz zu zahlenden jährlichen Tilgungsbetrag und von seiner nach § 3 zu berechnenden Beteiligung 1% abzuziehen; der Rest der Ueberschüsse wird sodann im Verhältnis des Darlehens der Provinz zur Beteiligung des Kommunalverbandes unter beide verteilt. Die Gewinnbeteiligung der Provinz hört nach vollendeter Tilgung des Darlehens auf.

§ 5.

Bauliche Anlagen und sonstige Einrichtungen an der Bahn, welche über diejenigen des ursprünglich festgestellten Planes und Kostenanschlages hinausgehen, bedürfen der Zustimmung des Provinzialausschusses, sofern die Rentabilität des ganzen Unternehmens nach Ansicht des Provinzialausschusses dadurch beeinträchtigt wird.

Das Bahngrundbuch darf vor Ablauf der Tilgung (§ 4) ohne Zustimmung des Provinzialausschusses nicht belastet werden.

§ 6.

Für den Fall der Nichtbeteiligung des Staates an dem Gewinn der Unternehmer treten folgende Bestimmungen ein:

Wenn der Kommunalverband den Bau oder den Betrieb der Bahn oder beides einem Unternehmer überlassen will, so bedürfen die mit demselben abzuschliessenden Verträge der Zustimmung des Provinzialausschusses. Sowohl in dem Fall, dass der Kommunalverband den Betrieb der Bahn selbst übernimmt als auch dann, wenn er denselben einem Uebernehmer überlässt, sind die Tarife dem Provinzialausschuss zu unterbreiten, ohne dessen Zustimmung sie nicht eingeführt werden dürfen. Nach Ablauf der ersten 5 Betriebsjahre unterliegt auch die Abänderung des Tarifs dieser Zustimmung.

§ 7.

Die jährlichen Rechnungsabschlüsse hat der Kommunalverband beim Provinzialausschuss vorzulegen.

§ 8.

In jedem einzelnen Falle, in welchem der Provinziallandtag die Beteiligung der Provinz an einem Bahnbau beschlossen haben wird, sind die näheren Feststellungen für die Ausführung bezw. Anwendung der in den vorhergehenden §§ enthaltenen Bestimmungen von dem Provinzialausschuss zu treffen.

§ 9.

Dies Regulativ tritt mit dem 1. April 1900 für die Zeit bis zum 1. April 1905 in Kraft.

IX. Provinz Hannover.

In der Provinz Hannover wurde zuerst durch Beschluss des Provinziallandtages vom Februar 1894 die Anstellung eines sachverständigen Technikers beschlossen, der das Kleinbahnwesen in der Provinz beaufsichtigen und die neuen Pläne und Projekte prüfen sollte[1] Diesem wurde dann später der Titel eines Landesbaurats verliehen.

Die vom Provinziallandtage im Februar 1894, dann am 21. Februar 1895 und 7. Februar 1896 gefassten Beschlüsse wurden nachher abgeändert und lauten jetzt nach dem Beschluss vom Februar 1900 folgendermassen:

I.

Der Provinzialausschuss ist ermächtigt, die Bedingungen für die Mitbenutzung der Chausseeen zur Anlage von Kleinbahnen festzustellen und auf Grund derselben die Herstellung von Kleinbahnen auf den Chausseen zu gestatten.

II.

Der Provinzialausschuss ist ermächtigt, unter Beachtung folgender Bestimmungen die Vorarbeiten für den Bau von Kleinbahnen durch die Organe der Provinzialverwaltung auf teilweise Kosten des Provinzialverbandes in dem Umfang herstellen zu lassen, wie solche nach § 5 des Kleinbahngesetzes und der dazu ergangenen Ausführungsbestimmungen mit dem Antrag auf Genehmigung der Kleinbahnanlage vorgelegt werden müssen:

a) Der Antrag auf Ausführung solcher Vorarbeiten ist an das Landesdirektorium zu richten, welches denselben nach weiterer Instruktion dem Provinzialausschuss zur Beschlussnahme vorzulegen hat. Beschliesst der Provinzialausschuss Ablehnung des Antrages, so ist gegen diesen Beschluss Beschwerde an den Provinziallandtag zulässig. Dem Antrage darf regelmässig nur stattgegeben werden, nachdem festgestellt ist, dass die Königl. Staatsregierung die Bahnanlage ihrerseits herzustellen nicht gewillt ist;

b) Der Antrag soll enthalten:
1. die generelle Bezeichnung der Bahnanlage mit Anfangs- und Endpunkt,
2. die generelle Richtungslinie unter Angabe der zu berührenden grösseren Orte, landwirthschaftlichen und industriellen Betriebe u. s. w.,
3. den Bauunternehmer (Kreise, Gemeinden, Private und Gesellschaften),
4. den Hauptzweck der Anlage (Güter-, Personentransport oder beides),
5. den mutmasslichen Umfang der Rentabilität (Verzinsung, Anlagekapital),
6. eine generelle Ueberschlagung der Anlagekosten,
7. die in Aussicht genommene Spurweite,
8. wie die Mittel für den Bau und Betrieb, soweit sie nicht vom Provinzialverbande dargeliehen werden, beschafft werden sollen,
9. wie der Betrieb der Bahn eingerichtet werden soll (Selbstbetriebe des Unternehmers, Verpachtung u. s. w.);

c) Der Provinzialausschuss stellt dann die Bedingungen fest, unter denen die Organe der Provinzialverwaltung die Vorarbeiten auszuführen haben. Die Vorarbeiten bleiben solange Eigentum der Provinzialverwaltung, bis das Unternehmen realisiert ist. Die Antragssteller sind verpflichtet, die halben, durch die Vorarbeiten erwachsenen Kosten bis zum Höchstbetrage von 50 ℳ. für das km zu erstatten. Die obere Leitung der Vorarbeiten durch das Landesdirektorium und dessen höhere Baubeamten einschliesslich der beim Landesdirektorium erwachsenen Reisekosten erfolgt kostenlos.

---

[1] Diesem Beispiel sind dann auch die Provinz Pommern am 10. Dezember 1895 und die Provinz Posen am 4. März 1895 gefolgt. Auch die Provinz Westfalen hat in neuester Zeit einen Provinzialbaurat für die Förderung des Kleinbahnwesens angestellt.

III.

Der Provinzialausschuss ist ermächtigt:

a. Auf Antrag von Unternehmern von Kleinbahnanlagen — Kreise, Gemeinden, Privaten, Gesellschaften u. s. w. — auf Kosten der Unternehmer, diesen die zur Bauausführung und Inbetriebsetzung der Bahnanlage erforderlichen Techniker zu überlassen, auch die sämtlichen technischen Unterlagen — Zeichnungen, Lieferungsverträge — für den Bau und Betrieb herstellen und die Bauausführung und den Betrieb überwachen zu lassen;

b. Zu dem Zwecke geeignete Techniker und das notwendige Bureaupersonal nach Bedarf kommissarisch aufzunehmen;

c. Für die obere Leitung dieser Arbeiten einen mit dem Kleinbahnwesen vertrauten höheren Techniker unter Beilegung des für denselben im Haushaltsplan ausgeworfenen Gehaltes u. s. w. mit beratender Stimme als Provinzialbeamten beim Landesdirektorium anzustellen.

VI.

Bauunternehmern von Kleinbahnen (Kreisen etc.) kann; wenn dieselben die Genehmigung zu einer Kleinbahnanlage verlangt haben und danach der für den Bau und Betrieb der Bahn erforderliche Kostenaufwand feststeht, seitens der Provinzialverwaltung bis zu $2/3$ des gesamten Bau- und Betriebskapitals unter folgenden Bedingungen dargeliehen werden:

1. Das Baukapital wird unkündbar, jedoch gegen Verzinsung und Amortisation und gegen genügende Sicherstellung dem Unternehmer vom Provinzialverbande geliehen.

2. Für das Darlehen sind Zinsen zu zahlen, deren Betrag $1/2 \%$ hinter dem Interesse der betreffenden Eisenbahnanleihe der Provinz zurückbleibt. Auch ist das Darlehen mindestens ebenso stark, wie die betreffende Eisenbahnanleihe zu tilgen. Zins- und Tilgungszahlungen sind halbjährlich postnumerando fällig, die Zinsen des Kapitalabtrags wachsen der Amortisation zu. Ergiebt jedoch der Betrieb nach Abrechnung der Beträge für Verzinsung und Amortisation einen Reinertrag, so ist dieser zur Erhöhung der zu zahlenden Zinsen und zwar bis zu demjenigen Zinsfusse zu verwenden, welchen die Provinz selbst für ihre betreffende Eisenbahnanleihe zu zahlen hat.

Ergiebt sich nach Erhöhung der Zinsen bis zu diesem Betrage noch ein weiterer Ueberschuss, so ist solcher zur Hälfte behufs rascherer Amortisation der Schuld an die Provinz einzuzahlen.

Hat ein Kreis mehrere Kleinbahnen gebaut, so kommen die vorstehend wegen Erhöhung der Zinsen und der Amortisationsraten getroffenen Bestimmungen nur dann zur Anwendung, wenn aus dem Betriebe aller dieser Bahnen zusammengenommen ein Reinertrag erzielt ist.

3. Die Amortisation beginnt in der Regel mit der Inbetriebsetzung der Bahnanlage. Der Provinzialausschuss kann in besonderen Fällen die Amortisation auf einen späteren Zeitraum hinausschieben.

4. Der Unternehmer ist zu verpflichten, angemessene Fonds zur Bestreitung der Kosten für die künftige Erneuerung des Oberbaues, der Betriebsmittel und der sonstigen periodisch notwendig werdenden Beschaffungen nach Massgabe der von dem Provinzial-Ausschuss im einzelnen Falle zu treffenden Bestimmungen anzusammeln.

5. Der Unternehmer muss alljährlich die Rechnungsausweise, Betriebsübersichten, Verwaltungsberichte u. s. w. der Provinzialverwaltung vorlegen und derselben jederzeit Einsicht in die gesamte Verwaltung, namentlich auch den Erneuerungsfonds gestatten. Auch kann sich die Provinzialverwaltung die Zustimmung zu der Art der Bauausführung und zur Einrichtung des Betriebes, soweit hierdurch das öffentliche Verkehrsinteresse und die Rentabilität des Unternehmens beeinflusst wird, vorbehalten.

6. Ueber den Antrag auf Bewilligung des Darlehens beschliesst der Provinzialausschuss, gegen dessen ablehnenden Beschluss Beschwerde an den Provinziallandtag zulässig ist.

7. Der Provinzialausschuss legt dem Landtag alljährlich eine Uebersicht vor, aus welcher die ausgeliehenen Kapitalbeträge und die für ausgeführte Vorarbeiten erwachsenen Kosten, ferner die Empfänger der Darlehen ersichtlich sind.

8. Die Ausgaben, welche dem Provinzialverband durch Gewährung solcher Darlehen bezüglich Ausführung von Vorarbeiten u. s. w. erwachsen, sind alljährlich im Budget in Ausgabe zu stellen.

V.

Der Provinzialausschuss ist ermächtigt:

Unternehmern von Kleinbahnen, denen nach Massgabe der Bestimmungen unter IV ein Teil des gesamten Bau- und Betriebskapitals gewährt ist, gegen ausreichende Sicherheit auch den Rest des Bau- und Betriebskapitals unkündbar als Amortisationsdarlehen zu demjenigen Zinsfusse zu gewähren, welchen der Provinzialverband für seine Eisenbahnanleihe zahlt.

Zur finanziellen Förderung des Kleinbahnbaues hat der Provinziallandtag am 11. Februar 1895 beschlossen, eine mit 3 oder $3\frac{1}{2}\%$ verzinsliche und nach Ablauf von 6 Jahren, von der Ausgabe der Schuldverschreibungen an gerechnet, mit $\frac{1}{2}\%$ und den zuwachsenden Zinsen zu tilgende Anleihe von 15 000 000 ℳ. zu Lasten des Provinzialverbandes nach Bedarf aufzunehmen. Im Provinziallandtage vom Februar 1900 wurde ferner beschlossen, eine mit höchstens 4% verzinsliche und mit 1% sowie den zuwachsenden Zinsen zu tilgende Anleihe von 10 000 000 ℳ. zu Lasten des Provinzialverbandes nach Bedarf aufzunehmen.

X. Provinz Westfalen.

Der Provinziallandtag vom 17. Februar 1894 hat beschlossen:

1. dass die Provinz in der Regel von dem Bau und Betrieb von Kleinbahnen selbst abzusehen hat, diese vielmehr den Kreisen und Gemeinden überlassen soll.

2. werden provinzielle Mittel an Kreise und Gemeinden bewilligt.

In der Regel erfolgen diese Unterstützungen nach folgenden Gesichtspunkten:

a) den Kreisen, bezw. Gemeinden wird für den Bau von Kleinbahnen ein Darlehen, in der Regel $\frac{1}{3}$ der Baukosten zu $3\frac{5}{8}\%$ Zinsen und 1% Tilgung aus Mitteln der Landesbank bewilligt.

b) Von den hiernach zusammen mit $4\frac{5}{8}\%$ zu zahlenden Zinsen und Tilgungsbeträgen zahlen die Darlehnsnehmer $3\frac{1}{2}\%$, die restlichen $1\frac{1}{8}\%$ übernimmt der Provinzialverband aus den von ihm zur Unterstützung von Kleinbahnen gebildeten Fonds nach Massgabe eines auf vorgedachter Grundlage aufgestellten Verzinsungs- und Tilgungsplanes.

c) Falls der Jahresertrag der Kleinbahn eine mehr als $2\frac{1}{2}\%$ (früher 3%) Verzinsung des Anlagekapitals gewährt, ist das von der Landesbank gegebene Kapital bis zu einer Verzinsung von höchstens $3\frac{3}{4}\%$ an dem Ueberschuss in demjenigen Verhältnis beteiligt, in welchem das Darlehen zu den Gesamtanlagekosten steht. Hieraus entstehende Einnahmen kommen dem Kleinbahnfonds zu gute.

d) Mit der Abschliessung des Darlehensvertrages wird der Landeshauptmann beauftragt.

Für die Benutzung der Provinzialchausseen gelten folgende Bedingungen:
Der Unternehmer der Bahn ist verpflichtet:

a) den benutzten Wegteil wieder herzustellen und in einer von Fall zu Fall festzusetzenden Breite zu unterhalten, sowie für diese Verpflichtung Sicherheit zu leisten,

b) einen bestimten, in jedem Einzelfalle festzusetzenden Prozentsatz der Bruttoeinnahme als angemessenes Entgelt für die Benutzung der Strasse an den Provinzialverband zu zahlen,

c) nach Ablauf einer desgl. von Fall zu Fall zu bemessenden Frist die Bahn im ganzen gegen angemessene Schadloshaltung an den Provinzialverband abzutreten.

Der gebildete Kleinbahnfonds hatte durch Ueberweisung der Wegebauüberschüsse, Betriebsüberschüsse bestehender Bahnen etc. am 30. März 1896 einen Bestand von 170 000 ℳ.; 1898 erreichte er die vorgesehene Höhe 400 000 ℳ. Am 4. Februar 1899 wurde beschlossen, dass vom 1. April 1899 ab dem Provinzialausschuss ein ausserordentlicher Kredit von 2 000 000 ℳ. zur Verfügung gestellt werde, mit der Massgabe, dass von diesem nur von Fall zu Fall Gebrauch gemacht werden darf, dass der jedesmalige Einzelbetrag bei der provinziellen Landesbank als tilgbares Darlehen zu dem für Gemeindedarlehen bei der Landesbank üblichen Zinssatze aufgenommen wird, und dass alljährlich dem Provinziallandtage über das Geschehene Bericht zu erstatten ist.

XI. Provinz Hessen-Nassau.

a) Bezirksverband des Regierungsbezirks Cassel.

Im Kommunallandtage vom 11. Dezember 1893 wurde beschlossen, allgemeine Normativbestimmungen für die Benutzung der kommunalständischen Strassen durch Kleinbahnen vorzulegen. Auf Grund dieser am 22. November 1894 vorgelegten Bedingungen wurde der Landesausschuss beauftragt, einen Entwurf über die Grundsätze auszuarbeiten, nach welchen eine Förderung des Baues oder Betriebs von Kleinbahnen durch den Bezirksverband auch in sonstiger Weise eintreten darf. Infolge der hierauf dem Kommunallandtage zugegangenen Vorlage hat dieser am 22. November 1895 folgenden Beschluss gefasst:

I.

Eine Unterstützung von Kleinbahnunternehmungen innerhalb des Regierungsbezirks Cassel kann durch den Bezirksverband unter folgenden Bedingungen erfolgen:

1. Die Kleinbahn muss geeignet sein, die zu erschliessenden Teile des Regierungsbezirks erheblich in ihrer wirtschaftlichen Entwicklung zu fördern.

2. Die Bahn darf nicht lediglich von privaten Unternehmern ins Leben gerufen werden.

3. Die nächst Interessierten (Kreise, Gemeinden, Grundbesitzer, Industrielle) müssen sich mindestens mit einer Summe beteiligen, welche der von dem Regierungsverbande als Darlehen zu gewährenden Summe gleichkommt. Wird das Darlehen des Bezirksverbandes einem dieser Nächstinteressenten gewährt, so kommt für dessen Beteiligung der gewährte Darlehnsbetrag nicht mit in Rechnung;

4. ausser der unter 3 angeführten Beteiligung haben die Interessenten die Kosten des Grunderwerbs oder die Entschädigungen für Nutzungen und Wirtschaftserschwernisse und die Kosten der Vorarbeiten allein aufzubringen, auch den Nachweis zu führen, dass die Aufbringung des Restes des Anlagekapitals gesichert ist;

5. In finanzieller Hinsicht muss an der Hand spezieller Ertragsberechnungen ein nach dem Ermessen des Landesausschusses genügender Nachweis erbracht sein, dass das Unternehmen auf alle Fälle mindestens die Betriebskosten zu decken imstande sein wird.

6. Dem Bezirksverband muss im Falle der Unterstützung ein nach dem Ermessen des Landesausschusses ausreichender Einfluss auf die Gestaltung des ganzen Unternehmens, auf die Wahl der Linie, den Bau und Betrieb der Bahn und die Bildung der Tarife gesichert werden.

Demselben sind alljährlich die Rechnungsausweise, Betriebsübersichten, Verwaltungsberichte u. s. w. von der Betriebsleitung vorzulegen.

II.

Unter vorstehenden Bedingungen wird der Landesausschuss bis auf weiteres ermächtigt, unkündbare Darlehen bis zur Höhe von $1/3$ ($33^{1}/_{3}\,^0/_0$) des Bau- und Betriebskapitals gegen Jahresleistungen von mindestens $1^1/_2\%$ Jahreszinsen und $^1/_2\%$ jährlichen Abtrags der gegebenen Summe zu gewähren.

Erzielt der Betrieb der Bahn nach Abrechnung der Verzinsung von 4% des sonstigen Anlegekapitals einen Reinertrag, so ist seitens der Darlehnsnehmer die Zinsleistung an den Bezirksverband in den Grenzen dieses Reinertrages, jedoch nur bis zu demjenigen Zinsbetrage zu erhöhen, welchen der Bezirksverband selbst für die betreffende Eisenbahnanleihe zu zahlen hat. (Dieser Absatz ist durch Beschluss vom 4. Februar 1899 in dieser Form ergänzt).

Das Darlehen kann gegeben werden an die zum Bau und Betrieb der Bahn gebildeten Gesellschaften gegen Verpfändung der Kleinbahn zu I. Hypothek oder an die bei dem Bahnbau beteiligten Kreise bezw. Gemeinden des Regierungsbezirks, deren Haushalt die genügende Sicherheit bietet.

III.

1. Zur Beschaffung der erforderlichen Mittel sind Anleihen bis zum Höchstbetrage von $3^1/_3$ Millionen aufzunehmen. Den Zeitpunkt und die Bedingnngen für die Aufnahme der Anleihen und die näheren Bedingungen für die Gewährung von Unterstützungen in jedem einzelnen Falle bestimmt der Landesausschuss.

2. Dem Kommunallandtage ist in seiner nächsten Sitzung über das in Ausführung dieses Beschlusses geschehene zu berichten und ist ihm ein Vorschlag über Bildung eines Kleinbahnfonds zu machen.

3. Der Landesausschuss wird ermächtigt, die unentgeltliche Benutzung der Landstrassen des Bezirksverbandes zur Anlage von Kleinbahnen unter den durch Beschluss des Kommunallandtages vom 22. November 1894 genehmigten Bedingungen auch fernerhin zu gestatten.

Durch Beschluss des Kommunallandtages vom 30. November 1896 wurde vom 1. Januar 1897 an die Bildung eines Kleinbahnfonds und dessen gesonderte Verwaltung verwirklicht. Diesem Fonds wurden für das Etatsjahr 1897 ein Betrag von 30 000 ℳ. zugeführt.

b) Bezirksverband des Regierungsbezirks Wiesbaden.

Der Beschluss des Kommunallandtages vom 26. April 1894, ergänzt durch den Beschluss vom 23. April 1896, bestimmt für den Regierungsbezirk Wiesbaden:

I. Der Bezirksverband kann Kleinbahnunternehmen innerhalb des Regierungsbezirks Wiesbaden, welche

    a. nicht hauptsächlich den Personenverkehr in der Nähe der grossen Städte oder ausschliesslich einzelnen kapitalkräftigen industriellen Betrieben dienen sollen, vielmehr dazu bestimmt sind, Teile des Regierungsbezirks für den Eisenbahnverkehr aufzuschliessen und die Frachten zu verbilligen und

    b. seitens der beteiligten Kreise, Gemeinden und der an der Strecke liegenden oder an derselben interessierten Grundbesitzer und Industriellen ins Leben gerufen werden sollen, Unterstützung unter folgenden Voraussetzungen gewähren:

        A. dass die Kosten des Grunderwerbs und für Entschädigung der Grundeigentümer für Nutzungs- und Wirtschaftserschwernisse lediglich von den Beteiligten aufzubringen sind und bei Berechnung des Anlagekapitals dem Bezirksverbande gegenüber ausser Ansatz bleiben;

        B. dass im Falle der Beteiligung des Bezirksverbandes demselben ein ausreichender Einfluss auf die Wahl der Linie, die Anstellung der Techniker, und den Betrieb der Bahn, namentlich die Bildung der Tarife gesichert wird;

        C. dass der Bezirksverband berechtigt ist, durch seine technischen Beamten die Bauausführung zu überwachen und nach der Betriebseröffnung die Beaufsichtigung des baulichen Zustandes der Bahn und die Kontrole der Betriebsmittel auszuüben;

D. dass, wenn die Betriebsführung aus irgend welchem Grunde und zu irgend welcher Zeit auf andere Weise nicht ausreichend gesichert werden kann, dem Bezirksverbande auch die Uebernahme des vollen Betriebes der Kleinbahn zusteht und dass das gleiche der Fall ist, wenn eine Bahn mehrere Kreise berührt;

E. dass die Beteiligung in nachstehenden Formen erfolgt:

1. Wenn Kreise, Gemeinden und die nächsten Privatbeteiligten sich mit dem Bezirksverband zu dem Zwecke vereinigen, eine Kleinbahn zu bauen, so finden folgende Vorschriften Anwendung:

a. dass der Bezirksverband die betriebsfähige Herstellung der Kleinbahn, also den Bau und die erstmalige Beschaffung der Betriebsmittel selbst übernehmen soll, während es den Beteiligten überlassen ist, die Einrichtung des Betriebes im Einvernehmen mit dem Bezirksverbande zu regeln,

b. dass der Bezirksverband sich in der Regel mit einem Drittel ($33\frac{1}{3}\,\%$) an dem für das Unternehmen erforderlichen Anlagekapital beteiligen kann, sofern die Aufbringung des Restes durch die Beteiligten gesichert ist;

c. dass, wenn die Beteiligten nicht imstande sind, die ihnen obliegenden $\frac{2}{3}$ ($66\frac{2}{3}\,\%$) des Anlagekapitals ohne zu schwere finanzielle Belastung aufzubringen, oder wenn die Grunderwerbskosten sich ausnahmsweise hoch stellen, der Landesausschuss ermächtigt wird, eine höhere Beteiligung des Bezirksverbandes bis zum Höchstbetrage von $50\,\%$, also der Hälfte des Anlagekapitals, vorbehaltlich der Genehmigung des Kommunallandtages, zuzusichern;

d. dass der Bezirksverband nach der Höhe seiner Beteiligung an dem Gewinn oder Verlust des Unternehmens teilnimmt.

2. Wenn der Bezirksverband mit einem leistungsfähigen Unternehmer einen Vertrag wegen Baues und eventuell auch Betriebes einer Kleinbahn abschliesst, so kann eine finanzielle Beteiligung der Bezirksverbände in folgenden Formen erfolgen:

a) Beteiligung bei Aktiengesellschaften, bezw. Gesellschaften m. b. H. durch Uebernahme von Aktien und Geschäftsanteilen oder Vereinigung mit einem Privatunternehmer in beiden Fällen bis zu $\frac{1}{3}$ des Anlagekapitals und erforderlichenfalls unter Einräumung von Vorzugsrechten für das fremde Kapital.

b) In Darlehen bis zu $\frac{1}{3}$ des Anlagekapitals, nach der Betriebseröffnung auch zu Erweiterungen und Ergänzungen. Diese Darlehen sind mindestens mit $2\,\%$ zu verzinsen und $\frac{1}{2}\,\%$ zu tilgen,

c) oder es kann in gleicher Höhe und zu denselben Bedingungen wie zu b auch fest verzinsliche Obligationen einer Gesellschaft (a) übernehmen.

3. Wenn Kreise und Gemeinden den Bau und eventuell auch den Betrieb einer Kleinbahn einem Unternehmer unter eigener Beteiligung, aber ohne Beteiligung der Bezirksverbände übertragen, so kann der Bezirksverband den Kreisen und Gemeinden Darlehen bis zu $\frac{1}{3}$ des Anlagekapitals gewähren, welche mindestens mit $2\,\%$ zu verzinsen und $\frac{1}{2}\,\%$ zu tilgen sind.

4. Wenn sich eine Aktiengesellschaft oder Gesellschaft mit beschränkter Haftung zu dem besonderen Zwecke der Erbauung und des Betriebes einer Kleinbahn bildet, bei welcher sich Kreise oder Gemeinden oder Privatinteressenten beteiligen, kann der Bezirksverband:

a) Aktien, bezw. Geschäftsanteile bis zu $\frac{1}{3}$ des Anlagekapitals übernehmen, erforderlichenfalls unter Einräumung von Vorzugsrechten oder

b) Darlehen gewähren bis zu $\frac{1}{3}$ des Anlagekapitals, nach der Betriebseröffnung auch zu Erweiterungen und Ergänzungen. Diese Darlehen sind mindestens mit $2\,\%$ zu verzinsen und $\frac{1}{2}\,\%$ zu tilgen;

oder:

c) in gleicher Höhe, zu gleichen Zwecken und Bedingungen wie zu b fest verzinsliche Obligationen der Gesellschaft übernehmen.

5. Wenn ein Privatunternehmer oder eine Aktiengesellschaft oder Gesellschaft m. b. H. den Bau und Betrieb einer Kleinbahn auf eigene Kosten und Gefahr ohne Mitbeteiligung des Bezirksverbandes übernimmt, kann demselben ein unverzinsliches Darlehen bis zur Höhe des mit 25 kapitalisierten Betrages der jährlichen Ersparnis an Chausseeunterhaltungskosten gewährt werden. Sobald das Unternehmen eine Rente über 5% abwirft, ist der überschiessende Betrag zur Tilgung dieses Darlehens zu verwenden, nach Aufrechnung der durch das bisherige Zurückbleiben der Rente hinter 5% erwachsenen Zinsverluste.

Unter Anlagekapital sind die zur Herstellung der Bahn in betriebsfähigen Zustand notwendigen Mittel zu verstehen.

II. Zur Beschaffung der erforderlichen Mittel wird vom Etatsjahr 1896/97 ab alljährlich ein Anteil an der Chausseebaurente von 319 500 ℳ. (Kap. I. Tit. 1 der Einnahmen des Wegebaufonds, bezw. Kap. I Tit. 2 des Hauptetats, S. 82 resp. S. 12 des Voranschlages für 1894/95) in der Höhe von 100 000 ℳ. zur Verfügung gestellt, welcher für Chausseeneubauten in Zukunft nicht mehr Verwendung findet.

Dieser Betrag kann entweder alljährlich unmittelbar verwendet werden, oder sofern sich ein Bedürfnis nach Kleinbahnen in grösserem Umfange geltend macht, ganz oder teilweise zur Verzinsung einer bis zum Höchstbetrage von 2 500 000 ℳ. aufzunehmenden Anleihe dienen.

III. Es wird ein Kleinbahnfonds gegründet. Demselben sind zuzuführen:

a) Die in einem Rechnungsjahr für Kleinbahnen etatsmässig zur Verfügung stehenden, nicht zur Verwendung gelangten Beträge;

b) sämtliche Betriebsüberschüsse, Zinsen und Amortisationsbeiträge der Kleinbahnen, an denen der Bezirksverband beteiligt ist;

c) die Zinsen für Kleinbahnen angesammelter und nicht verwendeter Kapitalien und gegebener Darlehen.

IV. Sofern ein Kleinbahnunternehmen sich über den Regierungsbezirk Wiesbaden hinaus erstreckt und ein anderer Regierungsbezirk oder das Grossherzogtum Hessen an demselben mitbeteiligt ist, wird der Landesausschuss ermächtigt, eine angemessene Beteiligung des Bezirksverbandes unter sinngemässer Anwendung der Vorschriften unter I mit den übrigen Interessenten, vorbehaltlich der Genehmigung des Kommunallandtages zu vereinbaren.

V. Der Landesausschuss wird ermächtigt, alles zur Ausführung der vorstehenden Beschlüsse Erforderliche zu veranlassen und beauftragt, über alle stattgehabten Bewilligungen und die disponiblen Geldmittel dem Kommunallandtage bei jedem Zusammentritte eine Uebersicht vorzulegen.

Nach vorstehenden Grundsätzen hat der Landesausschuss über eingehende Anträge auf Unterstützung von Kleinbahnen Beschluss zu fassen und dabei Entscheidung zu treffen, ob und welche Vorbehalte hinsichtlich der Dauer und der Ausführung, der Tariffestsetzung und Betriebsleitung zur Sicherung des öffentlichen Interesses erforderlich erscheinen.

Zinsgarantieen und verlorene Zuschüsse zu gewähren, bleibt der besonderen Beschlussfassung des Kommunallandtages überlassen.

Durch Beschluss des Kommunallandtages vom 25. April 1900 wurde weiter festgesetzt, dass, wenn Kreise dem Bezirksverbande gegenüber als Unternehmer von Kleinbahnen auftreten und sich verpflichten, dem Bezirksverbande alle Aufwendungen abzunehmen, bezw. zu ersetzen, welche dieser selbst für die Aufnahme der von ihm darzuleihenden Gelder machen muss, so kann einem solchen Kreise bei genügender Garantie für Verzinsung und Amortisation auch das volle Baukapital dargeliehen werden.

XII. Rheinprovinz.

Am 2. Juni wurde im Provinziallandtage zuerst die Förderung der Kleinbahnen seitens der Provinz beschlossen, sowie die allgemeinen Bedingungen für Benutzung von Provinzialstrassen, die in Verwaltung und Unterhaltung der Provinz stehen, festgelegt.

Durch den Beschluss des Provinziallandtages vom 3. Mai 1895 erfuhren diese Bestimmungen eine Aenderung, desgl. durch den Beschluss vom 15. März 1897. Schliesslich haben nach der Verhandlung im Provinziallandtage vom 3. Februar 1899 dieselben folgende Fassung erhalten:

I.

Der Provinziallandtag ermächtigt den Provinzialausschuss zur Förderung von Bahnunternehmungen:

1. Auf Antrag derjenigen, für deren Rechnung Bahnen gebaut und betrieben werden, gegen eine näher zu vereinbarende Vergütung die Prüfung bereits angefangener Projekte und Kostenanschläge und ausnahmsweise auch die Vorarbeiten für den Bau von Eisenbahnen durch Organe der Provinzialverwaltung vornehmen zu lassen und die zu den vorgedachten Zwecken erforderlichen Beamten anzustellen.

2. Kommunalverbänden oder Bahnunternehmungen, für welche Kommunalverbände volle Gewähr leisten, die nach Prüfung des Landeshauptmanns zur ordnungsmässigen Herstellung und Ausrüstung einer dem öffentlichen Verkehr dienenden Bahn erforderlichen Geldmittel aus Mitteln der Landesbank unter den jeweiligen für ländliche Darlehen geltenden Bedingungen zur Verfügung zu stellen, anderen Unternehmern von Bahnen dagegen die erforderlichen Darlehen zu den von der Landesbank besonders festzusetzenden Bedingungen zu gewähren;

3. Weniger leistungsfähigen Kommunalverbänden einen Teil der zur Herstellung und Ausrüstung von Kleinbahnen erforderlichen Geldmittel unter den zur Zeit bei der Kgl. Staatsregierung für die finanzielle Förderung von Kleinbahnen geltenden Bedingungen und unter der Voraussetzung zu gewähren, dass auch seitens des Staates eine entsprechende Beihilfe für das Unternehmen gegeben wird.

II.

Der dem Etat für die Verwaltung und Unterhaltung der Provinzialstrassen beigegebenen Unteretat B über die Verwendung des Eisenbahnfonds wird in Einnahme und Ausgabe so dotiert, dass die auf denselben ruhenden bisher begründeten und in Zukunft noch zu begründenden Verpflichtungen erfüllt werden können.

III.

Der Provinzialausschuss wird beauftragt, jedem Provinziallandtage eine Uebersicht über den Eisenbahnfonds vorzulegen.

Durch Beschluss des Provinziallandtages vom 12. Februar 1901 wurde der Provinzialausschuss ermächtigt fernerhin

a. an finanziell ungünstig gestellte Gemeinden, Kreise oder für diese eintretende Erwerbsgesellschaften, sowie in sonst geeigneten Fällen bis auf Weiteres unter anderen günstigen Bedingungen Darlehen für Kleinbahnunternehmungen zu bewilligen.

b. Insbesondere die aus dem 18 Millionenfonds bisher nicht begebenen Beträge, wie die bereits wieder eingezogenen und die ferner eingehenden Amortisationsraten unter Bewilligung eines Zinszuschusses bis zur Höhe eines halben Prozents zu den bei der Landesbank für ländliche Darlehen geltenden Bewilligungen für Kleinbahnunternehmungen als Darlehen auszugeben.

XIII. Hohenzollern'sche Lande.

Nach dem Beschluss des Kommunallandtages vom 21. Dezember 1896 ist derselbe bereit, den Bau von Kleinbahnen für Hohenzollern durch namhafte Beihilfen aus Mitteln des Landeskommunalverbandes und durch Gestattung der Mitbenutzung von Landstrassen zu fördern.

Voraussetzung ist, dass:

a. die Kleinbahn einem öffentlichen Verkehrsinteresse entspricht;

b. die Wirtschaftlichkeit und Bauwürdigkeit sowie für die Regel eine, wenn auch nur mässige Rente nachgewiesen wird;

c. die Herstellung der Bahn ohne Beihilfe des Landeskommunalverbandes nicht möglich wäre;

d. die Zunächstbeteiligten, die Gemeinden und Amtsverbände das ihrige gethan, mindestens aber Beiträge in Höhe der Grunderwerbskosten aufgebracht haben.

Die Höhe der Beiträge des Landeskommunalverbandes soll von den Verhältnissen im einzelnen Fall abhängen, jedenfalls aber in angemessenem Verhältnis zu den Leistungen der Zunächstbeteiligten, den Gemeinden und Amtsverbänden stehen.

Die Zahlung der Beihilfen und Ueberweisung von Strassen zur Mitbenutzung wird von dem Nachweis abhängig gemacht, dass das erforderliche Baukapital sowie die Beschaffung von Grund und Boden in rechtsverbindlicher Weise sicher gestellt sind.

Als Mindestmass der Anforderung, welches in formeller, materieller und technischer Hinsicht der Genehmigung von Beiträgen des Landeskommunalverbandes zu Grunde zu legen ist, gelten im übrigen die in der Ausführungsanweisung zu dem Gesetz über Kleinbahnen und im Runderlass des Ministers der öffentlichen Arbeiten vom 25. April 1895 betreffend die Gewährung aus dem Fonds zur Förderung des Kleinbahnwesens, sowie im Runderlass des Ministers vom 8. März 1881, betreffend die Mitbenutzung öffentlicher Wege zur Anlage von Eisenbahnen untergeordneter Bedeutung gegebenen Bestimmungen.

Die Uebernahme des Baues und Betriebs von Eisenbahnen durch den Landeskommunalverband bleibt vorbehalten, ebenso die Ausübung des Rückfallrechtes, bei solchen Kleinbahnen, welche unter Mitbenutzung von Landstrassen erbaut werden.

Aus obiger Zusammenstellung geht hervor, dass sämtliche Provinzialverwaltungen im Rahmen der ihnen zur Verfügung stehenden Mittel der Förderung der Kleinbahnen ein reges Interesse zugewandt haben.

V. Die Reform des Kleinbahnwesens.

1. Wünsche in betreff einer Ausdehnung des Kleinbahnnetzes.

Nachdem nun 201 Kleinbahnen mit einer Länge von 5 871,3 km gebaut worden sind, lässt sich auf den ersten Blick annehmen, dass das Kleinbahnwesen den richtigen Weg betreten habe, und die Kleinbahnfrage in absehbarer Zeit gelöst werden würde. Dies trifft aber nur bedingt zu.

Das bisher ausgebaute Kleinbahnnetz genügt auch noch nicht im entferntesten den an dieses gestellten Anforderungen.

Wie weit das Kleinbahnnetz sich ausdehnen soll, ist in der verschiedensten Weise beantwortet worden. Bei der Beratung des Kleinbahngetzes wurden vom Regierungsvertreter 17 000 km vorliegender Sekundärbahn- bezw. Kleinbahnwünsche als berechtigt anerkannt, der Geheime Finanzrat v. Mühlenfels (v. Mühlenfels, Verwaltungs-Archiv Bd. I, Heft II, 1892) giebt die Länge der in Preussen zu erbauenden Kleinbahnen auf mindestens 25 000 km an. Der Bund der Landwirte geht in seinen Forderungen noch weiter (Schweder, die Kleinbahn im Dienste der Landwirtschaft). Nach den Intensionen des Bundes der Landwirte soll das ganze platte Land von einem Kleinbahnnetz überzogen werden, dessen Maschen so dicht sein sollen, dass jeder Punkt höchstens eine halbe deutsche Meile von der nächsten Bahn entfernt sein soll, das gäbe — die Maschen quadratisch angenommen — Quadrate von 7,5 km Seitenlänge und nach Abzug der schon bestehenden Bahnlängen, Kanäle und schiffbaren Flüsse Norddeutschland, ausschliesslich Königreich Sachsen, zu 400 000 qkm angenommen rund 56 000 km.

Man darf sich aber nun nicht der Hoffnung hingeben, dass die Lebensfähigkeit einer Kleinbahn gewährleistet ist, wenn das Land im stande ist, die zur Aufbringung eines entsprechenden Bruttoertrages erforderliche Menge von transportfähigen Gütern zu produzieren. Eine, namentlich für kurze Bahnen, recht grosse Gütermenge wird der Bahn immer verloren gehen. Rechnet man die Anfuhrkosten zur Kleinbahnstation und die Umladegebühren von der

Kleinbahn auf die Wagen der Hauptbahn, so wird in allen Fällen, wo die Gleise der Kleinbahn nicht bis in die industriellen Etablissements selbst hineinführen, wo die Beförderung der Staatsbahnwagen auf Trucks nicht angängig ist oder die Kleinbahn nicht normale Spurweite besitzt, der Fuhrmann noch bis zu einem Umkreis von 10 km erfolgreich mit der Kleinbahn konkurrieren können.

Wenn deshalb die Forderungen des Bundes der Landwirte etwas hochgegriffen erscheinen und 20 000 km Kleinbahnlinien gestrichen würden, so blieben immerhin noch 30 000 km zu bauen übrig, etwa das Fünffache des bisherigen Netzes.

Bringen wir das jetzt vorhandene nebenbahnähnliche Kleinbahnnetz, das etwa den zehnten Teil der geforderten Bahnlänge beträgt, von den seitens der Landwirtschaft geforderten 56 000 km in Abzug, so blieben noch 50 000 km zu bauen übrig, wofür nach den bisherigen Sätzen von 53 714 M. pro Kilometer 2 685 700 000 M. erforderlich sein würden.

Bedenken wir ferner, dass bisher vorzugsweise die wirtschaftlich günstigen Linien ausgebaut worden sind und die Rentabilität der kommenden Bahnen noch eine bescheidenere zu werden verspricht, so werden der Staat, die Provinzen, die Kreise etc. unabweisbar auf die Frage hingelenkt, ob sich nicht die Finanzierung und damit die Rentabilität der Kleinbahn günstiger gestalten lässt, und ob das Tempo, in dem das erstrebte Kleinbahnnetz gebaut wird, sich nicht beschleunigen lässt. Nach dem bisherigen Durchschnitt wären noch 67 Jahre dazu erforderlich.

Im Interesse der Gesamtheit liegt es, die Kleinbahnentwicklung auf das energischste zu fördern und in gerechter Weise allen Landesteilen gleichmässig die daraus fliessenden Vorteile zukommen zu lassen.

Der erste Schritt hierzu ist der, die Unvollkommenheiten zu beseitigen, welche sich im Laufe der Zeit bei der Handhabung der bestehenden Gesetze gezeigt haben.

2. Wünsche auf Abänderung der bestehenden Gesetze bezw. deren Handhabung.

Schon bei der Beratung des Kleinbahngesetzes von 1892 hatte man den Gesichtspunkt ins Auge gefasst, bei der damals noch herrschenden Unsicherheit und dem Mangel an Erfahrung im Kleinbahnwesen der Entwicklung dieses Verkehrszweiges möglichste Freiheit zu gewähren und es einer späteren Zeit zu überlassen, auf Grund der gemachten Erfahrungen das Gesetz auszubauen.

Es war, wie der Handelsminister Brefeld sich ausdrückte, lediglich eine gesetzliche Norm an Stelle des administrativen Ermessens getreten und dadurch sowohl einer unanständigen Willkür, wie einer ungleichmässigen Behandlung seitens der zuständigen Behörden vorgebeugt worden.

Der Schwerpunkt des Gesetzes von 1892 liegt deshalb auch zum grossen Teile nicht im Gesetze selbst, sondern in den von dem Minister der

öffentlichen Arbeiten hierzu erlassenen Ausführungsbestimmungen. Diese haben
dann des öfteren auch, je nach dem vorliegenden Bedürfnis mannigfaltige
Ergänzungen, Abänderungen und Zusätze erfahren müssen. Bedingt wurde diese
rapide Wandlung schon deshalb, weil die Gesetzgeber ursprünglich an viel
bescheidenere Dimensionen dachten, als die Kleinbahnen nunmehr angenommen
haben. Es zeigt dies schon der Absatz 2 des § 1 dieses Gesetzes.

„Insbesondere sind Kleinbahnen der Regel nach solche Bahnen, welche
hauptsächlich den örtlichen Verkehr innerhalb eines Gemeindebezirks oder
benachbarter Gemeindebezirke vermitteln, sowie Bahnen, welche nicht mit
Lokomotiven betrieben werden."

Ohne Lokomotiven wird jetzt aber keine nebenbahnähnliche Kleinbahn
mehr betrieben und manche von ihnen haben die stattliche Länge von 100 km
erreicht.

Minister von Thielen hat auch schon in der Sitzung des Preussischen
Abgeordnetenhauses vom 22. Februar 1901 auf eine notwendig gewordene
Aenderung des Kleinbahngesetzes hingewiesen, hält jedoch den Zeitpunkt noch
nicht für geeignet, jetzt schon mit einer derartigen Novelle hervorzutreten,
„da die Erfahrungen, die mit dem Kleinbahngesetz gemacht worden sind, verhältnismässig noch einen zu kurzen Zeitraum umfassen."

Nichtsdestoweniger sind jetzt schon von verschiedenen Seiten Stimmen
laut geworden, die unverzüglich eine Abänderung in der bisherigen Gesetzes-
handhabung heischen.

Insbesondere kommen hierbei die Punkte in Frage, bei denen die Kleinbahn durch das Gesetz in die Abhängigkeit oder unter die Aufsicht der
Staatseisenbahnverwaltung gestellt wird, sowie die, bei welchen die Kleinbahnen, sei es in tarifarischer Hinsicht, beim Wagenübergang oder bei baulichen Anlagen mit der Staatseisenbahn in Berührung kommen.

Neben wiederholten Verhandlungen im Abgeordnetenhause über dieses
Thema haben sich die Provinzen des öfteren in verschiedenen Konferenzen
der Landesdirektoren hierüber ausgelassen. Desgleichen die Landwirtschaftskammern als Vertreter der Landwirtschaft. Die Landwirte und Landgemeinden
haben erhebliche Opfer an Geld und Geldeswert für die Kleinbahnen gebracht
und sind auch ihre hauptsächlichsten Benützer, weshalb sie als Frachtzahler
und Subvenienten das doppelte unmittelbare Interesse haben.

In besonders eingehender Weise wurde zum ersten Male auf der Landes-
direktorenkonferenz zu Wiesbaden im Jahre 1897 das Verhältnis des Staates
zu den Kleinbahnen erörtert.

Die Folge der Verhandlungen war die Resolution der Landesdirektoren,
an den Minister der öffentlichen Arbeiten eine Eingabe zu richten, in der um
teilweise Abänderung der bisherigen Gesetze und deren Handhabung gebeten
wurde.

Die Denkschrift der Herren Landesdirektoren vom Februar 1897 enthielt
die Klage gegen die Staatseisenbahnverwaltung, dass seitens dieser bei der

Zulassung von Kleinbahnen eine zu enge Auffassung hervortrete, dass dadurch manche Kleinbahnen unmöglich gemacht würden, andererseits aber dem Verkehrsbedürfnisse durch den Bau einer Nebeneisenbahn oder Hauptbahn an Stelle der abgelehnten Kleinbahn seitens des Staates nicht entsprochen werde.

Ferner wurde das Interesse der Kleinbahnen an der Regelung der Fragen über Gewährung direkter Tarife mit den Staatsbahnen und den Erlass eines Teiles der Abfertigungsgebühr behandelt.

Schliesslich enthielt die Denkschrift noch einen Hinweis auf die Schwierigkeit, bei Meinungsverschiedenheiten und Interessengegensätzen mit der Staatsbahnverwaltung mitunter den eigenen Standpunkt gegenüber der letzteren mit Erfolg zu vertreten, da die Entscheidung in letzter Instanz lediglich beim Staatsministerium liege, in dem erstere als Referent fungiere und doch zugleich als Interessent für die Staatsverwaltung wesentlich an der Sache beteiligt sei, besonders in Finanzfragen oft direktes Interesse habe und dasselbe durch Vorentscheidungen bereits bekundet habe.

Ueber den ersteren Punkt äussert sich der Minister durch seinen Erlass vom 25. Januar 1897:

„Die Beschränkungen, unter denen ich mich vielfach, insbesondere hinsichtlich der Beteiligung am Durchgangsgüterverkehr mit der Genehmigung von Kleinbahnen einverstanden erklärt habe, sind, wie ich aus einer Reihe von Anträgen und Berichten entnehme, die Veranlassung zu einer irrigen Auffassung von dem Zwecke und der Bedeutung der angeordneten Massnahmen geworden. Zur Beseitigung derartiger Missverständnisse und zugleich zur Berücksichtigung bei der Berichterstattung über die Zulassung von Kleinbahnen weise ich ergebenst auf folgende bei dieser Zulassung massgebende Gesichtspunkte hin:

Für die Entscheidung der Frage, ob eine Schienenverbindung als Kleinbahn nach Massgabe des Gesetzes vom 28. Juli 1892 zugelassen werden kann, lassen sich allgemeine Regeln nicht aufstellen. Es ist vielmehr nach Lage der Einzelfälle gemäss § 1 a. a. O. zu untersuchen, ob die geplante Bahn vorwiegend den Interessen des allgemeinen Verkehrs oder denjenigen des örtlichen Verkehrs dienen würde.

Hierbei sind die räumliche Ausdehnung, Linienführung, Spurweite und Betriebskraft, sowie der Betriebszweck und die Betriebsart mit in Berücksichtigung zu ziehen.

Wird dieser Gesichtspunkt streng festgehalten, so würde eine Reihe von Kleinbahnen in dem geplanten Umfange nicht als solche zugelassen werden können, es müsste vielmehr häufig Zurückweisung der Anträge erfolgen, weil in Berücksichtigung aller in Erwägung kommender Faktoren der betreffenden Unternehmen als über den Rahmen einer Kleinbahn hinausgehend zu erachten ist. In vielen Fällen wird indessen durch eine geeignete Beschränkung, sei es in dem Verkehrsumfange, oder der Wahl der Spur, der Betriebskraft etc., die Zulassung von Schienenverbindungen als Kleinbahn zu ermöglichen sein. Weit entfernt davon, hierdurch eine Beeinträchtigung der Kleinbahnentwicklung herbeizuführen, bezweckt dieses Verfahren im Gegenteil das Zustandekommen gerade derjenigen zahlreichen und umfangreichen Kleinbahnen, welche sich von den eigentlichen Eisenbahnen (Voll- oder Nebenbahnen) kaum noch unterscheiden und ohne solche Beschränkungen als Kleinbahnen überhaupt nicht zugelassen werden könnten."

Die Interpellation des Ministers seitens der Landesdirektoren über diesen Punkt war durch einige Fälle veranlasst worden, in denen eine Kleinbahn nicht konzessioniert wurde, mit der Begründung, sie falle ihrer Bedeutung für den öffentlichen Verkehr nach nicht mehr unter das Gesetz von 1892. Suchte solche Unternehmung sich dann als Nebenbahn aufzuthun, so wurde ihr mitgeteilt: Das Bedürfnis nach einer Nebenbahn liege nicht vor. Folglich musste das Projekt unterbleiben oder sich vom Minister, der vermittelnd eingriff, in eine ausgesprochene Kleinbahn verwandeln lassen, d. h. auf jeden Durchgangsverkehr verzichten und sich auf den lokalen Verkehr beschränken. Einer solchen Bahn wurde untersagt, Anfangs- oder Endpunkt an die Staatsbahn anzuschliessen (d. h. nicht die ganze geplante Strecke konzessioniert; den Anschluss hätte sonst die Kleinbahn gesetzlich verlangen können) oder es wurde ihr eine andere als die normale Spurweite vorgeschrieben, um den Durchgangsverkehr zu erschweren, Ausschluss des Güterverkehrs und alleinige Zulassung des Stückgutverkehrs, d. h. Beseitigung des Wagenladungsverkehrs, auch Verbot der Dampfkraft waren geeignete Massregeln; der Zusammenschluss zweier Bahnen wurde versagt, „um ihre Konzessionierung als Kleinbahnen noch zu ermöglichen."

. Auch im Hause der Abgeordneten ist diese Frage sehr lebhaft diskutiert worden. Abgeordneter Dr. am Zehnhoff äussert sich hierzu (Stenographischer Bericht über die Verhandlungen des Hauses der Abgeordneten Bd. II. 1900 S. 1683) „. . . ich möchte indess mein Bedauern darüber ausdrücken, dass die schönen verkehrspolitischen Grundsätze, die uns bei Gelegenheit der Kanaldebatte von den Herrn Vertretern der Königlichen Staatsregierung entwickelt worden sind, bei dem Verhalten der Staatsregierung gegenüber den Kleinbahnen häufig ausser Acht gelassen werden.

Wenn in der Generaldebatte von den Kanalgegnern darauf hingewiesen werde, dass durch den Kanal den Eisenbahnen eine schwierige Konkurrenz geschaffen werden würde, die zur Folge hätte, dass die Einnahmen der Staatsbahnen ganz erheblich heruntergehen würden, so pflegten die Vertreter der Regierung zu sagen; dass das ein Irrtum sei, dass ein Ausfall von Einnahmen höchstens temporär eintreten, dass aber später die Einnahmen wieder auf die alte Höhe kommen würden.

Es wurde in einer mich durchaus überzeugenden Weise darauf hingewiesen, dass jede Schaffung neuer Verkehrsgelegenheiten neuen Verkehr bringe, dass der Verkehr aber Hebung von Industrie und Landwirtschaft zur

Folge habe, dass diese wiederum neue Frachten brächten, die in gleicher Weise der alten, wie der neu angelegten Verkehrsstrasse zu gute kämen.

Wie werden nun diese Grundsätze gegenüber den Kleinbahnen beobachtet?

Dieselbe Königliche Staatsregierung, welche für ihre Eisenbahnen die Konkurrenz eines gewaltigen leistungsfähigen Kanals nicht fürchtete, — wie bereits vorhin gesagt, mit Recht nicht fürchtet — ist ängstlich besorgt, wenn es sich darum handelt, irgend eine erbärmliche Bimmelbahn zu konzessionieren; dann wird erwogen, ob nicht durch diese Bahn die Staatsbahn in gefährlicher Weise konkurrenziert und deren Einnahmen ganz erheblich herabgedrückt werden. Es hat dies zur Folge, dass bei der Konzessionierung häufig eine allzugrosse Engherzigkeit beobachtet wird. Dieselbe äussert sich nach zweierlei Richtungen.

Einmal dadurch, dass den Kleinbahnen, die um Konzession einkommen, der natürliche Anschluss an Hauptbahnen nicht gewährt wird, zweitens dadurch, dass sie nicht normalspurig, sondern kleinspurig angelegt werden, wodurch ein Uebergehen von diesen Bahnen auf die Hauptbahnen unmöglich wird." . . .

Abgeordneter Dr. am Zehnhoff führt dann einige Bahnen als Beispiele an, die durch eine derartige Konzessionierung zu einem „Torso" geworden seien.

In gleichem Sinne sprach auch der Abgeordnete Dr. Boettinger im Abgeordnetenhause (Stenographische Berichte des Hauses der Abgeordneten p. 1690 ff, Bd. 2, Berlin 1900.) Er betonte besonders folgende 3 Punkte in seinen Ausführungen und wünscht:

1. Beschleunigung des Konzessionsverfahrens, insbesonders durch mündliche kontradiktorische Verhandlung.

2. Grösseres Entgegenkommen der Staatseisenbahnverwaltung, und wendet sich namentlich gegen die Erschwerung der Anschlüsse, Verweigerung der Zulassung von Gütertransporten, insbesondere des Wagenladungsverkehrs, gegen die Verweigerung der Auflassung der halben Abfertigungsgebühr und sagt wörtlich:

3. Wenn im Gesetz Bestimmungen sind, welche den Wünschen ad 1 und 2 entgegenstehen, wenn die Erfahrungen, die wir in 7 Jahren seit Erlass des Gesetzes gemacht haben, zeigen, dass das Gesetz auf unrichtiger Unterlage beruht und verbesserungsfähig ist, dann ist es unsere Aufgabe, alle zusammen zu wirken, dass diese Verbesserungen eintreten und dass das Gesetz wirklich in der Weise segensreich wirkt, wie es die Absicht war und, wie ich immer noch hoffe, auch heute die Absicht bei der Kgl. Staatsregierung ist, dass es sein soll. Denn dem Fiskus und der ganzen Staatseisenbahnverwaltung kann ein eventueller kleiner Ausfall in den schwer belasteten Betriebsgebieten und überhaupt in allen Gebieten in diesem Lokalverkehr keine Rolle spielen. Es kommt doch wieder der Gesamtheit zu gute; es wird der Wohlstand des Einzelnen gehoben und damit auch dessen Leistungen dem Staate und der Gesamtheit gegenüber.

In dem zweiten Punkte, der Regelung der Fragen über direkte Tarife sowie den Erlass eines Teiles der Abfertigungsgebühr äussert sich der Minister in dem oben erwähnten Erlasse weiter:

„Die Frage der Beteiligung der Kleinbahnen am Durchgangsverkehr muss bei diesen Erwägungen mit ganz besonderer Sorgfalt behandelt werden. In der Regel wird die Beteiligung am Durchgangsgüterverkehr der Eisenbahnen dem wirtschaftlichen und rechtlichen Charakter einer Kleinbahn nicht entsprechen. Unter Durchgangsverkehr ist hierbei jedenfalls derjenige Verkehr zu verstehen, der sich von einer vor der Kleinbahn gelegenen Eisenbahnstation unter Benutzung der Kleinbahn als Mittelglied nach einer hinter der letzteren gelegenen Eisenbahnstation bewegt. Dagegen wird nicht ohne weiteres darunter auch derjenige Verkehr verstanden, der innerhalb der Kleinbahn, also von einem zum andern Endpunkt derselben, stattfindet und unter Umständen auch dann nicht, wenn das Gut von einer Eisenbahn auf die Kleinbahn übergeht und bis zu dem Endpunkte der letzteren zum Verbleib daselbst befördert wird, oder wenn es von der einen Endstation der Kleinbahn herstammend auf der anderen Endstation zur Weiterbeförderung einer Eisenbahn aufgegeben wird. Wenn nun auch im allgemeinen gegen die Beteiligung der Eisenbahnen an diesem Verkehr zwischen den Endpunkten grundsätzliche Bedenken nicht vorliegen, so können doch einzelne Fälle eintreten, namentlich wenn beide Endstationen der Kleinbahn zugleich Eisenbahnstationen sind, und eine Schienenverbindung mit letzteren verlangt wird, in welchen der vorgenannte Güterverkehr zwischen den beiden Endpunkten der Kleinbahn wegen seiner grossen Bedeutung und Ausdehnung und wegen der Lage der Kleinbahn zu den vorhandenen Eisenbahnen auszuschliessen ist, damit der Charakter der Kleinbahn gewahrt bleibe.

Dagegen wird der Verkehr mit Zwischenstationen der Kleinbahnen, die nicht zugleich Eisenbahnstationen sind, mit den anschliessenden Eisenbahnen niemals einer Beschränkung in der Genehmigungsurkunde zu unterwerfen sein, da es sich hier stets um Befriedigung örtlicher Verkehrsbedürfnisse durch Gewährung eines seither nicht vorhandenen Bahnanschlusses handelt.

Hierzu bemerke ich schliesslich, dass die etwaige Gewährung oder Versagung direkter Tarife und die Einrechnung oder Auflassung eines Teiles der Abfertigungsgebühr seitens der Staatsbahnverwaltung eine von der Zulassung der Kleinbahnen und von der Beteiligung derselben am Durchgangsgüterverkehr durchaus unabhängige Frage bildet, welche bei der Genehmigung der Kleinbahnen völlig ausscheidet.

Die mehrfach angeregten Zweifel hinsichtlich der Bedeutung des Anschlusses des Durchgangsverkehrs haben mir Anlass gegeben, eine Erklärung der einzelnen, jenen Anschluss anordnenden Zulassungserklärungen, soweit erforderlich, auch für die Vergangenheit in die Wege zu leiten.

Ich ersuche $\frac{\text{Ew. Durchlaucht}}{\text{Ew. Exzellenz}}$ ergebenst, die Kgl. Regierungs-Präsidenten, bezw. den hiesigen Kgl. Polizeipräsidenten auf diese allgemeinen Gesichtspunkte aufmerksam machen zu wollen.

Die Kgl. Eisenbahndirektionen erhalten Abschrift dieses Erlasses."

Gerade diese Kleinbahn-Durchgangsverkehrsfrage hat die preussischen Landwirtschaftskammern aufs lebhafteste beschäftigt.

Trotz der ablehnenden Haltung des Ministers in diesem Erlasse bittet die Centralstelle der preussischen Landwirtschaftskammern in einem Schreiben vom 26. Juli 1899 diesen wiederum:

„Die nebenbahnähnlichen Kleinbahnen in tarifarischer Hinsicht gleich Nebeneisenbahnen zu behandeln und ihnen demgemäss auf ihren Antrag direkte Tarife oder Umkartierungstarife mit Auflassung eines Teiles der Abfertigungsgebühr zuzugestehen."

Bisher war für die Regelung der Beziehungen der Kleinbahnen zu den Eisenbahnen der Erlass des Ministers der öffentlichen Arbeiten vom 9. Juni 1894 an die Kgl. Eisenbahndirektionen und das Kgl. Eisenbahnkommissariat zu Berlin grundlegend. (E. V. Bl. S 146):

„Mit Rücksicht auf die erst in den Anfängen befindliche Entwicklung des Kleinbahnwesens und den Mangel an Erfahrungen empfiehlt es sich von einer einheitlichen Regelung der Verhältnisse der Staatseisenbahnen und der zu anschliessenden Kleinbahnen, soweit eine solche bei der Verschiedenheit der örtlichen Verhältnisse überhaupt möglich ist, noch abzusehen. Der Anregung auf Feststellung allgemeiner Gesichtspunkte für die Verhältnisse über den Anschluss von Kleinbahnen kann daher nur vorbehaltlich der Aenderungen Folge gegeben werden, welche auf Grund der zu sammelnden Erfahrungen und bei Festhaltung des Grundsatzes, dass bei der Regelung des beiderseitigen Verhältnisses vor allem die möglichste Förderung der öffentlichen Verkehrsinteressen massgebend sein muss, erforderlich werden sollten.

Mit diesem Vorbehalt erwidere ich . . . . . .

Für die Beantwortung der Fragen:

Ob die Kleinbahnen zu veranlassen sind, sich hinsichtlich ihrer Beziehungen zu den Eisenbahnen vollständig an die Kgl. Eisenbahndirektion anzuschliessen, in deren Bezirk sie gelegen sind.

Ob und in welchem Umfange direkte Tarife mit den Kleinbahnen einzurichten sind.

Ob der Verkehr der Kleinbahnen ohne weiteres den Bestimmungen der Verkehrsordnung unterliegt.

Ob den Kleinbahnen, welchen direkte Tarife gewährt werden, die Einführung der Abfertigungs- und sonstigen Vorschriften der deutschen Eisenbahnen auferlegt werden sollen,
ist von entscheidender Bedeutung, dass die dem Gesetz vom 28. Juli 1892 unterliegenden Kleinbahnen weder im Sinne des Gesetzes vom 3. November 1838 noch im Sinne der Reichsverfassung Eisenbahnen sind, und dass die Verkehrsordnung auf Kleinbahnen keine An-

wendung findet. Wenn dennoch von der Eisenbahn Güter zur Beförderung übernommen werden, deren Bestimmungsort nicht an der Eisenbahn, sondern an einer Kleinbahn gelegen ist, so sind für die Beförderung über die letzte Eisenbahnstation hinaus, an welche die Kleinbahn anschliesst, die Bestimmungen massgebend, welche auf Grund der Artikel 430 und 431 (jetzt des § 469) des Handelsgesetzbuches in dem § 68 Absatz 3 und 4 sowie § 76 Absatz 1—3 der Verkehrsordnung für Güter, deren Bestimmungsort nicht an der Eisenbahn liegt, getroffen sind. Danach ist die Eisenbahn, gleichviel ob in dem Frachtbriefe als die Station, auf welcher die Ablieferung an den Empfänger stattfinden soll, die letzte Eisenbahnstation oder eine Station der Kleinbahn bezeichnet ist, — im ersterem Fall unter der Voraussetzung, dass nicht vom Versender oder Empfänger anderweitige Verfügung getroffen ist, — berechtigt, die Güter mittels eines Spediteurs oder einer anderen Gelegenheit nach der Bestimmungsstation auf Gefahr und Kosten des Absenders weiter befördern zu lassen (Verkehrsordnung § 68 Abs. 4), also auch die Güter der Kleinbahn zur Weiterbeförderung zu übergeben. Im ersteren Falle haftet die Eisenbahn für die Sorgfalt eines ordentlichen Kaufmanns (Handelsgesetzbuch § 347, früherer Artikel 282), im letzteren hat sie die Verpflichtungen eines Spediteurs (Verkehrsordnung § 76 Abs. 1). In beiden Fällen ist Voraussetzung, dass die Eisenbahn nicht etwa in Gemässheit des § 68 Abs. 3 der Verkehrsordnung Einrichtungen für die Weiterbeförderung nach der als Bestimmungsort angegebenen Kleinbahnstation getroffen, z. B. die Kleinbahn als Unternehmer eigens zu diesem Zweck bestellt hat. Soweit dies geschehen sollte — wozu aber ein Anlass nicht vorliegt, — würde die Eisenbahn als Frachtführer auf dem ganzen Transport bis zur Kleinbahnbestimmungsstation haften (Verkehrsordnung § 68 Abs. 3 und § 76 Abs. 2).

Es ergiebt sich hieraus, dass es unbedenklich ist, durchgehende Frachtbriefe nach Kleinbahnstationen zuzulassen, und es empfiehlt sich im Verkehrsinteresse, dies zu thun. Im Verkehre mit den Kleinbahnen sind dagegen nur Frachtbriefe anzunehmen, welche in Gemässheit des § 51 der Verkehrsordnung ausgestellt und nach § 54 Abs. 1 mit dem Stempel der Eisenbahn- (nicht Kleinbahn) Versandstation zu versehen sind. Für die Vorfrachten der Kleinbahnen ist Nachnahmeprovision nicht zu berechnen.

In den rechtlichen Beziehungen der Eisenbahn zum Versender und Empfänger tritt durch die Einrichtung direkter Tarife mit Kleinbahnen eine Aenderung nicht ein; es ist rechtlich unerheblich, ob die Eisenbahnfracht einschliesslich oder ausschliesslich der für die nachfolgende oder vorausgehende Beförderung auf andere als Eisenbahnstrecken zu erhebenden Beiträge im Tarife aufgeführt ist. Dagegen empfiehlt es sich schon aus Zweckmässigkeitsgründen, um die Kleinbahnen nicht mit dem für ihre Verhältnisse ungeeigneten und kostspieligen Abfertigungs- und Rechnungswesen der Hauptbahnen zu belasten, von der Einrichtung direkter Tarife bis auf weiteres abzusehen. Aus dem gleichen Grunde sind auch die Kleinbahnen nicht zu veranlassen, sich den Einrichtungen des Vereins deutscher Eisenbahnverwaltungen anzuschliessen.

Was die Frage betrifft, ob für die auf Kleinbahnen übergehenden oder von denselben übergebenen Güter die vollen Frachtsätze der Eisenbahnanschlussstation zu berechnen oder ob dieselben um einen Teil der Abfertigungsgebühr zu kürzen sind, so sind bis auf weiteres die vollen Frachtsätze zu erheben; ein Abzug von der Abfertigungsgebühr würde nur insoweit in Frage kommen können, als etwa für einzelne Güter die Bewilligung ermässigter Ausnahmetarife im öffentlichen Verkehrsinteresse erforderlich sein sollte."

Gegen diese Stellungnahme der Eisenbahnen im Kleinbahnübergangsverkehr wenden sich die preussischen Landwirtschaftskammern, zumal die Bewilligung von ermässigten Ausnahmetarifen bis jetzt so selten stattgehabt hat, dass man die vereinzelten Fälle ausser Acht lassen kann.

Es bestanden bis 1. Januar 1899 im Kleinbahnübergangsverkehr direkte Tarife nur bei folgenden Bahnen:

1. Nach Station Schenkendorf der Kleinbahn Königswusterhausen—Mittenwalde—Töpchin von Muskau, Uhyst Vorbahnhof, Weisswasser für Grubenhölzer in Wagenladungen zu 10 000 kg (Ausnahmetarif 16 des ostdeutschen Privatbahnverkehrs, Heft 2) und

von Schenkendorf nach einigen Berliner Bahnhöfen für Braunkohlen. Koaks, Brikets, sowie nach Schenkendorf von Jacobsdorf i. M. für Grubenhölzer in Wagenladungen (Ausnahmetarif 17 des Ostdeutschen Privatbahnverkehrs, Heft 1).

2. zwischen Eisenbahnstation Barth und einigen Stationen der Kleinbahn Velgast—Tribsees in der Richtung nach Barth für Rüben und von Barth für Schnitzel in Wagenladungen (Ausnahmetarif 16 des Ostdeutschen Privatbahnverkehrs, Heft 1).

3. für die Stationen Arnsdorf im Riesengebirge und Krummhübel der Kleinbahn Zillerthal—Krummhübel sind im ostdeutschen Privatbahntarif Anstosssätze für die regulären Tarifklassen und den Holzausnahmetarif vorgesehen.

Inzwischen sind allerdings auf Grund dieser Petition einige weitere Ausnahmetarife, insbesondere für Zuckerrüben und Schnitzel bewilligt worden. Prinzipiell verhält sich jedoch der Minister der öffentlichen Arbeiten allen diesen Fragen gegenüber ablehnend, wie seine folgende Entgegnung auf die Eingabe der Centralstelle beweist.

Der Minister
der öffentlichen Arbeiten.
II. C. 8290.　　　　　　　　　　　　　Berlin W., den 3. November 1900.
————　　　　　　　　　　　　　　　Wilhelmstrasse 79.

Zum Schreiben vom 27. März d. J. C. V. $^{78}/_{00}$.

Die Eingabe der Centralstelle vom 29. Juli v. Js. — C. V. 233 — und die von anderer Seite an die Staatseisenbahnverwaltung herangetretenen Wünsche um eine tarifarische Begünstigung des von und nach den Kleinbahnen übergehenden Verkehrs durch Kürzung der für die Uebergangsstationen eingerechneten Abfertigungsgebühren der Staatsbahn, haben mir Veranlassung gegeben, eine eingehende Untersuchung darüber anzustellen, ob und unter welchen Voraussetzungen es angängig ist, diesen Wünschen zu entsprechen. Dabei war zunächst zu berücksichtigen, dass die finanzielle Lage einzelner Kleinbahnunternehmungen, zumal bei Genehmigung einer Kleinbahn die Prüfung des Bedürfnisses für ihre Herstellung dem Staate gesetzlich nicht zusteht, einen begründeten Anlass zur Auflassung eines Teiles der Eisenbahnfracht umso weniger bieten kann, als das staatliche Interesse an den Kleinbahnen durch Gewährung von Beihülfen, durch günstige Bedingungen beim Abschluss der Verträge über Einmündung, Mitbenutzung von Bahnhofsanlagen, Betriebsmitteln und dergl. seinen Ausdruck findet, darüber hinausgehend Zuwendungen durch Ueberweisung eines Teiles der staatlichen Frachteinnahmen aber nicht zulässig sind.

Dagegen war zu erwägen, ob und inwieweit sich eine tarifarische Begünstigung der nach und von Kleinbahnen übergehenden Sendungen gegenüber den durch Landfuhrwerk oder andere Unternehmungen von und zur Eisenbahn beförderten Gütern etwa aus dem Gesichtspunkte rechtfertigen würde, dass der Eisenbahn durch die anschliessenden Kleinbahnen besondere Vorteile sowie Ersparnisse an Kosten und Leistungen erwachsen.

Die angestellten Untersuchungen haben zu dem Ergebnis geführt, dass durch den Uebergang von Gütern von und nach den Kleinbahnen im Vergleich zu den übrigen auf den betreffenden Anschlussstationen zur Abfertigung kommenden Sendungen besondere Vorteile und Ersparnisse nur ausnahmsweise und jedenfalls nicht in dem Umfange entstehen, dass hierdurch eine Auflassung von Abfertigungsgebühren gerechtfertigt sein würde. Für ein derartiges Zugeständnis ist, wie die Ermittelungen ferner ergeben haben, auch ein allgemeines wirtschaftliches Bedürfnis — abgesehen von den aus der gesetzlichen Sonderstellung der Kleinbahnen sich ergebenden grundsätzlichen Bedenken — schon um deswillen nicht anzuerkennen, weil die Verkehrs- und sonstigen Verhältnisse der einzelnen Kleinbahnen von einander erheblich abweichen.

Muss hiernach der bisher befolgte Grundsatz, wonach bei den von und nach Kleinbahnen übergehenden Sendungen eine Frachtermässigung durch Kürzung der Abfertigungsgebühr nur insoweit zugestanden werden kann, als für einzelne Güter die Bewilligung ermässigter Ausnahmetarife im öffentlichen Interesse erforderlich ist, auch für die Folge aufrecht erhalten werden, so erscheint es andererseits nach den inzwischen gesammelten Erfahrungen und im Hinblick auf die ermittelten Thatumstände angängig, bei wichtigeren Massenartikeln, namentlich bei solchen, bezüglich deren eine billigere Beförderung durch ihre Aufnahme in die auf den preussischen Staatsbahnen geltenden allgemeinen Ausnahmetarife als wirtschaftlich richtig anerkannt ist (wie Düngemittel, Erden, Kartoffeln, Rüben, Brennstoffe, Holz, Wegebaumaterialien) den Anträgen auf weitere Erleichterung der Verfrachtung im Uebergangsverkehr von und nach Kleinbahnen unter gewissen Voraussetzungen entgegenzukommen. Hierbei wird insbesondere zu berücksichtigen sein, ob und inwieweit die Förderung der allgemeinen oder besonderen Verkehrsinteressen des von der Kleinbahn durchschnittenen Gebiets durch eine billigere Verfrachtung bestimmter Artikel bedingt wird; inwiefern dieser Zweck nicht schon durch eine entsprechende Tarifstellung für die Beförderung auf der Kleinbahn erreichbar und aus welchen Gründen diese zur Gewährung der erforderlichen Tarifermässigung etwa nicht in der Lage ist; für welche Güter und Stationsverbindungen — sei dies nur im Versand oder im Empfang der Kleinbahn, oder in beiden Verkehrsrichtungen — die staatsbahnseitig zu bewilligende Frachterleichterung notwendig wird; ob und welche nachteiligen Folgen und Berufungen für andere Gebiete und Erwerbszweige davon zu erwarten sind und welche Gewähr dafür besteht, dass die Ermässigung den Verfrachtern zu gute kommt, anstatt von den Kleinbahnunternehmungen zu einer Aufbesserung ihrer Frachtanteile benutzt zu werden. In der Regel wird bei den gedachten Artikeln eine Kürzung der Abfertigungsgebühren um 2 Pf. für 100 kg als ausreichend erachtet werden können, während die Entscheidung darüber, ob diese Erleichterung in Form von Uebergangs- oder direkten Tarifen zu gewähren ist, eine Zweckmässigkeitsfrage der besonderen Verhältnisse des Einzelfalles bleibt. Eine Zuwendung des aufzulassenden Teiles der Abfertigungsgebühr an die Kleinbahnunternehmungen oder an Betriebsunternehmer kann im allgemeinen nicht in Betracht kommen. Erscheint der Nachlass an Abfertigungsgebühr der Staatsbahn im Einzelfalle angezeigt, so bleibt dieses Zugeständnis, wie im Uebergangsverkehr mit Nebenbahnen, an die Voraussetzung geknüpft, dass die Kleinbahn keine höheren Sätze erhebt, als die Staatsbahn, bezw. als zu einer angemessenen Verzinsung des Anlagekapitals unbedingt notwendig ist und sich im Falle der Herstellung direkter Tarife hinsichtlich der Form den Einrichtungen der Staatsbahn, soweit erforderlich, anpasst.

Ich habe die Königlichen Eisenbahndirektionen beauftragt, die gestellten Anträge, auch wenn sie früher bereits abgelehnt sind, nach diesen Gesichtspunkten einer erneuten, sorgfältigen Prüfung zu unterziehen und sofern diese eine Berücksichtigung der Anträge angezeigt erscheinen lässt, meine Entscheidung hierüber nachzusuchen.

gez. Thielen.

An
die Centralstelle
der Preussischen Landwirtschaftskammern
Berlin.

Nachdem der Nutzen eines ausgedehnten Kleinbahnnetzes anerkannt worden war und es sich ferner gezeigt hatte, dass die Kleinbahnen noch nicht imstande sind, sich aus eigenen Mitteln lebensfähig zu erhalten, geschweige denn weiter auszudehnen, wurde die Notwendigkeit ihrer Subventionierung vom Staate anerkannt und im jährlichen Etat eine bestimmte Summe zur Unterstützung der Kleinbahnen ausgeworfen (1901/02 20 Millionen).

Auf diese Unterstützung der Kleinbahnen bezieht sich der Herr Minister in seinem Erlasse vom 12. Oktober 1900, betreffend Gütertarife im Uebergangsverkehr von und nach Kleinbahnen.

Dort heisst es:

„Eine Zuwendung des aufzulassenden Teiles der Abfertigungsgebühr an die Kleinbahnunternehmungen oder an Betriebsunternehmer von Kleinbahnen kann im allgemeinen nicht in Betracht kommen und ebensowenig einer in finanzieller Hinsicht etwa schwierigen Lage derselben eine ausschlaggebende Bedeutung zuerkannt werden, da das staatliche Interesse an den Klein-Bahnen durch Gewährung von Beihilfen und durch günstige Bedingungen bei dem Abschlusse der Verträge über Einmündung, Mitbenützung von Bahn-hofsanlagen, Betriebsmitteln und dergl. besonders bethätigt wird, eine darüber hinausgehende Unterstützung der Kleinbahnen durch Ueberlassung eines Teiles der staatlichen Frachteinnahmen aber im allgemeinen nicht zulässig ist."

Im Folgenden sei nur von den staatlichen Beihilfen die Rede. Die „günstigen Bedingungen" bilden einen weiteren Punkt im Promemoria der Landesdirektoren. Für diese werden nämlich gerade als für nebenbahnähn-liche Kleinbahnen zu ungünstige und fiskalische — sie sind grösstenteils un-günstiger als für Nebenbahnen — Abänderungen erbeten.

Die vom Staate den Kleinbahnen gewährten Beihilfen werden von der Gesamtheit der Steuerzahler aufgebracht. Im Gegensatz hierzu würden sich die Zuwendungen, die den Kleinbahnen durch die Staatseisenbahn mittels erleichterten Uebergangsverkehrs eventuell entständen, an den geringeren Einnahmen der Staatseisenbahnen fühlbar machen. Die Folge davon würde sein, dass das entstehende Manko durch die Steuerzahler wieder ersetzt werden müsste. Nehmen wir nun an, dass der auf die Steuerzahler entfallende Teil ebenso gross wird, wie vorher die im Etat ausgeworfene Summe für Kleinbahnen, so würde die Belastung für den Staat die gleiche bleiben, die Kleinbahnen aber, mittelbar auch die Staatsbahnen und die Gesamtheit, hätten bedeutenden Vorteil.

Das ausgedehnteste Kleinbahnnetz kann nichts nützen, wenn es den Produzenten zu teuer wird, auf ihm zu verladen und diese das Landfuhrwerk bevorzugen, ja eine grosse Zahl von Massengütern gänzlich unverfrachtet lassen müssen.

Vom volkswirtschaftlichen Standpunkt aus muss daher vorzuziehen sein, dass sich der Gesamtverkehr hebt und das ganze Bahnmaterial möglichst ausgenutzt und lieber der entgangene Gewinn der Staatsbahnen durch die Steuerkraft ersetzt, als direkt an die Kleinbahnen abgeführt wird.

Dann ist zu berücksichtigen, dass eine Herabsetzung der Tarife nicht bloss die Bruttoeinnahmen, sondern auch die Reinerträge erhöhen kann. Allerdings muss man hierbei sehr vorsichtig sein. Finanzminister Miquel sagte bei der Verhandlung des Etats (1899) der Eisenbahnverwaltung im preussischen Abgeordnetenhause:

„Nichts ist falscher, irriger, erfundener als die Behauptung, dass jede Tarifherabsetzung mehr leiste in der Erzeugung von Mehrüberschüssen. Das ist ein grosser Irrtum, das lehrt uns die Erfahrung jeden Tag. — — —

Wenn Sie diese Ueberschüsse (177 000 000 M. aus Einnahmen der Eisenbahnen) durch Steigerung der Ausgaben und Verminderung der Einnahmen wegschaffen, ja, meine Herren, dann werden Sie, wie der Professor Cohn in Göttingen ganz richtig sagt, diese 200 000 000 Mark durch Erhöhung der Steuer decken müssen, wenn Sie nicht von Schulden leben wollen. Wir sind in unseren Finanzen so abhängig von dem Ergebnis der Eisenbahnverwaltung, dass wir die Eisenbahn und ihre Ergebnisse gar nicht anders ansehen können, als mit dem Blick auf das Ganze, auf die gesamte Entwickelung unseres Finanzwesens, auf welcher die Blüte und Kraft Preussens beruhen. Die grosse Gefahr in diesem grossen Staatsbetriebe liegt darin, dass sich das Publikum — alle Klassen ohne Ausnahme — für berechtigt hält, dem Staat gegenüber ganz andere Anforderungen zu stellen, als es das einem Privatmann gegenüber thun würde. Alle Welt hat Wünsche; einen Wunsch, die Reinüberschüsse der Einnahmen zu vermehren, habe ich noch nie gehört. (Heiterkeit.) Der eine will mehr Züge, der andere will billiger fahren, will schönere und weniger besetzte Eisenbahn-Abteile haben; der will neue Bahnen bauen, auch wenn sie sich nicht rentieren und er sich dessen auch ganz klar bewusst ist, der will schönere und bequemere Bahnhöfe, will eine Vermehrung der Gleise, niedrige

Tarife u. s. w. u. s. w. Unter diesem permanenten Drängen und diesen Wünschen, die von allen Klassen ausgehen, steht eine grosse Staatsverwaltung, und das ist eine Gefahr, die mit diesem ganzen Betriebe verbunden ist, die man aber gegenüber den mächtigen Vorzügen der Verstaatlichung der Eisenbahnen um so weniger allzusehr zu fürchten braucht, wenn man stark genug ist, den Wünschen der Interessenten auch mal zu widerstehen, und ich nehme doch an, dass wir in Preussen eine solche starke Verwaltung haben werden." (Heiterkeit.)

Und so ist denn auch die Verwaltung bisher stark gewesen, trotzdem gerade durch einen erleichterten Kleinbahn-Uebergangsverkehr die Bruttoeinnahmen so gewaltig wachsen würden, dass die Reineinnahmen selbst bei beispielsweiser Erlassung der halben Abfertigungsgebühr nicht übermässig vermindert werden würden.

In anderen Staaten hat man sich auch diesem Standpunkt zugeneigt; Baden z. B. hat bei allen Kleinbahnen neben vielen andern Vergünstigungen die halbe Abfertigungsgebühr nachgelassen. Ebenso geschieht es in Württemberg.

Der Staat, die Unternehmer und die Bevölkerung sind dabei zufrieden; insbesondere hat die badische Staatsbahn merkliche Einbussen hierdurch nicht erlitten.

Zwar bringen die badischen Bahnen keine so hohe Verzinsung wie die preussischen, das liegt aber auch noch in anderen Gründen. In Bayern sind die Einnahmen der Staatsbahn zur Unterstützung der Kleinbahnen verwendet worden.

Doch davon wird noch später bei der Besprechung des Kleinbahnwesens in anderen Staaten die Rede sein.

Die Preussischen Landwirtschaftskammern suchen nun die eminente Wichtigkeit einer Verkehrsverbilligung im einzelnen darzuthun. Nach ihren Ausführungen stellen sich z. Zt. die Frachten des Eisenbahn-Kleinbahnübergangsverkehrs regulär, d. h. bei Anwendung der preussischen Staatsbahnsätze auf den Kleinbahnen um so viel teurer, als im direkten Eisenbahnverkehr, wie die Summe der beiderseitigen Abfertigungsgebühren für die Teilstrecken die einfache Abfertigungsgebühr für die Gesamtentfernung übersteigt.

Die Unterschiede gestalten sich verschieden infolge Staffelung der Abfertigungsgebühren und auch der Streckensätze. Von letzteren abgesehen reicht die Spannung von $\frac{1}{3}$—$\frac{1}{2}$ der beiderseitigen Abfertigungsgebühren. Der absolute Höchstbetrag der Frachtverteuerung wird erreicht, wenn auf beiden Seiten Strecken über 100 km beteiligt sind. In der Praxis dürfte dies z. Zt. wohl nicht vorkommen, weil die Kleinbahnstationen nicht soweit von den Uebergangsstationen entfernt liegen. Unter der Annahme, dass die Kleinbahnen im Uebergangsverkehr durchschnittlich mit 20 km beteiligt sind, sind nach den wirklichen Frachtsätzen der Kilometertariftabellen der preussischen Staatseisenbahntarife die Differenzen für eine Anzahl Entfernungen und die Normalgüterklassen sowie verschiedene Ausnahmetarife (1—5) in

Tabelle

Normalklassen des

Unter

welche sich bei verschiedenen Entfernungen zwischen der direkten Fracht im reinen Eisenbahnverkehr und der angenommen werden. — Normalklassen

Verkehr	Kilometer	Eilgut			Allgemeine Stückgutklasse			Spezialtarif für bestimmte Stückgüter			Allgemeine Wagen-A I.		
		Frachtsatz	Davon Abfert.-Gebühren	Um die Differenz a. d. Abf.-Geb. zu decken, musste bei Umkartierung von den beiders. Abf.-Geb. aufgelassen werden.	Frachtsatz	Davon Abfert.-Gebühren	Um die Differenz a. d. Abf.-Geb. zu decken, musste bei Umkartierung von den beiders. Abf.-Geb. aufgelassen werden.	Frachtsatz	Davon Abfert. Gebühren	Um die Differenz a. d. Abf. Geb. zu decken, musste bei Umkartierung von den beiders. Abf.-Geb. aufgelassen werden	Frachtsatz	Davon Abfert. Gebühren	Um die Differenz a. d. Abf. Geb. zu decken, musste bei Umkartierung von den beiders. Abf.-Geb. aufgelassen werden
Kleinb.-Eisenb.-Ueberg.	30	1,08	0,42	3/7	0,54	0,21	3/7	0,45	0,21	3/7	0,41	0,21	3/7
Eisenbahn		0,90	0,24		0,45	0,12		0,36	0,12		0,32	0,12	
Unterschied:		0,18	0,18		0,09	0,09		0,09	0,09		0,09	0,09	
Kleinb. Eisenb.-Ueberg.	40	1,32	0,44	9/22	0,66	0,22	9/22	0,54	0,22	9/22	0,48	0,22	9/22
Eisenbahn		1,14	0,26		0,57	0,13		0,45	0,13		0,40	0,13	
Unterschied:		0,18	0,18		0,09	0,09		0,09	0,09		0,08	0,09	
Kleinb.-Eisenb.-Ueberg.	50	1,56	0,46	9/23	0,78	0,23	9/23	0,63	0,24	5/12	0,56	0,24	5/12
Eisenbahn		1,38	0,28		0,69	0,14		0,54	0,14		0,48	0,14	
Unterschied:		0,18	0,18		0,09	0,09		0,09	0,10		0,08	0,10	
Kleinb.-Eisenb.-Ueberg.	60	1,80	0,48	3/8	0,90	0,24	3/8	0,72	0,24	3/8	0,64	0.24	3/8
Eisenbahn		1,60	0,30		0,80	0,15		0,63	0,15		0,55	0,15	
Unterschied:		0,20	0,18		0,10	0,09		0,09	0,09		0,09	0,09	
Kleinb.-Eisenb.-Ueberg.	70	2,04	0,50	9/25	1,02	0,25	9/25	0,81	0,25	9/25	0,72	0,25	9/25
Eisenbahn		1,82	0,32		0,91	0,16		0,72	0,16		0,63	0,16	
Unterschied:		0,22	0,18		0,11	0,09		0,09	0,09		0,09	0,09	
Kleinb.-Eisenb.-Ueberg.	80	2,26	0,52	9/26	1,13	0,26	9/26	0,90	0,26	9/23	0,79	0,26	9/26
Eisenbahn		2,04	0,34		1,02	0 17		0,81	0,17		0,71	0,17	
Unterschied:		0,22	0,18		0,11	0,09		0,09	0,09		0,08	0,09	
Kleinb.-Eisenb.-Ueberg.	90	2,48	0,54	1/3	1,24	0,27	1/3	0,99	0,27	1/3	0,87	0,27	1/3
Eisenbahn		2,26	0,36		1,13	0,18		0,90	0,18		0,78	0,18	
Unterschied:		0,22	0,18		0,11	0,09		0,09	0,09		0,09	0,09	
Kleinb.-Eisenb.-Ueberg.	100	2,70	0,56	9/28	1,35	0,28	9/28	1,08	0,28	9/28	0,95	0,28	9/28
Eisenbahn		2.48	0,38		1,24	0,19		0,99	0,19		0,86	0,19	
Unterschied:		0,22	0,18		0,11	0,09		0,09	0,09		0,09	0,09	
Kleinb.-Eisenb.-Ueberg.	110	2,92	0,58	9/29	1,46	0,29	9/29	1,17	0,29	9/29	1,02	0,29	9/29
Eisenbahn		2.70	0,40		1,35	0,20		1,08	0,20		0,94	0,20	
Unterschied:		0,22	0,18		0,11	0,09		0,09	0,09		0,08	0,09	
Kleinb.-Eisenb.-Ueberg.	120	3,14	0,60	1/3	1,57	0,30	1/3	1,26	0,30	1/3	1,10	0,30	1/3
Eisenbahn		2,90	0,40		1,45	0,20		1,16	0,20		1,—	0,20	
Unterschied:		0,24	0,20		0,12	0,10		0,10	0,10		0,10	0,10	
Kleinb.-Eisenb.-Ueberg.	130	3,36	0,62	11/31	1,68	0,31	11/31	1,35	0,31	11/31	1,18	0,31	11/31
Eisenbahn		3,10	0,40		1,55	0,20		1,24	0,20		1,07	0.20	
Unterschied:		0,26	0,22		0,13	0,11		0,11	0,11		0,11	0,11	

Bei höheren Entfernungen bleiben die

Gestaffelte Streckensätze

I.

doutschen Eisenbahn-Gütertarifs.

schiede

Fracht im Eisenbahn-Kleinbahn-Uebergangsverkehr ergeben. Die beteiligte Kleinbahnstrecke soll stets mit 20 km des Deutschen Eisenbahn-Gütertarifs —

ladungsklassen B.			Spezialtarif A 2			Spezialtarif I			Spezialtarif II			Spezialtarif III		
Fracht-satz	Davon Abfert.-Gebühren	Um die Differenz a. d. Abf.-Geb. zu decken musste bei Umkartierung von den beiders. Abf.-Geb. aufgelassen werden	Fracht-satz	Davon Abfert.-Gebühren	Um die Differenz a. d. Abf.-Geb. zu decken musste bei Umkartierung von den beiders. Abf.-Geb. aufgelassen werden	Fracht-satz	Davon Abfert.-Gebühren	Um die Differenz a. d. Abf.-Geb. zu decken musste bei Umkartierung von den beiders. Abf.-Geb. aufgelassen werden	Fracht-satz	Davon Abfert.-Gebühren	Um die Differenz a. d. Abf.-Geb. zu decken musste bei Umkartierung von den beiders. Abf.-Geb. aufgelassen werden	Fracht-satz	Davon Abfert.-Gebühren	Um die Differenz a. d. Abf.-Geb. zu decken musste bei Umkartierung von den beiders. Abf.-Geb. aufgelassen werden
0,35	0,17	$\frac{7}{17}$	0,27	0,12	$\frac{1}{2}$	0,26	0,12	$\frac{1}{2}$	0,23	0,12	$\frac{1}{2}$	0,20	0,12	$\frac{1}{2}$
0,28	0,10		0,21	0,06		0,20	0,06		0,17	0,06		0,14	0,06	
0,07	0,07		0,06	0,06		0,06	0,06		0,06	0,06		0,06	0,06	
0,42	0,18	$\frac{7}{18}$	0,32	0,12	$\frac{1}{2}$	0,30	0,12	$\frac{1}{2}$	0,26	0,12	$\frac{1}{2}$	0,22	0,12	$\frac{1}{2}$
0,35	0,11		0,26	0,06		0,24	0,06		0,20	0,06		0,16	0,06	
0,07	0,07		0,06	0,06		0,06	0,06		0,06	0,06		0,06	0,06	
0,49	0,20	$\frac{2}{5}$	0,37	0,12	$\frac{1}{2}$	0,35	0,12	$\frac{1}{2}$	0,30	0,12	$\frac{1}{2}$	0,25	0,12	$\frac{1}{2}$
0,42	0,12		0,31	0,06		0,29	0,06		0,24	0,06		0,19	0,06	
0,07	0,08		0,06	0,06		0,06	0,06		0,06	0,06		0,06	0,06	
0,56	0,20	$\frac{2}{5}$	0,42	0,12	$\frac{1}{4}$	0,39	0,12	$\frac{1}{4}$	0,33	0,12	$\frac{1}{4}$	0,27	0,12	$\frac{1}{4}$
0,48	0,12		0,39	0,09		0,36	0,09		0,30	0,09		0,25	0,09	
0,08	0,08		0,03	0,03		0,03	0,03		0,03	0,03		0,02	0,03	
0,63	0,21	$\frac{3}{7}$	0,47	0,12	$\frac{1}{4}$	0,44	0,12	$\frac{1}{4}$	0,37	0,12	$\frac{1}{4}$	0,30	0,12	$\frac{1}{4}$
0,54	0,12		0,44	0,09		0,41	0,09		0,34	0,09		0,27	0,09	
0,09	0,09		0,03	0,03		0,03	0,03		0,03	0,03		0,03	0,03	
0,69	0,21	$\frac{3}{7}$	0,55	0,15	$\frac{2}{5}$	0,51	0,15	$\frac{2}{5}$	0,43	0,15	$\frac{2}{5}$	0,36	0,15	$\frac{2}{5}$
0,60	0,12		0,49	0,09		0,45	0,09		0,37	0,09		0,30	0,09	
0,09	0,09		0,06	0,06		0,06	0,06		0,06	0,06		0,06	0,06	
0,75	0,21	$\frac{3}{7}$	0,60	0,15	$\frac{2}{5}$	0,56	0,15	$\frac{2}{5}$	0,47	0,15	$\frac{2}{5}$	0,38	0,15	$\frac{2}{5}$
0,66	0,12		0,54	0,09		0,50	0,09		0,41	0,09		0,32	0,09	
0,09	0,09		0,06	0,06		0,06	0,06		0,06	0,06		0,06	0,06	
0,81	0,21	$\frac{3}{7}$	0,65	0,15	$\frac{2}{5}$	0,60	0,15	$\frac{2}{5}$	0,50	0,15	$\frac{2}{5}$	0,41	0,15	$\frac{2}{5}$
0,72	0,12		0,59	0,09		0,54	0,09		0,44	0,09		0,34	0,09	
0,09	0,09		0,06	0,06		0,06	0,06		0,06	0,06		0,07	0,06	
0,87	0,21	$\frac{3}{7}$	0,70	0,15	$\frac{2}{5}$	0,65	0,15	$\frac{1}{5}$	0,54	0,15	$\frac{1}{5}$	0,43	0,15	$\frac{1}{5}$
0,78	0,12		0,67	0,12		0,62	0,12		0,51	0,12		0,36	0,12	
0,09	0,09		0,03	0,03		0,03	0,03		0,03	0,03		0,07	0,03	
0,93	0,21	$\frac{3}{7}$	0,75	0,15	$\frac{2}{5}$	0,69	0,15	$\frac{1}{5}$	0,57	0,15	$\frac{1}{5}$	0,45	0,15	$\frac{1}{5}$
0,84	0,12		0,72	0,12		0,66	0,12		0,54	0,12		0,38	0,12	
0,09	0,09		0,03	0,03		0,03	0,03		0,03	0,03		0,07	0,03	
0,99	0,21	$\frac{3}{7}$	0,83	0,18	$\frac{2}{5}$	0,77	0,18	$\frac{1}{3}$	0,64	0,18	$\frac{1}{3}$	0,47	0,18	$\frac{1}{3}$
0,90	0,12		0,77	0,12		0,71	0,12		0,58	0,12		0,41	0,12	
0,09	0,09		0,06	0,06		0,06	0,06		0,06	0,06		0,06	0,06	

Differenzen unverändert wie bei 130 km.

Gestaffelte Strecken-

sätze

Tabelle

Ausnahmetarife von allgemeiner Geltung

Unterschiede, welche sich bei verschiedenen Entfernungen zwischen der direkten Fracht im
beteiligte Kleinbahnstrecke soll

Ausnahme-Tarif

Verkehr	Kilometer	Ausnahmetarif 1 (Holz)			Ausnahmetarif 2 (Rohstofftarif)			Ausnahmetarif 3	
		Frachtsatz	davon Abfert.-Gebühren	Um die Differenz aus den Abf.-Geb. zu decken, musste bei Umkartierung von den beiderseitigen Abf.-Geb. aufgelassen werden	Frachtsatz	davon Abfert.-Gebühren	Um die Differenz aus den Abf.-Geb. zu decken, musste bei Umkartierung von den beiderseitigen Abf.-Geb. aufgelassen werden	Frachtsatz	davon Abfert.-Gebühren
Eisenb.-Kleinb.-Ueberg.	30	0,21	0,12	$\frac{1}{2}$	0,20	0,12	$\frac{1}{2}$	0,20	0,12
Eisenbahn		0,15	0,06		0,14	0,06		0,14	0,06
Unterschied:		0,06	0,06		0,06	0,06		0,06	0,06
Eisenb.-Kleinb.-Ueberg.	40	0,24	0,12	$\frac{1}{2}$	0,22	0,12	$\frac{1}{2}$	0,22	0,12
Eisenbahn		0,18	0,06		0,16	0,06		0,16	0,06
Unterschied:		0,06	0,06		0,06	0,06		0,06	0,06
Eisenb.-Kleinb.-Ueberg.	50	0,27	0,12	$\frac{1}{2}$	0,25	0,12	$\frac{5}{12}$	0,25	0,12
Eisenbahn		0,21	0,06		0,18	0,07		0,18	0,07
Unterschied:		0,06	0,06		0,07	0,05		0,07	0,05
Eisenb.-Kleinb.-Ueberg.	60	0,30	0,12	$\frac{1}{4}$	0,27	0,12	$\frac{5}{12}$	0,27	0,12
Eisenbahn		6,27	0,09		0,20	0,07		0,20	0,07
Unterschied:		0,03	0,03		0,07	0,05		0,07	0,05
Eisenb.-Kleinb.-Ueberg.	70	0,33	0,12	$\frac{1}{4}$	0,29	0,13	$\frac{6}{13}$	0,29	0,13
Eisenbahn		0,30	0,09		0,22	0,07		0,22	0,07
Unterschied:		0,03	0,03		0,07	0,06		0,07	0,06
Eisenb.-Kleinb.-Ueberg.	80	0,39	0,15	$\frac{2}{5}$	0,31	0,13	$\frac{6}{13}$	0,31	0,13
Eisenbahn		0,33	0,09		0,25	0,07		0,25	0,07
Unterschied:		0,06	0,06		0,06	0,06		0,06	0,06
Eisenb.-Kleinb.-Ueberg.	90	0,42	0,15	$\frac{2}{5}$	0,33	0,13	$\frac{6}{13}$	0,33	0,13
Eisenbahn		0,36	0,09		0,27	0,07		0,27	0,07
Unterschied:		0,06	0,06		0,06	0,06		0,06	0,06
Eisenb.-Kleinb.-Ueberg.	100	0,45	0,15	$\frac{2}{5}$	0,36	0,13	$\frac{6}{13}$	0,36	0,13
Eisenbahn		0,39	0,09		0,29	0,07		0,29	0,07
Unterschied:		0,06	0,06		0,07	0,06		0,07	0,06
Eisenb.-Kleinb.-Ueberg.	110	0,48	0,15	$\frac{1}{5}$	0,38	0,13	$\frac{6}{13}$	0,38	0,13
Eisenbahn		0,45	0,12		0,31	0,07		0,31	0,07
Unterschied:		0,03	0,03		0,07	0,06		0,07	0,06
Eisenb.-Kleinb.-Ueberg.	120	0,51	0,15	$\frac{1}{5}$	0,40	0,13	$\frac{6}{13}$	0,40	0,13
Eisenbahn		0,48	0,12		0,33	0,07		0,33	0,07
Unterschied:		0,03	0,03		0,07	0,06		0,07	0,06
Eisenb.-Kleinb.-Ueberg.	130	0,57	0,18	$\frac{1}{3}$	0,42	0,13	$\frac{6}{13}$	0,42	0,13
Eisenbahn		0,51	0,12		0,36	0,07		0,36	0,07
Unterschied:		0,06	0,06		0,06	0,06		0,06	0,06

I.

auf den Preussischen Staatseisenbahnen

reinen Eisenbahnverkehr und der Fracht im Kleinbahn-Uebergangsverkehr ergeben. Die
stets mit 20 km angenommen werden.
allgemeiner Art.

(Kalitarif) Um die Differenz aus den Abf.-Geb. zu decken, musste bei Umkartierung von den beiderseitigen Abf.-Geb. aufgelassen werden	Ausnahmetarif 4 (Düngekalktarif) Fracht-satz	davon Abfert.-Gebühren	Um die Differenz aus den Abf. Geb. zu decken, musste bei Umkartierung von den beiderseitigen Abf.-Geb. aufgelassen werden	Ausnahmetarif 5 (Wegebaumaterialien) Fracht-satz	davon Abfert.-Gebühren	Um die Differenz aus den Abf.-Geb. zu decken, musste bei Umkartierung von den beiderseitigen Abf.-Geb. aufgelassen werden	Bemerkungen
1/2	0,20	0,12	1/2	0,20	0,12	1/2	Ausnahmetarif 1.
	0,14	0,06		0,14	0,06		Beim Holztarif sind die Streckensätze nicht gestaffelt
	0,06	0,06		0,06	0,06		
1/2	0,22	0,12	1/2	0,22	0,12	1/2	Ausnahmetarif 2
	0,16	0,06		0,16	0,06		Die abweichenden Differenzen sind auf die Verschiedenheit in den Streckensätzen zurückzuführen.
	0,06	0,06		0,06	0,06		
5/12	0,25	0,12	5/12	0,25	0,12	1/2	Ausnahmetarif 3.
	0,18	0,07		0,18	0,06		Die Sätze und Differenzen sind wie beim Ausnahmetarif 2, weil bis 200 km dessen Sätze angewendet werden. Darüber hinaus sind nur die Streckensätze gestaffelt.
	0,07	0,05		0,07	0,06		
5/12	0,27	0,12	1/4	0,27	0,12	1/2	Ausnahmetarif 4 und 5.
	0,23	0,09		0,20	0,06		Wie bei Ausnahmetarif 2.
	0,04	0,03		0,07	0,06		
6/13	0,30	0,12	1/4	0,29	0,12	1/2	
	0,25	0,09		0,21	0,06		
	0,05	0,03		0,08	0,06		
6/13	0,34	0,15	2/5	0,31	0,12	1/2	
	0,26	0,09		0,22	0,06		
	0,08	0,06		0,09	0,06		
6/13	0,36	0,15	2/5	0,32	0,12	1/2	
	0,28	0,09		0,23	0,06		
	0,08	0,06		0,09	0,06		
6/13	0,37	0,15	2/5	0,33	0,12	1/2	
	0,29	6,09		0,24	0,06		
	0,08	0,06		0,09	0,06		
6/13	0,39	0,15	2/5	0,34	0,12	1/2	
	0,30	0,19		0,25	0,06		
	0,09	0,06		0,09	0,06		
6/13	0,40	0,15	2/5	0,35	0,12	1/2	Soweit der Einfluss der Abfertigungsgebühren in Betracht kommt bleiben die Unterschiede bei höheren Entfernungen unverändert.
	0,32	0,09		0,26	0,06		
	0,08	0,06		0,09	0,06		
6/13	0,41	0,15	2/5	0,36	0,12	1/2	
	0,33	0,09		0,27	0,06		
	0,08	0,06		0,09	0,06		

vorstehender, von den preussischen Landwirtschaftskammern zusammenge-
stellten Tabelle aufgeführt.

Daraus ist ersichtlich, dass die Umkartierungssätze gegenüber den regel-
recht gebildeten direkten Frachtsätzen in allen Tarifklassen mit gestaffelten
Abfertigungsgebühren um $1/2$—$1/4$ der Abfertigungsgebühren und bei Tarifklassen mit ungestaffelten Abfertigungsgebühren um $1/2$ dieser Gebühren höher
sind. Gestaffelte Abfertigungsgebühren werden in allen Normalklassen und
dem Ausnahmetarife 1 (Holz), ungestaffelte bei den Ausnahmetarifen 2 (Roh-
stoffe), 3 (Kalitarif), 4 (Düngekalktarif), 5 (Wegebaumaterialien) eingerechnet.

Bei den Massengütern stellt sich die Verteuerung in der Praxis meistens
auf 6 ℳ pro 10 t Ladung. Das ist immerhin eine bedeutende Mehrfracht,
welche die Kleinbahnadjazenten in der Wettbewerbsfähigkeit erheblich schwächt
und die Erschliessung der Gewinnungsstätten geringwertiger Naturprodukte
beeinträchtigt. Auch die Kleinbahnverwaltungen selbst werden durch die
gegenwärtige Tarifpolitik geschädigt.

Ein Beispiel aus der täglichen Praxis möge dies beweisen.

1 Wagen Getreide ist auf einer Strecke von 140 km (120 km Eisenbahn
und 20 km Kleinbahn) zu befördern. Es kostet auf der Hauptbahn bis zur
Uebergangsstation (120 km)=66 ℳ, würde bei direkter Tarifierung bis zur
Empfangsstation (140 km)=75 ℳ kosten. Die Differenz für die 20 km Kleinbahn beträgt 9 ℳ, (bei einem Einnahmeanteil der Kleinbahn von 15 ℳ). Zur
Zeit kostet die Beförderung bis zur Uebergangsstation (120 km)=66 ℳ, von da
bis zur Empfangsstation (20 km)=15 ℳ, in Summa 81 ℳ (bei ebenfalls 15 ℳ
Anteil der Kleinbahn). Der thatsächliche Frachtunterschied würde zwar nur
6 ℳ betragen. Dieser ist aber für die Konkurrenzfähigkeit der Kleinbahn mit
dem Landfuhrwerk und für die Frage, ob die Benutzung der Kleinbahn durch
die Interessenten noch vorteilhaft ist, nicht massgebend. Hierfür ist vielmehr
die Differenz zwischen der Lokofracht der Hauptbahn bis zur Uebergangsstation und der Gesamtfracht bis zur Endstation auf die Kleinbahn allein
bestimmend.

Wenn diese Differenz bei direktem Tarif in vorstehendem Beispiel auf
30 km nicht grösser ist als 9 ℳ von der Uebergangs- bis zur Kleinbahnstation,
so bleibt eine Konkurrenz durch Landfuhrwerk so gut wie ausgeschlossen,
während die Gefahr solcher mit der Vergrösserung dieser Differenz wächst
und bei 15 ℳ schon sehr wohl möglich ist.

Man darf annehmen, dass beim Mangel direkter Tarife die ersten 10 km
der Kleinbahn von der Hauptbahnstation für den Güterverkehr der Kleinbahn
verloren gehen, weil die Güter direkt per Fuhrwerk der Staatsbahnstation zugeführt werden. Die Kleinbahn muss daher notwendigerweise höhere
Tarifsätze als die Staatsbahn anwenden.

Besonders ungünstig wirkt der Mangel direkter Frachtsätze oder entsprechender Verbilligung bei Stückgutsendungen von geringem Gewicht, oder
auf kürzere Entfernungen, weil nach den Tarifbestimmungen, sobald das Produkt

an Gewicht und Tarifsatz einen geringeren Betrag als 30 ₰ ergiebt, dennoch dieser letztere erhoben wird. So würde z. B. eine Stückgutsendung des sehr häufig vorkommenden Gewichtes von 20 kg, welche auf der Hauptbahn 100 km, auf der Kleinbahn 20 km befördert werden soll, bei direktem Tarif noch zu dem Minimalsatz von 30 ₰ für die ganze Strecke von 120 km befördert werden. Mangels direkter Tarife aber wird für die gleiche Sendung an Fracht erhoben:

Für die 100 km auf der Hauptbahn der Minimalsatz von . . . 30 ₰

Für die 20 km auf der Kleinbahn der Minimalsatz von . . . 30 „

Zusammen 60 „

Es tritt also in letzterem Falle ein Satz von 30 ₰ oder 100 % ein.

Dieser wird noch grösser, wenn das Interesse an der Lieferung deklariert oder das Gut mit Nachnahme belastet ist. Die Fracht für die obige Stückgutsendung würde dann betragen:

Bei direktem Tarif für 120 km

Minimalfracht   30 ₰
Nachnahmeprovision   10 „
Interessedeklaration   40 „

Sa. 80 „

Mangels direkter Tarife kommen je 80 ₰ für die Hauptbahn und für die Kleinbahn zur Erhebung, also 80 ₰ mehr.

Bei allen vorstehenden Berechnungen galt die Annahme, dass die Kleinbahnen die preussischen Staatsbahnsätze angenommen haben. Das trifft aber in vielen Fällen nicht zu.

In nachfolgender Tabelle II sind von 77 nebenbahnähnlichen Kleinbahnen nach ihren Tarifen die Frachtkosten für gewisse landwirtschaftliche Massengüter den preussischen Staatsbahnfrachten gegenübergestellt. Die Frachtsätze wie die Tarifklassen lassen sich nicht vergleichen, weshalb die Frachten für 5 und 10 t von diesen Artikeln ermittelt werden mussten.

In der ersteren Tabelle sind die Kleinbahnfrachten für den Wechselverkehr mit den Eisenbahnen, in der zweiten die Sätze des Binnenverkehrs von denjenigen Kleinbahnen, bei denen Wechselverkehr und Binnenverkehr verschiedene Sätze aufweisen, mit den preussischen Staatsbahnfrachten verglichen. Man ersieht hieraus, dass auf den Kleinbahnen fast durchweg höhere Tarife gelten, durch welche die Frachtzahler noch ausser obigen Differenzen betroffen werden.

Wie aus der Aufstellung der Rentabilität der Kleinbahnen ersichtlich war, sind die Kleinbahnen selbst vollkommen ausser Stande, durch Tarifherabsetzungen diese Mehrfracht zu beseitigen.

Fortsetzung des Textes Seite 161.

Für die Artikel Spiritus, Rohzucker, Getreide, Holz, Düngemittel, Kartoffeln und auf den Preussischen Staats-Eisenbahnen gegenübergestellt denjenigen Frachten,

Name der Kleinbahn	Umlade- und Ueberfuhrgebühren	Auf eine Entfernung von 6 km					
		10000 kg		Klein-bahn ±	5000 kg		Klein-bahn ±
		Staats-bahn	Klein-bahn		Staats-bahn	Klein-bahn	
							S p i r i-
Mindener Kreisbahnen	.	12 —	12.—	.	7.—	7.—	.
Kleinbahn Gr. Peterwitz—Katscher . . .	.	12.—	12.—	.	7.—	7.—	.
Zniner Kleinbahn	20 Ctr. 0.05 M., für jede weiteren 10 Ctr. 0.05 M.	12.—	6.—	— 6.—	7.—	3.—	— 4.—
Wreschener Kleinbahn	100 kg 2.5 Pf.	12.—	.	.	7.—	.	.
Cüstrin—Sonnenburger Kleinbahn	100 kg 0.02 M. Mind. 1 M.	12 —	10.—	— 2.—	7.—	6.50	— 0.50
Kiel—Schönberger Eisenbahn	100 kg 1.5 Pf. Mind. 0.75 M.	12.—	10.—	— 2.—	7.—	6.50	— 0.50
Bergheimer Kreisbahnen*	.	12.—	12.—	.	7.—	7.—	.
Euskirchener Kreisbahnen*	100 kg 0.04 M.	12.—	12.—	.	7.—	7.—	.
Alsener Kreisbahnen.	100 kg 0.04 M.	12.—	12.—	.	7.—	7.—	.
Göttinger Kleinbahn.	100 kg 1.5 Pf. Mind. 1 M.	12.—	10.—	— 2.—	7.—	6.50	— 0.50
Bleckeder Kreisbahnen	100 kg 1.5 Pf. Mind. 0.75 M.	12 —	10.—	— 2.—	7.—	6.50	— 0.50
Kleinbahn Niebüll—Dagebüll	Allg. Wagenladungs-Klasse 0.03 M. Spezialtarife 0.02 M.	12 —	18.—	+ 6.—	7.—	9.—	+ 2.—
Kleinbahn des Kreises Hadersleben . . .	desgl.	12.—	12.—	.	7.—	6 —	— 1.—
Friedeberger Kleinbahn	100 kg 0.04 M.	12.—	12.—	.	7.—	7.—	.
Stadtbahn Briesen i. Westpr.	100 kg 1.5 Pf.	3 km 10.—	4.—	— 6 —	3 km 6.—	3.—	— 3.—
Bromberg und Wirsitzer Kreisbahnen . .	Tarif I 100 kg 0.03 M. Tarif II—V 0.02 M.	12.—	20.—	+ 8 —	7.—	10.—	+ 3.—
Wallückebahn	Allg. Wagenladungs-Klasse 0 03 M. Spezialtarife 0.02 M.	12.—	12.—	.	7 —	6.—	— 1.—
Kleinbahn Apenrade—Gravenstein	100 kg 1.5 Pf. Mind. 1 M.	12.—	12.—	.	7.—	6.—	— 1.—
Kleinbahn Mödrath—Liblar - Brühl* . . .	desgl.	12.—	12.—	.	7.—	7.—	.
Engelskirchen—Marienheider Eisenbahn .	100 kg. 1.5 Pf. Kartoff. 0.02 M. Mindestsatz 1 M.	12.—	12.—	.	7.—	7 —	.
Köln—Frechener Eisenbahn	100 kg 0.02 M. Mind. 1 M.	12.—	.	.	7.—	.	.
Ruhr—Lippe-Kleinbahnen	.	12.—	13.—	+ 1.—	7.—	6.50	— 0.50
Ostpriegnitzer Kreiseisenbahnen.	.	12.—	9.—	— 3.—	7.—	5.—	— 2.—
Wermelskirchen—Burger Eisenbahn . . .	.	12.—	17.—	+ 5.—	7.—	8.50	+ 1.50
Schlawer Kreisbahnen	100 kg 0.02 M.	12.—	9.—	— 3.—	7.—	6.50	— 0.50
Altmärkische Kleinbahn	.	12.—	8.—	— 4 —	7.—	4.—	— 3.—
Spremberger Stadtbahn	.	4 km 10.—	10.—	.	4 km 6.50	5.—	— 1.50
Gr. Lichterfelde—Stahnsdorfer Kleinbahn	.	5 km 11.—	7.—	— 4 —	5 km 7.—	5.—	— 2.—
Straussberg—Herzfelder Kleinbahn . . .	.	12.—	10.—	— 2.—	7.—	6.50	— 0.50
Straussberger Eisenbahn*	.	12.—	7.—	— 5.—	7.—	4.—	— 3.—
Kleinbahn Mülheim a. Rh.—Leverkusen .	4 M. Ueberf. pro Wag.	12.—	11.—	— 1.—	7 —	5.50	— 1.50
Kreis Kreuznacher Kleinbahnen*	.	12.—	9.—	— 3 —	7.—	5.—	— 2.—
Kleinb. Kleinschmalkalden—Brotterode .	.	18 km 20.—	20.—	.	18 km 11.50	11.50	.
Haffuferbahn	.	12.—	12.—	.	7.—	7.—	.
Kleinbahn Breslau—Trebnitz—Prausnitz .	.	12.—	5.—	— 7.—	7.—	3.—	— 4.—
Trachenberg—Militscher Kreisbahn . . .	.	12.—	5.—	— 7.—	7.—	3.—	— 4.—

Die mit einem Stern (*) versehenen Kleinbahnen gewähren den Interessenten bei Beförderung von einer gewissen Anzahl

Rüben in Wagenladungen zu 5 und 10 t werden in dieser Tabelle die Frachtkosten welche auf den Kleinbahnen für den Wechselverkehr mit Eisenbahnen gelten.

Auf eine Entfernung von 10 km						Auf eine Entfernung von 15 km						Auf eine Entfernung von 20 km					
10000 kg			5000 kg			10000 kg			5000 kg			10000 kg			5000 kg		
Staatsbahn	Kleinbahn	Kleinbahn ±	Staatsbahn	Kleinbahn	Kleinbahn ±	Staatsbahn	Kleinbahn	Kleinbahn ±	Staatsbahn	Kleinbahn	Kleinbahn ±	Staatsbahn	Kleinbahn	Kleinbahn ±	Staatsbahn	Kleinbahn	Kleinbahn ±
14.—	14.—	.	8.50	8.50	.	18.—	18.—	.	10.50	10.50	.	21.—	21.—	.	12.—	12.—	.
14.—	.	.	8.50	.	.	18.—	.	.	10.50	.	.	21.—	.	.	12.—	.	.
14.—	10.—	—4.—	8.50	5.—	—3.50	18.—	.	.	10.50	.	.	21.—	.	.	12.—	.	.
14.—	15.—	+1.—	8.50	7.50	—1.—	18.—	20.—	+2.—	10.50	10.—	—0.50	21.—	25.—	+4.—	12.—	12.50	+0.50
14.—	14.—	.	8.50	9.—	+0.50	18.—	18.—	.	10.50	11.50	+1.—	21.—	21.—	.	12.—	13.—	+1.—
14.—	17.—	+3.—	8.50	9.50	+1.—	18.—	21.—	+3.—	10.50	12.—	+1 50	21.—	24.—	+3.—	12.—	14.—	+2.—
14.—	14.—	.	8.50	8.50	.	18 —	18.—	.	10.50	10.50	.	21.—	21.—	.	12.—	12.—	.
14.—	14.—	.	8.50	8.50	.	18.—	18.—	.	10.50	10.50	.	21 —	21.—	.	12.—	12.—	.
14.—	18.—	+4.—	8.50	10.—	+1.50	18.—	24.—	+6 —	10 50	13.50	+3.—	21 —	29 —	+8.—	12.—	16.—	+4.—
14.—	15.—	+1 —	8.50	9.50	+1.—	18.—	19.—	+1 —	10.50	12.—	+1.50	21.—	22.—	+1.—	12.—	14.—	+2.—
14.—	14.—	.	8.50	8 50	.	18.—	18.—	.	10.50	10.50	.	21.—	21.—	.	12.—	12.—	.
14.—	22.—	+8.—	8.50	11.—	+2.50	18 —	.	.	10.50	.	.	21.—	.	.	12.—	.	.
14.—	14 —	.	8.50	7 —	—0.50	18.—	18.—	.	10.50	9.—	—1.50	21.—	21.—	.	12.—	10.50	—1.50
14.—	.	.	8.50	.	.	18.—	.	.	10.50	.	.	21.—	.	.	12.—	.	.
14.—	.	.	8.50	.	.	18.—	.	.	10.50	.	.	21.—	.	.	12.—	.	.
14.—	.	.	8.50	.	.	18.— 16 km	19.—	+1.—	10.50 16 km	9.50	—1.—	21 —	22.—	+1.—	12.—	11.—	—1.—
14.—	.	.	8.50	.	.	18 —	.	.	10.50	.	.	21.—	.	.	12.—	.	.
14.—	14.—	.	8.50	7.—	—1.50	18.—	18.—	.	10 50	9.—	—1 50	21.—	21.—	.	12.—	10.50	—1.50
14.—	14.—	.	8.50	8.50	.	18.—	18.—	.	10.50	10 50	.	21.—	21.—	.	12.—	12.—	.
14.—	16.—	+2.—	8.50	9 —	+0.50	18.—	24.—	+6.—	10.50	13.50	+3.—	21 —	34.—	+13.—	12.—	19.—	+7.—
14.—	.	.	8.50	4.—	—4.50	18.—	.	.	10.50	.	.	21.—	.	.	12.—	.	.
14.—	18.—	+6.—	8.50	9.—	+0.50	13.—	23.—	+5.—	10.50	11.50	+1.—	21.—	28.—	+7.—	12.—	14.—	+2.—
16.— 11 km	14.—	—2 —	9.— 11 km	8.—	—1.—	18.—	.	.	10.50	.	.	21.—	.	.	12.—	.	.
14.—	19.—	+5.—	8.50	9.50	+1.—	18.—	.	.	10.50	.	.	21.—	.	.	12.—	.	.
14.—	11.—	—3.—	8.50	8.—	—0.50	18.—	14.—	—4	10.50	10.—	—0.50	21.—	16.—	+5.—	12.—	11.50	—0.50
14.—	11.—	—3.—	8.50	5.50	—3.—	18.—	14.—	—4.—	10.50	7.—	—3.50	21.—	16.60	—4.40	12.—	8,30	—3.70
14.—	.	.	8.50	.	.	18.—	.	.	10.50	.	.	21.—	.	.	12.—	.	.
14.—	.	.	8.50	.	.	18.—	.	.	10.50	.	.	21.—	.	.	12.—	.	.
14.—	14.—	.	8.50	9.—	+0.50	18.—	.	.	10.50	.	.	21.—	.	.	12.—	.	.
14.—	.	.	8 50	.	.	18.—	.	.	10.50	.	.	21.—	.	.	12.—	.	.
14.—	.	.	8 50	.	.	18.—	.	.	10.50	.	.	21	.	.	12.—	.	.
14.—	13.—	—1.—	8.50	7.—	—1.50	18.—	18.—	.	10.50	9 50	—1.—	21.—	23.—	+2.—	12 —	12.—	.
14.—	.	.	8.50	.	.	18.—	.	.	10.50	.	.	21.—	.	.	12.—	.	.
14.—	14.—	.	8.50	8.50	.	18.—	19.—	+1	10.50	11.—	+0 50	21.—	22.—	+1.—	12.—	12.50	+0.50
14.—	8.-	—6.—	8.50	4.—	—4.50	18.—	12.—	—6.—	10.50	6.—	—4.50	21.—	16.—	—5	12.—	8.—	—4.—
14.—	8 —	—6.—	8.50	4.—	—4.50	18.—	12.—	—6.—	10 50	6.—	—4.50	21.—	16.—	—5.—	12.—	8.—	—4.—

Wagenladungen eine Frachtermässigung.

11*

Tabelle

Name der Kleinbahn	Umlade- und Ueberfuhrgebühren	Auf eine Entfernung von 6 km					
		10000 kg			5000 kg		
		Staatsbahn	Kleinbahn	Kleinbahn ±	Staatsbahn	Kleinbahn	Kleinbahn ±
Rosenberger Kreisbahn	100 kg 0.02 M.	12.—	6 —	— 6.—	7.—	3.—	— 4.—
Klb. Perleberg–Kyritz u. Rehfeld–Breddin	100 kg 0.02 M.	12.—	8.—	— 4.—	7.—	4.50	— 3.—
Kleinbahnen des Kreises Jerichow I . .	Ueberfuhrgebühren 2 M.	12.—	8.—	— 4.—	7.—	4.—	— 3 —
Kleinbahn Goldbeck—Werben—Elbe . .	.	12.—	12.—	.	7.—	7.—	.
Kleinbahn Heudeber—Mattierzoll	.	12.—	12.—	.	7.—	7.—	.
Halle—Hettstedter Eisenbahn	Ueberfuhrgebühren 1 M.	12.—	12.—	.	7.—	7.—	.
Aschersleb.—Schneidl.—Nienhag. Kleinb.*	Ueberfuhrgebühren 0.70 M.	12.—	8.60	— 3.40	7 —	5.—	— 2.—
Börssum—Hornburger Eisenbahn	100 kg 1.5 Pf. Mind. 0.75 M.	12.—	.	.	7.—	.	.
Kolberger Kleinbahn	.	12.—	10.—	— 2.—	7.—	6.50	— 0.50
Greifenhagener Kreisbahnen	.	12.—	10.—	— 2.—	7 —	6.50	— 0.50
Kgs.-Wusterh.—Mittenwalde—Töpch. Klb.	.	12.—	7.—	— 5.—	7.—	4 —	— 3.—
Kleinbahn Wächtersbach—Birstein* . .	.	12.—	16.—	+ 4.—	7.—	9.—	+ 2.—
Spessartbahn Akt.-Ges.*	Rangieren und Kippen 1 M. Uml. mit der Schippe 2 M., mit der Hand 3 M. 5 t die Hälfte	12.—	.	.	7 —	.	.
Stolpethalb. u. Rathsdamnitz—Muttr. Esb.	.	12.—	10.—	— 2.—	7.—	6.50	— 0.50
Saatziger Kleinbahnen.	100 kg 0.02 M. Mind. 1 M.	12.—	.	.	7.—	.	.
Demminer Kleinbahnen	100 kg 1.5 Pf. Mind. 0.75 M.	12.—	10.—	— 2.—	7.—	6.50	— 0.50
Greifswald—Jarmener Kleinbahn	desgl.	12.—	11.—	— 1.—	7.—	7.—	.
Greifswald—Wolgaster Kleinbahn	100 kg 1.5 Pf. Mind. 1 M.	12.—	10.—	— 2.—	7 —	6.50	— 0.50
Stolper Kreisbahn	desgl.	12.—	10.—	— 2.—	7.—	6.50	— 0.50
Randower Kleinbahn	.	12.—	10.—	— 2.—	7.—	6.50	— 0.50
Greifenberger Kleinbahn	100 kg 1.5 Pf. Mind. 0.75 M.	12.—	10.—	— 2.—	7.—	6.50	— 0.50
Franzburger Kreisbahnen	100 kg 1.5 Pf. Mind. 0.75 M. Für Rüben v.Franzb. Süd 2 M. pro Wag.	12.—	12.—	.	7.—	7 —	.
Franzburger Südbahn	.	12 —	12.—	.	7 —	7.—	.
Anclam—Lassaner Eisenbahn	100 kg 1.5 Pf. Mind. 0.75 M.	12.—	10.—	— 2.—	7.—	5.—	— 2.—
Rügensche Kleinbahnen	desgl.	12.—	12.—	.	7.—	7.—	.
Greifswald—Grimmener Eisenbahn . . .	.	12.—	14.—	+ 2.—	7.—	8.—	+ 1.—
Pyritzer Kreisbahnen	.	12.—	12.—	.	7.—	7.—	.
Kleinbahn Deutsch Krone—Virchow . . .	100 kg 1.5 Pf. Mind. 1 M.	12.—	10.—	— 2.—	7.—	6.—	— 1.—
Kleinbahn Casekow—Pencun—Oder . . .	.	12.—	9.—	— 3.—	7.—	4.50	— 2.50
Uckermärkische Lokalbahn	.	12.—	12.—	.	7.—	6.50	— 0.50
Rastenburg—Sensburger Kleinbahn . . .	100 kg 0.02 M.	12.—	10.—	— 2.—	7.—	6.—	— 1.—
Kreiseisenbahn Flensburg—Kappeln . . .	Allg. Wagenl.-Kl. 100 kg 0.03 M. Spezialtarife 100 kg 0.02 M.	12.—	12.—	.	7 —	6.—	— 1.—
Wehlau—Friedländer Eisenbahn	100 kg 1.5 Pf. Mind. 1 M.	12.—	10.—	— 2.—	7.—	6.50	— 0.50
Mecklenburg-Pommersche Schmalspurb..	Allg. Wagenl.-Kl. 100 kg. 0.03 M. Spezialt. u. A. T. 100 kg 0.02 M.	12.—	8.—	— 4.—	7 —	4.50	— 2.50
Aachener Kleinbahn-Gesellschaft* . . .	.	12.—	7 —	— 5 —	7.—	3.50	— 3.50
Kleinbahn des Kreises Witkowo.	.	12.—	.	.	7.—	.	.
Köthener Kleinbahn	Ueberfuhrgeb. Köthen 0.50 M. Ueberfuhrgeb. Dessau 0.70 M.	12.—	9.—	— 3 —	7.—	4 50	— 2.50
Steinhuder Meerbahn	.	12.—	15.—	+ 3.—	7 —	7.50	+ 0.50

Die mit einem Stern (*) versehenen Kleinbahnen gewähren den Interessenten bei Beförderung von einer gewissen Anzahl

II.

Auf eine Entfernung von 10 km						Auf eine Entfernung von 15 km						Auf eine Entfernung von 20 km					
10000 kg		Kleinbahn ±	5000 kg		Kleinbahn ±	10000 kg		Kleinbahn ±	5000 kg		Kleinbahn ±	10000 kg		Kleinbahn ±	5000 kg		Kleinbahn ±
Staatsbahn	Kleinbahn		Staatsbahn	Kleinbahn		Staatsbahn	Kleinbahn		Staatsbahn	Kleinbahn		Staatsbahn	Kleinbahn		Staatsbahn	Kleinbahn	
14.—	9.—	— 5.—	8.50	4.50	— 4.—	18.—	.	.	10.50	.	.	21.—	.	.	12.—	.	.
14.—	10.—	— 4.—	8.50	6.—	— 2.50	18.—	14.—	— 4.—	10.50	8.—	— 2.50	21.—	17.—	.	12.—	12.—	.
14.—	11.—	— 3 —	8.50	5.50	— 3.—	18.—	13.—	— 5.—	10.50	6.50	— 4.—	21.—	17.—	— 4.—	12.—	9.50	— 2.50
14.—	18.—	+ 4.—	8.50	10.—	+ 1.50	18.—	24.—	+ 6.—	10.50	14.—	+ 3 50	21.—	28.—	+ 7.—	12.—	16.—	+ 4 —
14.—	14.—	.	8.50	8.50	.	18.—	18.—	.	10.50	10.50	.	21.—	21.—	.	12.—	12.—	.
14.—	14.—	.	8.50	8.50	.	18.—	18.—	.	10.50	10.50	.	21.—	21.—	.	12.—	12.—	.
14.—	11.—	— 3.—	8.50	6.60	— 1.90	18.—	16.—	— 2.—	10.50	8.50	— 2.—	21.—	19.—	— 2.—	12.—	10.20	— 1.80
14.—	.	.	8.50	.	.	18.—	14.—	— 4.—	10.50	8.50	— 2.—	21.—	.	.	12.—	.	.
14.—	15.—	+ 1.—	8.50	9.50	+ 1.—	18.	19.—	+ 1 —	10.50	12.—	+ 1.50	21.—	22.—	+ 1.—	12.—	14.—	+ 2.—
14.—	14.—	.	8.50	9.—	+ 0.50	18.—	18.—	.	10.50	11.50	+ 1.—	21.—	21.—	.	12.—	13.—	+ 1.—
14.—	12.—	— 2 —	8.50	7.—	— 1.50	18.—	15.—	— 3.—	10.50	8.50	— 2.—	21.—	.	.	12.—	.	.
14.—	21.—	+ 7.—	8.50	12.—	+ 3.50	18.—	.	.	10.50	.	.	21.—	.	.	12.—	.	.
14.—	.	.	8.50	.	.	18.—	18.—	.	10.50	9.—	+ 1 50	21.—	.	.	12.—	.	.
14.—	14.—	.	8.50	9.—	+ 0.50	18.—	18 —	.	10.50	21 50	+11.—	21.—	21.—	.	12.—	13.—	+ 1.—
13.— (8 km)	10.—	— 3.—	7.50 (8 km)	6.50	— 1.—	18.—	18.—	.	10.50	11.50	+ 1.—	23.— (21 km)	20 —	— 3.—	13.— (21 km)	13.—	.
14.—	15.—	+ 1.—	8.50	9.50	+ 1.—	18.—	19.—	+ 1.—	10.50	12.—	+ 1.50	21.—	22.—	+ 1.—	12.—	14.—	+ 2.—
14.—	15.—	+ 1.—	8.50	9.50	+ 1.—	18.—	19 —	+ 1.—	10.50	12.—	+ 1.50	21.—	22.—	+ 1.—	12.—	14.—	+ 2.—
14.—	15.—	+ 1.—	8.50	9.50	+ 1.—	18.—	19. —	+ 1.—	10,50	12.—	+ 1.50	21.—	22.—	+ 1.—	12.—	14 —	+ 2.—
14.—	14.—	.	8.50	9.—	+ 0.50	18.—	18.—	.	10.50	11.50	+ 1.—	21.—	21.—	.	12.—	13.—	+ 1.—
14.—	14.—	.	8.50	9.—	+ 0 50	18 —	18.—	.	10.50	11.50	+ 1 —	21.—	21.—	.	12.—	13 —	+ 1.—
14.—	15.—	+ 1.—	8.50	9.50	+ 1.—	18.—	19.—	+ 1.—	10.50	12.—	+ 1.50	21.—	22.—	+ 1.—	12.—	14.—	+ 2.—
14.—	14.—	.	8.50	8.50	.	18.—	18.—	.	10.50	10.50	.	21.—	21.—	.	12.—	12.—	.
14.—	14.—	.	8.50	8.50	.	18.—	18.—	.	10.50	10.50	.	21.—	24.—	+ 3 —	12.—	12.—	.
14.—	13.—	— 1.—	8.50	7.50	— 1.—	18.—	19. —	+ 1.—	10.50	9.50	— 1.—	21.—	22.—	+ 1.—	12.—	11.—	— 1.—
14.—	14.—	.	8.50	8.50	.	18.—	18.—	.	10.50	10.50	.	21.—	21.—	.	12.—	12.—	.
14 —	17.—	+ 3.—	8.50	10.—	+ 1 50	18.—	22.—	+ 4.—	10.50	12.50	+ 2.—	21.—	25.—	+ 4.—	12.—	14.50	+ 2.50
14.—	14.—	.	8.50	8.50	.	18.—	18 —	.	10.50	10.50	.	21.—	21.—	.	12.—	12.—	.
14.—	16.—	+ 2.—	8.50	10.—	+ 1.50	18 —	23.—	+ 5.—	10.50	14.50	+ 4.—	21.—	27.—	+ 6.—	12.—	16.50	+ 4.50
14.—	15.—	+ 1.—	8.50	7.50	— 1.—	18.—	20. —	+ 2.—	10.50	10 —	— 0.50	21.—	25.—	+ 4.—	12.—	12.50	+ 0.50
14.—	14.—	.	8.50	8.50	.	18.—	.	.	10.50	.	.	21.—	.	.	12.—	.	.
14.—	14.—	.	8.50	8.50	.	18.—	18.—	.	10.50	10.50	.	21.—	21.—	.	12.—	12.—	.
14.—	14.—	.	8.50	7.—	— 1.50	18.—	18.—	.	10.50	9.—	— 1.50	21.—	21.—	.	12.—	10.50	— 1.50
14.—	14.—	.	8.50	9.—	+ 0.50	18.—	18.—	.	10 50	11.50	+ 1.—	21.—	21.—	.	12.—	13.—	+ 1.—
14.—	10.—	— 4.—	8.50	6.—	— 2.50	18.—	13.50	— 4 50	10.50	7.80	— 2.70	21.—	16.50	— 4.50	12.—	9.30	— 2.70
14.—	8.—	— 6.—	8.50	4.—	— 4.50	18 —	10.—	— 8.—	10.50	5.—	— 5.50	21.—	11.—	—10.—	12.—	5.50	— 6.50
14.—	.	.	8.50	.	.	18.—	.	.	10.50	.	.	21.—	.	.	12.—	.	.
14.—	13.—	— 1.—	8.50	6.50	— 2 —	18.-	14.—	— 4.—	10.50	7 —	— 3.50	21.—	16.—	— 5.—	12.—	8.—	— 4.—
14.—	18.—	+ 4.—	8.50	9.—	+ 0.50	18.—	23.—	+ 5.—	10.50	11.50	+ 1.—	21.—	27.—	+ 6.—	12.—	13.50	+ 1.50

Wagenladungen eine Frachtermässigung.

Tabelle

R o h -

Name der Kleinbahn	Umlade- und Ueberfuhrgebühren	Auf eine Entfernung von 6 km					
		10000 kg		Klein-bahn ±	5000 kg		Klein-bahn ±
		Staatsbahn	Kleinbahn		Staatsbahn	Kleinbahn	
Mindener Kreisbahnen	.	9.—	9.—	.	4.50	4.50	.
Kleinbahn Gr. Peterwitz—Katscher	.	9.—	11.—	+ 2.—	4.50	5.50	+ 1.—
Zniner Kleinbahn	20 Ctr. 0.05 M., für jede weiteren 10 Ctr. 0.05 M.	9.—	6.—	— 3.—	4.50	3.—	—.1.50
Wreschener Kleinbahn	100 kg 2.5 Pf.	9.—	.	.	4.50	.	.
Cüstrin—Sonnenburger Kleinbahn	100 kg 0.02 M. Mind. 1 M.	9,—	10 —	+ 1.—	4.50	6.50	+ 2.—
Kiel—Schönberger Eisenbahn	100 kg 1.5 Pf. Mind. 0.75 M.	9.—	10.—	+ 1 —	4.50	6.50	+ 2.—
Bergheimer Kreisbahnen*	.	9.—	12.—	+ 3.—	4.50	7.—	+ 2.50
Euskirchener Kreisbahnen*	100 kg 0.04 M.	9.—	12.—	+ 3.—	4.50	7.—	+ 2.50
Alsener Kreisbahnen	100 kg 0.04 M.	9.—	12.—	+ 3.—	4.50	7.—	+ 2.50
Göttinger Kleinbahn	100 kg 1.5 Pf. Mind. 1 M.	9.—	10.—	— 1.—	4.50	6.50	+ 2.—
Bleckeder Kreisbahnen	100 kg 1.5 Pf. Mind. 0.75 M.	9.—	10.—	— 1 —	4.50	6.50	+ 2.—
Kleinbahn Niebüll—Dagebüll	Allg. Wagenladungs-Klasse 0.03 M. Spezialtarife 0.02 M.	9.—	16,—	+ 7.—	4.50	8.—	+ 3.50
Kleinbahn des Kreises Hadersleben	desgl.	9.—	11.—	+ 2.—	4.50	5.50	+ 1.—
Friedeberger Kleinbahn	100 kg 0.04 M.	9.—	11.—	+ 2.—	4.50	5.50	+ 1.—
Stadtbahn Briesen i. Westpr.	100 kg 1.5 Pf.	3 km 7.—	4.—	— 3.—	3 km 4.—	3.—	— 1.—
Bromberg und Wirsitzer Kreisbahnen	Tarif I 100 kg 0.03 M. Tarif II—V 0.02 M.	9.—	10.—	+ 1.—	4.50	5.—	+ 0.50
Wallückebahn	Allg. Wagenladungs-Klasse 0.03 M. Spezialtarife 0.02 M.	9.—	12.—	+ 3.—	4.50	6.—	+ 1.50
Kleinbahn Apenrade—Gravenstein	100 kg 1.5 Pf. Mind. 1 M.	9.—	11.—	+ 2.—	4.50	5.50	+ 1.—
Kleinbahn Mödrath—Liblar—Brühl*	desgl.	9.—	12.—	+ 3.—	4.50	7.—	+ 2.50
Engelskirchen–Marienheider Eisenbahn	100 kg 1.5 Pf. Kartoff. 0.02 M. Mindestsatz 1 M.	9.—	12.—	+ 3.—	4.50	7.—	+ 2.50
Köln—Frechener Eisenbahn	100 kg 0.02 M. Mind. 1 M.	7 km 9.—	5.60	— 3.40	7 km 4.50	3.20	— 1.30
Ruhr—Lippe-Kleinbahnen	.	9.—	11.—	+ 2.—	4.50	5.50	+ 1.—
Ostpriegnitzer Kreiseisenbahnen	.	9.—	9.—	.	4.50	5.—	+ 0.50
Wermelskirchen—Burger Eisenbahn	.	9.—	12.—	+ 3.—	4.50	6.—	+ 1.50
Schlawer Kreisbahnen	100 kg 0.02 M.	9.—	13.—	+ 4.—	4.50	6.50	+ 2.—
Altmärkische Kleinbahn	.	9.—	8.—	— 1.—	4.50	4.—	— 0.50
Spremberger Stadtbahn	.	4 km 8.—	10 —	+ 2.—	4 km 4.—	5.—	+ 1.—
Gr. Lichterfelde—Stahnsdorfer Kleinbahn	.	5 km 8.—	7.—	— 1.—	5 km 4.50	5.—	+ 0.50
Straussberg—Herzfelder Kleinbahn	.	9.	10.—	+ 1.—	4.50	6.50	+ 2.—
Straussberger Eisenbahn*	.	9.—	9.—	.	4.50	4.50	.
Kleinbahn Mülheim a. Rh.—Leverkusen	4 M. Ueberf. pro Wag.	9.—	11.—	+ 2.—	4.50	5.50	+ 1.—
Kreis Kreuznacher Kleinbahnen*	.	9.—	9.—	.	4.50	5.—	+ 0.50
Kleinb. Kleinschmalkalden—Brotterode	.	.	.	.	.	.	.
Haffuferbahn	.	9.—	12.—	+ 3.—	4.50	7.—	+ 2.50
Kleinbahn Breslau—Trebnitz—Prausnitz	.	9.—	5.—	— 4.—	4.50	3.50	— 1.—
Trachenberg—Militscher Kreisbahn	.	9.—	5.—	— 4.—	4.50	3.50	— 1.—

Die mit einem Stern (*) versehenen Kleinbahnen gewähren den Interessenten bei Beförderung von einer gewissen Anzahl

II.

z u c k e r.

Auf eine Entfernung von 10 km						Auf eine Entfernung von 15 km						Auf eine Entfernung von 20 km					
10000 kg			5000 kg			10000 kg			5000 kg			10000 kg			5000 kg		
Staatsbahn	Kleinbahn	Kleinbahn ±	Staatsbahn	Kleinbahn	Kleinbahn ±	Staatsbahn	Kleinbahn	Kleinbahn ±	Staatsbahn	Kleinbahn	Kleinbahn ±	Staatsbahn	Kleinbahn	Kleinbahn ±	Staatsbahn	Kleinbahn	Kleinbahn ±
11.—	11.—	.	5.50	5.50	.	13.—	13.—	.	7.—	7.—	.	15.—	15.—	.	8.—	8.—	.
11.—	.	.	5.50	.	.	13.—	.	.	7.—	.	.	15.—	.	.	8.—	.	.
11.—	10.—	— 1.—	5.50	5.—	— 0.50	13.—	11.50	— 1 50	7.—	5.70	— 1.30	15 —	14.—	— 1.—	8.—	7.—	— 1.—
11.—	15.—	+ 4.—	5.50	7.50	+ 2.—	13.—	18.50	+ 5 50	7.—	9.25	+ 2.25	15.—	22.50	+ 7.50	8.—	11.25	+ 3.25
11.—	14.—	+ 3.—	5.50	9.—	+ 3.50	13.—	18.—	+ 5.—	7.—	11.50	+ 4.50	15.—	21.—	+ 6.—	8.—	13.—	+ 5.—
11.—	17.—	+ 6.—	5.50	9.50	+ 4.—	13.—	21.—	+ 8.—	7.—	12.—	+ 5.—	15.—	24.—	+ 9.—	8.—	14 —	+ 6.—
11.—	14.—	+ 3.—	5.50	8.50	+ 3.—	13.—	18.—	+ 5.—	7.—	10.50	+ 3.50	15.—	21.—	+ 6.—	8.—	12.—	+ 4.—
11.—	14.—	+ 3.—	5.50	8.50	+ 3.—	13.—	18.—	+ 5.—	7.—	10.50	+ 3 50	15.—	21.—	+ 6.—	8.—	12.—	+ 4.—
11.—	18.—	+ 7.—	5.50	10.—	+ 4.50	13 —	24.—	+11.—	7.—	13.50	+ 6.50	15.—	29.—	+14.—	8 —	16.—	+ 8.—
11.—	15.—	+ 4.—	5.50	9.50	+ 4.—	13.-	19.—	+ 6.—	7.—	12.—	+ 5.—	15.—	22.—	+ 7.—	8.—	14.—	+ 6.—
11.—	14.—	+ 3.—	5.50	8.50	+ 3 —	13.-	18.—	+ 5.—	7.—	10.50	+ 3 50	15.—	21.—	+ 6.—	8.—	12.—	+ 4.—
11.—	18.—	+ 7.—	5.50	9.—	+ 3.50	13.—	.	.	7.—	.	.	15.—	.	.	8.—	.	.
11.—	13.—	+ 2.—	5.50	6.50	+ 1.—	13 —	16.—	+ 3.—	7.—	8.—	+ 1.—	15.—	18.—	+ 3.—	8.—	9 —	+ 1.—
11.—	.	.	5.50	.	.	13.—	.	.	7.—	.	.	15.—	.	.	8.—	.	.
11.—	4.—	— 7.—	5.50	.	.	13.—	.	.	7.—	.	.	15.—	.	.	8.—	.	.
11.—	15.—	+ 4.—	5.50	7.50	+ 2.—	13.—	19.—	+ 6.—	7.—	9.50	+ 2.50	15 —	22.—	+ 7.—	8.—	11.—	+ 3.—
11.—	.	.	5.50	.	.	13.—	.	.	7 —	.	.	15.—	.	.	8.—	.	.
11.—	13.—	+ 2.—	5.50	6.50	+ 1.—	13.—	16.—	+ 3.—	7.—	8.—	+ 1.—	15.—	18 —	+ 3.—	8.—	9.—	+ 1.—
11.—	14 —	+ 3.—	5.50	8.50	+ 3.—	13 —	18.—	+ 5 —	7.—	10.50	+ 3.50	15.—	21.—	+ 6.—	8.—	12.—	+ 4.—
11.—	16.—	+ 5.—	5.50	9.—	+ 3.50	13.—	24.—	+11.—	7.—	13.50	+ 6.50	15.—	34.—	+19.—	8.—	19.—	+11.—
11.—	7.—	— 4.—	5.50	4.—	— 1.50	13.—	.	.	7.—	.	.	15.—	.	.	8.—	.	.
11.—	14.—	+ 3.—	5.50	7.—	+ 1 50	13.—	17.—	+ 4.—	7.—	8.50	+ 1.50	15.—	20.—	+ 5.—	8.—	10.—	+ 2.—
11.—	14.— (11 km)	+ 3.—	6.— (11 km)	8.—	+ 2.—	13.—	.	.	7.—	.	.	15.—	.	.	8.—	.	.
11.—	14.—	+ 3.—	5.50	7.—	+ 1 50	13.—	.	.	7.—	.	.	15.—	.	.	8.—	.	.
11.—	16.—	+ 5.—	5.50	8 —	+ 2.50	13 —	20.—	+ 7.—	7.—	10.—	+ 3.—	15.—	23.—	+ 8.—	8.—	11.50	+ 3.50
11 —	11.—	.	5.50	5.5	.	13.—	14.—	+ 1.—	7.—	7.—	.	15.—	16.60	+ 1.60	8.—	8.30	+ 0.30
11.—	.	.	5.50	.	.	13.—	.	.	7.—	.	.	15.—	.	.	8.—	.	.
11.—	.	.	5.50	.	.	13.—	.	.	7.—	.	.	15.—	.	.	8.—	.	.
11.—	14.—	+ 3.—	5.50	9.—	+ 3.50	13.—	.	.	7.—	.	.	15 —	.	.	8.—	.	.
11.—	11.—	.	5.50	5 50	.	13.—	13.—	.	7.—	7 —	.	15.—	16 —	+ 1.—	8.—	8.—	.
11.—	.	.	5.50	.	.	13.—	.	.	7.—	.	.	15.—	.	.	8.—	.	.
11.—	13.—	+ 2.—	5.50	7.—	+ 1.50	13.—	18.—	+ 5.—	7.—	9.50	+ 2.50	15.—	23.— (18 km)	+ 8.—	8.—	12.— (18 km)	+ 4.—
11.—	.	.	5.50	.	.	13.—	.	.	7.—	.	.	14.—	14.—	.	7.50	7.50	.
11.—	14.—	+ 3.—	5.50	8.50	+ 3.—	13.—	19.—	+ 6 —	7.—	11.—	+ 4.—	15.—	22.—	+ 7.—	8.—	12.50	+ 4.50
11.—	8.—	— 3.—	5.50	.	.	13.—	12.—	— 1.—	7.—	6.—	— 1.—	15.—	16.—	+ 1.—	8.—	8.—	.
11.—	8.—	— 3	5.50	4.—	— 1.50	13.—	12.—	— 1.—	7.—	6.—	— 1.—	15.—	16.—	+ 1.—	8.—	8.—	.

Wagenladungen eine Frachtermässigung.

Name der Kleinbahn	Umlade- und Ueberfuhrgebühren	Auf eine Entfernung von 6 km					
		10000 kg		Klein-bahn +	5000 kg		Klein-bahn +
		Staats-bahn	Klein-bahn		Staats-bahn	Klein-bahn	
Rosenberger Kreisbahn	100 kg 0.02 M.	9.—	6.—	+3.—	4.50	3.—	—1.50
Klb. Perleberg–Kyritz u. Rehfeld–Breddin	100 kg 0.02 M.	9.—	8.—	—1.—	4.50	4.50	.
Kleinbahnen des Kreises Jerichow I . .	Ueberfuhrgebühren 2 M.	9.—	8 —	+1.—	4.50	4.—	—0.50
Kleinbahn Goldbeck–Werben–Elbe . .	.	9.—	12.—	+3.—	4.50	7.—	+2.50
Kleinbahn Heudeber–Mattierzoll	.	9.—	9.—	.	4.50	4.50	.
Halle–Hettstedter Eisenbahn	Ueberfuhrgebühren 1 M.	9.—	11.—	+2.—	4.50	5.50	+1.—
Aschersleb.–Schneidl.–Nienhag. Kleinb.*	Ueberfuhrgebühren 0.70 M.	9.—	5.60	—3.40	4.50	3.70	—0.80
Börssum–Hornburger Eisenbahn	100 kg 1.5 Pf. Mind. 0.75 M.	9.—	.	.	4.50	.	.
Kolberger Kleinbahn	.	9.—	10.—	+1 —	4.50	6.50	+2.—
Greifenhagener Kreisbahnen	.	9.—	10 —	+1.—	4.50	6.50	+2.—
Kgs.-Wusterh.–Mittenwalde–Töpch. Klb.	.	9.—	7.—	—2.—	4.50	4.—	—0.50
Kleinbahn Wächtersbach–Birstein* . . .	.	9.—	9.—	.	4.50	4.50	.
Spessartbahn Akt.-Ges.*	Rangieren und Kippen 1 M. Uml. mit der Schippe 2 M., mit der Hand 3 M. 5 t die Hälfte	9.—	.	.	4.50	.	.
Stolpethalb. u. Rathsdamnitz–Muttr. Esb.	.	9.—	10.—	+1.—	4.50	6.50	+2.—
Saatziger Kleinbahnen	100 kg 0.02 M. Mind. 1 M.	9.—	.	.	4.50	.	.
Demminer Kleinbahnen	100 kg 1.5 Pf. Mind. 0.75 M.	9 —	10.—	+1.—	4.50	6.50	+2.—
Greifswald–Jarmener Kleinbahn	desgl.	9 —	11.—	+2.—	4.50	7.—	+2.50
Greifswald–Wolgaster Kleinbahn	100 kg 1.5 Pf. Mind. 1 M.	9.—	10.—	+1.—	4.50	6.50	+2.—
Stolper Kreisbahn	desgl.	9.—	10 —	+1 —	4.50	6.50	+2.—
Randower Kleinbahn	.	9.—	10.—	+1.—	4.50	6.50	+2.—
Greifenberger Kleinbahn	100 kg 1.5 Pf. Mind. 0.75 M.	9.—	10 —	+1.—	4.50	6.50	+2.—
Franzburger Kreisbahnen	100 kg 1.5 Pf. Mind. 0.75 M. Für Rüben v. Franzb. Süd 2 M. pro Wag.	9.—	12.—	+3.—	4.50	7.—	+2.50
Franzburger Südbahn	.	9.—	12.—	+3.—	4.50	7 —	+2.50
Anclam–Lassaner Eisenbahn	100 kg 1.5 Pf. Mind. 0.75 M.	9.—	10.—	+1.—	4.50	5.—	+0.50
Rügensche Kleinbahnen	desgl.	9.—	12.—	+3.—	4.50	7.—	+2.50
Greifswald–Grimmener Eisenbahn . . .		9.—	10.—	+1 —	4.50	5.50	+1.—
Pyritzer Kreisbahnen	.	9.—	9.—	.	4.50	4.50	.
Kleinbahn Deutsch Krone–Virchow . .	100 kg 1.5 Pf. Mind. 1 M.	9.—	10.—	+1.—	4.50	6.50	+2.—
Kleinbahn Casekow–Pencun–Oder . . .	.	9.—	12.—	+3.—	4.50	6.—	+1.50
Uckermärkische Lokalbahn	.	9.—	12.—	+3.—	4.50	6.50	+2.—
Rastenburg–Sensburger Kleinbahn . . .	100 kg 0.02 M.	9.—	10.—	+1.—	4.50	6.—	+1.50
Kreiseisenbahn Flensburg–Kappeln . . .	Allg. Wagenl.-Kl. 100 kg 0.03 M. Spezialtarife 100 kg 0.02 M.	9.—	11.—	+2.—	4.50	5.50	+1.—
Wehlau–Friedländer Eisenbahn	100 kg 1.5 Pf. Mind. 1 M.	9.—	10.—	+1.—	4.50	6.50	+2.—
Mecklenburg-Pommersche Schmalspurb.	Allg. Wagenl.-Kl. 100 kg 0.03 M. Spezialt. u. A. T. 100 kg 0.02 M.	9.—	7.—	—2.—	4.50	3.50	—1.—
Aachener Kleinbahn-Gesellschaft*	.	9 —	7 —	—2.—	4.50	3.50	—1.—
Kleinbahn des Kreises Witkowo	.	9.—	.	.	4.50	.	.
Köthener Kleinbahn	Ueberfuhrgeb. Köthen 0.50 M. Ueberfuhrgeb. Dessau 0.70 M.	9.—	11.—	+2.—	4.50	5.50	+1.—
Steinhuder Meerbahn	.	9.—	12.—	+3.—	4.50	6.—	+1.50

Die mit einem Stern (*) versehenen Kleinbahnen gewähren den Interessenten bei Beförderung von einer gewissen Anzahl

Auf eine Entfernung von 10 km						Auf eine Entfernung von 15 km						Auf eine Entfernung von 20 km					
10000 kg		Kleinbahn	5000 kg		Kleinbahn	10000 kg		Kleinbahn	5000 kg		Kleinbahn	10000 kg		Kleinbahn	5000 kg		Kleinbahn
Staatsbahn	Kleinbahn	±	Staatsbahn	Kleinbahn	±	Staatsbahn	Kleinbahn	±	Staatsbahn	Kleinbahn	±	Staatsbahn	Kleinbahn	±	Staatsbahn	Kleinbahn	±
11.—	10.—	— 1.—	5.50	5.—	— 0.50	13.—	.	.	7.—	.	.	15.—	.	.	8.—	.	.
11.—	10.—	— 1.—	5.50	6.—	+ 0.50	13.—	14.—	+ 1.—	7.—	8.—	+ 1.—	15.—	17.—	+ 2.—	8.—	9.50	+ 1.50
11.—	11.—	.	5.50	5.50	.	13.—	13.—	.	7.—	6.50	— 0.50	15.—	15.—	.	8.—	7.50	— 0.50
11.—	18.—	+ 7.—	5.50	10.—	+ 4.50	13.—	24.—	+ 11.—	7.—	14.—	+ 7 —	15.—	28.—	+ 13.—	8.—	16.—	+ 8.—
11.—	11.—	.	5.50	5.50	.	13.—	13.—	.	7.—	7.—	.	15.—	15.—	.	8.—	8.—	.
11.—	13.—	+ 2.—	5.50	6.50	+ 1.—	13.—	16.—	+ 3.—	7.—	8.50	+ 1.50	15.—	18.—	+ 3.—	8.—	9.50	+ 1.50
11.—	6.60	— 4 40	5.50	4.40	— 1.10	13.—	9.50	— 3.50	7.—	6.30	— 0.70	15.—	11.20	— 3.80	8.—	7.50	— 0.50
11.—	.	.	5.50	.	.	13.—	11.—	— 2.—	7 —	6.—	— 1.—	15.—	.	.	8.—	.	.
11.—	15.—	+ 4.—	5.50	9.50	+ 4.—	13.—	19.—	+ 6.—	7.—	12.—	+ 5.—	15.—	22.—	+ 7.—	8.—	14.—	+ 6.—
11.—	14.—	+ 3.—	5 50	9.—	+ 3.50	13.—	18.—	+ 5.—	7.—	11.50	+ 4.50	15.—	21.—	+ 6.—	8.—	13.—	+ 5.—
11.—	12.—	+ 1.—	5.50	7.—	+ 1.50	13.—	15.—	+ 2.—	7.—	8.50	+ 1.50	15.—	.	.	8.—	.	.
11.—	11.—	.	5.50	5.50	.	13.—	13.—	.	7.—	7.—	.	15.—	15.—	.	8.—	8.—	.
11.—	.	.	5.50	.	.	13.—	18.—	+ 5.—	7.—	9.—	+ 2.—	15.—	.	.	8.—	.	.
11.—	14.—	+ 3.—	5.50	9.—	+ 3.50	13.—	18.—	+ 5.—	7 —	11.50	+ 4.50	15.—	21.—	+ 6.—	8.—	13.—	+ 5.—
8 km			8 km									21 km			21 km		
10.—	10.—	.	5.—	6.50	+ 1.50	13.—	18.—	+ 5.—	7.—	11.50	+ 4.50	15.—	20.—	+ 5.—	8.50	13.—	+ 4.50
11.—	15.—	+ 4.—	5.50	9.50	+ 4.—	13.—	19.—	+ 6.—	7.—	12.—	+ 5.—	15.—	22.—	+ 7.—	8.—	14.—	+ 6.—
11.—	15.—	+ 4.—	5.50	9.50	+ 4.—	13.—	19.—	+ 6.—	7.—	12 —	+ 5.—	15.—	22.—	+ 7 —	8.—	14.—	+ 6.—
11.—	15.—	+ 4.—	5.50	9.50	+ 4.—	13.—	19.—	+ 6.—	7.—	12.—	+ 5.—	15.—	22.—	+ 7.—	8.—	14.—	+ 6.—
11.—	14.—	+ 3.—	5.50	9.—	+ 3.50	13.—	18.—	+ 5.—	7.—	11.50	+ 4.50	15.—	21.—	+ 6.—	8.—	13.—	+ 5.—
11.—	14.—	+ 3.—	5.50	9.—	+ 3.50	13.—	18.—	+ 5.—	7.—	11.50	+ 4.50	15.—	21.—	+ 6.—	8.—	13.—	+ 5.—
11.—	15.—	+ 4.—	5.50	9.50	+ 4.—	13.—	19 —	+ 6.—	7.—	12.—	+ 5.—	15.—	22.—	+ 7.—	8.—	14.—	+ 6.—
11.—	14.—	+ 3.—	5.50	8.50	+ 3.—	13.—	18.—	+ 5.—	7.—	10.50	+ 3.50	15.—	21.—	+ 6.—	8 —	12.—	+ 4.—
11.—	14.—	+ 3.—	5.50	8.50	+ 3.—	13 —	18.—	+ 5.—	7.—	10.50	+ 3.50	15.—	21.—	+ 6.—	8.—	12.—	+ 4.—
11.—	15.—	+ 4.—	5.50	7.50	+ 2.—	13.—	19.—	+ 6.—	7.—	9.50	+ 2.50	15.—	22.—	+ 7.—	8.—	11.—	+ 3.—
11.—	14.—	+ 3 —	5.50	8 50	+ 3.—	13.—	18.—	+ 5.—	7.—	10.50	+ 3.50	15.—	21.—	+ 6.—	8.—	12.—	+ 4.—
11.—	13.—	+ 2.—	5.50	6.50	+ 1.—	13.—	15.—	+ 2.—	7.—	8.—	+ 1.—	15.—	18.—	+ 3.—	8 —	9.50	+ 1.50
11.—	11.—	.	5.50	5.50	.	13.—	13.—	.	7.—	7.—	.	15.—	15.—	.	8.—	8.—	.
11.—	16.—	+ 5.—	5.50	10.—	+ 4.50	13.—	23.—	+ 10.—	7.—	14.50	+ 7.50	15.—	27.—	+ 12.—	8.—	16.50	+ 8.50
11.—	20.—	+ 9.—	5.50	10.—	+ 4.50	13.—	27.50	+ 14.50	7.—	13.80	+ 6.80	15.—	35.—	+ 20.—	8.—	17.50	+ 9.50
11.—	14.—	+ 3.—	5.50	8.50	+ 3.—	13.—	.	.	7.—	.	.	15.—	.	.	8.—	.	.
11.—	14.—	+ 3.—	5.50	8.50	+ 3.—	13.—	18.—	+ 5.—	7.—	10.50	+ 3.50	15.—	21.—	+ 6.—	8.—	12.—	+ 4.—
11.—	13.—	+ 2.—	5.50	6.50	+ 1.—	13.—	16.—	+ 3.—	7.—	8.—	+ 1.—	15.—	18.—	+ 3.—	8.—	9.—	+ 1.—
11.—	14.—	+ 3.—	5.50	9.—	+ 3.50	13.—	18.—	+ 5.—	7.—	11.50	+ 4.50	15.—	21.—	+ 6.—	8.—	13.—	+ 5.—
11.—	9.—	+ 2.—	5.50	4.50	— 1.—	13.—	11.50	— 1.50	7.—	6.30	— 0.70	15.—	13.50	— 1.50	8.—	7.30	— 0.70
11.—	8.—	+ 3.—	5.50	4.—	— 1.50	13.—	10.—	— 3.—	7.—	5.—	— 2.—	15.—	11.—	— 4.—	8.—	5.50	— 2.50
11.—	.	.	5.50	.	.	13.—	.	.	7.—	.	.	15.—	.	.	8.—	.	.
11.—	13.—	+ 2.—	5.50	6.50	+ 1.—	13.—	16.—	+ 3.—	7.—	8.—	+ 1.—	15.—	19.—	+ 4.—	8.—	9.50	+ 1.50
11.—	14.—	+ 3.—	5.50	7.—	+ 1.50	13.—	17.—	+ 4.—	7.—	8.50	+ 1.50	15.—	20.—	+ 5.—	8.—	10.—	+ 2.—

Wagenladungen eine Frachtermässigung.

Tabelle

G e -

Name der Kleinbahn	Umlade- und Ueberfuhrgebühren	Auf eine Entfernung von 6 km					
		10000 kg		Klein-bahn	5000 kg		Klein-bahn
		Staats-bahn	Klein-bahn	±	Staats-bahn	Klein-bahn	±
Mindener Kreisbahnen	.	9.—	9.—	.	4.50	4.50	.
Kleinbahn Gr. Peterwitz—Katscher . . .	.	9.—	11.—	+ 2.—	4.50	5.50	+ 1.—
Zniner Kleinbahn	20 Ctr. 0.05 M., für jede weiteren 10 Ctr. 0.05 M.	9.—	6.—	— 3.—	4.50	3.—	— 1.50
Wreschener Kleinbahn	100 kg 2.5 Pf.	9.—	.	.	4.50	.	.
Cüstrin—Sonnenburger Kleinbahn	100 kg 0.02 M. Mind. 1 M.	9.—	9.—	.	4.50	5.—	+ 0.50
Kiel—Schönberger Eisenbahn	100 kg 1.5 Pf. Mind. 0.75 M.	9.—	10.—	+ 1.—	4.50	5.—	+ 0.50
Bergheimer Kreisbahnen*	.	9.—	9.—	.	4 50	6.—	+ 1.50
Euskirchener Kreisbahnen*	100 kg 0.04 M.	9.—	9.—	.	4.50	6.—	+ 1.50
Alsener Kreisbahnen	100 kg 0.04 M.	9 —	11.—	+ 2.—	4.50	6.60	+ 2.10
Göttinger Kleinbahn	100 kg 1.5 Pf. Mind. 1 M.	9.—	10.—	+ 1.—	4.50	5.—	+ 0.50
Bleckeder Kreisbahnen	100 kg 1.5 Pf. Mind. 0.75 M.	9.—	9.—	.	4.50	5.—	+ 0.50
Kleinbahn Niebüll—Dagebüll	Allg Wagenladungs-Klasse 0.08 M. Spezialtarife 0.02 M.	9.—	16.—	+ 7.—	4.50	8.—	+ 3 50
Kleinbahnen des Kreises Hadersleben . .	desgl.	9.—	11.—	+ 2.—	4.50	5.50	+ 1.—
Friedeberger Kleinbahn	100 kg 0.04 M.	9.—	11.—	+ 2.—	4.50	5.50	+ 1.—
Stadtbahn Briesen i. Westpr.	100 kg 1.5 Pf.	3 km 7.—	4.—	— 3.—	3 km 4.—	3.—	— 1.—
Bromberg und Wirsitzer Kreisbahnen . .	Tarif I 100 kg 0.08 M. Tarif II—V 0.02 M.	9 —	13.—	+ 4.—	4.50	6 50	+ 2.—
Wallückebahn	Allg. Wagenladungs-Klasse 0 08 M. Spezialtarife 0.02 M.	9.—	12.—	+ 3.—	4.50	6.—	+ 1.50
Kleinbahn Apenrade—Gravenstein	100 kg 1.5 Pf. Mind. 1 M.	9.—	11.—	+ 2.—	4 50	5.50	+ 1.—
Kleinbahn Mödrath—Liblar—Brühl* . . .	desgl.	9.—	9.—	.	4.50	6.—	+ 1 50
Engelskirchen—Marienheider Eisenbahn .	100 kg. 1.5 Pf. Kartoff. 0.02 M. Mindestsatz 1 M.	7 km 9.—	11.—	+ 2.—	7 km 4.50	6.—	+ 1.50
Köln—Frechener Eisenbahn	100 kg 0.02 M. Mind. 1 M.	9.—	5.60	— 3.40	5.—	3.20	— 1.80
Ruhr—Lippe-Kleinbahnen	.	9.—	8.—	— 1.—	4.50	4 —	— 0.50
Ostpriegnitzer Kreiseisenbahnen	.	9.—	8.—	— 1.—	4 50	4.—	— 0.50
Wermelskirchen—Burger Eisenbahn . . .	.	9 —	12 —	+ 3 —	4.50	6 —	+ 1.50
Schlawer Kreisbahnen	100 kg 0.02 M.	9.—	9.—		4.50	4.50	.
Altmärkische Kleinbahnen	.	9.—	8.—	— 1.—	4.50	4.—	— 0.50
Spremberger Stadtbahn	.	4 km 8.—	10.—	+ 2.—	4 km 4.—	5.—	+ 1.—
Gr. Lichterfelde—Stahnsdorfer Kleinbahn	.	5 km 8 —	7.—	— 1.—	5 km 4.50	5.—	+ 0.50
Straussberg—Herzfelder Kleinbahn . . .	.	9.—	9.—	.	4.50	5.—	+ 0 50
Straussberger Eisenbahn*	.	9.—	7.—	— 2.—	4 50	4.—	— 0.50
Kleinbahn Mülheim a. Rh.—Leverkusen .	4 M. Ueberf. pro Wag.	9 —	11.—	+ 2.—	4.50	5.50	+ 1.—
Kreis Kreuznacher Kleinbahnen*	.	9.—	9.—	.	4.50	5.—	+ 0.50
Kleinb. Kleinschmalkalden—Brotterode .	.	9.—	.	.	4.50	.	.
Haffuferbahn	.	9.—	9.—	.	4.50	6.—	+ 1.50
Kleinbahn Breslau—Trebnitz—Prausnitz .	.	9.—	5.—	— 4.—	4.50	3.—	— 1.50
Trachenberg—Militscher Kreisbahn . . .	.	9.—	5.—	— 4.—	4 50	3.—	— 1.50

Die mit einem Stern (*) versehenen Kleinbahnen gewähren den Interessenten bei Beförderung von einer gewissen Anzahl

II.

Auf eine Entfernung von 10 km						Auf eine Entfernung von 15 km						Auf eine Entfernung von 20 km					
10000 kg		Kleinbahn ±	5000 kg		Kleinbahn ±	10000 kg		Kleinbahn ±	5000 kg		Kleinbahn ±	10000 kg		Kleinbahn ±	5000 kg		Kleinbahn ±
Staatsbahn	Kleinbahn		Staatsbahn	Kleinbahn		Staatsbahn	Kleinbahn		Staatsbahn	Kleinbahn		Staatsbahn	Kleinbahn		Staatsbahn	Kleinbahn	

t r e i d e.

11.—	11.—	.	5.50	5.50	.	13.—	13.—	.	7.—	7.—	.	15.—	15.—	.	8.—	8.—	.
11.—	..	.	5.50	.	.	13.—	.	.	7.—	.	.	15.—	.	.	8.—	.	.
11.—	10.—	—1.—	5.50	5.—	—0.50	13.—	15.—	+2.—	7.—	7.50	+0.50	15.—	20.—	+5.—	8.—	10.—	+2.—
11.—	12.—	+1.—	5.50	6.—	+0.50	13.—	16.—	+3.—	7.—	8.—	+1.—	15.—	20.—	+5.—	8.—	10.—	+2.—
11.—	12.—	+1.—	5.50	7.—	+1.50	13.—	14.—	+1.—	7.—	9.—	+2.—	15.—	17.—	+2.—	8.—	10.50	+2.50
11.—	15.—	+4.—	5.50	8.50	+3.—	13.—	19.—	+6.—	7.—	10.50	+3.50	15.—	21.—	+6.—	8.—	12.—	+4.—
11.—	12.—	+1.—	5.50	7.—	+1.50	13.—	16.—	+3.—	7.—	9.—	+2.—	15.—	18.—	+3.—	8.—	10.50	+2.50
11.—	12.—	+1.—	5.50	7.—	+1.50	13.—	16.—	+3.—	7.—	9.—	+2.—	15.—	18.—	+3.—	8.—	10.50	+2.50
11.—	16.—	+5.—	5.50	9.90	+4.40	13.—	21.—	+8.—	7.—	12.20	+5.20	15.—	24.—	+9.—	8.—	15.90	+7.90
11.—	13.—	+2.—	5.50	7.50	+2.—	13.—	17.—	+4.—	7.—	9.50	+2.50	15.—	21.—	+6.—	8.—	11.—	+3.—
11.—	11.—	.	5.50	7.—	+1.50	13.—	13.—	.	7.—	9.—	+2.—	15.—	15.—	.	8.—	10.50	+2.50
11.—	18.—	+7.—	5.50	9.—	+3.50	13.—	.	.	7.—	.	.	15.—	.	.	8.—	.	.
11.—	13.—	+2.—	5.50	6.50	+1.—	13.—	16.—	+3.—	7.—	8.—	+1.—	15.—	18.—	+3.—	8.—	9.—	+1.—
11.—	.	.	5.50	.	.	13.—	.	.	7.—	.	.	15.—	.	.	8.—	.	.
11.—	.	.	5.50	.	.	13.—	.	.	7.—	.	.	15.—	.	.	8.—	.	.
11.—	.	.	5.50	.	.	13.— (16 km)	13.—	.	7.—	6.50	—0.50	15.—	24.—	+9.—	8.—	12.—	+4.—
10.— (9 km)	13.—	+3.—	5.50	6.50	+1.—	13.—	.	.	7.—	.	.	15.—	.	.	8.—	.	.
11.—	13.—	+2.—	5.50	6.50	+1.—	13.—	16.—	+3.—	7.—	8.—	+1.—	15.—	18.—	+3.—	8.—	9.—	+1.—
11.—	12.—	+1.—	5.50	7.—	+1.50	13.—	16.—	+3.—	7.—	9.—	+2.—	15.—	18.—	+3.—	8.—	10.50	+2.50
11.—	15.—	+4.—	5.50	8.—	+2.50	13.—	20.—	+7.—	7.—	12.—	+5.—	15.—	28.—	+13.—	8.—	17.—	+9.—
11.—	7.—	—4.—	5.50	4.—	—1.50	13.—	.	.	7.—	.	.	15.—	.	.	8.—	.	.
11.—	10.—	—1.—	5.50	5.—	—0.50	13.—	12.—	—1.—	7.—	6.—	—1.—	15.—	14.—	—1 —	8.—	7.—	—1.—
11.—	11.—	.	6.— (11 km)	7.—	+1.—	13.—	.	.	7.—	.	.	15.—	.	.	8.—	.	.
11.—	14.—	+3.—	5.50	7.—	+1.50	13.—	.	.	7.—	.	.	15.—	.	.	8.—	.	.
11.—	11.—	.	5.50	5.50	.	13.—	14.—	+1.—	7.—	7.—	.	15.—	16.—	+1.—	8.—	8.—	.
11.—	11.—	.	5.50	5.50	.	13.—	14.—	+1.—	7.—	7.—	.	15.—	16.60	+1.60	8.—	8.30	+0.30
11.—	.	.	5.50	.	.	13.—	.	.	7.—	.	.	15.—	.	.	8.—	.	.
11.—	.	.	5.50	.	.	13.—	.	.	7.—	.	.	15.—	.	.	8.—	.	.
11.—	12.—	+1.—	5.50	7.—	+1.50	13.—	.	.	7.—	.	.	15.—	.	.	8.—	.	.
11.—	.	.	5.50	.	.	13.—	.	.	7.—	.	.	15.—	.	.	8.—	.	.
11.—	.	.	5.50	.	.	13.—	.	.	7.—	.	.	15.—	.	.	8.—	.	.
11.—	13.—	+2.—	5.50	7.—	+1.50	13.—	19.—	+6.—	7.—	9.50	+2.50	15.—	23.—	+8 —	8.—	12.—	+4.—
11.—	.	.	5.50	.	.	13.—	.	.	7.—	.	.	14.— (18 km)	14.—	.	7.50	7.50	.
11.—	11.—	.	5.50	7.—	+1.50	13.—	14.—	+1.—	7.—	9.50	+2.50	15.—	16.—	+1.—	8.—	11.—	+3.—
11.—	8.—	—3.—	5.50	4.—	—1.50	13.—	12.—	—1.—	7.—	6.—	—1.—	15.—	15.—	.	8.—	7.50	—0.50
11.—	8.—	—3.—	5.50	4.—	—1.50	13.—	12.—	—1.—	7.—	6.—	—1.—	15.—	15.—	.	8.—	7.50	—0.50

Wagenladungen eine Frachtermässigung.

Name der Kleinbahn	Umlade- und Ueberfuhrgebühren	Auf eine Entfernung von 6 km					
		10000 kg		Kleinbahn ±	5000 kg		Kleinbahn ±
		Staatsbahn	Kleinbahn		Staatsbahn	Kleinbahn	
Rosenberger Kreisbahn	100 kg 0.02 M.	9.—	6—	—3.—	4 50	3.—	—1.50
Klb. Perleberg—Kyritz u. Rehfeld—Breddin	100 kg 0.02 M.	9.—	7.—	—2.—	4.50	4.—	—0.50
Kleinbahnen des Kreises Jerichow I	Ueberfuhrgebühren 2 M.	9—	8.—	—1.—	4.50	4.—	—0.50
Kleinbahn Goldbeck—Werben—Elbe	.	9.—	11.— (7 km)	+2.—	4.50	6.— (7 km)	+1.50
Kleinbahn Heudeber—Mattierzoll	.	9.—	9.—	.	5.—	4.50	—0.50
Halle—Hettstedter Eisenbahn	Ueberfuhrgebühren 1 M.	9.—	11.—	+2.—	4 50	5.50	+1.—
Aschersleb.—Schneidl.—Nienhag. Kleinb.*	Ueberfuhrgebühren 0.70 M.	9.—	5.60	—3.40	4.50	3.70	—0.80
Börssum—Hornburger Eisenbahn	100 kg 1.5 Pf. Mind. 0.75 M.	9.—	.	.	4.50	.	.
Kolberger Kleinbahn	.	9.—	9.—	.	4.50	5.—	+0.50
Greifenhagener Kreisbahnen	.	9.—	10.—	+1.—	4.50	5.—	+0.50
Kgs.-Wusterh.—Mittenwalde—Töpch. Klb.	.	9.—	5.—	—4.—	4.50	4.—	—0.50
Kleinbahn Wächtersbach—Birstein*	.	9.—	14.—	+5.—	4.50	7.50	+3.—
Spessartbahn Akt.-Ges.*	Rangieren und Kippen 1 M. Uml. mit der Schippe 2 M., mit der Hand 3 M. 5 t die Hälfte	9.—	.	.	4.50	.	.
Stolpethalb. u. Rathsdamnitz—Muttr. Esb.	.	9.—	10.— (8 km)	+1.—	4.50	6.50 (8 km)	+2.—
Saatziger Kleinbahnen	100 kg 0.02 M. Mind. 1 M.	10.—	10.—	.	5.—	5.—	.
Demminer Kleinbahnen	100 kg 1.5 Pf. Mind. 0.75 M.	9.—	10.—	+1.—	4.50	5.—	+0.50
Greifswald—Jarmener Kleinbahn	desgl.	9.—	11.—	+2.—	4.50	5.50	+1.—
Greifswald—Wolgaster Kleinbahn	100 kg 1.5 Pf. Mind. 1 M.	9.—	10.—	+1—	4.50	5.—	+0.50
Stolper Kreisbahn	desgl.	9.—	10.—	+1.—	4.50	6.50	+2.—
Randower Kleinbahn	.	9.—	9.—	.	4.50	5.—	+0.50
Greifenberger Kleinbahn	100 kg 1.5 Pf. Mind. 0.75 M.	9—	9—	.	4.50	5.—	+0.50
Franzburger Kreisbahnen	100 kg 1.5 Pf. Mind. 0.75 M. Für Rüben v.Franzb. Süd. 2 M. proWag.	9.—	9.—	.	4.50	6.—	+1.50
Franzburger Südbahn	.	9.—	9.—	.	4.50	6.—	+1.50
Anclam—Lassaner Eisenbahn	100 kg 1.5 Pf. Mind. 0.75 M.	9.—	10.—	+1.—	4.50	5.—	+0.50
Rügensche Kleinbahnen	desgl.	9—	9.—	.	4.50	6.—	+1.50
Greifswald—Grimmener Eisenbahn	.	9.—	10.—	+1.—	4.50	5.50	+1.—
Pyritzer Kreisbahnen	.	9.—	9.—	.	4.50	4.50	.
Kleinbahn Deutsch Krone—Virchow	100 kg 1.5 Pf. Mind. 1 M.	9.—	9.—	.	4.50	5.—	+0.50
Kleinbahn Casekow—Pencun—Oder	.	9.—	12.—	+3.—	4.50	6.—	+1.50
Uckermärkische Lokalbahn	.	9.—	11.—	+2.—	4.50	6.—	+1.50
Rastenburg—Sensburger Kleinbahn	100 kg 0.02 M.	9.—	9.—	.	4 50	4.50	.
Kreiseisenbahn Flensburg—Kappeln	Allg. Wagenl.-Kl. 100 kg 0.03 M. Spezialtarife 100 kg 0.02 M.	9.—	11.—	+2.—	4.50	5.50	+1.—
Wehlau—Friedländer Eisenbahn	100 kg 1.5 Pf. Mind. 1 M.	9.—	9.—	.	4.50	5.—	+0.50
Mecklenburg-Pommersche Schmalspurb.	Allg. Wagenl.-Kl. 100 kg. 0.03 M. Spezialt. u. A. T. 100 kg 0.02 M.	9.—	7.—	—2.—	4.50	3.50	—1.—
Aachener Kleinbahn-Gesellschaft*	.	9—	7.—	—2.—	4.50	3.50	—1.—
Kleinbahnen des Kreises Witkowo	.	9.—	.	.	4.50	.	.
Köthener Kleinbahn	Ueberfuhrgeb. Köthen 0.50 M. Ueberfuhrgeb. Dessau 0.70 M.	9.—	11.—	+2.—	4.50	5.50	+1.—
Steinhuder Meerbahn	.	9.—	10.—	+1.—	4.50	5.—	+0.50

Die mit einem Stern (*) versehenen Kleinbahnen gewähren den Interessenten bei Beförderung von einer gewissen Anzahl

<table>
<thead>
<tr>
<th colspan="6">Auf eine Entfernung von 10 km</th>
<th colspan="6">Auf eine Entfernung von 15 km</th>
<th colspan="6">Auf eine Entfernung von 20 km</th>
</tr>
<tr>
<th colspan="2">10 000 kg</th><th rowspan="2">Klein-bahn ±</th><th colspan="2">5000 kg</th><th rowspan="2">Klein-bahn ±</th>
<th colspan="2">10 000 kg</th><th rowspan="2">Klein-bahn ±</th><th colspan="2">5000 kg</th><th rowspan="2">Klein-bahn ±</th>
<th colspan="2">10 000 kg</th><th rowspan="2">Klein-bahn ±</th><th colspan="2">5000 kg</th><th rowspan="2">Klein-bahn ±</th>
</tr>
<tr>
<th>Staats-bahn</th><th>Klein-bahn</th><th>Staats-bahn</th><th>Klein-bahn</th>
<th>Staats-bahn</th><th>Klein-bahn</th><th>Staats-bahn</th><th>Klein-bahn</th>
<th>Staats-bahn</th><th>Klein-bahn</th><th>Staats-bahn</th><th>Klein-bahn</th>
</tr>
</thead>
<tbody>
<tr><td>11.—</td><td>9.—</td><td>—2—</td><td>5.50</td><td>4.50</td><td>—1.—</td><td>13.—</td><td>.</td><td>.</td><td>7.—</td><td>.</td><td>.</td><td>15.—</td><td>.</td><td>.</td><td>8.—</td><td>.</td><td>.</td></tr>
<tr><td>11.—</td><td>9.—</td><td>—2.—</td><td>5.50</td><td>5.—</td><td>—0.50</td><td>13.—</td><td>11.—</td><td>—2.—</td><td>7.—</td><td>7—</td><td>.</td><td>15.—</td><td>14.—</td><td>—1.—</td><td>8.—</td><td>8.50</td><td>+0.50</td></tr>
<tr><td>11.—</td><td>11.—</td><td>.</td><td>5.50</td><td>5.50</td><td>.</td><td>13.—</td><td>13.—</td><td>.</td><td>7—</td><td>6.50</td><td>—0.50</td><td>15.—</td><td>15.—</td><td>.</td><td>8.—</td><td>7.50</td><td>—0.50</td></tr>
<tr><td>11.—</td><td>16.—</td><td>+5.—</td><td>5.50</td><td>9.—</td><td>+3.50</td><td>13.—</td><td>22.—</td><td>+9—</td><td>7.—</td><td>12.—</td><td>+5.—</td><td>15.—</td><td>24.—</td><td>+9.—</td><td>8.—</td><td>14.—</td><td>+6.—</td></tr>
<tr><td>11.—</td><td>11.—</td><td>.</td><td>5.50</td><td>5.50</td><td>.</td><td>13.—</td><td>13.—</td><td>:</td><td>7.—</td><td>7—</td><td>.</td><td>15.—</td><td>15.—</td><td>.</td><td>8.—</td><td>8.—</td><td>.</td></tr>
<tr><td>11.—</td><td>13.—</td><td>+2.—</td><td>5.50</td><td>6.50</td><td>+1.—</td><td>13.—</td><td>16.—</td><td>+3.—</td><td>7.—</td><td>8.50</td><td>+1.50</td><td>15.—</td><td>18.—</td><td>+3.—</td><td>8.—</td><td>9.50</td><td>+1.50</td></tr>
<tr><td>11.—</td><td>6.60</td><td>—4.40</td><td>5.50</td><td>4.40</td><td>—1.10</td><td>13.—</td><td>9.50</td><td>—3.50</td><td>7.—</td><td>6.30</td><td>—0.70</td><td>15.—</td><td>11.20</td><td>—3.80</td><td>8.—</td><td>7.50</td><td>—0.50</td></tr>
<tr><td>11.—</td><td>.</td><td>.</td><td>5.50</td><td>.</td><td>.</td><td>13.—</td><td>11.—</td><td>—2.—</td><td>7.—</td><td>6.—</td><td>—1.—</td><td>15.—</td><td>.</td><td>.</td><td>8.—</td><td>.</td><td>.</td></tr>
<tr><td>11.—</td><td>11.—</td><td>.</td><td>5.50</td><td>7.50</td><td>+2.—</td><td>13.</td><td>14.—</td><td>+1.—</td><td>7.—</td><td>9.50</td><td>+2 50</td><td>15.—</td><td>16.—</td><td>+1.—</td><td>8.—</td><td>11.—</td><td>+3.—</td></tr>
<tr><td>11.—</td><td>14.—</td><td>+3.—</td><td>5.50</td><td>7.—</td><td>+1.50</td><td>13.—</td><td>16.—</td><td>+3.—</td><td>7.—</td><td>9.—</td><td>+2.—</td><td>15.—</td><td>19.—</td><td>+4.—</td><td>8.—</td><td>10.50</td><td>+2.50</td></tr>
<tr><td>11.—</td><td>9.—</td><td>—2.—</td><td>5.50</td><td>7.—</td><td>+1.50</td><td>13.—</td><td>11.—</td><td>—2.—</td><td>7.—</td><td>8.50</td><td>+1.50</td><td>15.—</td><td>.</td><td>.</td><td>8.—</td><td>.</td><td>.</td></tr>
<tr><td>11.—</td><td>18.—</td><td>+7.—</td><td>5.50</td><td>10.—</td><td>+4.50</td><td>13.—</td><td>.</td><td>.</td><td>7.—</td><td>.</td><td>.</td><td>15.—</td><td>.</td><td>.</td><td>8.—</td><td>.</td><td>.</td></tr>
<tr><td>11.—</td><td>.</td><td>.</td><td>5.50</td><td>.</td><td>.</td><td>13.—</td><td>18.—</td><td>+5.—</td><td>7.—</td><td>9.—</td><td>+2.—</td><td>15.—</td><td>.</td><td>.</td><td>8.—</td><td>.</td><td>.</td></tr>
<tr><td>11.—</td><td>14.—</td><td>+3 —</td><td>5.50</td><td>9.—</td><td>+3.50</td><td>13.—</td><td>16 —</td><td>+3.—</td><td>7</td><td>11.50</td><td>+4.50</td><td>15.—</td><td>18.—</td><td>+3 —</td><td>8.—</td><td>13.—</td><td>+5.—</td></tr>
<tr><td>11.— (11 km)</td><td>13.—</td><td>+2.—</td><td>6.— (11 km)</td><td>7.—</td><td>+1.—</td><td>13 —</td><td>15.—</td><td>+2.—</td><td>7.—</td><td>9.—</td><td>+2.—</td><td>15.— (21 km)</td><td>18 —</td><td>+3.—</td><td>8.50 (21 km)</td><td>10.—</td><td>+1.50</td></tr>
<tr><td>11.—</td><td>13.—</td><td>+2.—</td><td>5.50</td><td>7.50</td><td>+2.—</td><td>13.—</td><td>16.—</td><td>+3.—</td><td>7.—</td><td>9.50</td><td>+2.50</td><td>15.—</td><td>18.—</td><td>+3.—</td><td>8.—</td><td>11.—</td><td>+3 —</td></tr>
<tr><td>11.— (12 km)</td><td>12.—</td><td>+1.—</td><td>5.50</td><td>7.50</td><td>+2.—</td><td>13.—</td><td>13 —</td><td>.</td><td>7.—</td><td>9.50</td><td>+2.50</td><td>15.—</td><td>18.—</td><td>+3.—</td><td>8.—</td><td>11.—</td><td>+3 —</td></tr>
<tr><td>11.— (11 km)</td><td>12.—</td><td>+1.—</td><td>6.— (12 km)</td><td>7.50</td><td>+1.50</td><td>13.—</td><td>.</td><td>.</td><td>7.—</td><td>.</td><td>.</td><td>15.— (19 km)</td><td>18.—</td><td>+3.—</td><td>8.— (19 km)</td><td>10 —</td><td>+2.—</td></tr>
<tr><td>11.— (11 km)</td><td>14.—</td><td>+3.—</td><td>6.— (11 km)</td><td>10.—</td><td>+4.—</td><td>13.—</td><td>.</td><td>.</td><td>7.—</td><td>.</td><td>.</td><td>15.—</td><td>.</td><td>.</td><td>8.—</td><td>.</td><td>.</td></tr>
<tr><td>11.—</td><td>12.—</td><td>+1.—</td><td>5.50</td><td>7.—</td><td>+1.50</td><td>13 —</td><td>14 —</td><td>+1.—</td><td>7.—</td><td>9.—</td><td>+2 —</td><td>15.—</td><td>17 —</td><td>+2.—</td><td>8.—</td><td>10.50</td><td>+2.50</td></tr>
<tr><td>11.—</td><td>11.—</td><td>.</td><td>5.50</td><td>7.50</td><td>+2.—</td><td>13.—</td><td>14.—</td><td>+1.—</td><td>7.—</td><td>9.50</td><td>+2.50</td><td>15.—</td><td>16.—</td><td>+1.—</td><td>8.—</td><td>11.—</td><td>+3.—</td></tr>
<tr><td>11.—</td><td>11.—</td><td>.</td><td>5.50</td><td>7.—</td><td>+1.50</td><td>13.—</td><td>13.—</td><td>.</td><td>7.—</td><td>9.—</td><td>+2.—</td><td>15.—</td><td>15.—</td><td>.</td><td>8.—</td><td>10.50</td><td>+2.50</td></tr>
<tr><td>11.—</td><td>11.—</td><td>.</td><td>5.50</td><td>7.—</td><td>+1.50</td><td>13.—</td><td>14.—</td><td>+1.—</td><td>7.—</td><td>9.—</td><td>+2.—</td><td>15.—</td><td>16.—</td><td>+1.—</td><td>8.—</td><td>10.50</td><td>+2.50</td></tr>
<tr><td>11.—</td><td>13 —</td><td>+2.—</td><td>5.50</td><td>6.50</td><td>+1.—</td><td>13.—</td><td>16.-</td><td>+3.—</td><td>7.—</td><td>8 —</td><td>+1.—</td><td>15.—</td><td>18.—</td><td>+3.—</td><td>8.—</td><td>9.—</td><td>+1.—</td></tr>
<tr><td>11.—</td><td>11.-</td><td>.</td><td>5.50</td><td>7 —</td><td>+1.50</td><td>13.—</td><td>13.—</td><td>.</td><td>7 —</td><td>9 —</td><td>+2.—</td><td>15.—</td><td>15.—</td><td>.</td><td>8 —</td><td>10.50</td><td>+2.50</td></tr>
<tr><td>11 —</td><td>13.—</td><td>+2.—</td><td>5.50</td><td>6.50</td><td>+1.—</td><td>13.—</td><td>15.—</td><td>+2.—</td><td>7.—</td><td>8.—</td><td>+1.—</td><td>15.—</td><td>18.—</td><td>+3.—</td><td>8.—</td><td>9.50</td><td>+1.50</td></tr>
<tr><td>11 —</td><td>11.—</td><td>.</td><td>5.50</td><td>5.50</td><td>.</td><td>13.—</td><td>13.—</td><td>.</td><td>7.—</td><td>7.—</td><td>.</td><td>15 —</td><td>15.—</td><td>.</td><td>8 —</td><td>8.—</td><td>.</td></tr>
<tr><td>11.—</td><td>14.—</td><td>+3 —</td><td>5.50</td><td>8.—</td><td>+2.50</td><td>13 —</td><td>18.—</td><td>+5.—</td><td>7.—</td><td>11.50</td><td>+4.50</td><td>15.—</td><td>22.—</td><td>+7.—</td><td>8.—</td><td>13.50</td><td>+5.50</td></tr>
<tr><td>11.—</td><td>20.—</td><td>+9.—</td><td>5.50</td><td>10.—</td><td>+4.50</td><td>13.—</td><td>27.50</td><td>+14.50</td><td>7.—</td><td>13.30</td><td>+6.30</td><td>15.—</td><td>35.—</td><td>+20.—</td><td>8.—</td><td>17.50</td><td>+9.50</td></tr>
<tr><td>11.—</td><td>13.—</td><td>+2 —</td><td>5.50</td><td>7.—</td><td>+1.50</td><td>13.—</td><td>.</td><td>.</td><td>7.—</td><td>.</td><td>.</td><td>15.—</td><td>15.—</td><td>.</td><td>8.—</td><td>.</td><td>.</td></tr>
<tr><td>11.—</td><td>10.—</td><td>—1.—</td><td>5.50</td><td>5.—</td><td>—0.50</td><td>13 —</td><td>13.—</td><td>.</td><td>7.—</td><td>6.50</td><td>—0.50</td><td>15.—</td><td>18 —</td><td>+3.—</td><td>8 —</td><td>7.50</td><td>—0.50</td></tr>
<tr><td>11.—</td><td>13.—</td><td>+2.—</td><td>5.50</td><td>6 50</td><td>+1.—</td><td>13.—</td><td>16 —</td><td>+3.—</td><td>7.—</td><td>8.—</td><td>+1.—</td><td>15.—</td><td>17.—</td><td>+2.—</td><td>8.—</td><td>9.—</td><td>+1.—</td></tr>
<tr><td>11.—</td><td>12.—</td><td>+1.—</td><td>5.50</td><td>7.—</td><td>+1.50</td><td>13.—</td><td>14.—</td><td>+1.—</td><td>7.—</td><td>9 —</td><td>+2.—</td><td>15.—</td><td>13.50</td><td>—1.50</td><td>8.—</td><td>10.50</td><td>+2.50</td></tr>
<tr><td>11.—</td><td>9.—</td><td>—2.—</td><td>5.50</td><td>4.50</td><td>—1.—</td><td>13.—</td><td>11.50</td><td>—1.50</td><td>7.—</td><td>6.30</td><td>—0.70</td><td>15.—</td><td>11.—</td><td>—4.—</td><td>8.—</td><td>7.30</td><td>—0.70</td></tr>
<tr><td>11.—</td><td>8.—</td><td>—3 —</td><td>5.50</td><td>4.—</td><td>—1.50</td><td>13.—</td><td>10.—</td><td>—3.—</td><td>7.—</td><td>5.—</td><td>—2.—</td><td>15.—</td><td>19.—</td><td>+2.—</td><td>8.—</td><td>5.50</td><td>—2.50</td></tr>
<tr><td>11.—</td><td>.</td><td>.</td><td>.</td><td>.</td><td>.</td><td>.</td><td>.</td><td>.</td><td>.</td><td>.</td><td>.</td><td>.</td><td>.</td><td>.</td><td>.</td><td>.</td><td>.</td></tr>
<tr><td>11.—</td><td>13.—</td><td>+2.—</td><td>5.50</td><td>6.50</td><td>+1.—</td><td>13.-</td><td>16.—</td><td>+3.—</td><td>7.—</td><td>8.—</td><td>+1.—</td><td>15.—</td><td>19.—</td><td>+4.—</td><td>8.—</td><td>9.50</td><td>+1.50</td></tr>
<tr><td>11.—</td><td>12.—</td><td>+1.—</td><td>5.50</td><td>6.—</td><td>+0.50</td><td>13.—</td><td>15.—</td><td>+2.—</td><td>7.—</td><td>7.50</td><td>+0.50</td><td>15.—</td><td>18.—</td><td>+3.—</td><td>8.—</td><td>9.—</td><td>+1.—</td></tr>
</tbody>
</table>

Wagenladungen eine Frachtermässigung.

Tabelle

H o l z.

Name der Kleinbahn	Umlade- und Ueberfuhrgebühren	Auf eine Entfernung von 6 km					
		10000 kg			5000 kg		
		Staatsbahn	Kleinbahn	Kleinbahn- ±	Staatsbahn	Kleinbahn	Kleinbahn ±
Mindener Kreisbahnen	.	8.—	8.—	.	4.50	4.—	— 0.50
Kleinbahn Gr. Peterwitz—Katscher	.	8.—	10.—	+ 2.—	4.50	5.50	+ 1.—
Zniner Kleinbahn	20 Ctr. 0.05 M., für jede weiteren 10 Ctr. 0.05 M.	8 —	4.—	— 4.—	4.50	2.—	— 2.50
Wreschener Kleinbahn	100 kg 2.5 Pf.	8.—	.	.	4.50	.	.
Cüstrin—Sonnenburger Kleinbahn	100 kg 0.02 M. Mind. 1 M.	8.—	8.—	.	4.50	4.50	.
Kiel—Schönberger Eisenbahn	100 kg 1.5 Pf. Mind. 0 75 M.	8.—	9.—	+ 1.—	4.50	5.—	+ 0.50
Bergheimer Kreisbahnen*	.	8.—	12.—	+ 4.—	4.50	7.—	+ 2.50,
Euskirchener Kreisbahnen*	100 kg 0.04 M.	8.—	12.—	+ 4.—	4.50	7.—	+ 2.50
Alsener Kreisbahnen	100 kg 0.04 M.	8.—	10.—	+ 2.—	4.50	5.50	+ 1.—
Göttinger Kleinbahn	100 kg 1.5 Pf. Mind. 1 M.	8.—	11.—	+ 3.—	4.50	5.—	+ 0.50
Bleckeder Kreisbahnen	100 kg 1.5 Pf. Mind. 0.75 M.	8.—	8.—	.	4.50	4.50	.
Kleinbahn Niebüll—Dagebüll	Allg. Wagenladungs-Klasse 0.03 M. Spezialtarife 0.02 M.	8.—	15.—	+ 7 —	4.50	7.50	+ 3.—
Kleinbahnen des Kreises Hadersleben	desgl.	8.—	10.—	+ 2.—	4.50	5.—	+ 0.50
Friedeberger Kleinbahn	100 kg 0.04 M.	8.—	10.—	+ 2.—	4.50	5.50	+ 1.—
Stadtbahn Briesen i. Westpr.	100 kg 1.5 Pf.	7.— (3 km)	4.—	— 3.—	4.— (3 km)	3.—	— 1.—
Bromberg und Wirsitzer Kreisbahnen	Tarif I 100 kg 0.03 M. Tarif II—V 0.02 M.	8 —	9.—	+ 1 —	4.50	4.50	.
Wallückebahn	Allg Wagenladungs-Klasse 0.03 M. Spezialtarife 0.02 M.	8 —	12.—	+ 4.—	4.50	6.—	+ 1.50
Kleinbahn Apenrade—Gravenstein	100 kg 1.5 Pf. Mind. 1 M.	8 —	10.—	+ 2.—	4.50	5.—	+ 0.50
Kleinbahn Mödrath—Liblar—Brühl*	desgl.	8.—	9.—	+ 1.—	4.50	4.50	.
Engelskirchen—Marienheider Eisenbahn	100 kg 1.5 Pf. Kartoff. 0.02 M. Mindestsatz 1 M.	8.—	10.—	+ 2.—	4.50	6.—	+ 1.50
Köln—Frechener Eisenbahn	100 kg 0.02 M. Mind. 1 M.	8.— (7 km)	5.60	— 2.40	4.50 (7 km)	3.20	— 1.30
Ruhr—Lippe-Kleinbahnen	.	8.—	11.—	+ 3.—	4.50	5.50	+ 1.—
Ostpriegnitzer Kreiseisenbahnen	.	8.—	7.—	— 1 —	4.50	4.—	— 0.50
Wermelskirchen—Burger Eisenbahn	.	8.—	11.—	+ 3.—	4.50	5.50	+ 1.—
Schlawer Kreisbahnen	100 kg 0.02 M.	8.—	9.—	+ 1.—	4.50	4.50	.
Altmärkische Kleinbahnen	.	8.—	8.—	.	4.50	4.—	— 0.50
Spremberger Stadtbahn	.	8.—	10.—	+ 2.—	4.50	5.—	+ 0.50
Gr. Lichterfelde—Stahnsdorfer Kleinbahn	.	8.—	7.—	— 1.—	4.50	5 —	+ 0.50
Straussberg—Herzfelder Kleinbahn	.	8. -	8.—	.	4 50	4.50	.
Straussberger Eisenbahn*	.	8.—	7.—	— 1.—	4.50	4.—	— 0.50
Kleinbahn Mülheim a. Rh.—Leverkusen	4 M. Ueberf. pro Wag.	8.—	11.—	+ 3.—	4.50	5.50	+ 1.—
Kreis Kreuznacher Kleinbahnen*	.	8.—	9.—	+ 1 —	4.50	5.—	+ 0.50
Kleinb. Kleinschmalkalden—Brotterode	.	8.—	.	.	4.50	.	.
Haffuferbahn	.	8.—	8.—	.	4.50	4.50	.
Kleinbahn Breslau—Trebnitz—Prausnitz	.	8.—	5.—	— 3.—	4.50	3.—	— 1.50
Trachenberg—Militscher Kreisbahn	.	8.—	5.—	— 3.—	4.50	3.50	— 1.—

Die mit einem Stern (*) versehenen Kleinbahnen gewähren den Interessenten bei Beförderung von einer gewissen Anzahl

II.

Auf eine Entfernung von 10 km						Auf eine Entfernung von 15 km						Auf eine Entfernung von 20 km					
10000 kg		Kleinbahn ±	5000 kg		Kleinbahn ±	10000 kg		Kleinbahn ±	5000 kg		Kleinbahn ±	10000 kg		Kleinbahn ±	5000 kg		Kleinbahn ±
Staatsbahn	Kleinbahn		Staatsbahn	Kleinbahn		Staatsbahn	Kleinbahn		Staatsbahn	Kleinbahn		Staatsbahn	Kleinbahn		Staatsbahn	Kleinbahn	
9.—	9.—	.	5.50	5.—	—0.50	11.—	10.—	—1—	7.—	5.50	—1.50	12.—	11.—	—1.—	8.—	6.50	—1.50
9.—	.	.	5.50	.	.	11.—	.	.	7.—	.	.	12.—	.	.	8.—	.	.
9.—	6.70	—2.30	5.50	3.40	—2.10	11.—	.	.	7.—	.	.	12—	.	.	8.—	.	.
9.—	9.—	.	5.50	4.50	—1.—	11.—	12.—	+1.—	7.—	6.—	—1.—	12.—	15.—	+3.—	8.—	7.50	—0.50
9.—	11.—	+2.—	5.50	6.—	+0.50	11.—	13.—	+2.—	7.—	7.—	.	12.—	15.—	+3.—	8.—	8.50	+0.50
9.—	14.—	+5.—	5.50	7.50	+2.—	11.—	17.—	+6.—	7.—	9.50	+2.50	12.—	19.—	+7.—	8.—	10.50	+2.50
9.—	14.—	+5.—	5.50	8.50	+3.—	11.—	18.—	+7.—	7.—	10.50	+3.50	12.—	21—	+9.—	8.—	12.—	+4.—
9.—	14.—	+5.—	5.50	8.50	+3.—	11.—	18.—	+7.—	7.—	10.50	+3.50	12.—	21.—	+9.—	8.—	12.—	+4.—
9.—	13.—	+4.—	5.50	7.20	+1.70	11.—	17.—	+6.—	7.—	9.40	+2.40	12.—	20.—	+8—	8.—	11.—	+3.—
9.—	12.—	+3.—	5.50	6.50	+1.—	11.—	14.—	+3.—	7.—	8.50	+1.50	12.—	16.—	+4.—	8.—	10.50	+2.50
9.—	9.—	.	5.50	5.50	.	11.—	11.—	.	7	6.50	—0.50	12.—	12.—	.	8	7.50	—0.50
9.—	17.—	+8.—	5.50	8.50	+3.—	11.—	.	.	7.—	.	.	12.—	.	.	8.—	.	.
9—	12.—	+3.—	5.50	6.—	+0.50	11.—	14.—	+3.—	7.—	7.—	.	12.—	16.—	+4.—	8.—	8.—	.
9.—	.	.	5.50	.	.	11.—	.	.	7.—	.	.	12.—	.	.	8.—	.	.
9.—	.	.	5.50	.	.	11.—	.	.	7.—	.	.	12.—	.	.	8.—	.	.
9.—	10.—	+1.—	5.50	5.—	—0.50	11.—	13.—	+2.—	7.—	6.50	—0.50	12.—	15.—	+3.—	8.—	7.50	—0.50
9.—	16—	+7.—	6.— (11 km)	8.—	+2.—	11.—	.	.	7.—	.	.	12.—	.	.	8.—	.	.
9.—	12.—	+3.—	5.50	6.—	+0.50	11.—	14.—	+3.—	7.—	7.—	.	12.—	16.—	+4.—	8.—	8.—	.
9.—	11.—	+2.—	5.50	6.—	+0.50	11.—	13.—	+2—	7.—	8.—	+1.—	12.—	16.—	+4.—	8.—	9.—	+1.—
9.—	15.—	+6.—	5.50	8.—	+2.50	11.—	20.—	+9.—	7.—	12.—	+5.—	12.—	24.—	+12.—	8.—	17.—	+9.—
9.—	7—	—2.—	5.50	4.—	—1.50	11.—	.	.	7.—	.	.	12.—	.	.	8.—	.	.
9.—	14.—	+5.—	5.50	7.—	+1.50	11.—	17.—	+6.—	7.—	8.50	+1.50	12.—	20.—	+8.—	8.—	10.—	+2.—
9.—	9.—	.	6.— (11 km)	6.—	.	11.—	.	.	7.—	.	.	11.— (18 km)	12.—	+1.—	7.50 (18 km)	7.50	.
9.—	13.—	+4.—	5.50	6.50	+1.—	11.—	.	.	7.—	.	.	12.—	.	.	8.—	.	.
9.—	10.—	+1.—	5.50	6—	+0.50	11—	12.—	+1.—	7.—	6.—	—1.—	12.—	14.—	+2.—	8.—	7.—	—1.—
9—	11.—	+2.—	5.50	5.50	.	11.—	14.—	+3.—	7.—	7.—	.	12.—	16.60	+4.60	8.—	8.30	+0.30
9.—	.	.	5.50	.	.	11.—	.	.	7.—	.	.	12.—	.	.	8.—	.	.
9.—	.	.	5.50	.	.	11.—	.	.	7.—	.	.	12.—	.	.	8.—	.	.
9.—	11.—	+2.—	5.50	6.—	+0.50	11.—	.	.	7.—	.	.	12—	.	.	8.—	.	.
9.—	.	.	5.50	.	.	11.—	.	.	7.—	.	.	12.—	.	.	8.—	.	.
9.—	.	.	5.50	.	.	11.—	.	.	7.—	.	.	12.—	.	.	8.—	.	.
9 —	13.—	+4.—	5.50	7.—	+1.50	11.—	18.—	+7.—	7.—	9.50	+2.50	12.—	23.—	+11.—	8.—	12.—	+4.—
9.—	.	.	5.50	.	.	11.—	.	.	7.—	.	.	11.— (18 km)	11.—	.	7.50 (18 km)	7.50	.
9.—	9.—	.	5.50	5.50	.	11.—	13.—	+2—	7.—	7.—	.	12.—	14.—	+2.—	8.—	8.—	.
9.—	8.—	—1.—	5.50	4.—	—1.50	11.—	10.—	—1.—	7.—	5.—	—2.—	12.—	11.—	—1.—	8.—	5.50	—2.50
9—	9.—	.	5.50	6.—	+0.50	11.—	14.—	+3.—	7.—	9.—	+2.—	12.—	18.—	+6.—	8.—	12.—	+4.—

Wagenladungen eine Frachtermässigung.

Tabelle

Name der Kleinbahn	Umlade- und Ueberfuhrgebühren	Auf eine Entfernung von 6 km					
		10000 kg		Kleinbahn	5000 kg		Kleinbahn
		Staatsbahn	Kleinbahn	bahn ±	Staatsbahn	Kleinbahn	bahn ±
Rosenberger Kreisbahn	100 kg 0.02 M.	8.—	6.—	—2.—	4.50	3.—	—1.50
Klb. Perleberg–Kyritz u. Rehfeld–Breddin	100 kg 0.02 M.	8.—	6.—	—2.—	4.50	3.50	—1.—
Kleinbahnen des Kreises Jerichow I	Ueberfuhrgebühren 2 M.	8.—	7 —	—1.—	4.50	3.50	—1.—
Kleinbahn Goldbeck—Werben—Elbe	.	8.—	10.—	+2.—	4.50	6.—	+1.50
Kleinbahn Heudeber—Mattierzoll	.	8.—	8.—	.	4.50	4.50	.
Halle—Hettstedter Eisenbahn	Ueberfuhrgebühren 1 M.	8.—	10.—	+2.—	4.50	5.50	+1.—
Aschersleb.–Schneidl.–Nienhag. Kleinb.*	Ueberfuhrgebühren 0.70 M.	8.—	5.60	—2.40	4.50	3.70	—0.80
Börssum—Hornburger Eisenbahn	100 kg 1.5 Pf. Mind. 0.75 M.	8.—	.	.	4.50	.	.
Kolberger Kleinbahn	.	8 —	8.—	.	4.50	4.50	.
Greifenhagener Kreisbahnen	.	8.—	9 —	+1.—	4.50	5.—	+0.50
Kgs.-Wusterh.—Mittenwalde—Töpch. Klb.	.	8.—	5.—	—3.—	4.50	4.—	—0.50
Kleinbahn Wächtersbach—Birstein*	.	8.—	8.—	.	4.50	4.50	.
Spessartbahn Akt.-Ges.*	Rangieren und Kippen 1 M. Uml. mit der Schippe 2 M., mit der Hand 3 M. 5 t die Hälfte	8.—	.	.	4.50	.	.
Stolpethalb. u. Rathsdamnitz—Muttr. Esb.	.	8 —	9.—	+1 —	4.50	6.50	+2.—
Saatziger Kleinbahnen	100 kg 0.02 M. Mind. 1 M.	8.—	.	.	4.50	.	.
Demminer Kleinbahnen	100 kg 1.5 Pf. Mind. 0.75 M.	8.—	9.—	+1.—	4.50	4.50	.
Greifswald—Jarmener Kleinbahn	desgl.	8.—	9.—	+1.—	4.50	4.50	.
Greifswald—Wolgaster Kleinbahn	100 kg 1.5 Pf. Mind. 1 M.	8.—	9.—	+1.—	4.50	4.50	.
Stolper Kreisbahn	desgl.	8.—	9.—	+1 —	4.50	6.50	+2.—
Randower Kleinbahn	.	8.—	8.—	.	4.50	4.50	.
Greifenberger Kleinbahn	100 kg 1.5 Pf. Mind. 0.75 M.	8.—	8.—	.	4.50	4.50	.
Franzburger Kreisbahnen	100 kg 1.5 Pf. Mind. 0.75 M. Für Rüben v. Franzb. Süd. 2 M. pro Wag.	8.—	9.—	+1.—	4.50	6.—	+1.50
Franzburger Südbahn	.	8.—	9.—	+1 —	4.50	6.—	+1.50
Anclam—Lassaner Eisenbahn	100 kg 1 5 Pf. Mind. 0.75 M.	8.—	8.—	.	4.50	4.—	—0.50
Rügensche Kleinbahnen	desgl.	8.—	8.—	.	4.50	5.20	+0.70
Greifswald—Grimmener Eisenbahn	.	8.—	9.—	+1.—	4.50	5.50	+1.—
Pyritzer Kreisbahnen	.	8.—	8.—	.	4.50	4.50	.
Kleinbahn Deutsch Krone—Virchow	100 kg 1.5 Pf. Mind. 1 M.	8.—	8.—	.	4.50	4.50	.
Kleinbahn Casekow—Pencun—Oder	.	8.—	9.—	+1.—	4.50	4.50	.
Uckermärkische Lokalbahn	.	8.—	10.—	+2.—	4.50	5.50	+1.—
Rastenburg—Sensburger Kleinbahn	100 kg 0.02 M.	8.—	9.—	+1.—	4.50	6.—	+1.50
Kreiseisenbahn Flensburg—Kappeln	Allg. Wagenl.-Kl. 100 kg 0.03 M. Spezialtarife 100 kg 0.02 M.	8.—	10.—	+2.—	4.50	5.—	+0.50
Wehlau—Friedländer Eisenbahn	100 kg 1.5 Pf. Mind. 1 M.	8.—	8.—	.	4.50	4.50	.
Mecklenburg-Pommersche Schmalspurb.	100 kg 0.06 M.	8.—	6.—	—2.—	4.50	3.—	—1.50
Aachener Kleinbahn-Gesellschaft*	.	8.—	7.—	—1.—	4.50	3.50	—1.—
Kleinbahnen des Kreises Witkowo	.	8.—	.	.	4.50	.	.
Köthener Kleinbahn	Ueberfuhrgeb. Köthen 0.50 M. Ueberfuhrgeb. Dessau 0.70 M.	8.—	9.—	+1.—	4.50	4.50	.
Steinhuder Meerbahn	.	8.—	6.—	—2.—	4.50	10.50	+6.—

Die mit einem Stern (*) versehenen Kleinbahnen gewähren den Interessenten bei Beförderung von einer gewissen Anzahl

II.

Auf eine Entfernung von 10 km						Auf eine Entfernung von 15 km						Auf eine Entfernung von 20 km					
10000 kg		Kleinbahn ±	5000 kg		Kleinbahn ±	10000 kg		Kleinbahn ±	5000 kg		Kleinbahn ±	10000 kg		Kleinbahn ±	5000 kg		Kleinbahn ±
Staatsbahn	Kleinbahn	±	Staatsbahn	Kleinbahn	±	Staatsbahn	Kleinbahn	±	Staatsbahn	Kleinbahn	±	Staatsbahn	Kleinbahn	±	Staatsbahn	Kleinbahn	±
9.—	9.—	.	5.50	4.50	− 1.—	11.—	.	.	7.—	.	.	12.—	.	.	8.—	.	.
9.—	8.—	− 1.—	5.50	4.50	− 1.—	11.—	9.—	− 2.—	7.—	5.50	− 1.50	12.—	11.—	− 1.—	8.—	7.—	− 1.—
9.—	9.—	.	5.50	4.50	− 1.—	11.—	11.—	.	7.—	5.50	− 1.50	12.—	12.—	.	8.—	6.—	− 2.—
9.—	16.—	+ 7.—	5.50	9.—	+ 3.50	11.—	19.—	+ 8.—	7.—	12.—	+ 5.—	12.—	22.—	+ 10.—	8.—	14.—	+ 6.—
9.—	11.—	+ 2.—	5.50	5.50	.	11.—	13.—	+ 2.—	7.—	7.—	.	12.—	15.—	+ 3.—	8.—	8.—	.
9.—	11.—	+ 2.—	5.50	6 50	+ 1.—	11.—	14.—	+ 3.—	7.—	8.50	+ 1.50	12.—	15.—	+ 3.—	8.—	9.50	+ 1.50
9.—	6.60	− 2.40	5.50	4.40	− 1.10	11.—	9.50	− 1 50	7.—	6.30	− 0.70	12.—	11.20	− 0.80	8.—	7.50	− 0.50
9.—	.	.	5.50	.	.	11.—	9.—	− 2.—	7.—	6.—	− 1.—	12.—	.	.	8.—	.	.
9.—	9.—	.	5.50	5.50	.	11.—	11.—	.	7.—	6.50	− 0.50	12.—	12.—	.	8.—	7.50	− 0.50
9.—	12.—	+ 3.—	5.50	7.—	+ 1.50	11.—	15.—	+ 4.—	7.—	8.—	+ 1.—	12.—	18.—	+ 6.—	8.—	9.50	+ 1.50
9.—	8.—	− 1.—	5.50	7.—	+ 1.50	11.—	9.—	− 2.—	7.—	8.50	+ 1.50	12.—	.	.	8.—	.	.
9.—	8.—	− 1.—	5.50	4.50	− 1.—	11.—	8.—	− 3.—	7.—	4.50	− 2.50	12.—	8.—	− 4.—	8.—	4.50	− 3.50
9.—	.	.	5.50	.	.	11.—	10.—	− 1	7.—	5.—	− 2.—	12.—	.	.	8.—	.	.
9.—	10.—	+ 1.—	5 50	9.—	+ 3.50	11.—	12.—	+ 1.—	7.—	11.50	+ 4.50	12.—	14.—	+ 2.—	8.—	13.—	+ 5.—
8.—	9.—	+ 1.—	5.—	4.50	− 0 50	11.—	11.—	.	7.—	6.—	− 1.—	12.—	13.—	+ 1.—	8.50	7.50	− 1.—
9.—	10.—	+ 1.—	5.50	5.50	.	11.—	12.—	+ 1.—	7.—	6.50	− 0.50	12.—	13.—	+ 1.—	8.—	7.50	− 0.50
9.—	10.—	+ 1.—	5.50	5.50	.	11.—	12.—	+ 1.—	7.—	6 50	− 0 50	12 —	13.—	+ 1.—	8.—	7.50	− 0.50
9.—	10.—	+ 1.—	5.50	5.50	.	11.—	12.—	+ 1.—	7.—	6.50	− 0.50	12 —	13.—	+ 1.—	8.—	7.50	− 0.50
9.—	10.—	+ 1.—	5.50	7.50	+ 2.—	11.—	12.—	+ 1.—	7.—	9.—	+ 2.—	12.—	14.—	+ 2.—	8.—	10.50	+ 2.50
9.—	11.—	+ 2.—	5.50	6.—	+ 0.50	11.—	13.—	+ 2.—	7.—	7.—	.	12.—	16.—	+ 4.—	8.—	8.50	+ 0.50
9.—	9.—	.	5.50	5.50	.	11.—	11.—	.	7.—	6.50	− 0.50	12.—	12.—	.	8.—	7.50	− 0.50
9.—	10.—	+ 1.—	5.50	7 —	+ 1.50	11.—	12.—	+ 1.—	7.—	9.—	+ 2.—	12.—	13.—	+ 1.—	8.—	9.80	+ 1.80
9.—	10.—	+ 1.—	5.50	7 —	+ 1.50	11 —	12.—	+ 1.—	7.—	9.—	+ 2.—	12.—	13.—	+ 1.—	8.—	10.50	+ 2.50
9.—	9.—	.	5.50	4.50	− 1.	11.—	10.—	− 1.—	7.—	5.—	− 2.—	12.—	12.—	.	8.—	6.—	− 2.—
9.—	10.—	+ 1.—	5.50	6.50	+ 1.—	11.—	11.—	.	7.—	7.20	+ 0.20	12.—	13.—	+ 1.—	8.—	8.50	+ 0.50
9.—	11.—	+ 2.—	5.50	6.50	+ 1.—	11.—	13.—	+ 2.—	7.—	8 —	+ 1.—	12 —	13.—	+ 1.—	8.—	9.50	+ 1.50
9.—	9.—	.	5.50	5.50	.	11.—	11.—	.	7.—	7.—	.	12.—	12.—	.	8 —	8.—	.
9.—	13.—	+ 4.—	5.50	7.—	+ 1.50	11.—	17.—	+ 6.—	7.—	9.—	+ 2.—	12.—	19.—	+ 7.—	8.—	11.—	+ 3.—
9.—	15.—	+ 6.—	5.50	7.50	+ 2.—	11.—	20.—	+ 9.—	7.—	10.—	+ 3.—	12.—	25.—	+ 13.—	8.—	12 50	+ 4 50
9.—	11.—	+ 2.—	5.50	6.50	+ 1.—	11.—	.	.	7.—	.	.	12 —	.	.	8.—	.	.
9.—	10.—	+ 1.—	5.50	8 50	+ 3.—	11.—	13.—	+ 2.—	7	10.50	+ 3.50	12.—	15.—	+ 3.—	8.—	12.—	+ 4.—
9.—	12.—	+ 3.—	5.50	6 —	+ 0.50	11.—	14	+ 3.—	7.—	7.—	.	12.—	16.—	+ 4.—	8.—	8.—	.
9.—	12.—	+ 3.—	5.50	6.—	+ 0.50	11.—	14	+ 3.—	7.—	7.—	.	12.—	17.—	+ 5.—	8.—	8.50	+ 0.50
9.—	7.—	− 2.—	5.50	4.—	− 1.50	11.—	9.50	− 1.50	7.—	4.80	− 2.20	12.—	10.50	− 1.50	8.—	5.30	− 2.70
9.—	8.—	− 1.—	5.50	4.—	− 1.50	11.—	10.—	− 1.—	7.—	5.—	− 2.—	12.—	11.—	− 1.—	8.—	5.50	− 2.50
9.—	.	.	5.50	.	.	11.—	.	.	7.—	.	.	12.—	.	.	8.—	.	.
9.—	11.—	+ 2.—	5.50	5.50	.	11.—	14.—	+ 3.—	7.—	7.—	.	12.—	16	+ 4.—	8.—	8.—	.
9.—	11.—	+ 2.—	5.50	6.50	+ 1.—	11.—	13.—	+ 2.—	7.—	7.50	+ 0.50	12.—	15.—	+ 3.—	8.—	8.50	+ 0.50

(In der 14. Zeile steht unter der 10000 kg- und der 5000 kg-Staatsbahnspalte der Entfernung 10 km „8 km“, unter den Spalten der Entfernung 20 km „21 km“.)

Wagenladungen eine Frachtermässigung.

D ü n g e =

Name der Kleinbahn	Umlade- und Ueberfuhrgebühren	Auf eine Entfernung von 6 km					
		10000 kg		Klein-bahn ±	5000 kg		Klein-bahn ±
		Staats-bahn	Klein-bahn		Staats-bahn	Klein-bahn	
Mindener Kreisbahnen	.	8.—	8.—	.	4.—	4.—	.
Kleinbahn Gr. Peterwitz—Katscher	.	8.—	5.—	— 3.—	4.—	5.—	+ 1.—
Zniner Kleinbahn	20 Ctr. 0.05 M., für jede weiteren 10 Ctr. 0.05 M.	8.—	4.—	— 4.—	4.—	2.—	— 2.—
Wreschener Kleinbahn	100 kg 2.5 Pf.	8.—	.	.	4.—	.	.
Cüstrin—Sonnenburger Kleinbahn	100 kg 0.02 M. Mind. 1 M.	8.—	8.—	.	4.—	4.50	+ 0.50
Kiel—Schönberger Eisenbahn	100 kg 1.5 Pf. Mind. 0.75 M.	8.—	8.—	.	4	5.—	+ 1.—
Bergheimer Kreisbahnen*	.	8.—	9.—	+ 1.—	4.—	4.50	+ 0.50
Euskirchener Kreisbahnen*	100 kg 0.04 M.	8.—	8.—	.	4.—	4.50	+ 0.50
Alsener Kreisbahnen	100 kg 0.04 M.	8.—	8.—	.	4.—	4.40	+ 0.40
Göttinger Kleinbahn	100 kg 1.5 Pf. Mind. 1 M.	8.—	8.—	.	4.—	5.—	+ 1.—
Bleckeder Kreisbahnen	100 kg 1.5 Pf. Mind. 0.75 M.	8.—	8.—	.	4.—	4.50	+ 0.50
Kleinbahn Niebüll—Dagebüll	Allg. Wagenladungs-Klasse 0.03 M. Spezialtarife 0.02 M.	8.—	15.—	+ 7.—	4	7.50	+ 3.50
Kleinbahnen des Kreises Hadersleben	desgl.	8.—	10.—	+ 2.—	4.—	5.—	+ 1.—
Friedeberger Kleinbahn	100 kg 0.04 M.	8.—	10.—	+ 2.—	4.—	5.—	+ 1.—
Stadtbahn Briesen i. Westpr.	100 kg 1.5 Pf.	7.— [3 km]	4.—	— 3.—	3.50 [3 km]	3.—	— 0.50
Bromberg und Wirsitzer Kreisbahnen	Tarif I 100 kg 0.03 M. Tarif II—V 0.02 M.	8.—	8.—	.	4.—	4.—	.
Wallückebahn	Allg. Wagenladungs-Klasse 0.03 M. Spezialtarife 00.2 M.	8.—	11.—	+ 3.—	4.—	5.50	+ 1.50
Kleinbahn Apenrade—Gravenstein	100 kg 1.5 Pf. Mind. 1 M.	8.—	10.—	+ 2.—	4.—	5.—	+ 1.—
Kleinbahn Mödrath—Liblar—Brühl*	desgl.	8.—	8.—	.	4.—	4.50	+ 0.50
Engelskirchen—Marienheider Eisenbahn	100 kg. 1.5 Pf. Kartoff. 0.02 M. Mindestsatz 1 M.	8.—	9.—	+ 1.— [7 km]	4.—	5	+ 1.— [7 km]
Köln—Frechener Eisenbahn	100 kg 0.02 M. Mind. 1 M.	8.—	4.80	— 3.20	4.—	3.—	— 1.—
Ruhr—Lippe-Kleinbahnen	.	8.—	8.—	.	4.—	4.—	.
Ostpriegnitzer Kreiseisenbahnen	.	8.—	6.—	— 2.—	4.—	4.—	.
Wermelskirchen—Burger Eisenbahn	.	8.—	10.—	+ 2.—	4.—	5.—	+ 1.—
Schlawer Kreisbahnen	100 kg 0.02 M.	8.—	9.—	— 1.—	4.—	4.50	+ 0.50
Altmärkische Kleinbahnen	.	8.—	8.—	.	4.—	4.—	.
Spremberger Stadtbahn	.	8.—	10.—	+ 2.—	4.—	5.—	+ 1.—
Gr. Lichterfelde—Stahnsdorfer Kleinbahn	.	8.— [5 km]	7.—	— 1.—	4 [5 km]	5.—	+ 1.—
Straussberg—Herzfelder Kleinbahn	.	8.—	8.—	.	4.—	4.50	+ 0.50
Straussberger Eisenbahn*	.	8.—	8.—	.	4.—	4.—	.
Kleinbahn Mülheim a. Rh.—Leverkusen	4 M. Ueberf. pro Wag.	8.—	15.—	+ 7.—	4.—	9.50	+ 5.50
Kreis Kreuznacher Kleinbahnen*	.	8.—	9.—	+ 1.—	4.—	5.—	+ 1.—
Kleinb. Kleinschmalkalden—Brotterode	.	11.— [18 km]	11.—	.	6.— [18 km]	6.—	.
Haffuferbahn	.	8.—	8.—	.	4	4.50	+ 0.50
Kleinbahn Breslau—Trebnitz—Prausnitz	.	8.—	5.—	— 3.—	4.—	3.—	— 1.
Trachenberg—Militscher Kreisbahn	.	8.—	5.—	— 3.—	4.—	3.—	— 1.

Die mit einem Stern (*) versehenen Kleinbahnen gewähren den Interessenten bei Beförderung von einer gewissen Anzahl

II.

m i t t e l.

Auf eine Entfernung von 10 km						Auf eine Entfernung von 15 km						Auf eine Entfernung von 20 km					
10000 kg		Kleinbahn ±	5000 kg		Kleinbahn ±	10000 kg		Kleinbahn ±	5000 kg		Kleinbahn ±	10000 kg		Kleinbahn ±	5000 kg		Kleinbahn ±
Staatsbahn	Kleinbahn		Staatsbahn	Kleinbahn		Staatsbahn	Kleinbahn		Staatsbahn	Kleinbahn		Staatsbahn	Kleinbahn		Staatsbahn	Kleinbahn	
9.—	9.—	.	5.—	5.—	.	10.—	10.—	.	5.50	5.—	+0.50	11.—	11.—	.	6.—	6.—	.
9.—	.	.	5.—	.	.	10.—	.	.	5.50	.	.	11.—	.	.	6.—	.	.
9.—	6.70	—1.30	5.—	3 40	—1.60	10.—	.	.	5.50	.	.	11.—	.	.	6.—	.	.
9.—	12.—	+3.—	5.—	6.—	+1.—	10.—	16.—	+6.—	5.50	8.—	+2.50	11.—	20.—	+9.—	6.—	10.—	+4.—
9.—	10.—	+1.—	5.—	6.—	+1.—	10.—	12.—	+2.—	5.50	7.—	+1.50	11.—	14.—	+3.—	6.—	8.50	+2.50
9.—	13.—	+4.—	5.—	7.50	+2.50	10.—	16.—	+6.—	5.50	9.50	+4.—	11.—	17.—	+6.—	6.—	10.50	+4.50
9.—	11.—	+2.—	5.—	6.—	+1.—	10.—	13.—	+3.—	5.50	8.—	+2.50	11.—	16.—	+5.—	6.—	9.—	+3.—
9.—	9.—	.	5.—	6.—	+1.—	10.—	11.—	+1.—	5.50	8.—	+2.50	11.—	13.—	+2.—	6.—	9.—	+3.—
9.—	11.—	+2.—	5.—	6.10	+1.10	10.—	14.—	+4.—	5.50	7.80	+2.30	11.—	17.—	+6.—	6.—	9.40	+3.40
9.—	10.—	+1.—	5.—	6.50	+1.50	10.—	11.—	+1.—	5.50	8.50	+3.—	11.—	13.—	+2.—	6.—	10.50	+4.50
9.—	10.—	+1.—	5.—	5.50	+0.50	10.—	11.—	+1.—	5.50	6.50	+1.—	11.—	13.—	+2.—	6.—	7 50	+1.50
9.—	16.—	+7.—	5.—	8.50	+3.50	10.—	.	.	5.50	.	.	11.—	.	.	6.—	.	.
9.—	11.—	+2.—	5.—	6.—	+1.—	10.—	13.—	+3.—	5.50	7.—	+1.50	11.—	14.—	+3.—	6.—	8.—	+2.—
9.—	.	.	5.—	.	.	10.—	.	.	5.50	.	.	11.—	.	.	6.—	.	.
9.—	.	.	5.—	.	.	10.—	.	.	5.50	.	.	11.—	.	.	6.—	.	.
9.—	9.—	.	5.—	4.50	—0.50	10.—	11.—	+1.—	5.50	5.50	.	11.—	13.—	+2.—	6.—	6.50	+0.50
9.—	.	.	5.—	.	.	10.—	.	.	5.50	.	.	11.—	.	.	6.—	.	.
9.—	11.—	+2.—	5.—	6.—	+1.—	10.—	13.—	+3.—	5.50	7.—	+1.50	11.—	14.—	+3.—	6.—	8.—	+2.—
9.—	9.—	.	5.—	6.—	+1.—	10.—	12.—	+2.—	5.50	8.—	+2.50	11.—	13.—	+2.—	6.—	9.—	+3.—
9.—	12.—	+3.—	5.—	7.—	+2.—	10.—	17.—	+7.—	5.50	9.50	+4.—	11.—	22.—	+11.—	6.—	12.—	+6.—
9.—	6.—	—3.—	5.—	3.50	—1.50	10.—	.	.	5.50	.	.	11.—	.	.	6.—	.	.
9.—	10.—	+1.—	5.—	5.—	.	10.—	12.—	+2.—	5.50	6.—	+0.50	11.—	14.—	+3.—	6.—	7.—	+1.—
9.—	.	.	5.—	.	.	10.—	.	.	5.50	.	.	11.—	.	.	6.—	.	.
9.—	12.—	+3.—	5.—	6.—	+1.—	10.—	.	.	5.50	.	.	11.—	.	.	6.—	.	.
9.—	10.—	+1.—	5.—	5.—	.	10.—	12.—	+2.—	5.50	6.—	+0.50	11.—	14.—	+3.—	6.—	7.—	+1.—
9.—	11.—	+2.—	5.—	5.50	+0.50	10.—	14.—	+4.—	5.50	7.—	+1.50	11.—	16.60	+5.60	6.—	8.30	+2.30
9.—	.	.	5.—	.	.	10.—	.	.	5.50	.	.	11.—	.	.	6.—	.	.
9.—	.	.	5.—	.	.	10.—	.	.	5.50	.	.	11.—	.	.	6.—	.	.
9.—	10.—	+1.—	5.—	6.—	+1.—	10.—	.	.	5.50	.	.	11.—	.	.	6.—	.	.
9.—	9.—	.	5.—	5.—	.	10.—	10.—	.	5.50	5.50	.	11.—	11.—	.	6.—	6.50	+0.50
9.—	.	.	5.—	.	.	10.—	.	.	5.50	.	.	11.—	.	.	6.—	.	.
9.—	13.—	+4.—	5.—	7.—	+2.—	10.—	18.—	+8.—	5.50	9.50	+4.—	11.—	23.—	+12.—	6.—	12.—	+6.—
9.—	.	.	5.—	.	.	10.—	.	.	5.50	.	.	11.—	.	.	6.—	.	.
9.—	9.—	.	5.—	5.50	+0.50	10.—	12.—	+2.—	5.50	7.—	+1.50	11.—	13.—	+2.—	6.—	8.—	+2.—
9.—	8.—	—1.—	5.—	4.—	—1.—	10.—	10.—	.	5.50	5.—	—0.50	11.—	11.—	.	6.—	5.50	—0.50
9.—	8.—	—1.—	5.—	4.—	—1.—	10.—	10.—	.	5.50	5.—	—0.50	11.—	11.—	.	6.—	5.50	—0.50

Wagenladungen eine Frachtermässigung.

| Name der Kleinbahn | Umlade- und Ueberfuhrgebühren | Auf eine Entfernung von 6 km | | | | | |
| | | 10000 kg | | Klein-bahn ± | 5000 kg | | Klein-bahn ± |
		Staats-bahn	Klein-bahn		Staats-bahn	Klein-bahn	
Rosenberger Kreisbahn	100 kg 0.02 M.	8.—	6.—	— 2.—	4 —	3.—	— 1.—
Klb. Perleberg–Kyritz u. Rehfeld–Breddin	100 kg 0.02 M.	8.—	5.—	— 3.—	4.—	3.50	— 0.50
Kleinbahnen des Kreises Jerichow I . .	Ueberfuhrgebühren 2 M.	8.—	7.—	— 1.—	4.—	3.50	— 0.50
Kleinbahn Goldbeck—Werben—Elbe . .	.	8.—	11.—	+ 3.—	4.—	6.—	+ 2.—
Kleinbahn Heudeber—Mattierzoll	.	8.—	8.—	.	4.—	4.—	.
Halle—Hettstedter Eisenbahn	Ueberfuhrgebühren 1 M.	8.—	8.—	.	4.—	5 —	+ 1.—
Aschersleb.—Schneidl.—Nienhag. Kleinb.*	Ueberfuhrgebühren 0.70 M.	8.—	5.60	— 2.40	4 —	3.70	— 0.30
Börssum—Hornburger Eisenbahn	100 kg 1.5 Pf. Mind. 0.75 M.	8.—	8 —	.	4.—	4.—	.
Kolberger Kleinbahn	.	8.—	8.—	.	4.—	5.—	+ 1.—
Greifenhagener Kreisbahnen	.	8.—	8.—	.	4. -	4.—	.
Kgs.-Wusterh.—Mittenwalde—Töpch. Klb.	.	8.—	4.—	— 4.—	4.—	4.—	.
Kleinbahn Wächtersbach—Birstein* . .	.	8.—	8.—	.	4.—	4.—	.
Spessartbahn Akt.-Ges.*	Rangieren und Kippen 1 M. Uml. mit der Schippe 2 M., mit der Hand 3 M. 5 t die Hälfte	8.—	.	.	4.—	.	.
Stolpethalb. u. Rathsdamnitz—Muttr. Esb.	.	8.—	9.—	+ 1.—	4.—	6.50	+ 2.50
Saatziger Kleinbahnen.	100 kg 0.02 M. Mind. 1 M.	8.—	.	.	4.—	.	.
Demminer Kleinbahnen	100 kg 1.5 Pf. Mind. 0.75 M.	8.—	8.—	.	4.—	4.50	+ 0.50
Greifswald—Jarmener Kleinbahn	desgl.	8.—	8.—	.	4.—	4.50	+ 0.50
Greifswald—Wolgaster Kleinbahn	100 kg 1.5 Pf. Mind. 1 M.	8.—	8.—	.	4.—	4.50	+ 0.50
Stolper Kreisbahn	desgl.	8.—	9.—	+ 1.—	4.—	6.50	+ 2.50
Randower Kleinbahn	.	8.—	8.—	.	4.—	4.50	+ 0.50
Greifenberger Kleinbahn	100 kg 1.5 Pf. Mind. 0.75 M.	8.—	8.—	.	4.—	4.50	+ 0.50
Franzburger Kreisbahnen	100 kg 1.5 Pf. Mind. 0.75 M. Für Rüben v.Franzb. Süd. 2 M. proWag.	8.—	8.—	.	4.—	6.—	+ 2.—
Franzburger Südbahn	.	8.—	8.—	.	4.—	6.—	+ 2.—
Anclam—Lassaner Eisenbahn	100 kg 1.5 Pf. Mind. 0.75 M.	8.—	8.—	.	4.—	4.—	.
Rügensche Kleinbahnen	desgl.	8.—	8.—	.	4.—	5.20	+ 1.20
Greifswald—Grimmener Eisenbahn . . .	.	8.—	9.—	+ 1.—	4.—	5.—	+ 1.—
Pyritzer Kreisbahnen	.	8.—	8.—	.	4.—	4.—	.
Kleinbahn Deutsch Krone—Virchow . . .	100 kg 1.5 Pf. Mind. 1 M.	8.—	8.—	.	4.—	4.50	+ 0.50
Kleinbahn Casekow—Pencun—Oder . . .	.	8.—	6.—	— 2.—	4.—	3.—	— 1.—
Uckermärkische Lokalbahn	.	8.—	10.—	+ 2.—	4.—	5.50	+ 1.50
Rastenburg—Sensburger Kleinbahn . . .	100 kg 0.02 M.	8.—	8.—	.	4.—	5.—	+ 1.—
Kreiseisenbahn Flensburg—Kappeln . . .	Allg. Wagenl.-Kl. 100 kg 0.03 M. Spezialtarife 100 kg 0.02 M.	8.—	10.—	+ 2.—	4.—	5.—	+ 1.—
Wehlau—Friedländer Eisenbahn	100 kg 1.5 Pf. Mind. 1 M.	8.—	8.—	.	4.—	4.50	+ 0.50
Mecklenburg-Pommersche Schmalspurb. .	Allg. Wagenl.-Kl. 100 kg. 0.03 M. Spezialt. u. A. T. 100 kg 0.02 M.	8.—	6.—	— 2.—	4.—	3.—	— 1.—
Aachener Kleinbahn-Gesellschaft* . . .	.	8.—	7.—	— 1.—	4.—	3.50	— 0.50
Kleinbahnen des Kreises Witkowo . . .	.	8.—	.	.	4.—	.	.
Köthener Kleinbahn	Ueberfuhrgeb. Köthen 0.50 M. Ueberfuhrgeb. Dessau 0.70 M.	8.—	8.—	.	4.—	4.—	.
Steinhuder Meerbahn	.	8.—	9.—	+ 1.—	4.—	4.50	+ 0.50

Die mit einem Stern (*) versehenen Kleinbahnen gewähren den Interessenten bei Beförderung von einer gewissen Anzahl

II.

| Auf eine Entfernung von 10 km | | | | | | Auf eine Entfernung von 15 km | | | | | | Auf eine Entfernung von 20 km | | | | | |
| 10000 kg | | Klein-bahn ± | 5000 kg | | Klein-bahn ± | 10000 kg | | Klein-bahn ± | 5000 kg | | Klein-bahn ± | 10000 kg | | Klein-bahn ± | 5000 kg | | Klein-bahn ± |
Staatsbahn	Kleinbahn		Staatsbahn	Kleinbahn		Staatsbahn	Kleinbahn		Staatsbahn	Kleinbahn		Staatsbahn	Kleinbahn		Staatsbahn	Kleinbahn	
9.—	9.—	.	5.—	4.50	—0.50	10.—	.	.	5.50	.	.	11.—	.	.	6.—	.	.
9.—	6.—	—3—	5.—	4.50	—0.50	10.—	7.—	—3.—	5.50	5.50	.	11.—	9.—	—2.—	6.—	7.—	+1.—
9.—	8.—	—1.—	5.—	4.—	—1.—	10.—	10.—	.	5.50	5.—	—0.50	11.—	11.—	.	6.—	5.50	—0.50
9.—	16.—	+7.—	5.—	9.—	+4.—	10.—	22.—	+12.—	5.50	12.—	+6.50	11.—	24.—	+13.—	6.—	14.—	+8.—
9.—	9.—	.	5.—	5.50	+0.50	10.—	10.—	.	5.50	6.50	+1.—	11.—	11.—	.	6.—	7.50	+1.50
9.—	9.—	.	5.—	6.—	+1.—	10.—	10.—	.	5.50	7.—	+1.50	11.—	11.—	.	6.—	8.—	+2.—
9.—	6.60	—2.40	5.—	4.40	—0.60	10.—	9.50	—0.50	5.50	6.30	+0.80	11.—	11.20	+0.20	6.—	7.50	+1.50
9.—	9.—	.	5.—	5.—	.	10.—	10.—	.	5.50	5.50	.	11.—	11.—	.	6.—	6.50	+0.50
9.—	10.—	+1.—	5.—	5.50	+0.50	10.	11.—	+1.—	5.50	6.50	+1.—	11.—	13.—	+2.—	6.—	7.50	+1.50
9.—	10.—	+1.—	5.—	7.—	+2.—	10.—	14.—	+4.—	5.50	8.—	+2.50	11.—	16.—	+5.—	6.—	9.50	+3.50
9.—	6.—	—3.—	5.—	6.—	+1.—	10.—	7.—	—3.—	5.50	7.—	+1.50	11.—	.	.	6.—	.	.
9.—	9.—	.	5.—	5.—	.	10.—	10.—	.	5.50	5.50	.	11.—	11.—	.	6.—	6.50	+0.50
9.—	.	.	5.—	.	.	10.—	13.—	+3.—	5.50	6.50	+1.—	11.—	.	.	6.—	.	.
9.—	10.—	+1.—	5.—	9.—	+4.—	10.—	12.—	+2.—	5.50	11.50	+6.—	11.—	14.—	+3.—	6.—	13.—	+7.—
8.—	8.—	.	4.50	4.50	.	10.—	11.—	+1.—	5.50	6.—	+0.50	11.—	13.—	+2.—	6.—	7.50	+1.50
9.—	10.—	+1.—	5.—	5.50	+0.50	10.—	11.—	+1.—	5.50	6.50	+1.—	11.—	13.—	+2.—	6.—	7.50	+1.50
9.—	10.—	+1.—	5.—	5.50	+0.50	10.—	11.—	+1.—	5.50	6.50	+1.—	11.—	13.—	+2.—	6.—	7.50	+1.50
9.—	10.—	+1.—	5.—	5.50	+0.50	10.—	11.—	+1.—	5.50	6.50	+1.—	11.—	13.—	+2.—	6.—	7.50	+1.50
9.—	10.—	+1.—	5.—	7.50	+2.50	10.—	12.—	+2.—	5.50	9.—	+3.50	11.—	14.—	+3.—	6.—	10.50	+4.50
9.—	10.—	+1.—	5.—	6.—	+1.—	10.—	12.—	+2.—	5.50	7.—	+1.50	11.—	14.—	+3.—	6.—	8.50	+2.50
9.—	10.—	+1.—	5.—	5.50	+0.50	10.—	11.—	+1.—	5.50	6.50	+1.—	11.—	13.—	+2.—	6.—	7.50	+1.50
9.—	9.—	.	5.—	6.80	+1.80	10.—	10.—	.	5.50	7.50	+2.—	11.—	11.—	.	6.—	8.30	+2.30
9.—	9.—	.	5.—	7.—	+2.—	10.—	10.—	.	5.50	9.—	+3.50	11.—	11.—	.	6.—	10.50	+4.50
9.—	10.—	+1.—	5.—	5.—	.	10.—	11.—	+1.—	5.50	5.50	.	11.—	13.—	+2.—	6.—	6.50	+0.50
9.—	9.—	.	5.—	5.90	+0.90	10.—	10.—	.	5.50	6.50	+1.—	11.—	11.—	.	6.—	7.20	+1.20
9.—	10.—	+1.—	5.—	5.50	+0.50	10.—	12.—	+2.—	5.50	7.—	+1.50	11.—	13.—	+2.—	6.—	8.—	+2
9.—	9.—	.	5.—	5.—	.	10.—	10.—	.	5.50	5.50	.	11.—	11.—	.	6.—	6.50	+0.50
9.—	11.—	+2.—	5.—	7.—	+2.—	10.—	15.—	+5.—	5.50	9.—	+3.50	11.—	18.—	+7.—	6.—	11.—	+5.—
9.—	10.—	+1.—	5.—	5.—	.	10.—	12.50	+2.50	5.50	6.30	+0.80	11.—	15.—	+4.—	6.—	7.50	+1.50
9.—	11.—	+2—	5.—	6.50	+1.50	10.—	.	.	5.50	.	.	11.—	.	.	6.—	.	.
9.—	9.—	.	5.—	6.—	+1.—	10.—	11.—	+1.—	5.50	7.—	+1.50	11.—	13.—	+2.—	6—	8.50	+2.50
9.—	11.—	+2.—	5.—	6.—	+1.—	10.—	13.—	+3.—	5.50	7.—	+1.50	11.—	14.—	+3.—	6.—	8.—	+2.—
9.—	10.—	+1.—	5.—	6.—	+1.—	10.—	14.—	+4.—	5.50	7.—	+1.50	11.—	16.—	+5.—	6.—	8.50	+2.50
9.—	7.—	—2.—	5.—	4.—	—1.—	10.—	8.50	—1.50	5.50	4.80	—0.70	11.—	9.50	—1.50	6.—	5.80	—0.20
9.—	8.—	—1.—	5.—	4.—	—1.—	10.—	10.—	.	5.50	5.—	—0.50	11.—	11.—	.	6.—	5.50	—0.50
9.—	.	.	5.—	.	.	10.—	.	.	5.50	.	.	11.—	.	.	6.—	.	.
9.—	10.—	+1.—	5.—	5.—	.	10.	12.—	+2.—	5.50	6.—	+0.50	11.—	14.—	+3.—	6.—	7.—	+1.—
9.—	10.—	+1.—	5.—	5.—	.	10.—	12.—	+2.—	5.50	6.—	+0.50	11.—	14.—	+3.—	6.—	7.—	+1.—

In the 14th data row, the Kleinbahn columns of the 10 km group (value 10.— and 9.—) carry the annotation "8 km", and the Kleinbahn columns of the 20 km group (values 14.— and 13.—) carry the annotation "21 km".

Wagenladungen eine Frachtermässigung.

Tabelle

K a r -

Name der Kleinbahn	Umlade- und Ueberfuhrgebühren	Auf eine Entfernung von 6 km					
		10000 kg		Kleinbahn ±	5000 kg		Kleinbahn ±
		Staatsbahn	Kleinbahn		Staatsbahn	Kleinbahn	
Mindener Kreisbahnen	.	8.—	8.—	.	4.—	4.—	.
Kleinbahn Gr. Peterwitz—Katscher	.	8.—	8.—	.	4.—	5.—	+ 1.—
Zniner Kleinbahn	20 Ctr. 0.05 M., für jede weiteren 10 Ctr. 0.05 M.	8.—	6.—	— 2.—	4.—	3.—	— 1.—
Wreschener Kleinbahn	100 kg 2.5 Pf.	8.—	.	.	4.—	.	.
Cüstrin—Sonnenburger Kleinbahn	100 kg 0.02 M. Mind. 1 M.	8.—	8.—	.	4.—	4.50	+ 0.50
Kiel—Schönberger Eisenbahn	100 kg 1.5 Pf. Mind. 0 75 M.	8.—	8.—	.	4.—	5.—	+ 1.—
Bergheimer Kreisbahnen*	.	8.—	8.—	.	4.—	4.50	+ 0.50
Euskirchener Kreisbahnen*	100 kg 0.04 M.	8.—	7.—	— 1.—	4.—	4.50	+ 0.50
Alsener Kreisbahnen	100 kg 0.04 M.	8.—	8.—	.	4.—	4.40	+ 0.40
Göttinger Kleinbahn	100 kg 1.5 Pf. Mind. 1 M.	8.—	10.—	+ 2.—	4.—	5.—	+ 1.—
Bleckeder Kreisbahnen	100 kg 1.5 Pf. Mind. 0.75 M.	8.—	8.—	.	4.—	4.50	+ 0.50
Kleinbahn Niebüll—Dagebüll	Allg. Wagenladungs-Klasse 0.03 M. Spezialtarife 0.02 M.	8.—	15.—	+ 7.—	4.—	7.50	+ 3.50
Kleinbahnen des Kreises Hadersleben	desgl.	8.—	10.—	+ 2.—	4.—	5.—	+ 1.—
Friedeberger Kleinbahn	100 kg 0.04 M.	8.—	10.—	+ 2.—	4.—	5.—	+ 1.—
Stadtbahn Briesen i. Westpr.	100 kg 1.5 Pf.	7.—	3 km 4.—	— 3.—	3.50	3 km 3.—	— 0.50
Bromberg und Wirsitzer Kreisbahnen	Tarif I 100 kg 0.03 M. Tarif II—V 0.02 M.	8.—	8.—	.	4.—	4.—	.
Wallückebahn	Allg. Wagenladungs-Klasse 0.03 M. Spezialtarife 0.02 M.	8.—	11.—	+ 3.—	4.—	5.50	+ 1.50
Kleinbahn Apenrade—Gravenstein	100 kg 1.5 Pf. Mind. 1 M.	8.—	10.—	+ 2.—	4.—	5.—	+ 1.—
Kleinbahn Mödrath—Liblar—Brühl*	desgl.	8.—	8.—	.	4.—	4.50	+ 0.50
Engelskirchen–Marienheider Eisenbahn	100 kg 1.5 Pf. Kartoff. 0.02 M. Mindestsatz 1 M.	8.—	9.—	+ 1.—	4.—	5.—	+ 1.—
Köln—Frechener Eisenbahn	100 kg 0.02 M. Mind. 1 M.	8.—	5.60	— 2.40	4.—	3.20	— 0.80
Ruhr—Lippe-Kleinbahnen	.	8.—	8.—	.	4.—	4.—	.
Ostpriegnitzer Kreiseisenbahnen	.	8.—	6.—	— 2.—	4.—	4.—	.
Wermelskirchen—Burger Eisenbahn	.	8.—	10.—	+ 2.—	4.—	5.—	+ 1.—
Schlawer Kreisbahnen	100 kg 0.02 M.	8.—	9.—	+ 1.—	4.—	4.50	+ 0.50
Altmärkische Kleinbahnen	.	8.—	8.—	.	*4.—	4.—	.
Spremberger Stadtbahn	.	8.—	10.—	+ 2.—	4.—	5.—	+ 1.—
Gr. Lichterfelde—Stahnsdorfer Kleinbahn	.	8.—	7.—	— 1.—	4.—	5.—	+ 1.—
Straussberg—Herzfelder Kleinbahn	.	8. -	8.—	.	4.—	4.50	+ 0.50
Straussberger Eisenbahn*	.	8.—	8.—	.	4.—	4.—	.
Kleinbahn Mülheim a. Rh.—Leverkusen	4 M. Ueberf. pro Wag.	8.—	11.—	+ 3.—	4.—	5.50	+ 1.50
Kreis Kreuznacher Kleinbahnen*	.	8.—	9.—	+ 1.—	4.—	5.—	+ 1.—
Kleinb. Kleinschmalkalden—Brotterode	.	18 km 11.—	11.—	.	18 km 6.—	6.—	.
Haffuferbahn	.	8.—	8.—	.	4.—	4.50	+ 0.50
Kleinbahn Breslau—Trebnitz—Prausnitz	.	8.—	5.—	— 3.—	4.—	3.—	— 1.—
Trachenberg—Militscher Kreisbahn	.	8.—	5.—	— 3.—	4.—	3.—	— 1.—

Die mit einem Stern (*) versehenen Kleinbahnen gewähren den Interessenten bei Beförderung von einer gewissen Anzahl

II.

t o f f e l n.

Auf eine Entfernung von 10 km						Auf eine Entfernung von 15 km						Auf eine Entfernung von 20 km					
10000 kg			5000 kg			10000 kg			5000 kg			10000 kg			5000 kg		
Staatsbahn	Kleinbahn	Kleinbahn ±	Staatsbahn	Kleinbahn	Kleinbahn ±	Staatsbahn	Kleinbahn	Kleinbahn ±	Staatsbahn	Kleinbahn	Kleinbahn ±	Staatsbahn	Kleinbahn	Kleinbahn ±	Staatsbahn	Kleinbahn	Kleinbahn ±
9.—	9.—	.	5.—	5.—	.	10.—	10.—	.	5.50	5.50	.	11.—	11.—	.	6.50	6.50	.
9.—	.	.	5.—	.	.	10.—	.	.	5.50	.	.	11.—	.	.	6.50	.	.
9.—	10.—	+1.—	5.—	5.—	.	10.—	.	.	5.50	.	.	11.—	.	.	6.50	.	.
9.—	11.50	+2.50	5.—	5.80	+0.80	10.—	12.—	+2.—	5.50	6.—	+0.50	11.—	15.—	+4.—	6.50	7.50	+1.—
9.—	10.—	+1.—	5.—	6.—	+1.—	10.—	12.—	+2.—	5.50	7.—	+1.50	11.—	14.—	+3.—	6.50	8.50	+2.—
9.—	13.—	+4.—	5.—	7.50	+1.50	10.—	16.—	+4.—	5.50	9.50	+4.—	11.—	17.—	+6.—	6.50	10.50	+4.—
9.—	10.—	+1.—	5.—	6.—	+1.—	10.—	12.—	+2.—	5.50	8.—	+2.50	11.—	14.—	+3.—	6.50	9.—	+2.50
9.—	10.—	+1.—	5.—	6.—	+1.—	10.—	12.—	+2.—	5.50	8.—	+2 50	11.—	14.—	+3.—	6.50	9.—	+2.50
9.—	11.—	+2.—	5.—	6.10	+1.10	10.—	14.—	+4.—	5.50	7.70	+2.20	11.—	17.—	+6.—	6.50	9.40	+2.90
9.—	11.—	+2.—	5.—	6.50	+1.50	10.—	13.—	+3.—	5.50	8.50	+3.—	11.—	14.—	+3.—	6.50	10.50	+4.—
9.—	10.—	+1.—	5.—	5.50	+0.50	10.—	11.—	+1.—	5.50	6.50	+1.—	11.—	13.—	+2.—	6.50	7.50	+1.—
9.—	16.—	+7.—	5.—	8.50	+3.50	10.—	.	.	5.50	.	.	11.—	.	.	6.50	.	.
9.—	11.—	+2.—	5.—	5.50	+0.50	10.—	13.—	+3.—	5.50	6.50	+1.—	11.—	14.—	+3.—	6.50	7.—	+0.50
9.—	.	.	5.—	.	.	10.—	.	.	5.50	.	.	11.—	.	.	6.50	.	.
9.—	.	.	5.—	.	.	10.—	.	.	5.50	.	.	11.—	.	.	6.50	.	.
9.—	9.—	.	5.—	4.50	−0.50	10.—	12.—	+2.—	5.50	6.—	+0.50	11.—	13.—	+2.—	6.50	6.50	.
9.—	.	.	5.—	.	.	10.—	.	.	5.50	.	.	11.—	.	.	6.50	.	.
9.—	11.—	+2.—	5.—	6.—	+1.—	10.—	13.—	+3.—	5.50	7.—	+1.50	11.—	14.—	+3.—	6.50	8.—	+1.50
9.—	10.—	+1.—	5.—	6.—	+1.—	10.—	12.—	+2.—	5.50	8.—	+2.50	11.—	14.—	+3.—	6.50	9.—	+2.50
9.—	12.—	+3.—	5.—	7.—	+2.—	10.—	17.—	+7.—	5.50	9.50	+4.—	11.—	22.—	+11.—	6.50	12.—	+5.50
9.—	7.—	−2.—	5.—	4.—	−1.—	10.—	.	.	5.50	.	.	11.—	.	.	6.50	.	.
9.—	10.—	+1.—	5.—	5.—	.	10.—	12.—	+2.—	5.50	6.—	+0.50	11.—	14.—	+3.—	6.50	7.—	+0.50
9.—	.	.	5.—	.	.	10.—	.	.	5.50	.	.	11.—	.	.	6.50	.	.
9.—	12.—	+3.—	5.—	6.50	+1.50	10.—	.	.	5.50	.	.	11.—	.	.	6.50	.	.
9.—	10.—	+1.—	5.—	5.—	.	10.—	12.—	+2.—	5.50	6.—	+0.50	11.—	14.—	+3.—	6.50	7.—	+0.50
9.—	11.—	+2.—	5.—	5.50	+0.50	10.—	14.—	+4.—	5.50	7.—	+1.50	11.—	16.60	+5.60	6.50	8.30	+1.80
9.—	10.—	+1.—	5.—	5.—	.	10.—	12.—	+2.—	5.50	6.—	+0.50	11.—	14.—	+3.—	6.50	7.—	+0.50
9.—	.	.	5.—	.	.	10.—	.	.	5.50	.	.	11.—	.	.	6.50	.	.
9.—	12.—	+3.—	5.—	6.50	+1.50	10.—	.	.	5.50	.	.	11.—	.	.	6.50	.	.
9.—	10.—	+1.—	5.—	5.—	.	10.—	12.—	+2.—	5.50	6.—	+0.50	11.—	14.—	+3.—	6.50	7.—	+0.50
9.—	11.—	+2.—	5.—	5.50	+0.50	10.—	14.—	+4.—	5.50	7.—	+1.50	11.—	16.60	+5.60	6.50	8.30	+1.80
9.—	.	.	5.—	.	.	10.—	.	.	5.50	.	.	11.—	.	.	6.50	.	.
9.—	.	.	5.—	.	.	10.—	.	.	5.50	.	.	11.—	.	.	6.50	.	.
9.—	10.—	+1.—	5.—	6.—	+1.—	10.—	.	.	5.50	.	.	11.—	.	.	6.50	.	.
9.—	9.—	.	5.—	5.—	.	10.—	10.—	.	5.50	5.50	.	11.—	11.—	.	6.50	6.50	.
9.—	.	.	5.—	.	.	10.—	.	.	5.50	.	.	11.—	.	.	6.50	.	.
9.—	13.—	+4.—	5.—	7.—	+2.—	10.—	18.—	+8.—	5.50	9.50	+4.—	11.—	23.—	+12.—	6.50	12.—	+5.50
9.—	.	.	5.—	.	.	10.—	.	.	5.50	.	.	11.—	.	.	6.50	.	.
9.—	9.—	.	5.—	5.50	+0.50	10.—	12.—	+2.—	5.50	7.—	+1.50	11.—	13.—	+2.—	6.50	8.—	+1.50
9.—	8.—	−1.—	5.—	4.—	−1.—	10.—	10.—	.	5.50	5.—	−0.50	11.—	11.—	.	6.50	5.50	−1.—
9.—	8.—	−1.—	5.—	4.—	−1.—	10.—	10.—	.	5.50	5.—	−0.50	11.—	11.—	.	6.50	5.50	−1.—

Wagenladungen eine Frachtermässigung.

Tabelle

Name der Kleinbahn	Umlade- und Ueberfuhrgebühren	Auf eine Entfernung von 6 km					
		10000 kg		Klein-bahn ±	5000 kg		Klein-bahn ±
		Staats-bahn	Klein-bahn		Staats-bahn	Klein-bahn	
Rosenberger Kreisbahn	100 kg 0.02 M.	8.—	6.—	— 2.—	4.—	3.—	— 1.—
Klb. Perleberg—Kyritz u. Rehfeld—Breddin	100 kg 0.02 M.	8.—	5.—	— 3.—	4.—	3.50	— 0.50
Kleinbahnen des Kreises Jerichow I . .	Ueberfuhrgebühren 2 M.	8.—	7.—	— 1.—	4.—	3.50	— 0.50
Kleinbahn Goldbeck—Werben—Elbe . .		8.—	11.—	+ 3.—	4.—	6.—	+ 2.—
Kleinbahn Heudeber—Mattierzoll		8.—	8.—	.	4.—	4.—	.
Halle—Hettstedter Eisenbahn	Ueberfuhrgebühren 1 M.	8.—	8.—	.	4.—	5.—	+ 1.—
Aschersleb.—Schneidl.—Nienhag. Kleinb.*	Ueberfuhrgebühren 0.70 M.	8.—	5.60	— 2.40	4.—	3.70	— 0.30
Börssum—Hornburger Eisenbahn	100 kg 1.5 Pf. Mind. 0.75 M.	8.—	8.—	.	4.—	4.—	.
Kolberger Kleinbahn	.	8.—	8.—	.	4.—	4.50	+ 0.50
Greifenhagener Kreisbahnen	.	8.—	8 —	.	4.—	5.—	+ 1.—
Kgs.-Wusterh.—Mittenwalde—Töpch. Klb.	.	8.—	4.—	— 4.—	4.—	4.—	.
Kleinbahn Wächtersbach—Birstein* . . .	.	8.—	8.—	.	4.—	4.—	.
Spessartbahn Akt.-Ges.*	Rangieren und Kippen 1 M. Uml. mit der Schippe 2 M., mit der Hand 3 M. 5 t die Hälfte	8.—	.	.	4.—	.	.
Stolpethalb. u. Rathsdamnitz—Muttr. Esb.	.	8.—	9.—	+ 1 —	4.—	6.50	+ 2.50
Saatziger Kleinbahnen	100 kg 0.02 M. Mind 1 M.	8.—	.	.	4.—	.	.
Demminer Kleinbahnen	100 kg 1.5 Pf. Mind. 0.75 M.	8.—	8.—	.	4.—	4.50	+ 0.50
Greifswald—Jarmener Kleinbahn	desgl.	8 —	8.—	.	4.—	4.50	+ 0.50
Greifswald—Wolgaster Kleinbahn	100 kg 1.5 Pf. Mind. 1 M.	8.—	8 —	.	4. –	4.50	+ 0.50
Stolper Kreisbahn	desgl.	8.—	9.—	+ 1 —	4.—	6.50	+ 2.50
Randower Kleinbahn	.	8.—	8.—	.	4. –	4.50	+ 0.50
Greifenberger Kleinbahn	100 kg 1.5 Pf. Mind. 0.75 M.	8.—	8 —	.	4.—	4.50	+ 0.50
Franzburger Kreisbahnen	100 kg 1.5 Pf. Mind. 0.75 M. Für Rüben v. Franzb. Süd. 2 M. pro Wag.	8.—	8.—	.	4.—	6.—	+ 2.—
Franzburger Südbahn	.	8.—	8.—	.	4.—	6.—	+ 2.—
Anclam—Lassaner Eisenbahn	100 kg 1 5 Pf. Mind. 0.75 M.	8.—	8.—	.	4.—	4.—	.
Rügensche Kleinbahnen	desgl.	8.—	8.—	.	4.—	5.20	+ 1.20
Greifswald—Grimmener Eisenbahn . . .	.	8.—	9.—	+ 1 —	4.—	5.—	+ 1.—
Pyritzer Kreisbahnen	.	8.—	8.—	.	4.—	4.—	.
Kleinbahn Deutsch Krone—Virchow . .	100 kg 1.5 Pf. Mind. 1 M.	8.—	8.—	.	4.—	4.50	+ 0.50
Kleinbahn Casekow—Pencun—Oder . . .	.	8.—	12.—	+ 4.—	4. –	6.—	+ 2. –
Uckermärkische Lokalbahn	.	8.—	10.—	+ 2.—	4.—	5.50	+ 1.50
Rastenburg—Sensburger Kleinbahn . . .	100 kg 0.02 M.	8.—	8.—	.	4.—	6.—	+ 2.—
Kreiseisenbahn Flensburg—Kappeln . . .	Allg. Wagenl.-Kl. 100 kg 0.03 M. Spezialtarife 100 kg 0.02 M.	8.—	10.—	+ 2.—	4.—	5.—	+ 1.—
Wehlau—Friedländer Eisenbahn	100 kg 1.5 Pf. Mind. 1 M.	8.—	8.—	.	4.—	4.50	+ 0.50
Mecklenburg-Pommersche Schmalspurb.	Allg. Wagenl.-Kl. 100 kg. 0.03 M. Specialt. u. A. T. 100 kg. 0.02 M.	8.—	6.—	— 2.—	4.—	3.—	— 1.—
Aachener Kleinbahn-Gesellschaft*	.	8.—	7.—	— 1.—	4.—	3.50	— 0.50
Kleinbahnen des Kreises Witkowo . . .	.	8.—	.	.	4.—	.	.
Köthener Kleinbahn	Ueberfuhrgeb. Köthen 0.50 M. Ueberfuhrgeb. Dessau 0.70 M.	8.—	8.50	+ 0.50	4.—	4.50	+ 0.50
Steinhuder Meerbahn	.	8.—	9.—	+ 1.—	4.—	4.50	+ 0.50

Die mit einem Stern (*) versehenen Kleinbahnen gewähren den Interessenten bei Beförderung von e.ner gewissen Anzahl

Auf eine Entfernung von 10 km						Auf eine Entfernung von 15 km						Auf eine Entfernung von 20 km					
10000 kg		Kleinbahn ±	5000 kg		Kleinbahn ±	10000 kg		Kleinbahn ±	5000 kg		Kleinbahn ±	10000 kg		Kleinbahn ±	5000 kg		Kleinbahn ±
Staatsbahn	Kleinbahn	+	Staatsbahn	Kleinbahn	+	Staatsbahn	Kleinbahn	+	Staatsbahn	Kleinbahn	+	Staatsbahn	Kleinbahn	+	Staatsbahn	Kleinbahn	+
9.—	9.—	.	5.—	4.50	−0.50	10.—	.	.	5.50	.	.	11.—	.	.	6.50	.	.
9.—	6.—	−3.—	5.—	4.50	−0.50	10.—	7.—	−3.—	5.50	5.50	.	11.—	9.—	−2.—	6.50	7.—	+0.50
9.—	9.—	.	5.—	4.50	−0.50	10.—	10.—	.	5.50	5.—	−0.50	11.—	11.—	.	6.50	5.50	−1.—
9.—	16.—	+7.—	5.—	9.—	+4.—	10.—	22.—	+12.—	5.50	12.—	+6.50	11.—	24.—	+13.—	6.50	14.—	+7.50
9.—	9.—	.	5.—	5.50	+0.50	10.—	10.—	.	5.50	6.50	+1.—	11.—	11.—	.	6.50	7.50	+1.—
9.—	9.—	.	5.—	6.—	+1.—	10.—	10.—	.	5.50	7.—	+1.50	11.—	11.—	.	6.50	8.—	+1.50
9.—	6.60	−2.40	5.—	4.40	−0.60	10.—	9.50	−0.50	5.50	6.30	+0.80	11.—	11.20	+0.20	6.50	7.50	+1.—
9.—	9.—	.	5.—	5.—	.	10.—	10.—	.	5.50	5.50	.	11.—	11.—	.	6.50	6.50	.
9.—	10.—	+1.—	5.—	5.50	+0.50	10.—	11.—	+1.—	5.50	6.50	+1.—	11.—	13.—	+2.—	6.50	7.50	+1.—
9.—	10.—	+1.—	5.—	7.—	+2.—	10.—	14.—	+4.—	5.50	8.—	+2.50	11.—	16.—	+5.—	6.50	9.50	+3.—
9.—	7.—	−2.—	5.—	7.—	+2.—	10.—	8.—	−2.—	5.50	8.—	+2.50	11.—	.	.	6.50	.	.
9.—	9.—	.	5.—	5.—	.	10.—	10.—	.	5.50	5.50	.	11.—	11.—	.	6.50	6.50	.
9.—	.	.	5.—	.	.	10.—	18.—	+8.—	5.50	9.—	+3.50	11.—	.	.	6.50	.	.
9.—	10.—	+1.—	5.—	9.—	+4.—	10.—	12.—	+2.—	5.50	11.50	+6.—	11.—	14.—	+3.—	6.50	13.—	+6.50
8.— (8 km)	8.—	.	4.50 (8 km)	4.50	.	10.—	11.—	+1.—	5.50	6.—	+0.50	11.— (21 km)	13.—	+2.—	6.50 (21 km)	7.50	+1.—
9.—	10.—	+1.—	5.—	5.50	+0.50	10.—	11.—	+1.—	5.50	6.50	+1.—	11.—	13.—	+2.—	6.50	7.50	+1.—
9.—	10.—	+1.—	5.—	5.50	+0.50	10.—	11.—	+1.—	5.50	6.50	+1.—	11.—	13.—	+2.—	6.50	7.50	+1.—
9.—	10.—	+1.—	5.—	5.50	+0.50	10.—	11.—	+1.—	5.50	6.50	+1.—	11.—	13.—	+2.—	6.50	7.50	+1.—
9.—	10.—	+1.—	5.—	7.50	+2.50	10.—	12.—	+2.—	5.50	9.—	+3.50	11.—	14.—	+3.—	6.50	10.50	+4.—
9.—	10.—	+1.—	5.—	6.—	+1.—	10.—	12.—	+2.—	5.50	7.—	+1.50	11.—	14.—	+3.—	6.50	8.50	+2.—
9.—	10.—	+1.—	5.—	5.50	+0.50	10.—	11.—	+1.—	5.50	6.50	+1.—	11.—	13.—	+2.—	6.50	7.50	+1.—
9.—	9.—	.	5.—	6.80	+1.80	10.—	10.—	.	5.50	7.50	+2.—	11.—	11.—	.	6.50	8.30	+1.80
9.—	9.—	.	5.—	7.—	+2.—	10.—	10.—	.	5.50	9.—	+3.50	11.—	11.—	.	6.50	10.50	+4.—
9.—	10.—	+1.—	5.—	5.—	.	10.—	11.—	+1.—	5.50	5.50	.	11.—	13.—	+2.—	6.50	6.50	.
9.—	9.—	.	5.—	5.90	+0.90	10.—	10.—	.	5.50	6.50	+1.—	11.—	11.—	.	6.50	7.20	+0.70
9.—	10.—	+1.—	5.—	5.50	+0.50	10.—	12.—	+2.—	5.50	7.—	+1.50	11.—	13.—	+2.—	6.50	8.—	+1.50
9.—	9.—	.	5.—	5.—	.	10.—	10.—	.	5.50	5.50	.	11.—	11.—	.	6.50	6.50	.
9.—	11.—	+2.—	5.—	7.—	+2.—	10.—	15.—	+5.—	5.50	9.—	+3.50	11.—	18.—	+7.—	6.50	11.—	+4.50
9.—	20.—	+11.—	5.—	10.—	+5.—	10.—	27.50	+17.50	5.50	13.80	+8.30	11.—	35.—	+24.—	6.50	17.50	+11.—
9.—	11.—	+2.—	5.—	6.50	+1.50	10.—	.	.	5.50	.	.	11.—	.	.	6.50	.	.
9.—	9.—	.	5.—	7.20	+2.20	10.—	12.—	+2.—	5.50	9.—	+3.50	11.—	13.—	+2.—	6.50	10.20	+3.70
9.—	11.—	+2.—	5.—	.	.	10.—	13.—	+3.—	5.50	7.—	+1.50	11.—	14.—	+3.—	6.50	8.—	+1.50
9.—	10.—	+1.—	5.—	6.—	+1.—	10.—	14.—	+4.—	5.50	7.—	+1.50	11.—	16.—	+5.—	6.50	8.50	+2.—
9.—	7.—	−2.—	5.—	4.—	−1.—	10.—	8.50	−1.50	5.50	4.80	−0.70	11.—	16.—	+5.—	6.50	8.50	+2.—
9.—	8.—	−1.—	5.—	4.—	−1.—	10.—	10.—	.	5.50	5.—	−0.50	11.—	9.50	−1.50	6.50	5.80	−0.70
9.—	.	.	5.—	.	.	10.—	.	.	5.50	.	.	11.—	11.—	.	6.50	5.50	−1.—
9.—	10.50	+1.50	5.—	5.50	+0.50	10.—	12.50	+2.50	5.50	6.50	+1.—	11.—	14.50	+3.50	6.50	7.50	+1.—
9.—	10.—	+1.—	5.—	5.—	.	10.—	12.—	+2.—	5.50	6.—	+0.50	11.—	14.—	+3.—	6.50	7.—	+0.50

Wagenladungen eine Frachtermässigung.

Z u c k e r =

Name der Kleinbahn	Umlade- und Ueberfuhrgebühren	Auf eine Entfernung von 6 km					
		10000 kg			5000 kg		
		Staatsbahn	Kleinbahn	Kleinbahn ±	Staatsbahn	Kleinbahn	Kleinbahn ±
Mindener Kreisbahnen	.	8.—	8.—	.	4.—	4.—	.
Kleinbahn Gr. Peterwitz—Katscher . . .	.	8.—	5.—	—3.—	4.—	5.—	+1.—
Zniner Kleinbahn	20 Ctr. 0.05 M., für jede weiteren 10 Ctr. 0.05 M.	8.— 5 km	6.—	—2.—	4.— 5 km	3.—	—1.—
Wreschener Kleinbahn	100 kg 2.5 Pf.	7.—	10.—	+3.—	4.—	5.—	+1.—
Cüstrin—Sonnenburger Kleinbahn	100 kg 0.02 M. Mind. 1 M.	8.—	8.—	.	4.—	4.50	+0.50
Kiel—Schönberger Eisenbahn	100 kg 1.5 Pf. Mind. 0.75 M.	8.—	8.—	.	4.—	5.—	+1.—
Bergheimer Kreisbahnen*	.	8.—	8.—	.	4.—	4.50	+0.50
Euskirchener Kreisbahnen*	100 kg 0.04 M.	8.—	7.—	—1.—	4.—	4.50	+0.50
Alsener Kreisbahnen.	100 kg 0.04 M.	8.—	8.—	.	4.—	4.40	+0.40
Göttinger Kleinbahn.	100 kg 1.5 Pf. Mind. 1 M.	8.—	8.—	.	4.—	5.—	+1.—
Bleckeder Kreisbahnen	100 kg 1.5 Pf. Mind. 0.75 M.	8.—	8.—	.	4.—	4.—	.
Kleinbahn Niebüll—Dagebüll	Allg. Wagenladungs-Klasse 0.03 M. Spezialtarife 0.02 M.	8.—	15.—	+7.—	4.—	7.50	+3.50
Kleinbahnen des Kreises Hadersleben . .	desgl.	8.—	10.—	+2.—	4.—	5.—	+1.—
Friedeberger Kleinbahn	100 kg 0.04 M.	8.— 3 km	10.—	+2.—	4.— 3 km	5.—	+1.—
Stadtbahn Briesen i. Westpr.	100 kg 1.5 Pf.	7.—	4.—	—3.—	3.50	3.—	—0.50
Bromberg und Wirsitzer Kreisbahnen . .	Tarif I 100 kg 0.03 M. Tarif II—V 0.02 M.	8.—	8.—	.	4.—	4.—	.
Wallückebahn	Allg. Wagenladungs-Klasse 0.03 M. Spezialtarife 00.2 M.	8.—	11.—	+3.—	4.—	5.50	+1.50
Kleinbahn Apenrade—Gravenstein . . .	100 kg 1.5 Pf. Mind. 1 M.	8.—	10.—	+2.—	4.—	5.—	+1.—
Kleinbahn Mödrath—Liblar - Brühl* . . .	desgl.	8.—	8.—	.	4.—	4.50	+0.50
Engelskirchen—Marienheider Eisenbahn .	100 kg. 1.5 Pf. Kartoff. 0.02 M. Mindestsatz 1 M.	8.— 7 km	9.—	+1.—	4.— 7 km	5.—	+1.—
Köln—Frechener Eisenbahn	100 kg 0.02 M. Mind. 1 M.	8.—	4.80	—3.20	4.—	2.80	—1.20
Ruhr—Lippe-Kleinbahnen	.	8.—	7.—	—1.—	4.—	3.50	—0.50
Ostpriegnitzer Kreiseisenbahnen.	.	8.—	6.—	—2.—	4.—	4.—	.
Wermelskirchen—Burger Eisenbahn . . .	.	8.—	10.—	+2.—	4.—	5.50	+1.50
Schlawer Kreisbahnen.	100 kg 0.02 M.	8.—	13.—	+5.—	4.—	6.50	+2.50
Altmärkische Kleinbahnen	.	8.—	7.50	—0.50	4.—	3.80	—0.20
Spremberger Stadtbahn	.	7.— 4 km	10.—	+3.—	3.50 4 km	5.—	+1.50
Gr. Lichterfelde—Stahnsdorfer Kleinbahn	.	7.— 5 km	7.—	.	4.— 5 km	5.—	+1.—
Straussberg—Herzfelder Kleinbahn . . .	.	8.—	8.—	.	4.—	4.50	+0.50
Straussberger Eisenbahn*	.	8.—	8.—	.	4.—	4.—	.
Kleinbahn Mülheim a. Rh.—Leverkusen .	4 M. Ueberf. pro Wag.	8.—	11.—	+3.—	4.—	5.50	+1.50
Kreis Kreuznacher Kleinbahnen*	.	8.—	9.—	+1.—	4.—	5.—	+1.—
Kleinb. Kleinschmalkalden—Brotterode .	.	8.—	.	.	4.—	.	.
Haffuferbahn	.	8.—	8.—	.	4.—	4.50	+0.50
Kleinbahn Breslau—Trebnitz—Prausnitz .	.	8.—	5.—	—3.—	4.—	3.—	—1.—
Trachenberg—Militscher Kreisbahn . . .	.	8.—	5.—	—3.—	4.—	3.—	—1.—

Die mit einem Stern (*) versehenen Kleinbahnen gewähren den Interessenten bei Beförderung von einer gewissen Anzahl

II.

Auf eine Entfernung von 10 km						Auf eine Entfernung von 15 km						Auf eine Entfernung von 20 km					
10000 kg		Kleinbahn ±	5000 kg		Kleinbahn ±	10000 kg		Kleinbahn ±	5000 kg		Kleinbahn ±	10000 kg		Kleinbahn ±	5000 kg		Kleinbahn ±
Staatsbahn	Kleinbahn		Staatsbahn	Kleinbahn		Staatsbahn	Kleinbahn		Staatsbahn	Kleinbahn		Staatsbahn	Kleinbahn		Staatsbahn	Kleinbahn	

r ü b e n.

Auf eine Entfernung von 10 km						Auf eine Entfernung von 15 km						Auf eine Entfernung von 20 km					
10000 kg		Kleinbahn ±	5000 kg		Kleinbahn ±	10000 kg		Kleinbahn ±	5000 kg		Kleinbahn ±	10000 kg		Kleinbahn ±	5000 kg		Kleinbahn ±
Staatsbahn	Kleinbahn		Staatsbahn	Kleinbahn		Staatsbahn	Kleinbahn		Staatsbahn	Kleinbahn		Staatsbahn	Kleinbahn		Staatsbahn	Kleinbahn	
9.—	9.—	.	5.—	4.50	—0.50	10.—	10.—	.	5.50	5.—	+0.50	11.—	11.—	.	6.50	5.50	+1.—
9.—	.	.	5.—	.	.	10.—	.	.	5.50	.	.	11.—	.	.	6.50	.	.
9.—	10.—	+1.—	5.—	5.—	.	10.—	.	.	5.50	.	.	11.—	.	.	6.50	.	.
9.—	15.—	+6.—	5.—	7.50	+2.50	10.—	20.—	+10.—	5.50	10.—	+4.50	11.—	25.—	+14.—	6.50	12.50	+6.—
9.—	9.—	.	5.—	6.—	+1.—	10.—	10.—	.	5.50	7.—	+1.50	11.—	11.—	.	6.50	8.50	+2.—
9.—	13.—	+4.—	5.—	7.50	+2.50	10.—	16.—	+6.—	5.50	9.50	+4.—	11.—	17.—	+6.—	6.50	10.50	+4.—
9.—	10.—	+1.—	5.—	6.—	+1.—	10.—	12.—	+2.—	5.50	8.—	+2.50	11.—	14.—	+3.—	6.50	9.—	+2.50
9.—	10.—	+1.—	5.—	6.—	+1.—	10.—	12.—	+2.—	5.50	8.—	+2.50	11.—	14.—	+3.—	6.50	9.—	+2.50
9.—	11.—	+2.—	5.—	6.10	+1.10	10.—	14.—	+4.—	5.50	7.70	+2.20	11.—	17.—	+6.—	6.50	9.40	+2.90
9.—	9.—	.	5.—	6.50	+1.50	10.—	11.—	+1.—	5.50	8.50	+3.—	11.—	13.—	+2.—	6.50	10.50	+4.—
9.—	10.—	+1.—	5.—	5.50	+0.50	10.—	11.—	+1.—	5.50	6.50	+1.—	11.—	13.—	+2.—	6.50	7.50	+1.—
9.—	16.—	+7.—	5.—	8.50	+3.50	10.—	.	.	5.50	.	.	11.—	.	.	6.50	.	.
9.—	11.—	+2.—	5.—	6.—	+1.—	10.—	13.—	+3.—	5.50	7.—	+1.50	11.—	14.—	+3.—	6.50	8.—	+1.50
9.—	.	.	5.—	.	.	10.—	.	.	5.50	.	.	11.—	.	.	6.50	.	.
9.—	.	.	5.—	.	.	10.—	.	.	5.50	.	.	11.—	.	.	6.50	.	.
9.— 9 km	9.—	.	5.— 9 km	4.50	—0.50	10.—	12.—	+2.—	5.50	6.—	+0.50	11.—	13.—	+2.—	6.50	6.50	.
8.—	12.—	+4.—	4.50	6.—	+1.50	10.—	.	.	5.50	.	.	11.—	.	.	6.50	.	.
9.—	11.—	+2.—	5.—	6.—	+1.—	10.—	13.—	+3.—	5.50	7.—	+1.50	11.—	14.—	+3.—	6.50	8.—	+1.50
9.—	10.—	+1.—	5.—	6.—	+1.—	10.—	12.—	+2.—	5.50	8.—	+2.50	11.—	14.—	+3.—	6.50	9.—	+2.50
9.—	12.—	+3.—	5.—	7.—	+2.—	10.—	17.—	+7.—	5.50	9.50	+4.—	11.—	22.—	+11.—	6.50	12.—	+5.50
9.—	6.—	—3.—	5.—	3.50	—1.50	10.—	.	.	5.50	.	.	11.—	.	.	6.50	.	.
9.— 11 km	9.—	.	5.— 11 km	4.50	—0.50	10.— 18 km	11.—	+1.—	5.50 18 km	5.50	.	11.—	13.—	+2.—	6.50	6.50	.
9.— 10,8 km	7.—	—2.—	5.— 10,8 km	5.50	+0.50	11.— 18 km	10.—	—1.—	6.— 18 km	7.50	+1.50	11.—	.	.	6.50	.	.
9.—	12.—	+3.—	5.—	6.50	+1.50	10.—	.	.	5.50	.	.	11.—	.	.	6.50	.	.
9.—	16.—	+7.—	5.—	8.—	+3.—	10.—	20.—	+10.—	5.50	10.—	+4.50	11.—	23.—	+12.—	6.50	11.50	+5.—
9.—	10.50	+1.50	5.—	5.30	+0.30	10.—	13.50	+3.50	5.50	6.80	+1.30	11.—	16.10	+5.10	6.50	8.10	+1.60
9.—	.	.	5.—	.	.	10.—	.	.	5.50	.	.	11.—	.	.	6.50	.	.
9.—	.	.	5.—	.	.	10.—	.	.	5.50	.	.	11.—	.	.	6.50	.	.
9.—	9.—	.	5.—	6.—	+1.—	10.—	.	.	5.50	.	.	11.—	.	.	6.50	.	.
9.—	9.—	.	5.—	5.—	.	10.—	10.—	.	5.50	5.50	.	11.—	11.—	.	6.50	6.50	.
9.—	.	.	5.—	.	.	10.—	.	.	5.50	.	.	11.—	.	.	6.50	.	.
9.—	13.—	+4.—	5.—	7.—	+2.—	10.— 18 km	18.—	+8.—	5.50 18 km	9.50	+4.—	11.—	23.—	+12.—	6.50	12.—	+5.50
9.—	.	.	5.—	.	.	11.—	11.—	.	6.—	6.—	.	11.—	.	.	6.50	.	.
9.—	9.—	.	5.—	5.50	+0.50	10.—	11.—	+1.—	5.50	7.—	+1.50	11.—	12.—	+1.—	6.50	8.—	+1.50
9.—	8.—	—1.—	5.—	4.—	—1.—	10.—	10.—	.	5.50	5.—	—0.50	11.—	11.—	.	6.50	5.50	—1.—
9.—	8.—	—1.—	5.—	4.—	—1.—	10.—	10.—	.	5.50	5.—	—0.50	11.—	11.—	.	6.50	5.50	—1.—

Tabelle

Name der Kleinbahn	Umlade- und Ueberfuhrgebühren	Auf eine Entfernung von 6 km					
		10000 kg		Klein-bahn +	5000 kg		Klein-bahn +
		Staatsbahn	Kleinbahn		Staatsbahn	Kleinbahn	
Rosenberger Kreisbahn	100 kg 0.02 M.	8.—	6.—	— 2.—	4.—	3.—	— 1.—
Klb. Perleberg—Kyritz u. Rehfeld—Breddin	100 kg 0.02 M.	8.—	5.—	— 3.—	4.—	3.50	— 0.50
Kleinbahnen des Kreises Jerichow I . .	Ueberfuhrgebühren 2 M.	8.—	7—	— 1.—	4.—	3.50	— 0.50
Kleinbahn Goldbeck—Werben—Elbe . .	.	8.—	10.—	+ 2.—	4.—	6.—	+ 2.—
Kleinbahn Heudeber—Mattierzoll	.	8.—	8.—	.	4.—	4.—	.
Halle—Hettstedter Eisenbahn	Ueberfuhrgebühren 1 M.	8.—	8.—	.	4.—	5.—	+ 1.—
Aschersleb.—Schneidl.—Nienhag. Kleinb.*	Ueberfuhrgebühren 0.70 M.	8.—	5.60	— 2.40	4.—	3.70	— 0.30
Börssum—Hornburger Eisenbahn	100 kg 1.5 Pf. Mind. 0.75 M.	8.—	8.—	.	4.—	4.—	.
Kolberger Kleinbahn	.	8.—	8.—	.	4.—	4.50	+ 0.50
Greifenhagener Kreisbahnen	.	8.—	8—	.	4.—	5.—	+ 1.—
Kgs.-Wusterh.—Mittenwalde—Töpch. Klb.	.	8.—	7.—	— 1.—	4.—	4.—	.
Kleinbahn Wächtersbach—Birstein* . . .	.	8.—	11.—	+ 3.—	4.—	6.50	+ 2.50
Spessartbahn Akt.-Ges.*	Rangieren und Kippen 1 M. Uml. mit der Schippe 2 M., mit der Hand 8 M. 5 t die Hälfte	8.—	.	.	4.—	.	.
Stolpethalb. u. Rathsdamnitz—Muttr. Esb.	.	8.—	10.—	+ 2.—	4.—	6.50	+ 2.50
Saatziger Kleinbahnen	100 kg 0.02 M. Mind. 1 M.	8.—	.	.	4.—	.	.
Demminer Kleinbahnen	100 kg 1.5 Pf. Mind. 0.75 M.	8.—	8.—	.	4.—	4.50	+ 0.50
Greifswald—Jarmener Kleinbahn	desgl.	8.—	8.—	.	4.—	4.50	+ 0.50
Greifswald—Wolgaster Kleinbahn	100 kg 1.5 Pf. Mind. 1 M.	8.—	8—	.	4.—	4.50	+ 0.50
Stolper Kreisbahn	desgl.	8.—	10.—	+ 2.—	4.—	6.50	+ 2.50
Randower Kleinbahn	.	8.—	8.—	.	4.—	4.50	+ 0.50
Greifenberger Kleinbahn	100 kg 1.5 Pf. Mind. 0.75 M.	8.—	8—	.	4.—	4.50	+ 0.50
Franzburger Kreisbahnen	100 kg 1.5 Pf. Mind. 0.75 M. Für Rüben v. Franzb. Süd. 2 M. pro Wag.	8.—	9.—	+ 1—	4.—	.	.
Franzburger Südbahn	.	8.—	8.—	.	4.—	6.—	+ 2.—
Anclam—Lassaner Eisenbahn	100 kg 1.5 Pf. Mind. 0.75 M.	8.—	8.—	.	4.—	4.—	.
Rügensche Kleinbahnen	desgl.	8.—	8.—	.	4.—	5.20	+ 1.20
Greifswald—Grimmener Eisenbahn . . .	.	8.—	9.—	+ 1.—	4.—	5.—	+ 1.—
Pyritzer Kreisbahnen	.	8.—	8.—	.	4.—	4.—	.
Kleinbahn Deutsch Krone—Virchow . .	100 kg 1.5 Pf. Mind. 1 M.	8.—	8.—	.	4.—	4.50	+ 0.50
Kleinbahn Casekow—Pencun—Oder . . .	.	8.—	5.50	— 2.50	4.—	3.—	— 1.—
Uckermärkische Lokalbahn	.	8.—	10.—	+ 2.—	4.—	5.50	+ 1.50
Rastenburg—Sensburger Kleinbahn . . .	100 kg 0.02 M.	8.—	10.—	+ 2.—	4.—	6.—	+ 2.—
Kreiseisenbahn Flensburg—Kappeln . . .	Allg. Wagenl.-Kl. 100 kg 0.03 M. Spezialtarife 100 kg 0.02 M.	8.—	10.—	+ 2.—	4.—	5.—	+ 1.—
Wehlau—Friedländer Eisenbahn	100 kg 1.5 Pf. Mind. 1 M.	8.—	8.—	.	4.—	4.50	+ 0.50
Mecklenburg-Pommersche Schmalspurb.	Allg. Wagenl.-Kl. 100 kg 0.08 M. Specialt. u. A. T. 100 kg 0.02 M.	8.—	6.—	— 2.—	4.—	3.—	— 1.—
Aachener Kleinbahn-Gesellschaft*	.	8.—	7.—	— 1.—	4.—	3.50	— 0.50
Kleinbahnen des Kreises Witkowo . . .	.	8.—	.	.	4.—	.	.
Köthener Kleinbahn	Ueberfuhrgeb. Köthen 0.50 M. Ueberfuhrgeb. Dessau 0.70 M.	8.—	8.—	.	4.—	4.—	.
Steinhuder Meerbahn	.	8.—	9.—	+ 1.—	4.—	4.50	+ 0.50

Die mit einem Stern (*) versehenen Kleinbahnen gewähren den Interessenten bei Beförderung von einer gewissen Anzahl

II.

Auf eine Entfernung von 10 km						Auf eine Entfernung von 15 km						Auf eine Entfernung von 20 km					
10000 kg		Klein-bahn ±	5000 kg		Klein-bahn ±	10000 kg		Klein-bahn ±	5000 kg		Klein-bahn ±	10000 kg		Klein-bahn ±	5000 kg		Klein-bahn ±
Staats-bahn	Klein-bahn		Staats-bahn	Klein-bahn		Staats-bahn	Klein-bahn		Staats-bahn	Klein-bahn		Staats-bahn	Klein-bahn		Staats-bahn	Klein-bahn	
9.—	9.—	.	5.—	4.50	− 0.50	10.—	10.—	.	5.50	5.—	− 0.50	11.—	.	.	5.50	.	.
9.—	6.—	− 3.—	5.—	4.50	− 0.50	10.—	7.—	− 3.—	5.50	5.50	.	11.—	9.—	− 2.—	5.50	7.—	+ 1.50
9.—	8.—	− 1.—	5.—	4.50	− 0.50	10.—	10.—	.	5.50	5.—	− 0.50	11.—	11.—	.	5.50	5.50	.
9.—	16.—	+ 7.—	5.—	9.—	+ 4.—	10.—	19.—	+ 9.—	5.50	12.—	+ 6.50	11.—	22.—	+ 11.—	5.50	14.—	+ 8.50
9.—	9.—	.	5.—	5.50	+ 0.50	10.—	10.—	.	5.50	6.50	+ 1.—	11.—	11.—	.	5.50	7.—	+ 1.50
9.—	9.—	.	5.—	5.50	+ 0.50	10.—	10.—	.	5.50	6.50	+ 1.—	11.—	11.—	.	5.50	7.—	+ 1.50
9.—	6.60	− 2.40	5.—	4.40	− 0.60	10.—	9.50	− 0.50	5.50	6.30	+ 0.80	11.—	11.20	+ 0.20	5.50	7.50	+ 2.—
9.—	9.—	.	5 —	5.—	.	10.—	10.—	.	5.50	5.50	.	11.—	11.—	.	5.50	5.50	.
9.—	10.—	+ 1.—	5.—	5.50	+ 0.50	10.—	11.—	+ 1.—	5.50	6.50	+ 1.—	11.—	13.—	+ 2.—	5.50	7.50	+ 2.—
9.—	10.—	+ 1.—	5.—	7.—	+ 2.—	10.—	11.—	+ 1.—	5.50	8.—	+ 2.50	11.—	13.—	+ 2.—	5.50	9.50	+ 4.—
9.—	12.—	+ 3.—	5.—	7.—	+ 2.—	10.—	15.—	+ 5.—	5.50	8.50	+ 3.—	11.—	.	.	5.50	.	.
9.—	15.—	+ 6.—	5.—	8.—	+ 3.—	10.—	.	.	5.50	.	.	11.—	.	.	5.50	.	.
9.—	.	.	5.—	.	.	10.—	18.—	+ 8.—	5.50	9.—	+ 3.50	11.—	.	.	5.50	.	.
9.—	14.—	+ 5.—	5.—	9.—	+ 4.—	10.—	18.—	+ 8.—	5.50	11.50	+ 6.—	11.—	21.—	+ 10.—	5.50	13.—	+ 7.50
8.— (8 km)	10.—	+ 2.—	4.50 (8 km)	5.50	+ 1.—	10.—	11.—	+ 1.—	5.50	6.50	+ 1.—	11.— (21 km)	13.—	+ 2.—	6.50 (21 km)	7.50	+ 1.—
9.—	10.—	+ 1.—	5.—	5.50	+ 0.50	10.—	11.—	+ 1.—	5.50	6.50	+ 1.—	11.—	13.—	+ 2.—	5.50	7.50	+ 2.—
9.—	10.—	+ 1.—	5.—	5.50	+ 0.50	10.—	11.—	+ 1.—	5.50	6.50	+ 1.—	11 —	13.—	+ 2.—	5.50	7.50	+ 2.—
9.—	10.—	+ 1.—	5.—	5.50	+ 0.50	10.—	11.—	+ 1.—	5.50	6.50	+ 1.—	11.—	13.—	+ 2.—	5.50	7.50	+ 2.—
9.—	14.—	+ 5.—	5.—	9.—	+ 4.—	10.—	18.—	+ 8.—	5.50	11.50	+ 6.—	11.—	21.—	+ 10.—	5.50	13.—	+ 7.50
9.—	10.—	+ 1.—	5.—	6.—	+ 1.—	10.—	11.—	+ 1.—	5.50	7.—	+ 1.50	11.—	12.—	+ 1.—	5.50	8.50	+ 3.—
9.—	9.—	.	5.—	5.50	+ 0.50	10.—	10.—	.	5.50	7.—	+ 1.50	11.—	11.—	.	5.50	6.—	+ 0.50
9.—	10.—	+ 1.—	5.—	.	.	10.—	12.—	+ 2.—	5.50	.	.	11.—	13.—	+ 2.—	5.50	.	.
9.—	9.—	.	5.—	7 —	+ 2.—	10 —	10.—	.	5.50	9.—	+ 3.50	11.—	11.—	.	5.50	10.50	+ 5.—
9.—	9.—	.	5.—	4.50	− 0.50	10.—	10.—	.	5.50	5.—	− 0.50	11.—	11.—	.	5.50	5.50	.
9.—	9.—	.	5.—	5.90	+ 0.90	10.—	10.—	.	5.50	6.50	+ 1.—	11.—	11.—	.	5.50	7.20	+ 1.70
9.—	10.—	+ 1.—	5.—	5.50	+ 0.50	10.—	12.—	+ 2.—	5.50	7.—	+ 1.50	11.—	13.—	+ 2.—	5.50	8.—	+ 2.50
9.—	9.—	.	5.—	5.—	.	10.—	10.—	.	5.50	5.50	.	11.—	11.—	.	5.50	6.50	+ 1.—
9.—	11.—	+ 2.—	5.—	7.—	+ 2.—	10.—	14.—	+ 4.—	5.50	9.—	+ 3.50	11.—	17.—	+ 6.—	5.50	11.—	+ 5.50
9.—	7.50	− 1.50	5.—	3.80	− 1.20	10.—	9.50	− 0.50	5.50	4.80	− 0.70	11.—	11.—	.	5.50	5.50	.
9.—	11.—	+ 2.—	5.—	6.50	+ 1.50	10.—	.	.	5.50	.	.	11.—	.	.	5.50	.	.
9.—	12.—	+ 3.—	5.—	8.50	+ 3.50	10.—	10.—	.	5.50	7.—	+ 1.50	11.—	14.—	+ 3.—	5.50	.	.
9.—	11.—	+ 2.—	5.—	6.—	+ 1.—	10.—	13.—	+ 3.—	5.50	.	.	11.—	14.—	+ 3.—	5.50	8.—	+ 2.50
9.—	10.—	+ 1.—	5.—	6.—	+ 1.—	10.—	12.—	+ 2.—	5.50	7.—	+ 1.50	11.—	19.50	+ 8.50	5.50	8.—	+ 2.50
9.—	7.—	− 2.—	5.—	4.—	− 1. -	10.—	8.50	− 1.50	5.50	4.80	− 0.70	11.—	11.—	.	5.50	5.80	+ 0.30
9.—	8.—	− 1.—	5.—	4.—	− 1.—	10.—	10.—	.	5.50	5.—	− 0.50	11.—	.	.	5.50	5.50	.
9.—	.	.	5.—	.	.	10.—	.	.	5.50	.	.	11.—	.	.	5.50	.	.
9.—	10.—	+ 1.—	5.—	5.—	.	10.—	12.—	+ 2.—	5.50	6.—	+ 0.50	11.—	14.—	+ 3.—	5.50	7.—	+ 1.50
9.—	10.—	+ 1.—	5.—	5.—	.	10.—	12.—	+ 2.—	5.50	6.—	+ 0.50	11.—	14.—	+ 3.—	5.50	7.—	+ 1.50

Wagenladungen eine Frachtermässigung.

Ermässigung für Massenverfrachtungen.

Name der Kleinbahn	Artikel, für welche Ermässigung gewährt wird	Nähere Angaben über die Höhe der Frachtermässigung
Aachener Kleinbahn-Gesellschaft	Für alle Güter	Denjenigen Interessenten, welche einen monatlichen Versand- bezw. Empfang von mindestens 1500 t haben, wird, sofern sie den Anschluss an die Kleinbahn auf eigene Kosten herstellen lassen, nach vorheriger Vereinbarung eine dem Güterumschlage entsprechende und am Monatsschlusse zu berechnende prozentuale Frachtermässigung gewährt.
Spessartbahn Akt.-Ges.	Desgl.	Werden von einem Versender jährlich 3000 Doppelwagen à 10000 kg in Klasse C von Station Lochborn versandt und in Gelnhausen der Anschlussbahn überwiesen, so ermässigt sich der Frachtsatz hierfür um 10%, bei jährlich 4500 Doppelwagen à 10000 kg um 25%, bei jährlich 6000 und mehr à 1000 kg um 33⅓%. Ausserdem fällt für diese Mengen die Ueberladegebühr fort, wenn die Ueberladung durch Kippen bewirkt werden kann. Es sollen gleiche Sendungen von Bieber nach Gelnhausen auf die hier festgesetzte Wagenzahl angerechnet werden. Eine Preisermässigung findet jedoch nur bei jährlich 6000 Doppelwagen insoweit statt, bis der für Lochborn festgesetzte Satz von 10 M. erreicht ist, so dass also die Sätze in diesem Falle bei beiden Stationen dieselben sind.
Aschersleben—Schneidlingen—Nienhagener Kleinbahn Akt.-Ges.	Für Braunkohlen, Brikets und Grubenhölzer	Bei 250 Doppelladungen eine Ermässigung von 1 M. pro Doppelladung; bei 500 Doppelladungen 2 M. pro Doppelladung; bei 1000 Doppelladungen 2.50 M. pro Doppelladung; bei 2000 Doppelladungen 3 M. pro Doppelladung. Bei Verfrachtungen von 2000 bis 6000 Doppelladungen pro Jahr ermässigt sich der Frachtsatz von 1000 zu 1000 Doppelladungen um je 0.50 M., so dass beispielsweise der für 6000 Doppelladungen in Ansatz zu bringende Frachtsatz 4 M. pro Doppelladung betragen würde.
Kreis Kreuznacher Kleinbahnen	—	Frachtermässigungen der allgemein gültigen Sätze müssen besonders beantragt und vom Kreisausschusse genehmigt werden. Im allgemeinen werden solche nur bei grösseren Beförderungsmengen und für gewisse Arten Berücksichtigung finden können.
Euskirchener Kreisbahnen	Thonröhren, Steinkohlen, Braunkohlen	Bei Verfrachtung einer Jahresmenge von mindestens 375000 kg.
Bergheimer Kreisbahnen	Kalk, Kohlen, Papier, Lumpen	Bei Verfrachtung einer Jahresmenge von mindestens 100000 kg.
Kleinbahn Mödrath—Liblar—Brühl	Frachtstückgut	Bei Verfrachtung einer Jahresmenge von mindestens 150000 kg.
Straussberger Eisenbahn	Holz, Steine. Kartoffeln, Spiritus, Getreide	Bei Verfrachtung von mindesteus 100 Wagen à 10000 kg Holz innerhalb Jahresfrist wird der Frachtsatz auf 4 M., für Steine, Kartoffeln. Spiritus und Getreide auf 5 M. bei 50 Wagen à 10000 kg ermässigt.
Kleinb. Wächtersbach—Birstein	Düngemittel	20% Frachtermässigung für Düngemittel bei sämtlichen Stationen.

Für die Artikel Spiritus, Rohzucker, Getreide, Holz, Rüben, Kartoffeln und Düngemittel in Wagenladungen zu 5 und 10 t werden in dieser Tabelle die Frachtkosten auf den Preussischen Staatseisenbahnen gegenübergestellt denjenigen Frachten, welche im Binnenverkehr der einzelnen Kleinbahnen gelten.

a. Kleinbahnen, welche für den Binnenverkehr Stationstariftabellen haben.

Name der Kleinbahn	Kilometer	Spiritus 10000 kg Staatsbahn	Kleinbahn	Kleinbahn ±	Spiritus 5000 kg Staatsbahn	Kleinbahn	Kleinbahn ±	Rohzucker 10000 kg Staatsbahn	Kleinbahn	Kleinbahn ±	Rohzucker 5000 kg Staatsbahn	Kleinbahn	Kleinbahn ±
Kleinbahn Heudeber— Mattierzoll	7	12.—	12.—	.	7.50	7.50	.	9.—	9.—	.	5.—	5.—	.
	11	16.—	16.—	.	9.—	9.—	.	11.—	11.—	.	6.—	6.—	.
	17	19.—	19.—	.	11.—	11.—	.	14.—	14.—	.	7.50	7.50	.
	21	23.—	23.—	.	13.—	13.—	.	15.—	15.—	.	8.50	8.50	.
Königswusterhausen - Mitten- walde-Töpchiner Klein- bahn	6	12.—	10.—	— 2.—	7.—	6 50	— 0.50	9.—	10.—	+ 1.—	4.50	6.50	+ 2.—
	10	14.—	16.—	+ 2.—	8.50	9.50	+ 1.—	11.—	16.—	+ 5.—	5.50	9.50	+ 4.—
	15	18.—	19.—	+ 1.—	10.50	11.—	+ 0.50	13.—	19.—	+ 6.—	7.—	11.—	+ 4.—
	18	20.—	21.—	+ 1.—	11.50	12.—	+ 0.50	14.—	21.—	+ 7.—	7.50	12.—	+ 4.50
Greifenhagener Kreisbahnen .	6	12.—	10.—	— 2.—	7.—	6.50	— 0.50	9.—	10.—	+ 1.—	4.50	6.50	+ 2.—
	11	16.—	16.—	.	9.—	10.—	+ 1.—	11.—	16.—	+ 5.—	6.—	10.—	+ 4.—
	14	17.—	17.—	.	10.—	10.50	+ 0.50	12.—	17.—	+ 5.—	6.50	10.50	+ 4.—
	23	24.—	24.—	.	13.50	15.—	+ 1.50	16.—	24.—	+ 8.—	9.—	15.—	+ 6.—
Kleinbahn Wächtersbach— Birstein	6	12.—	16.—	+ 4.—	7.—	9.—	+ 2.—	9.—	14.—	+ 5.—	4.50	7.50	+ 3.—
	10	14.—	21.—	+ 7.—	8.50	12.—	+ 3.50	11.—	18.—	+ 7.—	5.50	10.—	+ 4.50
	13	17.—	26.—	+ 9.—	10.—	15.—	+ 5.—	12.—	22.—	+10.—	6.50	11.50	+ 5.—
Saatziger Kleinbahnen	6	12.—	10.—	— 2.—	7.—	6.50	— 0.50	9.—	10.—	+ 1.—	4.50	6.50	+ 2.—
	13	17.—	18.—	+ 1.—	10.—	11.50	+ 1.50	12.—	18.—	+ 6.—	6.50	11.50	+ 5.—
	19	20.—	20.—	.	12.—	13.—	+ 1.—	15.—	20.—	+ 5.—	8.—	13.—	+ 5.—
	24	24.—	25.—	+ 1.—	14.—	15.50	+ 1.50	17.—	25.—	+ 8.—	9.—	15.50	+ 6.50
Demminer Kleinbahnen . . .	7	12.—	11.—	— 1.—	7.50	7.—	+ 0.50	9.—	11.—	+ 2.—	5.—	7.—	+ 2.—
	11	16.—	17.—	+ 1.—	9.—	10.50	+ 1.50	11.—	17.—	+ 6.—	6.—	10.50	+ 4.50
	17	19.—	20.—	+ 1.—	11.—	12.50	+ 1.50	14.—	20.—	+ 6.—	7.50	12.50	+ 5.—
	24	24.—	25.—	+ 1.—	14.—	15.50	+ 1.50	17.—	25.—	+ 8.—	9.—	15.50	+ 6.50
Greifswald - Jarmener Klein- bahn	6	12.—	11.—	— 1.—	7.—	7.—	.	9.—	11.—	+ 2.—	4.50	7.—	+ 2.50
	10	14.—	15.—	+ 1.—	8.50	9.50	+ 1.—	11.—	15.—	+ 4.—	5.50	9.50	+ 4.—
	15	18.—	19	+ 1.—	10.50	12.—	+ 1.50	13.—	19.—	+ 6.—	7.—	12.—	+ 5.—
	20	21.—	22.—	+ 1.—	12.—	14.—	+ 2.—	15.—	22.—	+ 7.—	8.—	14.—	+ 7.—
Greifswald - Wolgaster Klein- bahn	6	12.—	10.—	— 2.—	7.—	6.50	— 0.50	9.—	10.—	+ 1.—	4.50	6.50	+ 2.—
	12	16.—	15.—	— 1.—	9.50	9.50	.	11.—	15.—	+ 4.—	6.—	9.50	+ 3.50
	19	20.—	20.—	.	12.—	13.—	+ 1.—	15.—	20.—	+ 5.—	8.—	13.—	+ 5.—
	25	25.—	25.—	.	14.50	15.50	+ 1.—	17.—	25.—	+ 8.—	9.50	15.50	+ 6.—
Stolper Kreisbahn	6	12.—	6.—	— 6.—	7.—	3.—	— 4.—	9.—	6.—	— 3.—	4.50	3.—	— 1.50
	11	16.—	16.—	.	9.—	10.—	+ 1.—	11.—	16.—	+ 5.—	6.—	10.—	+ 4.—
	16	19.—	19.—	.	11.—	11.50	+ 0.50	13.—	19.—	+ 6.—	7.—	11.50	+ 4.50
	24	24.—	25.—	+ 1.—	14.—	15.—	+ 1.—	17.—	25.—	+ 8.—	9.—	15.—	+ 6.—

Name der Kleinbahn	Kilometer	Getreide 10000 kg Staatsbahn	Getreide 10000 kg Kleinbahn	Getreide 10000 kg Kleinbahn ±	Getreide 5000 kg Staatsbahn	Getreide 5000 kg Kleinbahn	Getreide 5000 kg Kleinbahn ±	Holz 10000 kg Staatsbahn	Holz 10000 kg Kleinbahn	Holz 10000 kg Kleinbahn ±	Holz 5000 kg Staatsbahn	Holz 5000 kg Kleinbahn	Holz 5000 kg Kleinbahn ±
Kleinbahn Heudeber—Mattierzoll	7	9.—	9.—	.	5.—	5.—	.	8.—	8.—	.	5.—	5.—	.
	11	11.—	11.—	.	6.—	6.—	.	9.—	11.—	+2.—	6.—	6.—	.
	17	14.—	14.—	.	7.50	7.50	.	11.—	14.—	+3.—	7.50	7.50	.
	21	15.—	15.—	.	8.50	8.50	.	12.—	15.—	+3.—	8.50	8.50	.
Königswusterhausen - Mittenwalde-Töpchiner Kleinbahn	6	9.—	8.—	—1.—	4.50	5.—	+0.50	8.—	7.—	—1.—	4.50	5.—	—0.50
	10	11.—	11.—	.	5.50	8.—	+2.50	9.—	10.—	+1.—	5.50	8.—	+2.50
	15	13.—	13.—	.	7.—	9.50	+2.50	11.—	12.—	+1.—	7.—	9.50	+2.50
	18	14.—	15.—	+1.—	7.50	10.50	+3.—	11.—	13.—	+2.—	7.50	10.50	+3.—
Greifenhagener Kreisbahnen	6	9.—	7.—	—2.—	4.50	5.—	+0.50	8.—	7.—	—1.—	4.50	3.50	—1.—
	11	11.—	12.—	+1.—	6.—	8.—	+2.—	9.—	11.—	+2.—	6.—	6.—	.
	14	12.—	14.—	+2.—	6.50	8.50	+2.—	10.—	12.—	+2.—	6 50	7.—	+0.50
	23	16.—	19.—	+3.—	9.—	12.—	+3.—	13.—	18.—	+5.—	9.—	9.50	+0.50
Kleinbahn Wächtersbach—Birstein	6	9.—	14.—	+5.—	4.50	7.50	+3.—	8.—	13.—	+5.—	4.50	7.50	+3.—
	10	11.—	18.—	+7.—	5.50	10.—	+4 50	9.—	16.—	+7.—	5.50	10.—	+4.50
	13	12.—	22.—	+10.—	6.50	11.50	+5.—	10.—	20.—	+10.—	6.50	11.50	+5.—
Saatziger Kleinbahnen	6	9.—	10.—	+1.—	4.50	5.—	+0.50	8.—	9.—	+1.—	4.50	4.50	.
	13	12.—	15.—	+3.—	6.50	9.—	+2.50	10.—	11.—	+1.—	6.50	6.—	—0.50
	19	15.—	18.—	+3.—	8.—	10.—	+2.—	12.—	13.—	+1.—	8.—	7.50	—0.50
	24	17.—	20.—	+3.—	9.—	12.50	+3.50	13.—	15.—	+2.—	9.—	8.50	—0.50
Demminer Kleinbahnen . . .	7	9.—	11.—	+2.—	5.—	5.50	+0.50	8.—	9.—	+1.—	5.—	4.50	—0.50
	11	11.—	14.—	+3.—	6.—	8.50	+2.50	9.—	10.—	+1.—	6.—	5.50	—0.50
	17	14.—	17.—	+3.—	7.50	10.—	+2.50	11.—	12.—	+1.—	7.50	7.—	—0.50
	24	17.—	20.—	+3.—	9.—	12.50	+3.50	13.—	15.—	+2.—	9.—	8.50	—0.50
Greifswald - Jarmener Kleinbahn	6	9.—	11.—	+2.—	4.50	5.50	+1.—	8.—	9.—	+1.—	4.50	4.50	.
	10	11.—	12.—	+1.—	5.50	7.50	+2.—	9.—	10.—	+1.—	5.50	5.50	.
	15	13.—	13.—	.	7.—	9.50	+2.50	11.—	12.—	+1.—	7.—	6.50	—0.50
	20	15.—	18.—	+3.—	8.—	11.—	+3.—	12.—	13.—	+1.—	8.—	7.50	—0.50
Greifswald - Wolgaster Kleinbahn	6	9.—	10.—	+1.—	4.50	5.—	+0.50	8.—	9.—	+1.—	4.50	4.50	.
	12	11.—	12.—	+1.—	6.—	7.50	+1.50	10.—	10.—	.	6.—	5.50	—0.50
	19	15.—	18.—	+3.—	8.—	10.—	+2.—	12	13.—	+1.—	8.—	7.50	—0.50
	25	17.—	20.—	+3.—	9.50	12.50	+3.—	14.—	14.—	.	9.50	8.—	—1.50
Stolper Kreisbahn	6	9.—	6.—	—3.—	4.50	3.—	—1.50	8.—	6.—	—2.—	4.50	3.—	—1.50
	11	11.—	14.—	+3.—	6.—	10.—	+4.—	9.—	10.—	+1.—	6.—	7.50	+1.50
	16	13.—	16.—	+3.—	7.—	11.50	+4.50	11.—	13.—	+2.—	7.—	9.80	+1.80
	24	17.—	21.—	+4.—	9.—	15.—	+6.—	13.—	15.—	+2.—	9.—	11.30	+2.30

Rüben						Kartoffeln						Düngemittel					
10000 kg			5000 kg			10000 kg			5000 kg			10000 kg			5000 kg		
Staatsbahn	Kleinbahn	Kleinbahn ±	Staatsbahn	Kleinbahn	Kleinbahn ±	Staatsbahn	Kleinbahn	Kleinbahn ±	Staatsbahn	Kleinbahn	Kleinbahn ±	Staatsbahn	Kleinbahn	Kleinbahn ±	Staatsbahn	Kleinbahn	Kleinbahn ±
8.—	8.—	.	4.—	4.—	.	8.—	8.—	.	4.—	4.—	.	8.—	8.—	.	4.—	4.—	.
9.—	9.—	.	5.—	5.50	+0.50	9.—	9.—	.	5.—	5.50	+0.50	9.—	9.—	.	5.—	5.50	+0.50
10.—	10.—	.	6.—	7.—	+1.—	10.—	10.—	.	6.—	7.—	+1.—	10.—	10.—	.	6.—	7.—	+1.—
11.—	11.—	.	6.50	7.50	+1.—	11.—	11.—	.	6.50	7.50	+1.—	11.—	11.—	.	6.50	7.50	+1.—
8.—	10.—	+2.—	4.—	6.50	+2.50	8.—	7.—	−1.—	4.—	6.50	+2.50	8.—	5.—	−3.—	4.—	5.—	+1.—
9.—	16.—	+7.—	5.—	9.50	+4.50	9.—	9.—	.	5.—	9.—	+4.—	9.—	7.—	−2.—	5.—	7.—	+2.—
10.—	19.—	+9.—	5.50	11.—	+5.50	10.—	10.—	.	5.50	10.—	+4.50	10.—	8.—	−2.—	5.50	8.—	+2.50
11.—	21.—	+10.—	6.—	12.—	+6.—	11.—	11.—	.	6.—	11.—	+5.—	11.—	9.—	−2.—	6.—	9.—	+3.—
8.—	7.—	−1.—	4.—	3.50	−0.50	8.—	7.—	−1.—	4.—	3.50	−0.50	8.—	7.—	−1.—	4.—	3.50	−0.50
9.—	9.—	.	5.—	6.—	+1.—	9.—	11.—	+2.—	5.—	6.—	+1.—	9.—	11.—	+2.—	5.—	6.—	+1.—
10.—	10.—	.	5.50	7.—	+1.50	10.—	12.—	+2.—	5.50	7.—	+1.50	10.—	12.—	+2.—	5.50	7.—	+2.50
12.—	12.—	.	7.—	9.50	+2.50	12.—	16.—	+4.—	7.—	9.50	+2.50	12.—	16.—	+4.—	7.—	9.50	+2.50
8.—	11.—	+3.—	4.—	6.50	+2.50	8.—	11.—	+3.—	4.—	6.50	+2.50	8.—	11.—	+3.—	4.—	6.50	+2.50
9.—	15.—	+6.—	5.—	8.—	+3.—	9.—	15.—	+6.—	5.—	8.—	+3.—	9.—	15.—	+6.—	5.—	8.—	+3.—
9.—	18.—	+9.—	5.—	10.—	+5.	9.—	18.—	+9.—	5.—	10.—	+5.—	9.—	18.—	+9.—	5.—	10.—	+5.—
8.—	8.—	.	4.—	4.50	+0.50	8.—	8.—	.	4.—	4.50	+0.50	8.—	8.—	.	4.—	4.50	+0.50
9.—	11.—	+2.—	5.50	6.—	+0.50	9.—	11.—	+2.—	5.50	6.—	+0.50	9.—	11.—	+2.—	5.50	6.—	+0.50
11.—	13.—	+2.—	6.50	7.50	+1.—	11.—	13.—	+2.—	6.50	7.50	+1.—	11.—	13.—	+2.—	6.50	7.50	+1.—
12.—	14.—	+2.—	7.—	8.50	+1.50	12.—	14.—	+2.—	7.—	8.50	+1.50	12.—	14.—	+2.—	7.—	8.50	+1.50
8.—	8.—	.	4.—	4.50	+0.50	8.—	8.—	.	4.—	4.50	+0.50	8.—	8.—	.	4.—	4.50	+0.50
9.—	10.—	+1.—	5.—	5.50	+0.50	9.—	10.—	+1.—	5.—	5.50	+0.50	9.—	10.—	+1.—	5.—	5.50	+0.50
10.—	12.—	+2.—	6.—	7.—	+1.—	10.—	12.—	+2.—	6.—	7.—	+1.—	10.—	12.—	+2.—	6.—	7.—	+1.—
12.—	14.—	+2.—	7.—	8.50	+1.50	12.—	14.—	+2.—	7.—	8.50	+1.50	12.—	14.—	+2.—	7.—	8.50	+1.50
8.—	8.—	.	4.—	4.50	+0.50	8.—	8.—	.	4.—	4.50	+0.50	8.—	8.—	.	4.—	4.50	+0.50
9.—	10.—	+1.—	5.—	5.50	+0.50	9.—	10.—	+1.—	5.—	5.50	+0.50	9.—	10.—	+1.—	5.—	5.50	+0.50
10.—	11.—	+1.—	5.50	6.50	+1.—	10.—	11.—	+1.—	5.50	6.50	+1.—	10.—	11.—	+1.—	5.50	6.50	+1.—
11.—	13.—	+2.—	6.50	7.50	+1.—	11.—	13.—	+2.—	6.50	7.50	+1.—	11.—	13.—	+2.—	6.50	7.50	+1.—
8.—	8.—	.	4.—	4.50	+0.50	8.—	8.—	.	4.—	4.50	+0.50	8.—	8.—	.	4.—	4.50	+0.50
9.—	10.—	+1.—	5.—	5.50	+0.50	9.—	10.—	+1.—	5.—	5.50	+0.50	9.—	10.—	+1.—	5.—	5.50	+0.50
11.—	13.—	+2.—	6.50	7.50	+1.—	11.—	13.—	+2.—	6.50	7.50	+1.—	11.—	13.—	+2.—	6.50	7.50	+1.—
13.—	14.—	+1.—	7.50	8.—	+0.50	13.—	14.—	+1.—	7.50	8.—	+0.50	13.—	14.—	+1.—	7.50	8.—	+0.50
8.—	6.—	−2.—	4.—	3.—	−1.—	8.—	6.—	−2.—	4.—	3.—	−1.—	8.—	6.—	−2.—	4.—	3.—	−1.—
9.—	16.—	+7.—	5.—	10.—	+5.—	9.—	10.—	+1.—	5.—	7.50	+2.50	9.—	10.—	+1.—	5.—	7.50	+2.50
10.—	19.—	+9.—	6.—	11.50	+5.50	10.—	13.—	+3.—	6.—	9.80	+3.80	10.—	13.—	+3.—	6.—	9.80	+3.80
12.—	25.—	+13.—	7.—	15.—	+8.—	12.—	15.—	+3.—	7.—	11.30	+4.30	12.—	15.—	+3.—	7.—	11.30	+4.30

Name der Kleinbahn	Kilometer	Spiritus 10 000 kg Staats-bahn	Spiritus 10 000 kg Klein-bahn	Spiritus 10 000 kg Klein-bahn ±	Spiritus 5000 kg Staats-bahn	Spiritus 5000 kg Klein-bahn	Spiritus 5000 kg Klein-bahn ±	Rohzucker 10 000 kg Staats-bahn	Rohzucker 10 000 kg Klein-bahn	Rohzucker 10 000 kg Klein-bahn ±	Rohzucker 5000 kg Staats-bahn	Rohzucker 5000 kg Klein-bahn	Rohzucker 5000 kg Klein-bahn ±
Franzburger Kreisbahnen . .	6	12.—	12.—	.	7.—	7.—	.	9.—	12.—	+ 3.—	4.50	7 —	+ 2.50
	18	20.—	16 —	— 4.—	11.50	9.—	— 2.50	14.—	16.—	+ 2.—	7.50	9.—	+ 1.50
	20	21.—	20.—	— 1.—	12.—	11.50	— 0.50	15.—	20.—	+ 5.—	8.—	11.50	+ 3.50
	24	24.—	24.—	.	14.—	14.—	.	17 —	24.—	+ 7.—	9 —	14.—	+ 5.—
Kleinbahn Deutsch-Krone—Virchow	3	10.—	4.—	— 6.—	6.—	2.—	— 4.—	7.—	4.—	— 3.—	4.—	2.—	— 2.—
	9	13.—	12.—	— 1.—	8.—	8.50	+ 0.50	10.—	12 —	+ 2.—	5.50	8.50	+ 3.—
	16	19.—	24.—	+ 5.—	11.—	15.50	+ 4 50	13.—	24.—	+11.—	7.—	15.50	+ 8.50
	21	23.—	27.—	+ 4 —	13.—	18.—	+ 5.—	15.—	27.—	+12.—	8.50	18.—	+ 9.50
Wehlau—Friedländer Kreis-bahnen	6	12.—	10.—	— 2.—	7.—	6 50	— 0.50	9.—	10.—	+ 1.—	4.50	6.50	+ 2.50
	10	14.—	16.—	+ 2.—	8.50	10.—	— 1.50	11.—	16.—	+ 5 —	5.50	10.—	+ 4.50
	14	18.—	17 —	— 1.—	10.50	10.50	.	13.—	17.—	+ 4.—	7.—	10.50	+ 3.50
	21	21.—	23.—	+ 2.—	12 —	14.—	+ 2.—	15.—	23.—	+ 8.—	8.—	14.—	+ 6.—
Steinhuder Meerbahn	6	12.—	13.—	+ 1.—	7.—	6 50	— 0.50	9 —	10.—	+ 1.—	4.50	5.—	+ 0.50
	10	14.—	16.—	+ 2 —	8.50	8.—	— 0.50	11.—	12.—	+ 1.—	5.50	6.—	+ 0.50
	15	18 —	21.—	+ 3 —	10.50	10.50	.	13.—	15.—	+ 2.—	7.—	7.50	+ 0.50
	21	21.—	27.—	+ 6.—	12 —	13.50	+ 1.50	15.—	19.—	+ 4.—	8.—	9.50	+ 1.50
Rosenberger Kreisbahn . . .	6	12.—	6.—	— 6.—	7.—	3.—	— 4.—	9.—	6.—	— 3.—	4.50	3.—	— 1.50
	10	14.—	9 —	— 5.—	8.50	4.50	— 4.—	11.—	9.—	— 2.—	5.50	4.50	— 1.—
	15	18.—	10 —	— 8.—	10.50	5.—	— 5.50	13.—	10.—	— 3.—	7.—	5.—	— 2.—
Haffufer-Bahn	5	11.—	11.—	.	6.50	6.50	.	8.—	11.—	+ 3.—	4.50	6.50	+ 2.—
	9	13.—	13.—	.	8.—	8.—	.	10.—	13.—	+ 3.—	5.50	8.—	+ 2.50
	15	18.—	19.—	+ 1.—	10.50	11.—	+ 0.50	13.—	19.—	+ 6.—	7.—	11.—	+ 4 —
	22	23.—	25.—	+ 2.—	13 50	14.50	+ 1.—	16.—	25.—	+ 9.—	8.50	14.50	+ 6.—
Kleinbahn Mülheim a. R.—Leverkusen	2	9.—	9.—	.	5.50	4.50	— 1.—	7.—	9.—	+ 2.—	3.50	4.50	+ 1.—
	4	10.—	10.—	.	6.50	5.—	— 1.50	8.—	10.—	+ 2.—	4.—	5.—	+ 1.—
	7	12.—	12.—	.	7.50	6.—	— 1.50	9.—	12.—	+ 3.—	5.—	6.—	+ 1.—
Gr. Lichterfelde—Seehof—Teltow—Stahnsdorf	3.5	10.—	6.—	— 4.—	6.—	4.50	— 1.50	8.—	6.—	— 2.—	4.—	4.50	+ 0.50
	8.6	13.—	9.50	— 3.50	8.—	6.50	— 1.50	10.—	9.50	— 0.50	5.50	6.50	+ 1.—
Wermelskirchen—Burger Eisenbahn	4	10.—	16.—	+ 6 —	6.50	8.—	+ 1.50	8.—	14.—	+ 6.—	4.—	7.—	+ 3.—
	6.1	12.—	17.—	+ 5.—	7.—	8.50	+ 1.50	9.—	15.—	+ 6.—	4.50	7.50	+ 3.—
	11.2	16.—	20.—	+ 4.—	9.—	10.—	+ 1.—	10.—	18.—	+ 8.—	6.—	9.—	+ 3.—
Ostpriegnitzer Kreisbahn . .	5	11.—	12.—	+ 1.—	6.50	7.50	+ 1.—	8.—	12.—	+ 4.—	4.50	7.50	+ 3.—
	9	13.—	16 —	+ 3.—	8.—	9.50	+ 1.50	10.—	16.—	+ 6.—	5.50	9.50	+ 4.—
	18	20.—	24.—	+ 4.—	11.50	14.—	+ 2.50	14 —	24.—	+10.—	7.50	14.—	+ 6.50
Köln—Frechener Eisenbahn .	7	12.—	8.—	— 4.—	7.50	4.—	— 3.50	9.—	8.—	— 1.—	5.—	4.—	— 1.—
	12	16.—	11.—	— 5.—	9.50	5.50	— 4.—	11.—	11.—	.	6.—	5 50	— 0.50
Wallückebahn	5	11.—	11.—	.	6.50	5.50	— 1.—	8.—	11.—	+ 3.—	4.50	5.50	+ 1.—
	9	13.—	13.—	.	8.—	6.50	— 1.50	10.—	13.—	+ 3.—	5.50	6.50	+ 1.—
	13	17.—	17.—	.	10.—	8.50	— 1.50	12.—	17.—	+ 5.—	6.50	8.50	+ 2.—
	17	19.—	19.—	.	11.—	9.50	— 1.50	14.—	19.—	+ 5.—	7.50	9.50	+ 2.—

Getreide						Holz						Rüben					
10 000 kg		Kleinbahn +	5000 kg		Kleinbahn +	10 000 kg		Kleinbahn +	5000 kg		Kleinbahn +	10 000 kg		Kleinbahn +	5000 kg		Kleinbahn +
Staatsbahn	Kleinbahn		Staatsbahn	Kleinbahn		Staatsbahn	Kleinbahn		Staatsbahn	Kleinbahn		Staatsbahn	Kleinbahn		Staatsbahn	Kleinbahn	
9.—	9 —	.	4.50	7.—	+2.50	8.—	9 —	+1.—	4.50	6.—	+1.50	8.—	8.—	.	4.—	6.—	+2.—
14.—	14.—	.	7 50	11.50	+4 —	11.—	13.—	+2.—	7.50	9.80	+2.30	11.—	11.—	.	6.—	8.30	+2.30
15.—	15.—	.	8.—	12.—	+4.—	12.—	13.—	+1.—	8.—	9.80	+1.80	11.—	11.—	.	6.50	8.30	+1.80
17.—	17.—	.	9.—	12.—	+3.—	13.—	15.—	+2.—	9.—	11.30	+2.30	12.—	12.—	.	7.—	9.—	+2.—
7 —	4.—	—3.—	4.—	2.—	—2.—	7.—	4.—	—3.—	4.—	2.—	—2.—	7.—	4.—	—3.—	3.50	2.—	—1.50
10.—	11.—	+1.—	5.50	6.—	+0.50	9.—	10.—	+1.—	5.50	5.50	.	8.—	10.—	+2.—	4.50	5.50	+1.—
13.—	19.—	+6.—	7.—	12.—	+5.—	11.—	17.—	+6.—	7.—	9.50	+2.50	10.—	16.—	+6.—	6.—	9.50	+3.50
15.—	22.—	+7.—	8.50	13.50	+5.—	12.—	21.—	+9.—	8.50	11.—	+2.50	11.—	20.—	+9.—	6.50	11.—	+4.50
9.—	.	.	4.50	5.—	+0.50	8.—	9.—	+1.—	4.50	4.50	.	8.—	8.—	.	4.—	4.50	+0.50
11.—	12.—	+1.—	5.50	8.—	+2.50	9.—	12.—	+3.—	5.50	6.—	+0.50	9.—	10.—	+1.—	5.—	6.—	+1 —
13.—	13.—	.	7.—	8.50	+1.50	11.—	13.—	+2.—	6.50	6.50	.	10.—	12.—	+2.—	5.50	6.50	+1.—
15.—	18.—	+3 —	8.—	11.50	+3.50	12.—	18.—	+6.—	8.50	9.—	+0.50	11.—	14.—	+3.—	6.50	9.—	+2.50
9.—	10.—	+1.—	4 50	5.—	+0.50	8.—	9.—	+1.—	4.50	4.50	.	8.—	7.—	—1.—	4.—	3.50	—0.50
11.—	12.—	+1.—	5.50	6.—	+0.50	9.—	11.—	+2.—	5.50	5.50	.	9.—	8.—	—1.—	5.—	4.—	—1.—
13.—	15.—	+2.—	7.—	7.50	+0.50	11.—	13.—	+2.—	7.—	6.50	—0.50	10.—	10.—	.	5.50	5.—	—0.50
15.—	19 —	+4.—	8 —	9.50	+1.50	12.—	16.—	+4.—	8.50	8.—	—0.50	11.—	12.—	+1.—	6.50	6.—	—0.50
9.—	6.—	—3.—	4.50	3.—	—1.50	8.—	6.—	—2.—	4.50	3.—	—1.50	8.—	6.—	—2.—	4.—	3.—	—1.—
11.—	9.—	—2.—	5.50	4.50	—1.—	9.—	9.—	.	5.50	4.50	—1.—	9.—	9.—	.	5.—	4.50	—0.50
13.—	10.—	—3.—	7.—	5.—	—2.—	11.—	10.—	—1.—	7.—	5.—	—2.—	10.—	10.—	.	5.50	5.—	—0.50
8.—	8.—	.	4.50	5.50	+1.—	8.—	8.—	.	4.50	4.—	—0.50	7.—	7.—	.	4.—	4.—	.
10.—	10.—	.	5.50	6.50	+1.—	9.—	9.—	.	5.50	5.—	—0.50	8.—	8.—	.	4.50	5.—	+0.50
13.—	14.—	+1.—	7.—	9.50	+2.50	11.—	13.—	+2.—	7.—	7.—	.	10.—	11.—	+1.—	5.50	7.—	+1.50
16.—	16.—	.	8.50	12.50	+4.—	13.—	16.—	+3.—	8.50	8.—	—0.50	12.—	14.—	+2.—	7.—	8.—	+1 —
7.—	9.—	+2.—	3 50	4.50	+1.—	7.—	9.—	+2.—	3.50	4.50	+1.—	7.—	9.—	+2.—	3.50	4.50	+1.—
8.—	10.—	+2.—	4 —	5.—	+1.—	7.—	10.—	+3.—	4.—	5.—	+1.—	7.—	10.—	+3.—	3.50	5.—	+1.50
9.—	12.—	+3.—	5.—	6.—	+1.—	8.—	12.—	+4.—	5.—	6.—	+1.—	8.—	12.—	+4.—	4.—	6.—	+2.—
8.—	6.—	—2.—	4.—	4.50	+0.50	7.—	6.—	—1.—	4.—	4.50	+0.50	7.—	6.—	—1.—	3.50	4.50	+1.—
10.—	9.50	—0.50	5.50	6.50	+1.—	9.—	9.50	+0.50	5.50	6.50	+1.—	7.—	9.50	+2.50	3.50	6.50	+3.—
8.—	14.—	+6.—	4.—	7 —	+3.—	7.—	13.—	+6.—	4 —	6.50	+2.50	7.—	12.—	+5.—	3.50	6.—	+2.50
9.—	15.—	+6.—	4.50	7.50	+3.—	8.—	14.—	+6.—	4.50	7.—	+2.50	8.—	13.—	+5.—	4.—	6.50	+2.50
11.—	18.—	+7.—	6.—	9.—	+3.—	9.—	17.—	+8.—	6.—	8.50	+2.50	9.—	16.—	+7.—	5.—	8.—	+3.—
8.—	12.—	+4.—	4.50	6.—	+1.50	8.—	11.—	+3.—	4.50	6.—	+1.50	7.—	9.—	+2.—	4.—	6.—	+2.—
10.—	14.—	+4.—	5.50	8.—	+2.50	9.—	13.—	+4.—	5.50	7.—	+1.50	8.—	10.—	+2.—	4.50	7.—	+2.50
14.—	20.—	+6.—	7.50	12.—	+4.50	11.—	16.—	+5.—	7.50	10.—	+2.50	11.—	13.—	+2.—	6.—	10.—	+4.—
9.—	8.—	—1.—	5.—	4.—	—1.—	8.—	8.—	.	5.—	4.—	—1.—	8.—	8.—	.	4.—	4.—	.
11.—	11.—	.	6.—	5.50	—0.50	10.—	11.—	+1.—	6.—	5.50	—0.50	9.—	11.—	+2.—	5.—	5.50	+0.50
8.—	11.—	+3.—	4.50	5.50	+1.—	8.—	11.—	+3.—	4.50	5.50	+1.—	7.—	5.50	—1.50	4.—	2.80	—1.20
10.—	13.—	+3.—	5.50	6.50	+1.—	9.—	13.—	+4.—	5.50	6.50	+1.—	8 —	8.—	.	4.50	4.—	—0.50
12.—	17.—	+5.—	6.50	8.50	+2.—	10.—	17.—	+7.—	6.50	8.50	+2.—	9.—	11.—	+2.—	5.50	5.50	.
14.—	19 —	+5.—	7.50	9.50	+2.—	11.—	19.—	+8.—	7.50	9.50	+2.—	10.—	13.—	+3.—	6.—	6.50	+0.50

Name der Kleinbahn	Kilometer	Kartoffeln 10000 kg Staatsbahn	Kleinbahn	Kleinbahn ±	Kartoffeln 5000 kg Staatsbahn	Kleinbahn	Kleinbahn ±	Düngemittel 10000 kg Staatsbahn	Kleinbahn	Kleinbahn ±	Düngemittel 5000 kg Staatsbahn	Kleinbahn	Kleinbahn ±
Franzburger Kreisbahnen . .	6	8.—	8.—	.	4.—	6.—	+2.—	8.—	8.—	.	4.—	6.—	+2.—
	18	11.—	11.—	.	6.—	8.30	+2.30	11.—	11.—	.	6.—	8.30	+2.30
	20	11.—	11.—	.	6.50	8.30	+1.80	11.—	11.—	.	6.50	8.30	+1.80
	24	12.—	12.—	.	7.—	9.—	+2.—	12.—	12.—	.	7.—	9.—	+2.—
Kleinbahn Deutsch - Krone—Virchow	3	7.—	4.—	—3.—	3 50	2.—	—1.50	7.—	4.—	—3.—	3.50	2.—	—1.50
	9	8.—	10.—	+2.—	4.50	5.50	+1.—	8 —	10.—	+2.—	4.50	5.50	+1.—
	16	10.—	16.—	+6.—	6.—	9.50	+3.50	10.—	16.—	+6.—	6.—	9.50	+3.50
	21	11.—	20 —	+9.—	6.50	11.—	+4.50	11.—	20.—	+9.—	6 50	11.—	+4.50
Wehlau —Friedländer Kreisbahnen	6	8.—	8.—	.	4.—	4.50	+0.50	8.—	8.—	.	4.—	4.50	+0.50
	10	9.—	11.—	+2.—	5.—	6.—	+1.—	9.—	11.—	+2.—	5.—	6.—	+1.—
	14	10.—	13.—	+3.—	5.50	6.50	+1.—	10.—	13.—	+3.—	5.50	6.50	+1.—
	21	11.—	17.—	+6.—	6 50	9.—	+2.50	11.—	17.—	+6.—	6.50	9.—	+2 50
Steinhuder Meerbahn	6	8.—	7.—	+1.—	4.—	3.50	—0.50	8.—	7.—	—1.—	4.—	3.50	—0.50
	10	9.—	8 —	—1.—	5.—	4.—	—1.—	9.—	8.—	—1.—	5.—	4.—	—1.—
	15	10.—	10.—	.	5.50	5.—	—0.50	10.—	10.—	.	5.50	5.—	—0.50
	21	11.—	12.—	+1.—	6.50	6.—	—0.50	11.—	12.—	+1.—	6.50	6.—	—0.50
Rosenberger Kreisbahn . . .	6	8.—	6.—	—2.—	4.—	3.—	—1 —	8.—	6 —	—2.—	4.—	3.—	—1.—
	10	9.—	9.—	.	5.—	4.50	—0.50	9.—	9.—	.	5.—	4.50	—0.50
	15	10.—	10.—	.	5.50	5.—	—0 50	10.—	10.—	.	5.50	5.—	—0.50
Haffufer-Bahn	5	7.—	7.—	.	4.—	4.—	.	7.—	7.—	.	4.—	4.—	.
	9	8.—	8.—	.	4.50	5.—	+0.50	8.—	8 —	.	4 50	5.—	+0.50
	15	10.—	12.—	+2.—	5.50	7.—	+1.50	10.—	12 —	+2.—	5.50	7.—	+1.50
	22	12.—	14.—	+2.—	7.—	8.—	+1.—	12.—	14.—	+2.—	7.—	8.—	+1.—
Kleinbahn Mülheim a. R.—Leverkusen	2	7.—	9.—	+2	3.50	4.50	+1.—	7.—	9.—	+2.—	3.50	4.50	+1.—
	4	7.—	10.—	+3.—	3.50	5.—	+1.50	7.—	10.—	+3.—	3 50	5.—	+1.50
	7	8.—	12.—	+4.—	4.—	6.—	+2.—	8.—	12.—	+4.—	4.—	6.—	+2.—
Gr. Lichterfelde — Seehof—Teltow—Stahnsdorf	3.5	7 —	6.—	—1.—	3.50	4.50	+1.—	7.—	6.—	—1.—	3.50	4.50	+1.—
	8.6	7.—	9.50	+2.50	3.50	6.50	+3.—	7.—	9.50	+2.50	3.50	6.50	+3.—
Wermelskirchen—Burger Eisenbahn	4	7.—	12.—	+5.—	3.50	6.—	+2.50	7.—	12.—	+5.—	3.50	6.—	+2.50
	6.1	8.—	13.—	+5.—	4.—	6.50	+2.50	8.—	13.—	+5.—	4.—	6.50	+2.50
	11.2	9.—	16.—	+7.—	5 —	8.—	+3.—	9.—	16.—	+7.—	5.—	8.—	+3.—
Ostpriegnitzer Kreisbahn . .	5	7.—	9.—	+2.—	4.—	6.—	+2.—	7.—	9.—	+2.—	4.—	6.—	+2.—
	9	8.—	10.—	+2.—	4.50	7.—	+2.50	8.—	10.—	+2.—	4.50	7.—	+2.50
	18	11.—	13.—	+2.—	6.—	10.—	+4.—	11.—	13.—	+2.—	6.—	10.—	+4.—
Köln—Frechener Eisenbahn .	7	8.—	8.—	.	4.—	4.—		8.—	8.—	.	4.—	4.—	.
	12	9.—	11.—	+2.—	5.—	5.50	+0.50	9.—	11.—	+2.—	5.—	5.50	+0.50
Wallückebahn	5	7.—	5.50	—1.50	4.—	2.80	—1.20	7.—	5.50	—1.50	4.—	2.80	—1.20
	9	8.—	8.—	.	4.50	4.—	—0.50	8.—	8.—	.	4.50	4.—	—0.50
	13	9.—	11.—	+2.—	5.50	5.50	.	9.—	11.—	+2.—	5.50	5.50	.
	17	10.—	13.—	+3.—	6.—	6 50	+0.50	10.—	13.—	+3.—	6.—	6.50	+0.50

b. Kleinbahnen mit besonderen Kilometertariftabellen für den Binnenverkehr.

1. Auf eine Entfernung von 6 km.

Name der Kleinbahn	Spiritus 10000 kg — Staatsbahn	Kleinbahn	Kleinbahn +	Spiritus 5000 kg — Staatsbahn	Kleinbahn	Kleinbahn +	Rohzucker 10000 kg — Staatsbahn	Kleinbahn	Kleinbahn +	Rohzucker 5000 kg — Staatsbahn	Kleinbahn	Kleinbahn +
Mecklenbg.-Pomm. Schmalspurb.	12.—	12.—	.	7.—	7.—	.	9.—	11.—	+2.—	4.50	5.50	+1.—
Aschersl.—Schneidl.—Nienhg. Klb.	12.—	11.60	—0.40	7.—	7.—	.	9.—	10.70	+1.70	4.50	5.50	+1.—
Kleinbahn Kreis Jerichow I....	12.—	8.—	—4.—	7.—	4.—	—3.—	9.—	8.—	—1.—	4.50	4.—	—0.50
Klb. Perleb.—Kyritz u. Rehf.—Breddin	12.—	12.—	.	7.—	7.—	.	9.—	12.—	+3.—	4.50	7.—	—2.50
Breslau—Trebnitz—Prausnitz ...	12.—	5.—	—7.—	7.—	3.—	—4.—	9.—	5.—	—4.—	4.50	3.—	—1.50
Altmärkische Kleinbahn......	12.—	6.—	—6.—	7.—	3.—	—4.—	9.—	6.—	—3.—	4.50	3.—	—1.50
Engelskirch.—Marienheider Eisenb.	12.—	12.—	.	7.—	7.—	.	9.—	11.—	+2.—	4.50	6.—	+1.50
Bromberg und Wirsitzer Kleinbahn	12.—	10.—	—2.—	7.—	5.—	—2.—	9.—	10.—	+1.—	4.50	5.—	+0.50

2. Auf eine Entfernung von 10 km.

Name der Kleinbahn	Spiritus 10000 kg — Staatsbahn	Kleinbahn	Kleinbahn +	Spiritus 5000 kg — Staatsbahn	Kleinbahn	Kleinbahn +	Rohzucker 10000 kg — Staatsbahn	Kleinbahn	Kleinbahn +	Rohzucker 5000 kg — Staatsbahn	Kleinbahn	Kleinbahn +
Mecklenbg.-Pomm. Schmalspurb.	14.—	14.—	.	8.50	8.50	.	11.—	13.—	+2.—	5.50	6.50	+1.—
Aschersl.—Schneidl.—Nienhg. Klb.	14.—	14.—	.	8.50	8.40	—0.10	11.—	12.50	+1.50	5.50	6.70	+1.20
Kleinbahn Kreis Jerichow I....	14.—	11.—	—3.—	8.50	5.50	—3.—	11.—	11.—	.	5.50	5.50	.
Kleinbahn Perleberg—Kyritz ...	14.—	14.—	.	8.50	8.50	.	11.—	14.—	+3.—	5.50	8 50	+3.—
Breslau—Trebnitz—Prausnitz ...	14.—	8.—	—6.—	8.50	4.—	—4.50	11.—	8.—	—3.—	5.50	4.—	—1.50
Altmärkische Kleinbahn......	14.—	9.—	—5.—	8.50	4.50	—4.—	11.—	9.—	—2.—	5.50	4.50	—1.—
Engelskirch.—Marienheider Eisenb.	14.—	19.—	+5.—	8.50	10.50	+2.—	11.—	18.—	+7.—	5.50	9.50	+4.—
Bromberg und Wirsitzer Kleinbahn	14.—	15.—	+1.—	8.50	7.50	—1.—	11.—	15.—	+4.—	5.50	7.50	+2 —

3. Auf eine Entfernung von 15 km.

Name der Kleinbahn	Spiritus 10000 kg — Staatsbahn	Kleinbahn	Kleinbahn +	Spiritus 5000 kg — Staatsbahn	Kleinbahn	Kleinbahn +	Rohzucker 10000 kg — Staatsbahn	Kleinbahn	Kleinbahn +	Rohzucker 5000 kg — Staatsbahn	Kleinbahn	Kleinbahn +
Mecklenbg.-Pomm. Schmalspurb.	18.—	18.—	.	10.50	10.50	.	13.—	16.—	+3.—	7.—	8.50	+1.50
Aschersl.—Schneidl.—Nienhg. Klb.	18.—	18.—	.	10.50	10.50	.	13.—	15.70	+2.70	7.—	8.30	+1.30
Kleinbahn Kreis Jerichow I....	18.—	13.—	—5.—	10.50	6.50	—4.—	13.—	13.—	.	7.—	6.50	—0.50
Kleinbahn Perleberg—Kyritz ...	18.—	18 —	.	10.50	10.50	.	13.—	18.—	+5.—	7.—	10.50	+3.50
Breslau—Trebnitz—Prausnitz ...	18.—	12 —	—6.—	10.50	6.—	—4.50	13.—	12.—	—1.—	7.—	6.—	—1.—
Altmärkische Kleinbahn......	18.—	12.—	—6.—	10.50	6.—	—4.50	13.—	12.—	—1.—	7.—	6.—	—1.—
Engelskirch.—Marienheider Eisenb.	18.—	27.—	+9.—	10.50	15.—	+4.50	13.—	23.—	+10.—	7.—	13.50	+6.50
Bromberg und Wirsitzer Kleinbahn	18.—	19.—	+1.—	10.50	9.50	—1.—	13.—	19.—	+6.—	7.—	9 50	+2.50

4. Auf eine Entfernung von 20 km.

Name der Kleinbahn	Spiritus 10000 kg — Staatsbahn	Kleinbahn	Kleinbahn +	Spiritus 5000 kg — Staatsbahn	Kleinbahn	Kleinbahn +	Rohzucker 10000 kg — Staatsbahn	Kleinbahn	Kleinbahn +	Rohzucker 5000 kg — Staatsbahn	Kleinbahn	Kleinbahn +
Mecklenbg.-Pomm. Schmalspurb.	21.—	21.—	.	12.—	12.—	.	15.—	18.—	+3.—	8 —	9.50	+1.50
Aschersl.—Schneidl.—Nienhg. Klb.	21.—	21.—	.	12.—	12.10	+0.10	15.—	18.10	+3.10	8.—	9.50	+1.50
Kleinbahn Kreis Jerichow I....	21.—	15.—	—6.—	12.—	7.50	—4.50	15.—	15.—	.	8.—	9.50	+1 50
Kleinbahn Perleberg—Kyritz ...	21.—	21.—	.	12.—	12.—	.	15.—	21.—	+6.—	8.—	7.50	—0 50
Breslau—Trebnitz—Prausnitz ...	21.—	16.—	—5.—	12.—	8.—	—4.—	15.—	16.—	+1.—	8.—	12.—	+4.—
Altmärkische Kleinbahn......	21.—	14.60	—6.40	12.—	7.30	—4.70	15.—	14.60	—0.40	8.—	8.—	.
Engelskirch.—Marienheider Eisenb.	21.—	37.—	+16.—	12.—	20.50	+8.50	15.—	31.—	+16.—	8.—	7.30	—0.70
Bromberg und Wirsitzer Kleinbahn	21.—	22.—	+1.—	12.—	11.—	—1.—	15.—	22.—	+7.—	8.—	18.50	+0.50

1. Auf eine …

Name der Kleinbahn	Getreide 10000 kg Staatsbahn	Getreide 10000 kg Kleinbahn	Getreide Kleinbahn ±	Getreide 5000 kg Staatsbahn	Getreide 5000 kg Kleinbahn	Getreide Kleinbahn ±	Holz 10000 kg Staatsbahn	Holz 10000 kg Kleinbahn	Holz Kleinbahn ±	Holz 5000 kg Staatsbahn	Holz 5000 kg Kleinbahn	Holz Kleinbahn ±
Mecklenbg.-Pomm. Schmalspurb..	9.—	11.—	+ 2.—	4.50	5.50	+ 1.—	8.—	10.—	+ 2.—	4.50	5.—	+ 0.50
Aschersl.—Schneidl.—Nienhg. Klb.	9.—	10.70	+ 1.70	4.50	5.50	+ 1.—	8.—	10.10	+ 2.10	4.50	5.50	+ 1.—
Kleinbahn Kreis Jerichow I. . . .	9.—	8.—	— 1.—	4.50	4 —	— 0.50	8.—	7.—	— 1.—	4.50	3.50	— 1.—
Klb. Perleb.—Kyritz u. Rehf.—Breddin	9.—	12.—	+ 3.—	4.50	7.—	+ 2.50	8.—	11.—	+ 3.—	4 50	6.—	+ 1.50
Breslau—Trebnitz—Prausnitz . . .	9.—	5.—	— 4.—	4.50	3.—	— 1.50	8.—	5.—	— 3.—	4.50	3.—	— 1.50
Altmärkische Kleinbahn.	9.—	6.—	— 3.—	4.50	3.—	— 1.50	8 —	6.—	— 2.—	4.50	3.—	— 1.50
Engelskirch.—Marienheider Eisenb.	9.—	11.—	+ 2.—	4.50	6.—	+ 1.50	8.—	10.—	+ 2.—	4.50	6.—	+ 1.50
Bromberg und Wirsitzer Kleinbahn	9.—	9.—	.	4.50	4.50	.	8 —	9.—	+ 1.—	4.50	4.50	.

2. Auf eine …

Name der Kleinbahn	Getreide 10000 kg Staatsbahn	Getreide 10000 kg Kleinbahn	Getreide Kleinbahn ±	Getreide 5000 kg Staatsbahn	Getreide 5000 kg Kleinbahn	Getreide Kleinbahn ±	Holz 10000 kg Staatsbahn	Holz 10000 kg Kleinbahn	Holz Kleinbahn ±	Holz 5000 kg Staatsbahn	Holz 5000 kg Kleinbahn	Holz Kleinbahn ±
Mecklenbg.-Pomm. Schmalspurb..	11.—	13.—	+ 2.—	5.50	6.50	+ 1.—	9.—	11.—	+ 2.—	5.50	6.50	+ 1.—
Aschersl.—Schneidl.—Nienhg. Klb.	11.—	12.50	+ 1.50	5.50	6.70	+ 1.20	9.—	11.50	+ 2.50	5.50	6.70	+ 1.20
Kleinbahn Kreis Jerichow I. . . .	11.—	11.—	.	5.50	5.50	.	9.—	9.—	.	5.50	4.50	— 1.—
Kleinbahn Perleberg—Kyritz . . .	11.—	14.—	+ 3.—	5.50	7.—	+ 1.50	9.—	12.—	+ 3.—	5.50	7.—	+ 1.50
Breslau—Trebnitz—Prausnitz . . .	11.—	8.—	— 3.—	5.50	4.—	— 1.50	9.—	8.—	— 1.—	5.50	4.—	— 1.50
Altmärkische Kleinbahn.	11.—	9.—	— 2.—	5.50	4.50	— 1.—	9.—	9.—	.	5.50	4.50	— 1.—
Engelskirch.—Marienheider Eisenb.	11.—	18.—	+ 7.—	5.50	9.50	+ 4.—	9.—	17.—	+ 8.—	5.50	9.50	+ 4.—
Bromberg und Wirsitzer Kleinbahn	11.—	10.—	— 1.—	5.50	6.—	+ 0.50	9.—	10.—	+ 1.—	5.50	5.—	— 0.50

3. Auf eine …

Name der Kleinbahn	Getreide 10000 kg Staatsbahn	Getreide 10000 kg Kleinbahn	Getreide Kleinbahn ±	Getreide 5000 kg Staatsbahn	Getreide 5000 kg Kleinbahn	Getreide Kleinbahn ±	Holz 10000 kg Staatsbahn	Holz 10000 kg Kleinbahn	Holz Kleinbahn ±	Holz 5000 kg Staatsbahn	Holz 5000 kg Kleinbahn	Holz Kleinbahn ±
Mecklenbg.-Pomm. Schmalspurb..	13.—	16.—	+ 3.—	7.—	8.50	+ 1.50	11.—	14.—	+ 3.—	7.—	8.50	+ 1.50
Aschersl.—Schneidl.—Nienhg. Klb.	13.—	15.70	+ 2.50	7.—	8.30	+ 1.30	11.—	14.30	+ 3.30	7.—	8.30	+ 1.30
Kleinbahn Kreis Jerichow I. . . .	13.—	13.—	.	7.—	6.50	— 0.50	11.—	11.—	.	7.—	5.50	— 1.50
Kleinbahn Perleberg—Kyritz . . .	13.—	16.—	+ 3.—	7.—	9.—	+ 2.—	11.—	14.—	+ 3.—	7.—	8.—	+ 1.—
Breslau—Trebnitz—Prausnitz . . .	13.—	12.—	— 1.—	7.—	6.—	— 1.—	11.—	11.—	.	7.—	5.50	— 1.50
Altmärkische Kleinbahn.	13.—	12.—	— 1.—	7.—	6.—	— 1.—	11.—	12.—	+ 1.—	7.—	6.—	— 1.—
Engelskirch.—Marienheider Eisenb.	13.—	23.—	+10.—	7.—	13.50	+ 6.50	11.—	22.—	+11.—	7.—	13.50	+ 6.50
Bromberg und Wirsitzer Kleinbahn	13.—	13.—	.	7.—	6.50	— 0.50	11.—	13.—	+ 2.—	7.—	6.50	— 0.50

4. Auf eine …

Name der Kleinbahn	Getreide 10000 kg Staatsbahn	Getreide 10000 kg Kleinbahn	Getreide Kleinbahn ±	Getreide 5000 kg Staatsbahn	Getreide 5000 kg Kleinbahn	Getreide Kleinbahn ±	Holz 10000 kg Staatsbahn	Holz 10000 kg Kleinbahn	Holz Kleinbahn ±	Holz 5000 kg Staatsbahn	Holz 5000 kg Kleinbahn	Holz Kleinbahn ±
Mecklenbg.-Pomm. Schmalspurb..	15.—	18.—	+ 3.—	8.—	9.50	+ 1.50	12.—	15.—	+ 3.—	8.—	9.50	+ 1.50
Aschersl.—Schneidl.—Nienhg. Klb.	15.—	18.10	+ 3.10	8.—	9.50	+ 1.50	12.—	16.—	+ 4.—	8.—	9.50	+ 1.50
Kleinbahn Kreis Jerichow I. . . .	15.—	15.—	.	8.—	7.50	— 0.50	12.—	12.—	.	8.—	6.—	— 2.—
Kleinbahn Perleberg—Kyritz . . .	15.—	18.—	+ 3.—	8.—	10.50	+ 2.50	12.—	15.—	+ 3.—	8 —	9.—	+ 1.—
Breslau—Trebnitz—Prausnitz . . .	15.—	15.—	.	8.—	7.50	— 0.50	12.—	12.—	.	8.—	6.—	— 2.—
Altmärkische-Kleinbahn.	15.—	14.60	— 0.40	8.—	7.30	— 0.70	12.—	14.60	+ 2.60	8.—	7.30	— 0.70
Engelskirch.—Marienheider Eisenb.	15.—	31.—	+16.—	8.—	18.50	+10.50	12.—	27.—	+15.—	8.—	18.50	+10.50
Bromberg und Wirsitzer Kleinbahn	15.—	15.—	.	8.—	7.50	— 0.50	12.—	15.—	+ 3.—	8.—	7.50	— 0.50

Entfernung von 6 km.

Rüben 10000 kg Staatsbahn	Rüben 10000 kg Kleinbahn	Rüben Kleinbahn +	Rüben 5000 kg Staatsbahn	Rüben 5000 kg Kleinbahn	Rüben Kleinbahn +	Kartoffeln 10000 kg Staatsbahn	Kartoffeln 10000 kg Kleinbahn	Kartoffeln Kleinbahn +	Kartoffeln 5000 kg Staatsbahn	Kartoffeln 5000 kg Kleinbahn	Kartoffeln Kleinbahn +	Düngemittel 10000 kg Staatsbahn	Düngemittel 10000 kg Kleinbahn	Düngemittel Kleinbahn +	Düngemittel 5000 kg Staatsbahn	Düngemittel 5000 kg Kleinbahn	Düngemittel Kleinbahn +
8.—	10.—	+ 2.—	4.—	5.—	+ 1.—	8.—	10.—	+ 2.—	4.—	5.—	+ 1.—	8.—	10.—	+ 2.—	4.—	5.—	+ 1.—
8.—	9.60	+ 1.60	4.—	5.10	+ 1.10	8.—	9.60	+ 1.60	4.—	5.10	+ 1.10	8.—	9.60	+ 1.60	4.—	5 10	+ 1.10
8.—	7.—	— 1.—	4.—	3.50	— 0.50	8.—	7.—	— 1.—	4.—	3.50	— 0.50	8.—	7.—	— 1.—	4.—	3.50	— 0.50
8.—	9.—	+ 1.—	4.—	6.—	+ 2.—	8.—	9.—	+ 1.—	4.—	6.—	+ 2.—	8.—	9.—	+ 1.—	4.—	6.—	+ 2.—
8.—	5.—	— 3.—	4.—	3.—	— 1.—	8.—	5.—	— 3.—	4.—	3.—	— 1.—	8.—	5.—	— 3.—	4.—	3.—	— 1.—
8.—	6.—	— 2.—	4.—	3.—	— 1.—	8.—	6.—	— 2.—	4.—	3.—	— 1.—	8.—	6.—	— 2.—	4.—	3.—	— 1.—
8.—	9.—	+ 1.—	4.—	5.—	+ 1.—	8.—	9.—	+ 1.—	4.—	5.—	+ 1.—	8.—	9.—	+ 1.—	4.—	5.—	+ 1.—
8.—	8.—	.	4.—	4.—	.	8.—	8.—	.	4.—	4.—	.	8.—	8.—	.	4.—	4.—	.

Entfernung von 10 km.

Rüben 10000 kg Staatsbahn	Rüben 10000 kg Kleinbahn	Rüben Kleinbahn +	Rüben 5000 kg Staatsbahn	Rüben 5000 kg Kleinbahn	Rüben Kleinbahn +	Kartoffeln 10000 kg Staatsbahn	Kartoffeln 10000 kg Kleinbahn	Kartoffeln Kleinbahn +	Kartoffeln 5000 kg Staatsbahn	Kartoffeln 5000 kg Kleinbahn	Kartoffeln Kleinbahn +	Düngemittel 10000 kg Staatsbahn	Düngemittel 10000 kg Kleinbahn	Düngemittel Kleinbahn +	Düngemittel 5000 kg Staatsbahn	Düngemittel 5000 kg Kleinbahn	Düngemittel Kleinbahn +
9.—	11.—	+ 2.—	5.—	6.—	+ 1.—	9.—	11.—	+ 2.—	5.—	6.—	+ 1.—	9.—	11.—	+ 2.—	5.—	6.—	+ 1.—
9.—	10.20	+ 1.20	5.—	5.80	+ 0.80	9.—	10.60	+ 1.60	5.—	5.80	+ 0.80	9.—	10.60	+ 1.60	5.—	5.80	+ 0.60
9.—	9.—	.	5.—	4.50	— 0.50	9.—	9.—	.	5.—	4.50	— 0.50	9.—	8.—	— 1.—	5.—	4.—	— 1.—
9.—	10.—	+ 1.—	5.—	7.—	+ 2.—	9.—	10.—	+ 1.—	5.—	7.—	+ 2.—	9.—	6.—	+ 1.—	5.—	7.—	+ 2.—
9.—	8.—	— 1.—	5.—	4.—	— 1.—	9.—	8.—	— 1.—	5.—	4.—	— 1.—	9.—	8.—	— 1	5.—	4.—	— 1.—
9.—	9.—	.	5.—	4.50	— 0.50	9.—	9.—	.	5.—	4.50	— 0.50	9.—	9.—	.	5.—	4.50	— 0.50
9.—	15.—	+ 6.—	5.—	8.50	+ 3.50	9.—	15.—	+ 6 —	5.—	8.50	+ 3.50	9.—	15.—	+ 6.—	5.—	8.50	+ 3.50
9.—	9.—	.	5.—	4 50	— 0.50	9.—	9 —	.	5.—	4.50	— 0.50	9.— 9.—		.	5.—	4 50	— 0.50

Entfernung von 15 km.

Rüben 10000 kg Staatsbahn	Rüben 10000 kg Kleinbahn	Rüben Kleinbahn +	Rüben 5000 kg Staatsbahn	Rüben 5000 kg Kleinbahn	Rüben Kleinbahn +	Kartoffeln 10000 kg Staatsbahn	Kartoffeln 10000 kg Kleinbahn	Kartoffeln Kleinbahn +	Kartoffeln 5000 kg Staatsbahn	Kartoffeln 5000 kg Kleinbahn	Kartoffeln Kleinbahn +	Düngemittel 10000 kg Staatsbahn	Düngemittel 10000 kg Kleinbahn	Düngemittel Kleinbahn +	Düngemittel 5000 kg Staatsbahn	Düngemittel 5000 kg Kleinbahn	Düngemittel Kleinbahn +
10.—	13.—	+ 3.—	5.50	7.—	+ 1.50	10.—	13.—	+ 3.—	5.50	7.—	+ 1.50	10.—	13.—	+ 3.—	5.50	7.—	+ 1.50
10.—	12.50	+ 2.50	5.50	7.20	+ 1.70	10.—	12.90	+ 2.90	5.50	7.20	+ 1.70	10.—	12.90	+ 2.90	5.50	7.20	+ 1.70
10.—	10.—	.	5.50	5 —	— 0.50	10.—	10.—	.	5.50	5.—	— 0.50	10.—	10.—	.	5.50	5.—	— 0.50
10.—	11.—	+ 1.—	5.50	6.—	+ 0.50	10.—	11.—	+ 1.—	5.50	6.—	+ 0.50	10.—	11.—	+ 1.—	5.50	6.—	+ 0.50
10.—	10 —	.	5.50	5.—	— 0.50	10 —	10.—	.	5.50	5.—	— 0.50	10.—	10.—	.	5.50	5.—	— 0.50
10.—	12.—	+ 2.—	5.50	6.—	+ 0.50	10.—	12.—	+ 2.—	5.50	6.—	+ 0.50	10.—	12.—	+ 2.—	5.50	6.—	+ 0.50
10.—	20.—	+ 10.—	5.50	11.—	+ 5.50	10.—	20.—	+ 10.—	5.50	11.—	+ 5.50	10.—	20.—	+ 10.—	5.50	11.—	+ 5.50
10.—	12.—	+ 2	5.50	6.—	+ 0.50	10.—	12 —	+ 2.—	5 50	6.—	+ 0.50	10.—	11.—	+ 1.—	5.50	5.50	.

Entfernung von 20 km.

Rüben 10000 kg Staatsbahn	Rüben 10000 kg Kleinbahn	Rüben Kleinbahn +	Rüben 5000 kg Staatsbahn	Rüben 5000 kg Kleinbahn	Rüben Kleinbahn +	Kartoffeln 10000 kg Staatsbahn	Kartoffeln 10000 kg Kleinbahn	Kartoffeln Kleinbahn +	Kartoffeln 5000 kg Staatsbahn	Kartoffeln 5000 kg Kleinbahn	Kartoffeln Kleinbahn +	Düngemittel 10000 kg Staatsbahn	Düngemittel 10000 kg Kleinbahn	Düngemittel Kleinbahn +	Düngemittel 5000 kg Staatsbahn	Düngemittel 5000 kg Kleinbahn	Düngemittel Kleinbahn +
11.—	14.—	+ 3.—	6.50	8.—	+ 1.50	11.—	14.—	+ 3.—	6.50	8.—	+ 1.50	11.—	14.—	+ 3.—	6.50	8.—	+ 1.50
11.—	13.40	+ 2.40	6.50	8.—	+ 1.50	11.—	14.20	+ 3.20	6.50	8.—	+ 1.50	11.—	14.20	+ 3.20	6 50	8.—	+ 1.50
11.—	11.—	.	6.50	5.50	— 1.—	11 —	11.—	.	6.50	5.50	— 1.—	11.—	11.—	.	6.50	5.50	— 1.—
11.—	12.—	+ 1.—	6.50	9.—	+ 2.50	11.—	12.—	+ 1.—	6.50	9.—	+ 2.50	11.—	12.—	+ 1.—	6.50	9.—	+ 2.50
11.—	11.—	.	6.50	5.50	— 1.—	11.—	11.—	.	6.50	5.50	— 1.—	11.—	11.—	.	6.50	5.50	— 1.—
11.—	14.60	+ 3.60	6.50	7.30	+ 0.80	11.—	14.60	+ 3.60	6.50	7.30	+ 0.80	11.—	14.60	+ 3.60	6.50	7.30	+ 0.80
11.—	25.—	+ 14.—	6.50	13.50	+ 7.—	11.—	25	+ 14.—	6.50	13.50	+ 7.—	11.—	25.—	+ 14.—	6.50	13.50	+ 7.—
11.—	13.—	+ 2.—	6.50	6.50	.	11.—	13.—	+ 2.—	6.50	6.50	.	11.—	13.—	+ 2.—	6.50	6.50	.

Aus den Vergleichungen der Staatsbahnfrachten mit den Frachten der Kleinbahnen, wie sie im Wechselverkehr gelten, ergibt sich folgendes Bild:

(Eine der 77 aufgeführten Kleinbahnen hat Zonentarif und fällt bei der Vergleichung aus.)

I. Für **Spiritus** in Mengen von 10 und 5 t:

Von den in der Nachweisung aufgeführten 76 Kleinbahnen haben 4 erheblich höhere Frachtsätze wie die Preussischen Staatseisenbahnen, 35 Bahnen mehr oder weniger geringere, der Rest hat bei 10 t Wagen dieselben und bei 5 t Wagen etwas niedrigere Sätze.

II. Für **Rohzucker** in Mengen von 10 und 5 t:

Rohzucker tarifiert nach dem deutschen Gütertarif Teil I nach Spezialtarif I bzw. A 2. Die Spezialtarife fallen aber bei den meisten Kleinbahnen weg, weil die Tariftabellen nur aus einer Allgemeinen Wagenladungsklasse und Ausnahmetarifen bestehen. Den letzteren gehört Rohzucker in keinem Falle an, mithin tarifiert derselbe auf den Kleinbahnen nach der Allgemeinen Wagenladungsklasse. Die Fracht für Rohzucker ist fast bei allen Kleinbahnen höher und nur bei verschwindend wenigen niedriger. Einige der Bahnen haben dieselben Frachtsätze. Die Höhe des Frachtunterschiedes steigt noch mit der Anzahl der Kilometer, sodass derselbe bei 6 km 1—3 M., bei 20 km dagegen 1—16 M. beträgt.

III. Für **Holz** des Spezialtarifs II in Mengen von 10 und 15 t:

Auch für Holz haben die meisten ($^3/_4$) Kleinbahnen höhere Tarifsätze. Auch hier steigt der Unterschied mit der Kilometerzahl. Der Mehrbetrag ist bei 6 bis 10 km 1—5 M., bei 20 km dagegen 1—7 M., in wenigen Fällen sogar 8—9 M.

IV. V. VI. **Düngemittel, Kartoffeln, Rüben** in Mengen von 5 und 10 t:

Bei diesen Artikeln haben ebenfalls die grösste Zahl der Kleinbahnen höhere Tarifsätze. Der Unterschied ist hier aber geringer als bei den erstgenannten Gütern.

VII. Für **Getreide** in Mengen von 5 und 10 t:

Für Getreide stellt sich die Fracht bei 8 Kleinbahnen 1—3 M. billiger, bei 10 Bahnen ist die Fracht gleich der der Staatsbahn und bei 58 Kleinbahnen ist dieselbe höher wie die Staatsbahnfracht. Der Unterschied schwankt zwischen 1—13 M.

Wagenladungen im Binnenverkehr werden bei 47 Kleinbahnen nach den Sätzen des Wechselverkehrs berechnet. Bei 29 Bahnen weicht ersterer vom Wechselverkehr ab. Von diesen 29 Kleinbahnen sind bei Spiritus, Rohzucker, Getreide und Holz etwa 25 Bahnen mässig teurer als die Staatsbahn. Der Unterschied beträgt durchschnittlich 1—5 M. Die übrigen 4 Kleinbahnen sind bei Entfernungen von 15 und 20 km ganz bedeutend, ja teilweise doppelt so teuer als die der Preussischen Staatseisenbahnen. Für die Artikel Rüben, Kartoffeln und Düngemittel stellt sich die Fracht bei allen Kleinbahnen im Durchschnitt 1—3 M. höher.

Im Wechselverkehr kommen zu den Frachten noch die Ueberfuhr- und bei den Schmalspurbahnen noch die Umladegebühren. Die letzteren betragen 1,50 M. bis 3 M., bei Holz sogar 6 M. für 10 000 kg.

Es .würde sich deshalb vielleicht empfehlen, falls sich die Staatsbahn auf den Erlass eines Teiles der Expeditionsgebühr einlassen würde, diesen nur solange zu bewilligen, bis die betreffende Kleinbahn eine angemessene Verzinsung, etwa in der Höhe wie die der Staatsbahn abwerfen würde.

Wie aus der Tabelle I ersichtlich, ist zum Ausgleich des Unterschiedes der direkten und gebrochenen Frachtberechnung die Auflassung eines variablen Bruchteiles der Abfertigungsgebühren erforderlich. Ein Kongruenz der Frachten mit denen des direkten Verkehrs ist so in den Kleinbahnen mit gestaffelten Streckensätzen kaum herzustellen. In der Praxis würde deshalb vielleicht ein Durchschnitt gewählt werden können, welcher meist unter $1/2$ bleibt. Eine solche Ermässigung, auch ohne direkte Tarifsätze, würde teilweise in thatsächlichen Ersparnissen der Eisenbahn ihre Rechtfertigung finden und schon von diesem Gesichtspunkte aus billig erscheinen.

Die Abfertigungsgebühren sollen speziell die Selbstkosten für die Behandlung der Sendung auf der Versand- und Empfangsstation decken. Nun sind aber diese beim Uebergange der Sendungen von und zur Kleinbahn thatsächlich niedriger, als beim Uebergange von und zum Publikum.

Die Eisenbahn braucht im ersten Falle nicht so ausgedehnte Ladegleise und Schuppen, erspart an Arbeit für ladegerechte Aufstellung der Wagen, Entladung und Lagerung der Stückgüter, an Abnutzung der Ladestrassen, Geräte, Schuppen, an Beaufsichtigung und endlich ist das kassen- und rechnungsmässige Schlussabfertigungsgeschäft einfacher.

Der zugeführte Verkehrszuwachs ermöglicht eine intensivere Ausnutzung der Eisenbahn. Wo der Staatsbahn auf den Uebergangsstationen durch Einstellung erforderlicher Hilfskräfte Mehrkosten erwachsen, wird deren Löhnung von der Kleinbahn getragen, obwohl es sich zum Teil nur um Verschiebung des schon vorhandenen Verkehrs anderer Stationen handelt. Bei sonstigem Verkehrszuwachs kann eine derartige Kostenabwälzung auf die Empfänger, bezw. Versender gar nicht erfolgen. Sollte die Eisenbahn dennoch anfangs vielleicht Opfer zu bringen haben, so würden dieselben jedenfalls weit geringer sein, als diejenigen der Kleinbahn und verschwindend im Vergleich zu dem allgemeinen öffentlichen Nutzen der Massregel.

Die Verkehrsstelle der Landwirtschaftskammern hat dann noch statistisch nachzuweisen. versucht, dass die Kleinbahnen jetzt schon durch den erleichterten Durchgangsverkehr wirklich den Eisenbahnen nennenswerten Verkehrszuwachs und bedeutende Einnahmen bringen, was bisher die Eisenbahnverwaltung noch bestritten hat.

Die Statistik der Eisenbahnstationen lag bis 1898/9 vor. Es sind von den nebenbahnähnlichen Kleinbahnen diejenigen ausgewählt, welche bis zu diesem Jahre ausser dem Betriebseröffnungsjahr mindestens ein volles Jahr im Betriebe gewesen sind. Zu diesen Kleinbahnen sind dann die Uebergangsstationen in das Preussische Eisenbahnnetz und deren Nachbarstationen ermittelt. Der Personen-, Tier- und Güterverkehr dieser Stationen konnte aus den amtlichen Eisenbahn-Verkehrsstatistiken entnommen werden.

Die Verkehrsziffern sind getrennt aufgeführt a) für die dem Betriebseröffnungsjahr der Kleinbahn vorangehenden 5 Jahre; b) für das Betriebseröffnungsjahr; c) für die dem letzteren folgenden Jahre bis 1898/9. Der Verkehr des ersten Ermittelungsjahres ist gleich 100 gesetzt und danach der Durchschnittsverkehr der Periode a) sowie die prozentuale Verkehrsentwicklung in diesen Jahren berechnet. Auf Grundlage der letzteren ist sodann ermittelt, wie sich bei normaler Weiterentwicklung ohne Vorhandensein der Kleinbahn der Durchschnittsverkehr der Periode c) für genannte Stationen gestellt haben würde. Diesem wahrscheinlichen Verkehre ist der wirkliche Durchschnittsverkehr (nach demselben Prozentualmassstabe ausgedrückt) gegenübergestellt.

Der Unterschied stellt den Verkehrszuwachs oder die Verkehrsentziehung durch die Kleinbahn dar.

	In den Jahren nach dem Betriebseröffnungsjahr der betr. Kleinbahn bis 1898/99 ist der wirkliche Verkehr gegenüber dem ohne Vorhandensein der Kleinbahn berechneten wahrscheinlichen Verkehr:														
	Gestiegen								Gefallen						
Verkehr	Bei Uebergangsstationen. Zahl	um %			Bei Nachbarstationen. Zahl	um %			Bei Uebergangsstationen. Zahl	um %			Bei Nachbarstationen. Zahl	um %	
		von	bis	durchschnittlich		von	bis	durchschnittlich		von	bis	durchschnittlich		von	bis	durchschnittlich
Personen	69	2,54	368,91	185,72	98	0,03	489,73	244,88	3	2.03	10,71	6,37	24	0,26	57,95	29,1
Tiere*)	46	3,19	523,23	263,21	50	3,35	1311,2	657,28	22	3,88	271,15	137,51	37	0,31	680,93	340,6
Güter	56	3,11	334,6	168,85	71	1,42	365,33	183,38	14	1,08	85,38	43,23	28	1,96	197,72	99,8

Von den oben gekennzeichneten nebenbahnähnlichen Kleinbahnen mussten noch 6 ausscheiden, weil die Verkehrsziffern fehlten. Die obige Statistik erstreckt sich danach auf 49 nebenbahnähnliche Kleinbahnen. Das Betriebseröffnungsjahr ist nur bei Berechnung der wahrscheinlichen Verkehrsentwicklung mit berücksichtigt. Die Letztere weist hohe Zahlen auf, weil in den Baujahren der Kleinbahnen der Verkehr der Uebergangs- zum Teil auch wohl Nachbarstationen durch Anfuhr von Baumaterialien und Baupersonal vorübergehend erheblich gesteigert sein wird und diese Steigerung die Entwicklungszahl erhöht hat. Um so sicherer sind deshalb die ermittelten wirklichen Verkehrszunahmen auf die Thätigkeit der Kleinbahnen zurückzuführen und um so weniger sind die geringen negativen Ergebnisse von absoluter Be-

---

*) Der Tierverkehr ist allgemein auf allen Stationen den grössten Schwankungen ausgesetzt. Deshalb sind diese Resultate auch sehr schwankend und weniger brauchbar als diejenigen des Personen- und Güterverkehrs.

deutung. Zu berücksichtigen bleibt auch, dass die Kleinbahnen den Verkehr ihrer Gegenden meist noch nicht voll entwickelt haben, weil dazu längere Betriebsperioden gehören.

Zuzugeben ist andererseits, dass die Statistik nicht absolut vollständig sein kann, denn es giebt Fälle, in denen durch die Kleinbahnen vereinzelt auch anderen Eisenbahnstationen als den Uebergangs- und Nachbarstationen Verkehr zugebracht oder entzogen sein kann. Das Gesamtergebnis wird aber durch die Statistik wohl richtig zum Ausdruck gebracht sein.

Diesen Ausführungen der preussischen Landwirtschaftskammern schlossen sich die preussischen Landesdirektoren in ihrer, in der Jahreskonferenz zu Stettin vom 19.—21. Juni 1900 festgestellten Denkschrift, „Die preussischen Provinzialverbände und die Kleinbahnen" an.

„Die in den Provinzen veranstaltete Umfrage hat auch in dieser Beziehung ergeben, dass der von den Landwirtschaftskammern beklagte Uebelstand auch in allen anderen Interessentenkreisen lebhaft empfunden wird, ja dass die Regelung dieser Frage im Sinne der oben mitgeteilten Anträge der Landwirtschaft geradezu eine Lebensfrage für die Kleinbahnen im Ganzen ist und dass es nicht möglich sein wird, auf anderem Wege die wirtschaftliche Entwicklung des Landes, das auf die Kleinbahnen als auf die Seitenverästelungen des ganzen Staatsbahnnetzes angewiesen ist, besser zu fördern, als indem man ihren Produkten den Weg auf den Markt, an die Stellen der Nachfrage freimacht."

Das Gesamtergebnis der Erörterungen der preussischen Landesdirektoren ist in eine Anzahl Leitsätze zusammengefasst:

Leitsätze.

A. 1. Die bisher geübte Auslegung und Handhabung der §§ 1, 2 des Kleinbahngesetzes seitens der Behörden der Staatsverwaltung ist eine zu enge und hindert deshalb eine gedeihliche Entwicklung der Kleinbahnen als gesetzlich anerkannter öffentlicher Verkehrsmittel. Insbesondere sind die seitens der Eisenbahnverwaltung bei Genehmigung von nebenbahnähnlichen Kleinbahnen auferlegten Beschränkungen oft geeignet, die wirtschaftliche Entwicklung der berührten Landesteile zu hemmen und eine ausreichende Rentabilität der Kleinbahnen unmöglich zu machen.

(Es beziehen sich diese Auslassungen auf die schon in dem Promemoria der Landesdirektoren in der Jahreskonferenz zu Wiesbaden 1897 berührten Punkte.)

2. Im Rahmen der heute bestehenden Gesetze erscheint es zulässig und für die wirtschaftliche Entwicklung der auf die Kleinbahn angewiesenen Landesteile notwendig, dass bei der Zulassung von Kleinbahnen seitens der Staatseisenbahnverwaltung erleichterte Grundsätze zur Anwendung gelangen, welche die Entwicklung der Kleinbahnen weniger beschränken als bisher und etwaige dadurch verursachte Frachtausfälle der Staatsbahnen durch die grösseren Ein-

nahmen der letzteren aus dem Gesamtverkehr der Kleinbahnen für kompensiert ansehen.

3. Sollten solche Massnahmen nach Ansicht der Staatsbehörden nicht ohne Aenderung der Gesetze thunlich erscheinen, so ist eine solche in die Wege zu leiten.

B. 4. Die seitens der Staatseisenbahn bisher geübte grundsätzliche Versagung des direkten Tarifverkehrs zwischen den Staats- und Kleinbahnen verhindert viele Kleinbahnen, die Frachtgüter ihres Verkehrsgebietes auf den Markt und zum Absatz zu bringen und schädigt damit die wirtschaftliche Entwicklung des betroffenen Landesteiles und die Rentabilität der Kleinbahnen.

5. Es wird deshalb in Uebereinstimmung mit den preussischen Landwirtschaftskammern als dringend erforderlich bezeichnet, die nebenbahnähnlichen Kleinbahnen in tarifarischer Hinsicht als Nebenbahnen zu behandeln und ihnen demgemäss auf ihren Antrag direkte Tarife oder Umkartierungstarife mit Auflassung eines Teiles der Abfertigungsgebühr zuzugestehen.

C. 6. Nachdem durch den Erlass des Ministers der öffentlichen Arbeiten vom 31. Januar 1900 die Anschlussbeziehungen zwischen Staats- und Kleinbahnen durch „Allgemeine Bedingungen für die Einführung von Kleinbahnen in Staatsbahnstationen“ neu geregelt sind und dieselben in manchen Punkten Erleichterungen für die Kleinbahnen gebracht haben, muss der Erfolg dieser Bestimmungen für die Kleinbahnen in der Praxis zunächst abgewartet werden.

7. Schon jetzt muss indessen der Wunsch ausgesprochen werden, dass die Kosten der Aenderung und Erweiterung der Staatsbahnanlagen, wenn dieselben durch wesentliche Vermehrung der Güterzufuhr von den Kleinbahnen zu den Staatsbahnen verursacht werden, ebenso von der Staatsbahnverwaltung zu tragen sind wie in dem Falle, dass durch jene Neuanlagen Ersparnisse an sonst erforderlichen Ausgaben der Staatsbahn herbeigeführt werden.

Zu C. wird in der Denkschrift noch folgendes bemerkt:

Der § 3 des Ministerialerlasses vom 31. Januar 1900 bestimmt über die Kosten der ersten Anlage folgendes:

„Der Kleinbahnunternehmer trägt die gesamten Kosten der für die Einführung der Kleinbahn erforderlichen Anlagen und zwar einschliesslich der Kosten der erforderlichen Aenderungen und Erweiterungen der Anlage der Staatseisenbahnen. Auf die letzteren können jedoch nach billigem Ermessen der Staatseisenbahnverwaltung die Vorteile aus den infolge dieser Aenderungen oder Erweiterungen etwa eintretenden Verbesserungen der Staatsbahnanlagen oder die Ersparnisse an sonst erforderlichen Ausgaben in Anrechnung gebracht werden.“

In gleicher Weise trifft der § 8 Verfügungen über die Kostenpflicht bei Aenderung und Erweiterung der Einführungsanlagen der Kleinbahnen, welche durch stärkeren Verkehr und vermehrte Güterzufuhr von der Kleinbahn zur Staatsbahn verursacht werden. Diese Bestimmungen können nicht ganz gebilligt, vielmehr muss gewünscht werden, dass in Fällen dieser Art der Staat die Kosten der Erweiterung seiner eigenen Anlagen selbst übernimmt, wenn er dafür durch höhere Frachteinnahmen entschädigt wird. Es bilden diese Kosten dann doch keine Geschäftskosten, sondern sind Anlagekapital und zwar werbendes Kapital, das seine Zinsen reichlich einbringt. Wenn sich der Staat dieses Anlagekapital nun auch noch von den Kleinbahnen geben lässt, so erhält er doppelte Entschädigung.

Es ist daher zu wünschen, dass der Erlass in diesem Sinne später eine Erweiterung erfahre, was um so mehr zu hoffen ist, als dieselbe lediglich eine logische Folge einer bereits vorhandenen Bestimmung des Erlasses wäre. Auf die fraglichen von den Kleinbahnen zu tragenden Anlagekosten sollen nämlich nach obiger Bestimmung nach billigem Ermessen der Staatseisenbahnverwaltung angerechnet werden „Die Vorteile aus Verbesserungen der Staatsbahnanlagen oder die Ersparnisse an sonst erforderlichen Ausgaben."

Wenn es also hiernach zulässig erscheint, Ersparnisse an sonstigen Ausgaben der Staatsbahnen den Kleinbahnen anzurechnen, so muss es ebenso erlaubt, gerecht und billig erscheinen, auch die viel grösseren Einnahmen aus dem Verkehrszuwachs der Staatsbahnen den Kleinbahnen gut zu schreiben. Diese wirklichen Mehreinnahmen würden sich voraussichtlich noch viel leichter in den Rechnungen der Staatseisenbahnverwaltungen nachweisen lassen, als jene negativen „Ersparnisse an sonst erforderlichen Ausgaben".

Im übrigen muss, nachdem der Erlass des Ministers über die Anschlussbeziehungen erst kürzlich ergangen ist, zunächst abgewartet werden, wie derselbe sich in der Praxis bewährt und ob die Kleinbahnen seine Wirkungen im günstigen Sinne verspüren werden.

Dasselbe gilt von den einen Teil der Anschlussbeziehungen bildenden Bestimmungen über den Wagenübergang, der jetzt in § 19 behandelt wird und über welchen nach den Aeusserungen eines Ministerialkommissärs demnächst ebenfalls neue allgemeine Normen zu erwarten sind. (Eine solche allgemeine Bestimmung über den Wagenübergang ist inzwischen erfolgt s. Anlage).

Zum Schluss soll noch der Hoffnung Ausdruck gegeben werden, dass durch die neuen bereits erlassenen oder noch zu erwartenden Bestimmungen auch die Klagen der Kleinbahnen darüber gegenstandslos werden, dass von denselben verlangt wird, die Wagen in rangiertem Zustande und nach Richtungen und Gruppen geordnet und gekuppelt den Staatsbahngleisen zuzuführen, was eine Abwälzung des Rangiergeschäfts der Staatsbahnen auf die Kleinbahnen bedeutete. (Dagegen aber kein Erlass eines Teiles der Abfertigungsgebühren, vielmehr wird im Erlass des Herrn Ministers vom 12. Oktober 1900 — wie oben erwähnt — „dieser günstigen Bedingungen bei dem Abschlusse der Verträge über Einmündung, Mitbenutzung von Bahnhofsanlagen, Betriebsmittel u. dgl. als staatlicher Beihilfen" Erwähnung gethan, und „eine darüber hinausgehende Unterstützung der Kleinbahnen durch Ueberlassung eines Teiles der staatlichen Frachteinnahmen" als unzulässig bezeichnet.)

D. 8. Ueber die Zulässigkeit von Niveaukreuzungen zwischen Staats- und Kleinbahnen herrschen bei den verschiedenen Organen der Staatseisenbahnverwaltung anscheinend weit auseinandergehende Anschauungen. Wenngleich für die Zulässigkeit einer Niveaukreuzung in erster Linie die Oertlichkeit des einzelnen Falles und die Betriebssicherheit massgebend sein müssen, so ist doch wünschenswert, dass über gewisse Punkte, welche eine starke finanzielle Belastung der Kleinbahn zur Folge haben, thunlichst einheitliche Grundsätze seitens der Eisenbahnzentralbehörde aufgestellt werden.

Es richtet sich dieser Wunsch gegen die bisweilen hervorgetretene Auffassung der Staatseisenbahn, dass die Kreuzung einer Eisenbahn durch eine Kleinbahn, sei es in Schienenhöhe, mittels Unter- oder Ueberführung, ihrer Entscheidung und Genehmigung unterworfen werden müsse. Wäre diese Auffassung richtig, so würde die Staatseisenbahnverwaltung mit jeder ihrer Eisenbahnlinien eine Schranke durchs Land ziehen, die ohne ihre Zustimmung nicht zu durchbrechen ist, ein Zustand, der wohl als unhaltbar bezeichnet werden müsste. Auch die Konzessionsdauer für Niveaukreuzungen, die Widerruflichkeit der ganzen Anlage zu Gunsten der Staatsbahn, die Bewachung des Ueberganges und seine Kosten, die Haftpflicht für Unfälle, die Unterhaltungspflicht des Ueberganges und der dadurch bedingten Bauwerke, sowie endlich die Konstruktion der Gleiskreuzungen, insbesondere die Zulässigkeit des Einschneidens der Staatsbahnschienen sowie die Regelung des Betriebes bei Kreuzungen sind sehr oft Gegenstand von Klagen der Kleinbahninteressenten.

E. 9. Die Anforderungen an die technische Unterlage für die polizeiliche Prüfung eines Kleinbahnprojektes werden vielfach zu hoch gestellt; es empfiehlt sich zur thunlichsten Vermeidung grösserer Umarbeitungen eines Projekts dasselbe erst dann aufzustellen, wenn thunlichst alle bei dem Bau beteiligten Behörden und Interessenten über die Gestaltung des Projektes, die Führung der Linie etc. an Ort und Stelle gemeinsam beraten haben und über die wichtigsten Punkte eine Einigung erzielt ist.

Sehr oft wird eine Umarbeitung der allgemeinen Vorarbeiten einer Kleinbahn erforderlich werden. Nun werden von Voll- und Nebenbahnen hierbei nur Lagen- und Höhenpläne im Massstabe 1 : 10 000 bezw. 1 : 500 verlangt, die Ausführungsbestimmung zu § 5 des Kleinbahngesetzes unter b dagegen verlangt die vorgenannten Pläne in einem viermal grösseren Massstabe, also in demjenigen Massstabe, welcher für die Spezialpläne zu Vollbahnen vorgeschrieben ist. Wegen des grossen Aufwandes an Zeit und Kosten zur Umarbeitung solcher mühevoll aufgestellten Pläne empfiehlt sich daher eine vorherige Verständigung der Behörden und Interessenten und dürften Massstäbe von 1 : 10 000 bezw. 1 : 500 als ausreichend gelten und nur ausnahmsweise Pläne in grösserem Massstabe verlangt werden.

10. Die von der Reichspostverwaltung an die Kleinbahnen gezahlten Entschädigungen für die Leistungen der letzteren für die Post werden durchweg als viel zu niedrig und vielfach niedriger als die Selbstkosten bezeichnet. Die

dieserhalb seitens vieler Kleinbahnen vorgetragenen Wünsche werden dem Reichspostamt zur wohlwollenden Erwägung übermittelt.

Nach § 42 des Kleinbahngesetzes sind die Verpflichtungen der Kleinbahnen gegenüber der Postverwaltung in folgender Weise normiert:

1. Die Unternehmer haben auf Verlangen der Postverwaltung mit jeder für den regelmässigen Beförderungsdienst bestimmten Fahrt einen Postunterbeamten mit einem Briefsack und soweit der Platz reicht, auch andere zur Mitfahrt erscheinende Unterbeamte im Dienst gegen Zahlung in Abonnementsgebühr oder, falls solche nicht besteht, der Hälfte des tarifmässigen Personenverkehrs zu befördern.

2. Die Unternehmer solcher Bahnen, welche sich nicht ausschliesslich mit der Personenbeförderung befassen, sind ausserdem verpflichtet, auf Verlangen der Postverwaltung mit jeder für den regelmässigen Beförderungsdienst bestimmten Fahrt:

    a. Postsendungen jeder Art durch Vermittelung des Zugpersonals zu befördern und zwar Briefbeutel, Brief- und Zeitungspakete gegen eine Vergütung von 50 Pfennig für jede Fahrt, die anderen Sendungen gegen Zahlung des vollen Stückguttarifsatzes der betreffenden Bahnen oder, sofern dieser Betrag höher ist, gegen eine Vergütung von 2 Pfennig für je 50 kg und das km der Beförderungsstrecke nach dem monatlichen Gesamtgewicht der von Station zu Station beförderten Poststücke;

    b. in Zügen, mit welchen in der Regel mehr als ein Wagen befördert wird, eine Abteilung eines Wagens für die Postsendungen, das Begleitpersonal und die erforderlichen Postdienstgeräte gegen Zahlung der in den Art. 3 und 6 des Reichsgesetzes vom 20. Dezember 1875 (Reichsgesetzblatt S. 318) und den dazu gehörigen Vollzugsbestimmungen festgesetzten Vergütung, sowie gegen Entrichtung des halben Stückguttarifsatzes der betreffenden Bahn einzuräumen.

3. Die Postverwaltung ist berechtigt, auf ihre Kosten an den Bahnwagen einen Briefkasten anbringen und dessen Auswechselung oder Leerung an bestimmten Haltestellen bewirken zu lassen.

Die Ausführung dieser und der dazu erlassenen Vollzugsbestimmungen haben bei den Kleinbahnen fast durchweg den Gegenstand von Klagen gebildet, welche darin übereinstimmen, dass die festgesetzten Vergütungen in den meisten Fällen nicht die Höhe der Selbstkosten erreichen, welche den Kleinbahnen durch diese Verpflichtungen erwachsen, durchweg aber jedenfalls viel zu gering bemessen sind, in erster Linie die Zeit- und Laufmiete, welche für die Fälle der §§ 42 No. 2 b für den Postabteil entrichtet werden, welcher der Postverwaltung von den Kleinbahnen eingeräumt wird. Bezüglich dieser Zeit- und Laufmiete sind folgende Klagen vorgebracht worden:

„Sie ist dem Uebereinkommen betreffend die gegenseitige Wagenbenutzung im Bereich des Vereins deutscher Eisenbahn-Verwaltungen entnommen.

Während nun die unter dem Wagenübereinkommen von einer Eisenbahnverwaltung an eine zweite Eisenbahnverwaltung gezahlte Zeit- und Laufmiete dieser, der Eigentümerin des Wagens, für die Zeit der Abwesenheit des Wagens nur zur Verzinsung des Beschaffungswertes, zur Dotierung des Erneuerungsfonds und für einen Teil der Reparaturkosten zu dienen hat, soll die Kleinbahn aus der von der Postverwaltung zu bezahlenden Lauf- und Zeitmiete folgendes bestreiten: die Verzinsung des Anlagekapitals, die Erneuerungsrücklagen, die gesamten Reparaturkosten und zwar nicht nur für den Wagen, sondern anteilig auch für Oberbau etc., die Schmierung und äussere Reinigung und die Beförderungskosten des Postabteils und der Postbeamten.

Die Zeitmiete beträgt beispielweise für ein Postabteil gleich der Hälfte des Post- und Gepäckwagens, für welchen rund 100 km als mittlere Tagesleistung angenommen seien, pro km   0,5 ₰

Die Laufmiete für dieses Postabteil pro km . . . . 0,5 „

somit ergiebt sich, wenn ein zweiachsiger Postgepäckwagen vorausgesetzt wird, die Einnahmen aus Lauf- und Zeitmiete pro Achskilometer . . . . 1,0 ₰

Für die Beförderung der Pakete bezahlt die Postverwaltung die halbe Stückgutfracht der betreffenden Bahnen. Der Paketverkehr ist in ländlichen Distrikten mit wenig bemittelter Bevölkerung gering und demnach ist auch die Einnahme der Kleinbahn aus dem Paketverkehr meist sehr gering.

Unter allen Umständen kann die oben berechnete, aus Zeit- und Laufmiete sich ergebende Vergütung von 1 ₰ pro Achskilometer als eine auch nur annähernd ausreichende Entschädigung für die ausgefallene Hälfte des Stückguttarifs nicht anerkannt werden.

Eine Härte liegt noch in der Handhabung des Gesetzes insofern, als die Oberpostdirektionen sich nicht dazu verstehen, Fahrten zu bezahlen, auf welchen die Postabteile nicht benutzt werden, aber doch mitgeführt werden müssen, sei es, um bei der Rückfahrt von der Post benutzt zu werden, sei es deswegen, weil der Betriebsmittelbestand und der Betriebsplan der Kleinbahn das Stehenlassen des Gepäck- und Postwagens auf einer Station und dafür das Einrangieren eines eigenen Gepäckwagens nicht zulässt.

Es sollte also mindestens die Laufmiete für die, durch den Benutzungsplan des Postabteils bedingten unvermeidlichen Leerfahrten seitens der Post gezahlt werden.

Es folgen dann noch einige Beispiele, die die Geringfügigkeit der Entschädigungen darthun.

Eine Bahn erzielte 1899 für 1000 Achskilometer des Postabteils: 14,56 ℳ. gegenüber 60,89 ℳ. eigenen Unkosten, eine andere Kleinbahn: 12,69 ℳ. gegen 61,09 ℳ. Unkosten, eine dritte Bahn bekam 4,50 ℳ. pro Tag bei viermaliger Paketbeförderung und täglicher Inanspruchnahme des Postabteils auf 136 km.

In einem anderen Falle wurden einer Kleinbahn für 4 Monate für Postpaketbeförderung 117,89 ℳ gezahlt, wofür 6167 km gefahren wurden, es wurden also pro Wagenkilometer 1,91 ₰ gezahlt. Da das Postabteil etwa den dritten Teil des Wagens einnimmt, so würde sich für einen ganzen Wagen eine Einnahme von noch nicht 6 ₰ pro Wagenkilometer ergeben. Diesen Einnahmen stehen reine Betriebsausgaben von ca. 50 ₰ gegenüber. — Auf einer ca. 50 km langen Kleinbahn wurden seitens der Post dem Zugpersonal während einer Fahrt an 3 Stationen zusammen 13 Briefbeutel zur Ausgabe an 5 anderen Stationen übergeben, wofür nur 50 ₰ gezahlt wurden; hinsichtlich der Verantwortlichkeit der Zugsbeamten eine entschieden zu hohe Inanspruchnahme der Kleinbahn im Vergleich zu dem geringen Entgelt.

11. Die Klagen über starke Verzögerungen in der Erledigung der Kleinbahn-Angelegenheiten bei den Staatsbehörden sind noch immer häufig und zum Teil auf die zur Zeit bestehende Behördenorganisation und Kompetenzregulierung, zum Teil auf die noch vielfach bestehende Unklarheit und mangelnde Uebereinstimmung über die wichtigsten Grundsätze im Kleinbahnwesen zurückzuführen.

Die erste Ursache der noch immer beklagten Verzögerung des Verfahrens, das der Herstellung einer Kleinbahn voranzugehen pflegt, liegt wohl in dem Umstande, dass immer eine Reihe von Behörden verschiedener Ressorts neben den oft sehr zahlreichen Interessenten an dem Verfahren teilnehmen müssen, ausser den Behörden der allgemeinen Staats- und der Eisenbahnverwaltung, die Vertreter der Post- und Telegraphenverwaltung, Militärverwaltung, Strombauverwaltung, Provinzialverwaltung u. a.

Dabei liegt die Leitung des Verfahrens formell in der Hand der allgemeinen Staatsverwaltung, während die wichtigsten Fragen oft bei der Staatseisenbahnverwaltung zu entscheiden sind und im Falle der Strassenbenutzung auch mit den Wegeunterhaltungspflichtigen zu verhandeln ist.

Die Zuständigkeit der Behörden ist hiernach z. Zt. in sehr komplizierter Weise geregelt und es fehlt an einer einheitlichen Leitung. Es ist deshalb erklärlich, dass der Wunsch nach einer solchen von vielen Seiten rege geworden ist und von den einen die Wiedereinrichtung der Eisenbahnkommissariate, von Anderen die Einrichtung einer besonderen Abteilung für Kleinbahnen bei den Eisenbahndirektionen und im Ministerium gefordert wird, von anderen noch andere Vorschläge gemacht werden, während alle übereinstimmend die augenblickliche Organisation für eine verfehlte halten.

Wenn auf Seiten der Staatseisenbahnbehörden befürchtet wird, dass die Wiedereinrichtung der Eisenbahnkommissariate eine neue Instanz schaffen und den Gang des Verfahrens noch mehr komplizieren würde, so könnte dieses Bedenken vielleicht dadurch beseitigt werden, dass eine Reihe von Zuständigkeiten von der Regierung und Eisenbahndirektion z. B. im Genehmigungs- und Planfeststellungsverfahren diesen Kommissaren überwiesen würde, dass diese Kommissare als ständige Vertreter der Regierung und der Eisenbahndirektion zu fungieren, das ganze Verfahren zu leiten und nach Durchführung der Instruktion mittels Berichts die Entscheidung jener beiden Behörden einzuholen hätten. Mit der Einführung dieser Kommissariate könnte nach Bedürfnis vorgegangen, je nach der fortschreitenden Entwickelung des Kleinbahnwesens eine Stelle errichtet oder auch demnächst wieder eingezogen werden, falls man sie nicht zur dauernden staatlichen Beaufsichtigung der Kleinbahnen verwenden will.

Wenn dann diese Kommissare bei Eingang des Antrages auf Genehmigung einer Kleinbahn sobald wie möglich sämtliche beteiligte Behörden und Interessenten (Vertreter der bauenden Gemeinden, Kreise, Gesellschaften etc.) zu gemeinsamer Beratung an Ort und Stelle laden und erst auf Grund dieser Besprechung das Projekt aufgestellt wird und auch bei dem weiteren Gang des Verfahrens ein stetiges Zusammenwirken der Behörden und Interessenten durch diese Kommissare vermittelt wird, so würde damit eine wesentliche Förderung des ganzen Verfahrens herbeigeführt werden.

Neben den, in der augenblicklichen Behördenorganisation und Zuständigkeit liegenden Schwierigkeiten wird als Grund der Verzögerung des Verfahrens der Umstand angeführt, dass über die dasselbe leitenden Grundsätze verschiedene Ansichten bei den Behörden bestehen und dass die eine dieselbe Frage in diesem, die andere in jenem Sinne entscheide.

Es sei daher zu wünschen, dass bald über die ganze Materie des Kleinbahnwesens eine alle Grundsätze zusammenfassende Darstellung erscheine und zwar nicht nur von Seiten der Eisenbahnverwaltung, sondern auch der allgemeinen Staatsverwaltung. Denn auch bei letzterer besteht in mancher wichtigen Beziehung eine verschiedene Auffassung, z. B. hinsichtlich der Gewährung des Enteignungsrechtes für Kleinbahnen, die oft so lange auf sich warten lässt, dass dadurch schwere Schädigungen der Kleinbahnunternehmer entstehen.

Ebenso ist die Genehmigungsdauer für die Kleinbahn in den Konzessionsurkunden sehr verschieden geregelt und die Anwendung gleicher Grundsätze sehr erwünscht.

Endlich aber darf nicht verschwiegen werden, dass sehr viele Klagen der Kleinbahninteressenten über Mangel an Wohlwollen, Verzögerung des Verfahrens etc. darauf zurückgeführt werden, dass die Organe der Staatseisenbahnverwaltung in erster Linie die Interessen dieser im Auge haben und geringe Schäden und Unbequemlichkeiten für die Staatsbahn, die durch die Kleinbahn entstehen mögen, zu hoch anschlagen und der letzteren zur Last legen.

Es erscheint daher allerdings erwünscht, dass Organe geschaffen werden, welche besonders der Förderung der Kleinbahn dienen sollen, den Behörden der Staatseisenbahnverwaltung mit etwas grösserer Freiheit gegenüber, den Interessenten selbst aber näher stehen.

13. Die Entscheidung von Meinungsverschiedenheiten und Streitigkeiten zwischen den Vertretern der Staatsbahn und den Kleinbahninteressenten liegt in der Hauptsache in der Hand der Staatsbahnbehörden, wodurch es an den

notwendigen Rechtskontrolen gegenüber diesen Entscheidungen fehlt und die Kleinbahninteressen nicht genügend gewahrt erscheinen.

Bei der fortwährenden Berührung zwischen Staatsbahnen und Kleinbahnen und den örtlich scheinbar öfter entgegengesetzten Interessen derselben fehlt es nicht an Meinungsverschiedenheiten und Konflikten.

Das Kleinbahngesetz hat auch die Entscheidung über diese geregelt und den Instanzenweg festgestellt. Insbesondere gilt dies bei dem Verfahren über die Genehmigung von Kleinbahnen als solchen d. h. den Charakter einer Bahn — ob Kleinbahn oder Eisenbahn nach dem Gesetz von 1838 — wobei das Staatsministerium als oberste Instanz gegen die Entscheidung des Ministers der öffentlichen Angelegenheiten angerufen werden kann. In anderen Fällen entscheidet der Minister der öffentlichen Angelegenheiten allein, so z. B. bei Anschlüssen von Kleinbahnen an Staatsbahnen, über Ort und Art der Anschlüsse, die Verhältnisse beider Bahnen zu einander.

Von Seiten der Kleinbahninteressenten wird nun überall darüber geklagt dass es ausserordentlich schwer sei, den Organen der Staatseisenbahnverwaltung gegenüber die Rechte der Kleinbahnen, die diesen eine freie Entwickelung und eine gerechte Beurteilung ihrer Ansprüche sichern, mit Erfolg zu vertreten, weil die Entscheidung bei den Staatseisenbahnbehörden selbst liege, die den auszutragenden Streitigkeiten gegenüber von vornherein Stellung genommen und das ihrerseits in erster Linie wahrzunehmende Interesse der Staatsbahn vorzugsweise im Auge haben.

Man verlangt daher für die vielfachen Streitigkeiten mit den Staatsbehörden Entscheidungsinstanzen, die ausserhalb der zunächstbeteiligten Behörden liegen. Es wird also auch hier der Ruf nach Rechtskontrolen der Verwaltung erhoben, welche im Eisenbahnwesen den Interessenten die Sicherheit gerechter Behandlung durch die Staatsverwaltungsbehörden gewährleisten sollen. Insbesondere gilt dies für das Gebiet der oben erwähnten Fragen der Zulassung einer Kleinbahn und des Anschlusses einer solchen an eine Staatsbahn, sowie auch für die Tariffragen.

14. Bei der stetig zunehmenden Bedeutung der Kleinbahn als wichtiges öffentliches Verkehrsmittel und Förderer der Landeswohlfahrt ist die Einrichtung eines geordneten Rechtsganges für bestimmte Materien des Kleinbahnwesens geboten und daher zu erstreben. Zunächst ist eine Anordnung dahin zu wünschen, dass die Bezirkseisenbahnräte und der Landeseisenbahnrat auch mit der Prüfung wichtiger Fragen der gegenseitigen Beziehungen zwischen Staats- und Kleinbahnen befasst werden mögen. Die Mitwirkung der Bezirks- und der Landes-Eisenbahnräte wird nur als vorläufige Regelung dieser Fragen vorgeschlagen, erstens weil diese rechtlich um so weniger bedenklich sei, als dabei die Staatseisenbahnen selbst stets interessiert sind, für deren Behörden ja jene Beiräte geschaffen sind, und zweitens weil ohne Schwierigkeiten Vertreter von Kleinbahnen in den Vertretern des Handelsstandes, der Industrie, der Land- und Forstwirtschaft zu finden sind.

Als Zentralbehörde, an Stelle des preussischen Staatsministeriums, hat man den Bundesrat oder das Reichseisenbahnamt in Vorschlag gebracht. Für die Schaffung des Bundesrates als Zentralinstanz würde dessen hohe Stelle im öffentlichen Rechts- und im Staatsorganismus sprechen, sowie der Umstand, dass derselbe bereits jetzt mit einer grossen Reihe von Eisenbahnfragen befasst und insbesondere auch schon als höhere Entscheidungsinstanz bei gewissen Streitfragen berufen ist, z. B. bei Meinungsverschiedenheiten zwischen Post- und Eisenbahnverwaltung über die Bedürfnisse des Postdienstes, die Natur und die Erfordernisse des Eisenbahnbetriebs, ferner über die Verpflichtungen der Eisenbahn im Interesse der Reichstelegraphenverwaltung u. s. w. — Für das Reichseisenbahnamt als Zentralbehörde wird geltend gemacht, dass es bereits jetzt das dem Reiche zustehende Aufsichtsrecht über das Eisenbahnwesen wahrzunehmen und auf Abstellung der Mängel und Missstände in demselben, auch den Staatsbahnen gegenüber, hinzuwirken habe.

Ferner ist vorgeschlagen worden, an Stelle des Eisenbahn-Ministeriums bei Streitigkeiten andere Ministerien mit der Entscheidung zu betrauen, etwa die Ministerien des Handels und des Innern oder für Landwirtschaft. Andere erhoffen schon von der Errichtung einer besonderen Abteilung für Kleinbahnen im Eisenbahn-Ministerium eine Besserung der jetzigen Zustände. Wieder andere Vorschläge greifen auf die Verwaltungsgerichte als Entscheidungs-instanzen für Streitigkeiten in Kleinbahnsachen zurück und bezeichnen die Bezirksausschüsse und das Oberverwaltungsgericht, einige auch den Provinzial-rat, als geeignete Spruchbehörden.

Ausser diesen von den Landesdirektoren hervorgehobenen Punkten wird auch noch von anderer Seite über einige Härten in der gegenwärtigen Gesetzes-handhabung geklagt und betont, dass die Kleinbahnen vielfach ungünstiger gestellt sind als die Nebenbahnen. So inbetreff des Erneuerungs- und Spezial-Reserve-Fonds. In den durch den Erlass des Ministers vom 13. August 1898 neu redigierten Ausführungsbestimmungen zum Kleinbahngesetz von 1892 wird hierüber Folgendes verfügt:

I. Der Erneuerungsfonds dient zur Bestreitung der Kosten der regelmässig wiederkehrenden Erneuerung des Oberbaus und der Betriebsmittel.

Es sind hieraus von den Betriebsmitteln nur die Kosten ganzer Loko-motiven und Wagen, von den Oberbaumaterialien dagegen auch die Kosten einzelner Stücke zu bestreiten. Der Ersatz einzelner Teile von Betriebsmitteln (Siederohre u. s. w.) muss auf Rechnung des Betriebsfonds erfolgen.

In den Erneuerungsfonds fliessen:

1. der Erlös der entsprechenden abgängigen Materialien,

2. die Zinsen des Fonds selbst,

3. eine aus den Brutto-Betriebseinnahmen zu entnehmende jährliche Rück-lage. Die Höhe dieser Jahresrücklagen ist unter Berücksichtigung der be-sonderen Verhältnisse und Bedürfnisse des einzelnen Unternehmens auf:

a) 1—2 % von dem zusammengerechneten Beschaffungswerte der Schienen, der Weichen und des Kleineisenzeuges,

b) 2,5—5 % vom Beschaffungswert der Schwellen,

c) 1,25—2,5 % von dem der Lokomotiven,

d) 0,75—1,5 % von dem der Wagen zu bemessen.

II. Der Spezial-Reservefonds dient zur Bestreitung von Ausgaben, die durch aussergewöhnliche elementare Ereignisse und grössere Unfälle hervorgerufen werden.

Diesem Fonds sind zuzuführen:

1. der Betrag der verfallenen, nicht abgehobenen Dividenden und Zinsen,

2. die Zinsen des Fonds selbst,

3. eine aus dem Reinertrage zu gewährende Rücklage des Reinertrages selbst. Die Höhe der jährlichen Rücklagen zum Spezial-Reservefonds ist auf $1/2$—3 % des Reinertrages zu bemessen. Erreicht der Spezial-Reservefonds den Betrag von 5 % des Anlagekapitals, so können für die Dauer dieses Bestandes weitere Rücklagen unterbleiben.

Aus dem Erneuerungsfonds werden die durch die Benutzung verschlissenen Teile ersetzt. Ist die Inanspruchnahme einer Bahn wegen ihres intensiven Betriebes eine grosse, so werden wegen der starken Abnutzung grosse Anforderungen an den Erneuerungsfonds gestellt werden müssen, dementsprechend aber auch die Einnahmen der Bahnen hohe sein.

Bei den Nebenbahnen wird daher der Erneuerungsfonds nicht nach Prozenten des Beschaffungswertes, sondern nach der Inanspruchnahme der Geleise durch den Verkehr dotiert, wodurch den jeweiligen Verhältnissen Rechnung getragen wird und notleidende Bahnen ohne bedeutenden Verkehr vor der Beschaffung eines grossen Erneuerungsfonds, dessen sie weniger bedürfen, bewahrt bleiben.

Im Schlussresultat werden die Kleinbahnen durch die behördlichen Vorschriften genötigt für jeden Achskilometer erheblich höhere Rücklagen zu machen als die Nebenbahnen.

In den ersten Jahren nach Erlass des Gesetzes von 1892 wurden von den Kleinbahnen nicht die statistischen Nachweise verlangt, welche die Nebenbahnen dem Reichseisenbahnamt periodisch einzureichen haben und welche nicht unerhebliche Arbeiten der Bahnverwaltung beanspruchen.

In neuerer Zeit ist eine weitere Belastung der Kleinbahnen eingetreten, welche nunmehr auch durch Bestimmung des Vereins deutscher Strassen- und Kleinbahn-Verwaltungen zu eingehenden statistischen Nachweisen genötigt werden.

Es werden also den Kleinbahnen, welche als Eisenbahnen nicht betrachtet werden, nach und nach die Pflichten der Eisenbahnen mehr und mehr zugemutet, ohne dass ihnen auch die Rechte derselben bewilligt werden.

Die Bestimmungen vom 7. Mai 1900, veröffentlicht im Eisenbahn-Verordnungsblatt vom 21. Mai 1900, betreffend den Wagenübergang von den Hauptbahnen auf die Kleinbahnen erscheinen dagegen günstiger als diejenigen Bedingungen, welche staatsbahnseitig den Nebenbahnen im allgemeinen zugestanden werden.

In den Verhandlungen eines Antrages des Provinzialausschusses der Provinz Sachsen an den Provinzial-Landtag (10. Januar 1894, Merseburg) betreffend die Unterstützung der Kleinbahn-Unternehmungen in der Provinz sind dann noch u. a. folgende nicht schon in der Denkschrift der Landesdirektoren berührte Punkte zur Sprache gekommen.

Der Staat behält sich nach § 33 des Kleinbahngesetzes das Recht vor, die Kleinbahnen jeder Zeit zu kaufen (nicht nach Ablauf einer längeren Entwickelungszeit), er übernimmt auf keinen Fall die Verpflichtung hierzu, deshalb erscheint es durchaus billig, dass der Staat, wenn er von einem solchen Rechte Gebrauch macht, den Unternehmer wenigstens voll schadlos hält, wennschon er ihm die Chance eines weiteren Gewinnes nimmt.

Die Bestimmung des Gesetzes vom 28. Juli 1892 welche über den Ankauf der Kleinbahnen durch den Staat handeln (§§ 30—38) schützen aber den Unternehmer nicht gegen teilweise Vermögenskonfiskation.

Bei den wechselnden Preisen von Schienen, Betriebsmitteln etc. ist der Fall denkbar, dass der Unternehmer einer Kleinbahn trotz sorgsamster und sparsamster Bauausführung nach einer Reihe von Jahren nur einen Sachwert nachweisen kann, welche selbst bei 20 Prozent und mehr Zuschlag seine Selbstkosten, welchen auch die Aufwendungen für die Entwickelung des Unternehmens zuzurechnen sind, nicht deckt.

Ebenso wenig bieten in den meisten Fällen die kapitalisierten Durchschnittsrenten der letzten fünf Jahre einen Ersatz.

Nehmen wir als Beispiel an, die zu verstaatlichende Kleinbahn sei 7 Jahre im Betriebe.

Die ersten 3 Jahre haben einen Ueberschuss nicht ergeben, aber durchschnittlich die Betriebskosten gedeckt — ein Fall, der wie wir gesehen, nicht zu den ungünstigsten gehört.

Dann habe das vierte Jahr eine Rente von einem Prozent gebracht und diese Rente sei von Jahr zu Jahr um je ein Prozent gestiegen, so dass das fünfte Betriebsjahr $2^0/_0$, das sechste $3^0/_0$, das siebente $4^0/_0$ Rente ergeben hat. Es wäre dies ein günstiges Resultat für einen Kleinbahnbetrieb, wie es im Durchschnitt sicher nicht erreicht werden wird.

Der Unternehmer hätte dann aber auch Aussicht, dass die Rente im achten Jahre und weiter sich steigert und dass er durch das Mehrerträgnis späterer Jahre, dank dem Fleiss und der Intelligenz, welche er auf die Entwickelung des Unternehmens, vielleicht sogar durch Etablierung eigener Betriebe, als Steinbrüche, Kohlengruben, Schotterwerke etc. verwendet hat, für frühere Zubussen schadlos gehalten wird, vielleicht auch einen Gewinn erzielt.

Jetzt macht der Staat von seinem Ankaufsrecht Gebrauch (§ 30), weil die Bahn, welche als Kleinbahn konzessioniert ist, eine solche Bedeutung für den öffentlichen Verkehr gewonnen hat, dass sie als Teil des allgemeinen Eisenbahnnetzes zu behandeln ist.

Wird der Unternehmer nach der Rente gemäss § 31 des Gesetzes entschädigt, so erhält er nur:

$$\frac{4+3+2+1+0}{5} = 2^0/_0 \text{ Rente}$$

Kapitalisiert also die Hälfte seines Anlagekapitals, ungerechnet seiner Zinsverluste und Zubussen während der ersten Betriebsjahre.

Er muss also auf Entschädigung nach dem Sachwert nach Anleitung des § 33 bestehen.

Leider kosteten aber, als er seine Bahn baute, die Schienen 140 ℳ. pro Tonne, während die gleichen Schienen jetzt vom Staate mit 110 ℳ. pro Tonne gekauft werden können, Lokomotiven und Wagen waren in Folge der Konjunkturen bezw. Koalitionen derzeit auch $30^0/_0$ teurer, als solche im Augenblicke der Uebernahme der Bahn durch den Staat beschafft werden können.

Es sind das Zahlen, welche durchaus im Rahmen der Preisdifferenz des letzten Jahrzehntes bleiben. Es ist klar, dass der Unternehmer selbst bei $10^0/_0$ Zuschlag zum Sachwert schwer geschädigt werden würde, wenn der Staat nach Anleitung des § 33 erwirbt. Er ist also völlig auf das Wohlwollen der staatlichen Organe angewiesen, welches ihm im Allgemeinen ja nicht fehlen wird.

Immerhin ist aber die vorerwähnte gesetzliche Bestimmung nicht als eine billige zu betrachten und wäre deshalb bei der kommenden Revision des Gesetzes zu beseitigen.

Neben vollständiger Tariffreiheit, solange die Rentabilität der Bahn unter $5^0/_0$ bleibt (§ 14 des Kleinbahngesetzes) und dem Verlangen, dass der Staat ebenso wie bei Haupt- und Nebenbahnen auch für die Kleinbahnen als die wirtschaftlich Schwächeren die Kosten der Projektprüfung sowie alle baren Auslagen im Genehmigungsverfahren übernehmen möge, wird das Enteignungsverfahren eingehender behandelt und der Wunsch ausgesprochen, dass den Kleinbahnen ebenso wie den Eisenbahnen das Enteignungsrecht von vornherein mit der Genehmigung verliehen werden möge.

Herr Geheimer Oberregierungsrat Gleim sagt hierzu in seinen Erläuterungen zum Gesetz vom 28. Juli 1892 Seite 22 wörtlich:

„Thatsächlich ist die Gefahr (dass eine Kleinbahn konzessioniert wird, ohne das ein Bedürfnis dazu vorhanden ist) kaum von Bedeutung, weil der Kleinbahnunternehmer wohl kaum jemals im Stande sein wird, das von ihm geplante Unternehmen ohne Ausübung des Enteignungsrechtes oder ohne Benützung öffentlicher Wege auszuführen."

Es ist das unzweifelhaft richtig. Während den Bahnen, welche unter dem Gesetz von 1838 stehen das Enteignungsrecht selbstredend verliehen wird, sollen die Kleinbahnen, um nicht ohne solches Recht unverhältnismässige Summen für das erforderliche Terrain bezahlen zu müssen, nachträglich in einem weitläufigen Verfahren, sich das Enteignungsrecht erbitten.

Hierdurch geht Zeit und Geld verloren und mancher Unternehmer wird, wenn der Grunderwerb auf Schwierigkeiten stösst — und das wird wohl fast immer der Fall sein — das Unternehmen fallen lassen, ehe er den weitläufigen Weg betritt, das Enteignungsrecht von den höchsten Instanzen einzuholen, ohne die Gewissheit, dass seinen Anträgen entsprochen werden wird.

Das Enteignungsrecht ist vom Bahnbau untrennbar, eine Konzession ohne Enteignungsrecht ist eben nur eine bedingte Konzession.

Sowohl Ober-Regierungsrat Gleim als der Ministerialdirektor (spätere Minister) Brefeld führen in ihren bezüglichen Schriften (Pr. Jahrbücher) an, dass der Mangel des Enteignungsrechtes bezw. die mögliche Verweigerung dieses Rechtes davor schützen solle, dass Kleinbahnen erbaut werden, für die ein Bedürfnis nicht vorhanden ist. Diese letztere Gefahr erscheint äusserst gering; es wird kein Kreis, keine Provinz ein Bahnprojekt fördern, für welches ein Bedürfnis nicht vorliegt, viel weniger noch wird ein Privatunternehmer seine Mittel auf ein solches Unternehmen, welches naturgemäss eine Rentabilität nicht verspricht, verwenden.

Ist aber dennoch diese Besorgnis vorhanden, so scheint es förderlicher, ein solches Bahnunternehmen von vornherein nicht zu konzessionieren, d. h. die Prüfung der Bedürfnisfrage in jedem Falle vorzunehmen.

Es ist wohl als ein Vorzug des Kleinbahngesetzes bezeichnet worden, dass eine Prüfung des Bedürfnisses nicht stattzufinden habe.

Dieser Vorzug vermag den Nachteil, welchen der Mangel des Enteignungsrechtes mit sich bringt, nicht aufzuwiegen.

Es empfiehlt sich deshalb, obigen Vorzug fallen zu lassen, dagegen aber das wichtigere Enteignungsrecht einzutauschen.

Ferner wird gewünscht, dass das Enteignungsverfahren sich nicht nur auf das Gelände für den Bahnkörper beschränken solle, sondern auch auf alle sonstigen Grundstücke, die zur Anlage der Bahn unbedingt erforderlich sind. Die Entscheidung hierüber wird, wie später in der Denkschrift der Landesdirektoren ebenfalls befürwortet worden ist, dem eigens für das Kleinbahnwesen einzurichtenden Eisenbahn-Kommissariat überwiesen.

Schliesslich sei noch darauf hingewiesen, dass durch die eigentümliche Rechtsstellung, die den Kleinbahnen durch das Gesetz vom 28. Juli 1892 gegeben wird, die rechtliche Stellung Dritter zu den Kleinbahnen in Widerspruch mit der zu den Eisenbahnen geraten kann und deshalb im Hinblick auf konforme Rechtszustände im ganzen Lande gleichfalls eine Umänderung des Kleinbahngesetzes notwendig erscheint.

So wird der Schadenersatz, den eine Eisenbahn unter Umständen zu leisten verpflichtet ist, nach § 25 des Gesetzes vom 3. November 1838 bestimmt, der lautet:

„Die Gesellschaft ist zum Ersatz verpflichtet für allen Schaden, welcher bei der Beförderung auf der Bahn, an den auf derselben beförderten Personen und Gütern, oder auch an anderen Personen und deren S a c h e n entsteht und sie kann sich von dieser Verpflichtung nur durch den Beweis befreien, dass der Schaden entweder durch eigene Schuld des Beschädigten oder durch einen unabwendbaren äusseren Zufall bewirkt worden ist. Die gefährliche Natur der Unternehmung selbst ist als ein solcher, von dem Schadenersatz befreiender Zufall nicht zu betrachten.“

Der § 25 des preussischen Eisenbahngesetzes vom 3. November 1838 findet aber keine Anwendung auf Kleinbahnen.

Für diese fehlt es an einer diesem § 25 entsprechenden Vorschrift bezüglich der Sachbeschädigungen. In der deutschen Juristen-Zeitung 1902 S. 42, wird auf diese Lücke in der Kleinbahn-Gesetzgebung hingewiesen und bemerkt: Die Bestimmung des § 25 sei zu Gunsten des Eigentümers eine durchaus gerechte; sie beruhe auf dem gesunden gesetzgeberischen Gedanken dass der, welcher — wenn auch im Interesse der Allgemeinheit — das enorme Privileg genösse, einen derartigen hochgefährlichen Betrieb zu unterhalten, auch die damit verbundene Gefahr tragen müsse und dieses Risiko nicht auf das Publikum abwälzen dürfe.“

Höchst wünschenswert sei die schleunige Ausdehnung des § 25 auf das Kleinbahngesetz.

VI. Die Kleinbahnen in anderen Staaten.

Nachdem vorstehend die Stellung der Kleinbahnen in Preussen, die für dieses Verkehrsmittel grundlegenden Gesetze und die auf Abänderung dieser Gesetze, bezw. deren Handhabung hinzielenden Wünsche dargelegt wurden, mag zur Vergleichung eine kurze Uebersicht über das Kleinbahnwesen in anderen Ländern folgen.

Ebenso wie in Preussen ist die Frage des Nahverkehrs durch Eisenbahnen in anderen Ländern brennend geworden. Sowohl auf gesetzgeberischem Gebiet, als auch durch finanzielle Unterstützung seitens des Staates, der Kommunen pp. ist in der verschiedensten Weise mit wechselndem Erfolge vorgegangen worden.

1. England.

In England kamen infolge der vorgeschrittenen Entwickelung der Industrie und des grossen Eisenbahnnetzes zuerst die Kleinbahnen in Anwendung.

Die im Jahre 1832 gebaute Festiniogbahn mit einer Spurweite von 60 cm ist das berühmte, oft angeführte Beispiel für die Leistungsfähigkeit einer Schmalspurbahn.

Eine allzugrosse Bedeutung hat aber die Frage der Light railways in England nicht gewonnen. Einen grossen Teil des Verkehrs übernimmt die Küsten-Schiffahrt, ferner sind im reichen England die Geldmittel für Bahnanlagen leichter zu beschaffen, so dass hier die Verhältnisse denkbar günstig liegen.

1868 wurde das erste Gesetz über Light railways erlassen. Endgültig erfuhr diese Frage aber erst durch das Gesetz vom 14. August 1895 (Chepter 48) ihre Regelung, das mit einigen Modifikationen auch für Schottland (nicht Irland) gültig ist.

Der Schwerpunkt des Gesetzes liegt darin, dass die Konzessionierung einer Kleinbahn nicht mehr, wie bei der Hauptbahn, von einem überaus grosse Kosten verursachenden Parlamentsbeschluss abhängig blieb, sondern dem Handelsamte übertragen wurde, ferner dass Grafschaften und Gemeinden das Recht verliehen wurde, selbständig als Kleinbahn-Unternehmer aufzutreten.

Schliesslich, dass der Staat sich unter gewissen Voraussetzungen mittelbar durch das Schatzamt, durch Aktienentnahme, Gewährung von Darlehen und festen Zuschüssen an Kleinbahn-Unternehmungen beteiligen kann, jedoch niemals mit einer Summe über 1 Million £.

Infolge dieses Gesetzes liefen 1897 und 1898 175 Konzessionsanträge für 1804 Miles Kleinbahnen ein. Staatsunterstützung wurde aber nur für drei Bahnen nachgesucht und in der Gesamthöhe von 47 000 £ gewährt.

2. Frankreich.

In Frankreich kamen auf Veranlassung des Generalrates vom Departement Niederrhein 1864 verschiedene Kleinbahnen unter der Mitwirkung des Departements, der Gemeinden und der interessierten Grundeigentümer zu stande.

Zu ihrer gesetzlichen Regelung wurde am 12. Juli 1865 die „Loi relative aux chemins de fer d'intérêt local" erlassen.

In diesem Gesetz wurde die Konzessionierung von Lokalbahnen unter Voraussetzung der Anerkennung ihres öffentlichen Nutzens durch den Staatsrat den Generalräten übertragen.

Der Staat leistet diesen Bahnen Zuwendungen von $^1/_3 - ^1/_2$ derjenigen Beträge, welche von den Departements, Gemeinden und Privaten aufgebracht werden.

Durch letzteren Beschluss wurde ein unökonomischer Bau der Bahnen befördert. Durch jeden Mehraufwand der Interessenten und Unternehmer auf den Bau fiel diesen ein beträchtlicher Anteil zu. Anstatt den örtlichen Verhältnissen so bescheiden als möglich Rechnung zu tragen, wurden diese auf Kosten, oder besser Unkosten, des Baues vernachlässigt.

Auf dieser Grundlage entstanden zwar 2500 km Lokalbahnen, doch war ihre nachherige Rentabilität derartig schlecht, dass Ende der 70 er Jahre der Bahnbau ganz ins Stocken geriet.

Hieraus lässt sich entnehmen, dass ein Staatszuschuss à fonds perdu in so bedeutender Höhe wie $^1/_3 - ^1/_2$ der gesamten Anlagekosten für die Allgemeinheit nur bei Anwendung besonderer Vorsichtsmassregeln ratsam erscheint.

In einem neuen Gesetz vom 11. Juni 1880 wurde daher die Staatssubventionierung abgeändert.

Diese „Loi relative aux chemins de fer d'intérêt local et aux tramways" bestimmt, dass der Staat Subventionen gewährt unter der Bedingung, dass Departements oder Gemeinden (nicht Private) eine mindestens gleich hohe Subvention gewähren, ferner, dass er ausserdem beizusteuern hat, falls die Bruttoeinnahme nicht hinreicht um die Betriebskosten und eine 5 prozentige Verzinsung des Anlagekapitals zu decken, einen festen Zuschuss von 500 Frcs. für den Kilometer und $^1/_4$ desjenigen Betrages, welcher erforderlich ist die Bruttoeinnahmen auf eine Summe zu erhöhen, die für normalspurige Bahnen auf 10 000 Frcs. für schmalspurige auf 8000 Frcs. und Tramways (worunter Bahnen auf öffentlichen Strassen zu verstehen sind) auf 600 Frcs. pro km. bestimmt ist.

Auch diese so geänderte Subventionierungsart bewährte sich schlecht.

Ebenso wie die erste Bestimmung war auch diese zu schablonenhaft. Die Bahnen wurden weiter ebenso teuer gebaut ohne die örtlichen Verhältnisse genügend zu berücksichtigen.

1888—1892 verbrauchten die vollspurigen Lokalbahnen einen Bauaufwand von 140 502 Frcs., die schmalspurigen einen solchen von 76 724 Frcs. per Kilometer.

In Deutschland dagegen nur 77 870 und 59 840 Frcs. per Kilometer.

Die Betriebseinnahmen per Kilometer betrugen in Frankreich für normalspurige Bahnen 831 Frcs, für schmalspurige 175 Frcs. gegen 3550 und 1640 Frcs. in Deutschland.

1891 betrugen die Zuschüsse 7 535 212 Frcs., wovon ein Drittel ungefähr auf den Staat, etwas weniger als zwei Drittel auf die Departements entfiel.

Im ersten Halbjahr 1899/1900 haben, trotz der sehr geringen Anlagekosten von 75 500 Frcs. für 1 km Lokalbahn und von 53 000 Frcs. für 1 km Güterkleinbahn die garantierten Linien (das Halbjahrergebnis verdoppelt) nur eine Verzinsung von 0,4 und 0,2 % für das Anlagekapital ergeben, während das Verhältnis der Betriebsausgaben zu den Einnahmen, der sogenannte Betriebskoëffizient, sich auf 91 und 96 % gestellt hat.

Nur die wichtigsten Bahnen können auf die Staatsgarantie verzichten, wie schon daraus hervorgeht, dass jeder Kilometer bei den nicht garantierten Nebenbahnen durchschnittlich 137 000 Frcs. und bei den nicht garantierten Güterkleinbahnen 98 400 Frcs. Anlagekosten erfordert hat; sie haben einen so starken Verkehr zu bewältigen, dass der Betriebskoëffizient auf 71 und 78 % herabgehen kann und eine Verzinsung des Anlagekapitals wenigstens von 1,7 und 2,5 % sich für das Jahr 1900 ergiebt, auch ein Teil dieser Bahnen geniesst aber die Unterstützung der Bezirks- und Gemeindeverwaltung, ohne dass deren Umfang festzustellen ist.

Trotz des geringen Erfolges den dieses Gesetz gehabt hat, sind die auf dessen Abänderung gerichteten Bestrebungen bisher ohne Erfolg geblieben.

3. Italien.

Im Gegensatz zu Frankreich, wo Tramways und chemins de fer d'intérêt local (entsprechend unseren Strassenbahnen und nebenbahnähnlichen Kleinbahnen) in der Gesetzgebung gemeinsam behandelt werden, scheidet Italien scharf zwischen den Bahnen zweiter und dritter Ordnung, zwischen den Nebenbahnen, ferrovie economiche und den Strassenbahnen, den Tramvie a trazione mecanica.

Erstere unterstehen der Eisenbahngesetzgebung, besitzen einen eigenen Bahnkörper und können deswegen das Enteignungsrecht nicht entbehren.

Letztere besitzen kein Enteignungsrecht, unterstehen den Eisenbahngesetzen nicht, und benutzen die öffentlichen Strassen.

Im Jahre 1874 wurden die Gemeinden durch ministerielles Dekret allgemein ermächtigt, auf ihren Strassen Bahnen zu gestatten. 1879 erfolgten die einschlägigen Bestimmungen bei Dampfbetrieb.

Durch die grossen Freiheiten, die diesen Bahnen eingeräumt wurden entwickelten sie sich auch ohne staatliche Beihilfe schnell. Diese Strassenbahnen nähern sich ihrer wirtschaftlichen Stellung nach sehr unsern nebenbahnähnlichen Kleinbahnen, einige von ihnen sind über 70 km lang und als Konkurrenz gegen die grossen Staatsbahnlinien gebaut.

Die italienischen Nebenbahnen rentieren dagegen schlecht.

Die Gesetzesverhältnisse beider Bahngattungen wurden durch das Gesetz vom 27. Dezember 1896 neu geregelt.

Nebenbahnkonzessionen werden auf Vorschlag des Ministers der öffentlichen Arbeiten auf höchstens 70 Jahre erteilt.

Strassenbahnkonzessionen zu erteilen bleibt Sache der Strasseneigentümer, die Konzession darf nicht länger als 60 Jahre dauern, die Gestattung des Betriebes mit mechanischer Zugkraft bedarf noch eines besonderen Königlichen Erlasses.

Die Beteiligung an den Nebenbahnen durch den Staat, an Strassenbahnen durch Provinzen, Gemeinden und anderen juristischen Personen wird gestattet.

Eine schärfere gesetzliche Trennnng zwischen Strassenbahn und nebenbahnähnlichen Kleinbahnen bei uns, nach dem Beispiele Italiens würde verschiedene Vorteile mit sich bringen. Bei der Behandlung der Kleinbahnen in den deutschen Bundesstaaten wird hierauf noch genauer einzugehen sein.

4. Holland.

In Holland ist die III. Klasse von Bahnen, die eine Fahrgeschwindigkeit von 20 km in der Stunde nicht erreichen, rechtlich von der ersten und zweiten Klasse völlig geschieden. Für diese bestehen gar keine Beschränkungen.

Der Staat, die Provinzen und Gemeinden waren in der Ueberlassung von Strassen sehr bereitwillig, so dass die Dampfstrassenbahnen auf Kosten der Nebenbahnen mächtig gefördert wurden.

Von 1880—96 wurden 57 Unternehmungen von 1206 km Länge ohne Staatssubvention ins Leben gerufen. Die Durchschnittsverzinsung dieser Bahnen beträgt 3% des Anlagekapitals.

5. Belgien.

Am eigenartigsten hat sich die Entwickelung des Kleinbahnwesens in Belgien gestaltet. Bis 1882 bestanden nur 81 km Kleinbahnen. Der Grund hierfür lag darin, dass den Gemeinden die Initiative zum Bau vollständig überlassen wurde.

Hiergegen wurde Abhilfe gesucht und das Gesetz vom 28. Mai 1884 erlassen.

Eine Gesellschaft „société nationale des chemins de fer vicinaux“ wurde gegründet, in der nach diesem Gesetze, wie nach dem Gesetz vom 24. Juni 1885 das Lokalbahnwesen folgendermassen zentralisiert wurde:

Lokalbahnen, worunter alle nicht der ersten Ordnung der Eisenbahnen zugehörigen Bahnen, mit Ausschluss der städtischen Tramways zu verstehen sind, werden nur an diese Gesellschaft konzessioniert, an andere Unternehmer nur dann, wenn die Gesellschaft innerhalb eines Jahres nach Bekanntgabe des betreffenden Konzessionsantrages nicht selbst die Konzession beansprucht. Sie baut auch die ihr nicht konzessionierten Bahnen und betreibt dieselben oder verpachtet ihren Betrieb, aber nicht für eigene Rechnung, sondern es werden für die einzelnen Unternehmungen besondere Serien von Aktien ausgegeben. Die Aktien jeder Serie müssen mindestens zu $^2/_3$ vom Staat und den Provinzen gezeichnet sein. Die Staatsbeteiligung pflegt $^1/_4$ des Baukapitals nicht zu überschreiten, gesetzlich erlaubt ist sie bis zur Hälfte des Nennwertes des Aktienkapitals. Die vom Staate, den Provinzen oder Gemeinden übernommenen Beträge können anstatt Barzahlung in 90jährigen Rentenzahlungen (Annuitäten) geleistet werden. Das Kapital wird von der Gesellschaft durch Ausgabe von Obligationen beschafft, deren Verzinsung und Tilgung der Staat übernimmt (Die Annuitäten betragen $3^1/_2^0/_0$ der übernommenen Beträge, da es der Gesellschaft gelungen ist, eine Prämienanleihe von $3,47^0/_0$ zu erhalten). Auf diesem Wege wird für die Anlage der Kleinbahnen das erste und wichtigste Förderungsmittel „billiges Geld“ beschafft.

Jede Aktienserie ist auf den Reingewinn der Bahn, für die sie ausgegeben ist, angewiesen. Also ein finanziell vollständig selbstständiges Unternehmen.

Den Leistungen des Staates steht eine Einwirkung auf die Gesellschaft gegenüber (Ernennungsrecht für die Mehrzahl der Mitglieder des Verwaltungsrates, Tarifgenehmigung.)

Von allen Provinz- und Gemeindesteuern ist die Gesellschaft frei.

Der Erfolg dieser Massnahmen war ein sehr günstiger. Von 1887—1897 ist die Bahnlänge von 188 auf 2276 km gestiegen, für die ein Anlagekapital von 110 593 000 frcs. = 50 810 frcs. pro km verwendet war.

Vor allen Dingen erscheint der hier betretene Weg sich zu bewähren, da die erst überaus geringe Rentabilität die stetige Tendenz zu steigern hat,

1889 verzinsten sich die Aktienserien mit noch nicht 2 %
1890   „   „   „   „   „   „   „   2,45 %
1895   „   „   „   „   „   „   „   3,25 %
1897   „   „   „   „   „   „   „   3,15 %
1898   „   „   „   „   „   „   „   3,23 %
1899   „   „   „   „   „   „   „   3,30 %

Dabei wird das bestehende Bahnnetz in ziemlich flottem Tempo weiter ausgebaut und machen sich trotzdem die unvermeidlichen Einnahmeausfälle der neuen Linien nicht bemerklich.

Anbei folgen die Hauptbetriebsergebnisse der letzten drei Jahre:

Hauptergebnisse des Gesamtnetzes.

Betriebs-Jahr (31. Dezember)	Betriebene Linien Anzahl	Mittlere Betriebs-länge km	Geleistete Zugkilo-meter (Anzahl)	Ein-nahmen frcs.	Aus-gabe frcs.	Ueber-schuss frcs.
1897	71	1 397,98	7 007 880	7 003 110	4 697 143	2 305 967
1898	76	1 541,21	7 884 961	7 890 830	5 296 804	2 594 126
1899	81	1 645,36	8 237 658	8 813 859	5 958 477	2 855 382

Verhältnis von Einnahme Ausgabe %	Von den Einnahmen entfallen auf Personen-, Güterverkehr %	%	Auf 1 km entfallen Einnahme frcs.	Ausgabe frcs.	Ueberschuss frcs.	Anlagekosten überhaupt frcs.	pro km frcs.
67,07	67,66	32,34	5 009,45	3 359,95	1 649,50	68 049 314	45 046
67,13	67,08	32,92	5 119,89	3 436,78	1 683,11	76 805 154	46 729
67,60	66,22	33,78	5 356,80	3 621,38	1 735,42	83 125 512	47 679

6. Oesterreich.

Bis zum Erlass des Gesetzes vom 13. Dezember 1894 wurden in Oesterreich nur Haupteisenbahnen und Lokalbahnen (Sekundär- und Vizinalbahnen) unterschieden.

Das zur Förderung der letzteren erlassene Gesetz vom 25. Mai 1880 gewährte Erleichterung von Konzessionsanträgen, Stempel- und Gebührenfreiheit, Erlaubnis zur Benutzung der Reichsstrassen, hatte aber wenig Erfolg, ebenso das Gesetz vom 17. Juni 1887, in dem die oben genannten Vergünstigungen noch erweitert wurden.

Infolgedessen ging Steiermark auf dem Gebiet des Lokalbahnwesens selbständig vor. Am 11. Februar 1890 wurde ein diesbezügliches Gesetz erlassen und dadurch ein Lokaleisenbahnfonds von 10 000 000 fl begründet, um Mittel zur Förderung dieser Bahnen zu schaffen. Das Land tritt als Bauunternehmer und nötigenfalls auch als Betriebsunternehmer auf, falls vom Staate oder den Interessenten entweder $1/3$ des Baukapitals à fonds perdu oder durch Uebernahme von Stammaktien zum Nennwerte beigetragen, oder bei nicht ausreichenden Reineinnahmen zu einer 4 % Verzinsung und Amortisation des Anlagekapitals, jährliche Zuschüsse bis mindestens $3/8$ des zur Verzinsung und Amortisation des Gesamterfordernisses garantiert wird. Im Falle der Subventionierung des Staates und der Interessenten durch Aktien erhält das Land den Rest der Aktien für das Anlagekapital in Prioritätsaktien, im Falle der Garantie für Zinsen und Amortisationsquoten erwirbt das Land zwar für sich die Konzession, überträgt aber den Betrieb in der Regel der Staatseisenbahn-Verwaltung oder der einer anschliessenden Privatbahn.

Steiermarks Beispiel folgten Böhmen und Galizien durch die Gesetze vom 17. Dezember 1892 und 17. Juli 1893.

Diese Massregeln hatten erheblichen Einfluss auf den Bau von Kleinbahnen; bis 1894 entstanden 3295 km Bahnen, doch wurden hierbei noch Klein- und Lokalbahnen zusammen behandelt. Eine Trennung der Klein-(Tertiär)-Bahnen von den Lokalbahnen fand erst durch ein Gesetz vom 13. Dezember 1894 statt. Danach sind:

Lokalbahnen für den allgemeinen Verkehr von geringer Bedeutung (normal- oder schmalspurige Zweigbahnen, Strassenbahnen mit Dampf- oder elektrischem Betriebe, anderen mechanischen Motoren oder animalischer Kraft, Seilbahnen etc.). Zwar unterstehen diese Bahnen auch der Eisenbahn-Gesetzgebung, im wesentlichen aber nur polizeilicher Aufsicht.

Das Gesetz ermächtigt den Staat, sich an der Kapitalbeschaffung für Lokal- und Strassenbahnen, die ziffermässig bestimmbare finanzielle Vorteile für einzelne Zweige der Staatsverwaltung haben, z. B. Domänen, Forsten, Bergwerke, Salinen, bis zur Höhe dieser Vorteile zu beteiligen. Die Kreditbeschaffung wird ferner dadurch erleichtert, dass es den von Landesbanken und anderen Kreditinstituten in bestimmter Weise fundierten Schuldverschreibungen Gebührenfreiheit und pupillarische Sicherheit zuerkennt. Am 25. November 1896 wurde das „k. k. österreichische Kreditinstitut für Verkehrsunternehmungen" konzessioniert, eine Rentenbank, welche unter staatlicher Aufsicht Lokal- und Kleinbahn-Unternehmungen durch Kreditgewährung etc. fördern soll.

Ein Aufschwung des Kleinbahnwesens blieb nicht aus. Ende 1897*) waren 4 227,610 km Lokalbahnen vorhanden, von denen sich 2 060,641 km im Betriebe der k. k. Staatseisenbahn-Verwaltung befanden.

---

*) Ziffer Wien. Kleinbahn-Zeitschrift.

Hiervon sind Eigentum

des Staates . . . . 684,300 Baukm.
von Privaten . . . . 1 376,341 „
Von der Gesamtlänge (Eigentumslänge) befinden sich im ganzen im Betriebe von
Privatbahnen . . . . 2 166,969 „
hiervon im Eigentum des Staates . . . . 9,949 „
im Eigentum von Hauptbahnen . . . . . 1 041,290 „
selbständige Lokalbahnen . . . . 1 115,730 „
Von 26 Lokalbahn-Unternehmungen in der
Eigentumslänge von . . . . 1 141,237 „
bei denen eine Beteiligung an der Kapitalbeschaffung durch Uebernahme von
Stamm- und Prioritätsaktien stattgefunden hat, befinden sich 21 Bahnen
in der Länge von . . . . 863,032 „
im Betriebe der k. k. Staatseisenbahn-Verwaltung und 5 Unternehmungen selbst-
ständiger Lokalbahnen in der Länge von 278,205 „
im Privatbetriebe.

Die Höhe des Aktien- und Prioritäten-Kapitals dieser Lokalbahn-Unternehmungen betrug dem Nennwerte nach 54 764 000 fl österr. Währung.

Davon sind der Staat mit . . . . 18,03 %
die Landesfonds mit . . . . 6,87 %
die Interessenten mit . . . . 27,89 %

oder zusammen mit 28 911 000 fl beteiligt, welche Summe in

9 398 000 fl Prioritätsaktien und
19 513 000 fl Stammaktien

zerfällt. Der Staat beteiligt sich mit dem Betrage von

750 000 fl in Prioritätsaktien und
9 125 000 fl „ Stammaktien.

Die Landesfonds mit

1 600 000 fl in Prioritätsaktien und
2 162 300 fl „. Stammaktien.

Die Interessenten mit

7 048 000 fl in Prioritätsaktien und
8 225 700 fl „ Stammaktien.

Ausserdem wurden noch verlorene Beiträge geleistet, Baumaterialien geliefert und Grundstücke unentgeltlich abgetreten im Betrage von zusammen: 881 086 fl.

Der Betriebsreinertrag in Prozenten des verwendeten Anlagekapitals betrug für Privatlokalbahnen auf Rechnung der Eigentümer im Staatsbetriebe 1,74 %, für selbständige Lokalbahnen mit Ausnahme der im Staatsbetriebe befindlichen 2,66 %.

Die Fortschritte auf dem Gebiete des Lokalbahn- und Kleinbahnwesens seit dem Bestehen des Gesetzes, betreffend die Bahnen niederer Ordnung hat den gehegten Erwartungen nicht ganz entsprochen, obwohl im Jahre 1894 16 Bahnen mit 565 km Länge und einem Anlagekapital im Nennwerte von 32 826 000 fl ö. W., im Jahre 1895 16 Bahnen mit 607 km Länge und einem Anlagekapital von 30 979 600 fl, im Jahre 1896 22 Bahnen mit 488 km Länge und einem Anlagekapital von 21 847 000 fl durch Gesetze sichergestellt werden konnten. Von diesen angeführten 54 Lokalbahnen mit der Gesamtlänge von 1660 km und einem Anlagekapital von 85 652 000 fl sind nur 19 bis zum Jahre 1898 vollendet und eröffnet, 21 befanden sich noch im Bau. Bei den übrigen sind mit Ausnahme von 4 Bahnen die geforderten gesetzlichen Anordnungen nicht durchführbar.

Im Jahre 1897 hat die gesetzliche Sicherstellung von Lokalbahnen infolge der parlamentarischen Verhältnisse eine thatsächliche Unterbrechung erfahren und erst im Oktober 1898 konnte die Regierung eine Gesetzesvorlage wegen Sicherstellung von 25 Bahnen mit einer Länge von 821 km und einem Nominal-Anlagekapital von 51 400 000 fl im Parlamente einbringen.

Das effektive Anlagekapital ist mit 50 903 000 fl, das Nominal-Anlagekapital mit 51 400 600 fl veranschlagt; hiervon werden 17 406 000 fl vom Staate mit einer Jahreszahlung von 740 000 fl, von den Ländern 7 492 900 fl mit einer Jahresleistung von 318 700 fl garantiert; ferner beteiligten sich an der Kapitalbeschaffung der Staat mit 19 379 500 fl, die Länder mit 2 231 000 fl und die Interessenten mit 4 891 200 fl.

Das jährliche finanzielle Opfer des Staates wurde mit dem Betrage von 990 650 fl. ermittelt.

Hieraus geht unzweifelhaft hervor, dass die Bahnprojekte nur mit namhafter Unterstützung des Staates und der Länder sicher gestellt werden konnten, was nicht zum geringsten Teil den an die Bauausführung solcher Bahnen von der Regierung gestellten zu hohen Anforderungen zuzuschreiben ist, zu denen noch überdies die oft mit grossen Ausgaben verbundenen Forderungen der Heeresverwaltung hinzutreten. Auch der Umstand, dass die Betriebsführung in der Regel der Staat auf die Konzessionsdauer sich vorbehält und die Einlösung der Bahn jederzeit erfolgen kann, beeinflusst das Privatkapital ungünstig und hindert dasselbe, dem Eisenbahnwesen, in intensiver Weise sich zuzuwenden.

7. Ungarn.

In Ungarn begann erst mit dem Gesetz vom 13. Juni 1880 ein Aufschwung der Kleinbahnbauthätigkeit.

In diesem wurden den Kleinbahnen (mit Ausschluss der Tramways) Erleichterungen in Konzessionierung, geringen Anforderungen an Bau und Betrieb, Stempel und Gebührenfreiheit für die durch ihre Finanzierung bedingten Verträge, Befreiung von wesentlichen Verpflichtungen gegen die Post, Benutzungsgestattung öffentlicher Strassen, Uebernahme des Betriebs auf mit der Staatsbahn gemeinsamen Bahnhöfen durch letztere auf Wunsch der Lokalbahnen, Uebernahme des ganzen Betriebes gegen Vergütung der Selbstkosten gewährt.

Das Gesetz vom 24. Februar 1880 regelte dann die Beteiligung des Staates, der Munizipien und Gemeinden dahin, dass der Betrag von Staatsbahnunterstützungen im ganzen jährlich nicht mehr als 300 000 fl., der der Lokalbahnunterstützungen nicht mehr als $1/_{10}$ des effektiven Baukapitals betragen darf.

1880 bestanden nur 63 km Bahnlänge, Ende 1897 711 km.

Das Gesamtkapital betrug 245 186 216 fl für 122 vorhandene Bahnen.

An dieser Summe sind beteiligt der Staat mit   14,9 %
Die Lokalverwaltungen mit . . . . 9,2 %
Die Gemeinden- und Privatinteressenten mit   . . 12,2 %
Die betreffende Unternehmung selbst mit . . . . . 63,7 %

8. Rumänien.

Die Rumänische Kleinbahngesetzgebung ist der preussischen des öfteren gegenübergestellt worden[*]; denn gerade die Abänderungen, die in der Gesetzgebung für Preussen gefordert werden, finden sich in dem rumänischen Gesetze. Das Gesetz für den Bau und Betrieb von Lokalbahnen in Rumänien vom 10. April 1895 enthält die grundlegenden Bestimmungen; die wesentlichsten Punkte sind folgende:

1. Der Gang des Enteignungsverfahrens für Kleinbahnen wird wesentlich beschleunigt und vereinfacht.

„Nach Ablauf von 2 Monaten seit Empfang des Gesetzes und nach Erledigung sämtlicher erhobenen Reklamationen wird das Ministerium, wenn es dies für gut findet, beim Ministerrat die Genehmigung zum Bau einholen, indem diese Bauarbeiten als gemeinnützig erklärt werden.“

Ausser der Erleichterung bei der Grundeinlösung, welche sich aus der Gemeinnützigkeitserklärung ergiebt, werden noch folgende Vorteile gewährt:

---

[*] Des öfteren in der Frankfurter Zeitung.

1. a. die kostenlose Abtretung des erforderlichen Geländes für die Bahn und deren Nebenanlagen auf dem Eigentume des Staates, der Bezirke, Gemeinden und der den Krondomänen gehörigen Güter; (diese Grundstücke umfassen einen grossen Prozentsatz des Landes).

b. die Benutzung der Haupt- und Nebenstrassen unter den für jeden einzelnen Fall vom Ministerium vorzuschreibenden Bedingungen;

c. die Beförderung für alle zum Bau erforderlichen Materialien zum Selbstkostenpreise;

d. die Enthebung vom Bau von Telegraphenlinien für den Fall, dass keine Zugkreuzungen in den Stationen vorkommen sollen;

e) die Genehmigung zum Anschlusse an die Staatslinien in den betreffenden Bahnhöfen. Die hieraus erwachsenden Ausgaben fallen dem Unternehmer zur Last, die Arbeiten jedoch werden durch das Ministerium ausgeführt. Der Betriebsdienst wird von den Staatsbahnen auf Kosten des Staates besorgt;

f) die Befreiung von Zollgebühren für das Baumaterial, ausser für Holz, Cement, Kalk, Steine und jedwedes Material, welches im Inlande in genügender Menge erzeugt wird;

g) die Befreiung von den Stempel- und Eintragegebühren, sowie von jeder Abgabe an Staat, Bezirk oder Gemeinde vom Tage der Gemeinnützigkeitserklärung ab.

2. Die Kleinbahn besitzt jedwedes Verfügungsrecht über die Tarife für die Reisenden und Frachten.

3. Der Staat behält sich den Ankauf der Kleinbahnen nach Ablauf von 30 Jahren nach Inbetriebsetzung (nicht jederzeit) vor und zwar unter sehr loyalen Bedingungen.

4. Bei denjenigen Strecken, die der Staat nach 30 Jahren nicht übernimmt, ist er von diesem Zeitpunkt an mit 30 % an dem Nettoverdienst des Bahnunternehmens beteiligt.

9. Deutsche Bundesstaaten.

In den deutschen Bundesstaaten hat das Kleinbahnwesen sich verschieden entwickelt. Der Grund hierfür liegt in der verschiedenen rechtlichen Behandlung der nicht den Haupteisenbahnen zugehörigen Bahnen.

Einzelne Staaten unterschieden mehrere Gattungen, andere stellten sowohl Neben- wie Kleinbahnen unter die sonstige Gesetzgebung, andere schliesslich entzogen die Kleinbahnen ganz der Eisenbahn-Gesetzgebung. Einzelne Staaten nahmen prinzipiell die Eisenbahn-Unternehmungen in ihre Hand, andere überliessen Nebenbahnen und auch Hauptbahnen ganz oder zum Teil Privaten.

Bayern.

In Bayern wurde durch das Gesetz vom 29. April 1869 ein aus den Reineinnahmen der Haupteisenbahnen dotierter Fonds zur Unterstützung von Vizinalbahnen gegründet. Die unentgeltliche Hergabe des Baugeländes sowie Uebernahme der Erdarbeiten auf Kosten der Interessenten war eine Vorbedingung, um der Unterstützungen teilhaftig zu werden. Auf dieser Grundlage wurden bis 1876 167 km staatliche Bahnen mit dem Charakter von Nebenbahnen gebaut.

Das Gesetz vom 28. April 1882 schied die Vizinalbahnen als Bahnen 3. Klasse aus den Eisenbahnen aus und bestimmte, dass Lokalbahnen staatsseitig angelegt, sowie durch Zuschüsse à fonds perdu bei mindestens kostenloser Hergabe des Baugeländes seitens der Interessenten unterstützt werden können. Ende 1896 waren im rechtsrheinischen Bayern 953,71 km Lokalbahnen vom Staate und von der Lokalbahn-Aktiengesellschaft 1892 219 km hergestellt.

Die staatlichen Vizinalbahnen ergaben für das vom Staate aufgebrachte Kapital eine Rente von $3^1/_8$ %, die Vizinalbahnen durchschnittlich eine solche von 4 %.

1899 bestanden:

1 248,56 km Lokalbahnen
167,42 „ Vizinalbahnen.

Die Vizinalbahnen verzinsten im Jahre 1900 das Anlagekapital des Staates mit 3,45 %, das Gesamtanlagekapital mit 3,11 %, die Lokalbahnen ersteres mit 3 %, letzteres mit 2,73 %[*]).

Sachsen.

Im Königreich Sachsen tritt der Staat fast ausschliesslich als Unternehmer auf. Nach der Bahnordnung vom Bundesrate für deutsche Bahnen untergeordneter Bedeutung vom 14. Juni 1878 wurden zuerst normalspurige Eisenbahnen mit Nebenbahncharakter gebaut, zu Beginn der 80er Jahre dagegen fast ausschliesslich Schmalspurbahnen, obzwar diese in rechtlicher Beziehung als Eisenbahnen angesehen werden und der Bahnordnung für Nebenbahnen unterstehen, haben sie doch Kleinbahncharakter.

Bis Ende 1894 waren 17 Kleinbahnen von zusammen 327 km Länge staatlich hergestellt. Die Verzinsung des Anlagekapitals betrug nur 0,8 %, wozu nur 7 Bahnen beigetragen haben, 10 hatten gar keine Betriebsüberschüsse. Dagegen sind Landwirtschaft und Industrie bedeutend gehoben worden; das gewaltige Ansteigen der Steuerkraft der durch die Kleinbahnen erschlossenen Gegenden wurde oben schon erwähnt.

1900 bestanden 410,11 km Schmalspurbahnen mit einem Anlagekapital von 38 732 220 ℳ.

---

[*]) nach Lohmann.

Königreich Württemberg und Grossherzogtum Baden.

In Württemberg und Baden werden die nebenbahnähnlichen Kleinbahnen mit zu den Nebenbahnen gezählt. Beide Staaten unterstützen solche Bahnbauten durch Gewährung von unverzinslichen Darlehen, welche für Normalspurbahnen 20—35 000 $\mathcal{M}$, für Schmalspurbahnen 10—20 000 $\mathcal{M}$ pro Kilometer betragen.

Voraussetzung solcher Zuschüsse ist, dass die Lokalinteressenten die Kosten für das Gelände zum Bahnbau stellen.

Bei Bahnanschlüssen an die Staatsbahn trägt letztere im allgemeinen die Kosten derjenigen Neuanlagen, welche sie mitbenutzt, bezw. stellt ihrerseits das Oberbaumaterial, während die anschliessende Bahn den Arbeitslohn trägt.

Den Dienst auf der gemeinschaftlichen Anschlussstation besorgt die Staatsbahn allein, ohne Kosten für die anschliessende Bahn.

Der Staat ist berechtigt, die Bahn nach 25 Jahren auf Grund einer $4^0/_0$ Rente, mindestens aber für die Selbstkosten anzukaufen und werden in solchem Falle die staatsseitig geleisteten Zuschüsse von der Kaufsumme in Abzug gebracht.

Württemberg, sowie Baden, erlassen ferner ohne Bedenken den nebenbahnähnlichen Kleinbahnen, auch den Schmalspurbahnen die halbe Abfertigungsgebühr. In einem Falle hat sogar die Württembergische Staatsbahn, die im übrigen durchaus nicht so gut prosperiert wie die preussische, der anschliessenden preussischen Kleinbahn die halbe Abfertigungsgebühr für einen Verkehr erlassen, der ihr auch schon bisher, wenn auch auf anderem Wege zugeführt wurde. Sie that es in der Ueberzeugung, dass sich dieses Opfer durch Verstärkung des Verkehrs bald ausgleichen werde. Ferner wurden den Kleinbahnen in Württemberg höhere Abfertigungsgebühren als den Staatsbahnen zugestanden.*) Die Streckensätze dagegen sind meistens die gleichen; doch werden einzelnen Bahnen, namentlich Schmalspurbahnen, die doppelten Streckensätze zugestanden.

In Baden bestehen:

1. für den Güterverkehr der Nebenbahnen mit den badischen Staats- und Nebenbahnen direkte Tarifsätze.

2. Für den Güterverkehr mit ausserbadischen Stationen ist folgendes Umkartierungsverfahren eingeführt:

Gütersendungen mit direkten Frachtbriefen nach und von badischen Nebenbahnen sind auf den Uebergangsstationen der badischen Staatsbahn abzufertigen. Die für die Hauptbahnstrecke zu berechnenden Frachtsätze werden

---

*) s. Entwicklung des Eisenbahnwesens im Königreich Württemberg von Dr. Supper pag. 188.

um die, auf die Uebergangsstation fallenden Abfertigungsgebühren gekürzt, z. B. bei Eilgut um 20 Pfennige, bei Stückgut um 10 Pfennige, bei den übrigen Tarifklassen um 4—6 Pfennig für 100 kg. Für die Nebenbahnstrecke erfolgt dann besondere Abfertigung zwischen Uebergangs- und Nebenbahnstation zu Frachtsätzen, die ebenfalls um die, auf die Uebergangsstation fallende Abfertigungsgebühr gekürzt werden.

Das badische Verfahren im Uebergangsverkehr hat sich durchaus bewährt und wird von verschiedenen Seiten auch von den Provinzialverbänden zur Nachahmung in Preussen empfohlen.

Das badische Ministerium hat im diesjährigen Etat dem Landtage eine Zusammenstellung über die Rentabilität der Nebenbahnen in Privathänden gegeben. Aus dieser ist ersichtlich, dass die Entwicklung fortschreitend eine günstige gewesen ist.

Zusammenstellung über die Rentabilität derjenigen badischen

(Bei zwei Linien, über welche die Baurechnungen

Ordn.-zahl	Bahnlinie	1890/91	1891/92	1892/93	1893/94
	I. Süddeutsche Eisenbahn-Gesellschaft.				
1.	Zell—Todtnau				
	Anlagekapital	1 018 609	1 022 131	1 022 131	1 029 553
	Verzinsung	3.22 $\frac{0}{0}$	3.07 $\frac{0}{0}$	2.58 $\frac{0}{0}$	3.34 $\frac{0}{0}$
2.	Mannheim—Weinheim—Heidelberg—Mannheim				
	Anlagekapital	—	—	3 924 855	3 924 855
	Verzinsung	—	—	1.77 $\frac{0}{0}$	3.37 $\frac{0}{0}$
3.	Karlsruher Lokalbahnen				
	Anlagekapital	—	—	1 647 690	1 647 690
	Verzinsung	—	—	1.56 $\frac{0}{0}$	3.06 $\frac{0}{0}$
4.	Kaiserstuhlbahn				
	Anlagekapital	—	—	—	—
	Verzinsung	—	—	—	—
5.	Bregthalbahn				
	Anlagekapital	—	—	—	—
	Verzinsung	—	—	—	—
	Zusammen Ordn.-Zahl 1 bis 5				
	Anlagekapital	1 018 609	1 022 131	6 594 676	6 602 098
	Verzinsung	3.22 $\frac{0}{0}$	3.07 $\frac{0}{0}$	1 84 $\frac{0}{0}$	3.29 $\frac{0}{0}$
	II. Strassburger Strassenbahn-Gesellschaft.				
1.	Kehl—Lichtenau—Bühl				
	Anlagekapital	—	—	1 023 727	1 023 727
	Verzinsung	—	—	2.26 $\frac{0}{0}$	2.3 $\frac{0}{0}$
2.	Kehl—Altenheim—Ottenheim und Altenheim—Offenburg				
	Anlagekapital	—	—	—	—
	Verzinsung	—	—	—	—
	Zusammen Ordn.-Zahl 1 und 2				
	Anlagekapital	—	—	1 023 727	1 023 727
	Verzinsung	—	—	2.26 $\frac{0}{0}$	2.3 $\frac{0}{0}$

Nebenbahnen, über welche die Baurechnungen abgeschlossen sind.

noch nicht vorliegen, sind runde Summen eingesetzt.)

1894/95	1895/96	1896/97	1897/98	1898/99	1899/1900	1900/01
1 029 553 2.57 $^0/_0$	1 054 958 3.75 $^0/_0$	1 114 419 4.57 $^0/_0$	1 134 955 5.05 $^0/_0$	1 165 379 4.59 $^0/_0$	1 201 956 4.68 $^0/_0$	1 217 574 4.79 $^0/_0$
3 924 855 2.96 $^0/_0$	3 924 855 3.02 $^0/_0$	4 139 037 3.01 $^0/_0$	4 162 585 3.34 $^0/_0$	4 313 283 4.16 $^0/_0$	4 445 031 5.03 $^0/_0$	4 534 104 5.04 $^0/_0$
1 593 077 3.11 $^0/_0$	1 595 678 3.11 $^0/_0$	1 597 365 4.04 $^0/_0$	1 633 404 4.21 $^0/_0$	1 717 004 4.27 $^0/_0$	1 753 261 4.17 $^0/_0$	1 756 404 3.23 $^0/_0$
— —	— —	1 400 688 4.41 $^0/_0$	1 404 612 5.35 $^0/_0$	1 415 303 6.00 $^0/_0$	1 415 303 6.06 $^0/_0$	1 415 748 8.27 $^0/_0$
1 171 909 4.75 $^0/_0$	1 159 909 6.28 $^0/_0$	1 185 862 6.27 $^0/_0$	1 223 826 4.82 $^0/_0$	1 223 700 4.09 $^0/_0$	1 224 436 5.45 $^0/_0$	1 224 436 4.44 $^0/_0$
7 719 394 3.21 $^0/_0$	7 735 400 3.62 $^0/_0$	947 371 3.98 $^0/_0$	9 559 382 4.18 $^0/_0$	9 834 669 4.59 $^0/_0$	10 039 987 5.03 $^0/_0$	10 148 266 5.07 $^0/_0$
1 023 727 2.41 $^0/_0$	1 023 727 3.36 $^0/_0$	1 023 727 3.02 $^0/_0$	1 023 727 4.26 $^0/_0$	1 023 727 3.97 $^0/_0$	1 134 702 2.69 $^0/_0$	1 139 193 3.02 $^0/_0$
— —	— —	— —	— —	1 049 908 4.05 $^0/_0$	1 049 908 4.19 $^0/_0$	1 052 061 2 34 $^0/_0$
1 023 727 2.41 $^0/_0$	1 023 727 3.36 $^0/_0$	1 023 727 3.02 $^0/_0$	1 023 727 4.26 $^0/_0$	2 073 635 4.01 $^0/_0$	2 184 610 3.38 $^0/_0$	2 191 254 2.69 $^0/_0$

Ordn.-Zahl	Bahnlinie		1895/96	1896/97	1897/98	1898/99	1899/1900	1900/01
	III. Vering & Waechter.							
1.	Ettenheimmünster—Rhein							
		Anlagekapital	375 450	375 450	375 450	375 450	375 450	375 450
		Verzinsung	—	—	—	—	—	—
		Verlust	3 446	6 961	151	1 489	—	925
2.	Krozingen—Staufen—Sulzburg							
		Anlagekapital	383 787	383 787	383 787	383 787	383 787	383 787
		Verzinsung	3.7 $\frac{0}{0}$	2.42 $\frac{0}{0}$	2.56 $\frac{0}{0}$	2.43 $\frac{0}{0}$	2.92 $\frac{0}{0}$	3.01 $\frac{0}{0}$
3.	Haltingen—Kandern							
		Anlagekapital	375 009	375 009	375 009	375 009	375 009	375 009
		Verzinsung	8.03 $\frac{0}{0}$	6.00 $\frac{0}{0}$	8.56 $\frac{0}{0}$	11.58 $\frac{0}{0}$	11.09 $\frac{0}{0}$	11.18 $\frac{0}{0}$
	Zusammen O.-Z. 1 bis 3							
		Anlagekapital	1 134 246	1 134 246	1 134 246	1 134 246	1 134 246	1 134 246
		Verzinsung	3.62 $\frac{0}{0}$	2.19 $\frac{0}{0}$	3.79 $\frac{0}{0}$	4.52 $\frac{0}{0}$	4.65 $\frac{0}{0}$	4.68 $\frac{0}{0}$
	mit Achern—Ottenhöfen							
		im Ganzen	—	—	—	—	—	1 824 000
		Verzinsung	—	—	—	—	—	3.11 $\frac{0}{0}$
	IV. Aktiengesellschaft Müllheim—Badenweiler.							
	Müllheim—Badenweiler							
		Anlagekapital	—	299 798	329 021	376 141	376 173	376 593
		Verzinsung	—	5.5 $\frac{0}{0}$	4.8 $\frac{0}{0}$	4.56 $\frac{0}{0}$	3.11 $\frac{0}{0}$	2.41 $\frac{0}{0}$

Vorbemerkung: Die Gesellschaft hat den Betrieb der Bahn so günstig verpachtet, dass entsprechende Verzinsung ihres Kapitals sich ergiebt. Die Verzinsung des Anlagekapitals ist nach den Rechnungen des Betriebspächters ermittelt.

Ordn.-Zahl	Bahnlinie		1897/98	1898	1899	1900
	V. Lahrer Strassenbahn-Gesellschaft Rhein—Lahr—Seelbach.					
	Erzielt seit ihrem Bestehen nur Unterbilanz.					
	VI. Badische Lokalbahn-Gesellschaft.					
1.	Bruchsal—Hilsbach—Menzingen	Anlagekapital	1 101 055	1 101 055	1 101 055	1 937 555
		Verzinsung	0.67 $\frac{0}{0}$	2.77 $\frac{0}{0}$	3.10 $\frac{0}{0}$	1.89 $\frac{0}{0}$
2.	Albthalbahn	Anlagekapital	—	—	—	5 000 000
		Verzinsung	—	—	—	2.62 $\frac{0}{0}$
3.	Bühl—Bühlerthal	Anlagekapital	652 498	652 498	652 498	652 498
		Verzinsung	1.18 $\frac{0}{0}$	2.03 $\frac{0}{0}$	2.88 $\frac{0}{0}$	4.23 $\frac{0}{0}$
	Alle drei Bahnen zusammen	Anlagekapital	1 753 553	1 753 553	1 753 553	7 590 053
		Verzinsung	0.86 $\frac{0}{0}$	2.49 $\frac{0}{0}$	3.01 $\frac{0}{0}$	2.58 $\frac{0}{0}$

Ordn.-Zahl	Bezeichnung der Bahn	Länge		Erstmalige Baukosten ohne Grunderwerb		Staatszuschuss		Jetziges Anlagekapital der Unternehmung		Bemerkungen
		Schmal-spur km	Normal-spur km	im Ganzen ℳ	auf 1 km ℳ	im Ganzen ℳ	auf 1 km ℳ.	im Ganzen ℳ	auf 1 km ℳ	
	I. Vom Staate nicht unterstützte Bahnen.									
1.	Heidelberger Lokalbahnen	56.55	—	4 534 103	80 179	—	—	4 534 103	80 179	mit Grunderwerb.
2.	Heidelberg—Wiesloch	13.00	—	1 500 000	115 384	—	—	1 500 000	115 384	elektrisch, mit Grund-erwerb.
3.	Waldhof—Sandhofen	—	3.90	428 610	109 900	—	—	428 610	109 900	mit Grunderwerb.
4.	Karlsruher Lokalbahnen	30.75	—	1 756 404	57 118	—	—	1 756 404	57 118	mit Grunderwerb.
	Summa . . .	100.30	3.90	8 219 117	—	—	—	8 219 117	—	
	II. Vom Staate unterstützte Bahnen.									
5.	Wiesloch—Meckesheim—Waldangelloch .	—	32.29	3 000 000	92 914	300 200	19 000	2 700 000	8 367	runde Summe, weil Bau-rechnung noch fehlt.
6.	Bruchsal—Hilsbach—Menzingen	—	41.36	2 640 835	63 850	703 278	17 000	1 937 555	46 870	
7.	Karlsruhe-Herrenalb-Ettlingen-Pforzheim .	59.85	—	5 960 800	99 595	960 800	18 000	500 000	83 100	runde Summe, weil Bau-rechnung noch fehlt.
8.	Bühl—Bühlerthal	—	5.97	882 498	147 822	160 000	26 913	652 498	109 756	
9.	Achern—Ottenhöfen	—	10.7	944 753	88 295	255 000	23 831	698 753	65 304	
10.	Kehl—Lichtenau—Bühl	39.0	—	1 558 098	39 875	390 758	10 000	1 139 193	29 210	
11.	Kehl-Ottenheim und Altenheim-Offenburg	36.0	—	1 409 491	39 153	357 430	10 000	1 052 061	29 224	
12.	Rhein—Lahr—Seelbach	19.2	—	851 311	44 333	220 000	11 458	631 311	32 875	mit Grunderwerb.
13.	Ettenheimmünster—Rhein	15.90	—	673 138	42 078	240 000	15 003	375 450	22 613	
14.	Kaiserstuhlbahn	—	40.10	2 473 863	61 349	851 480	21 116	1 415 748	35 305	
15.	Krozingen—Sulzburg	—	11.0	715 737	64 684	221 300	20 000	383 787	34 889	
16.	Müllheim—Badenweiler	7.54	—	505 283	66 392	128 690	17 000	376 593	49 946	Aktien-Gesellschaft.
17.	Haltingen—Kandern	—	13.00	674 709	51 900	260 000	20 000	375 009	28 847	
18.	Zell—Todtnau	18.76	—	1 365 443	72 603	369 719	19 658	1 054 958	56 094	
19.	Bregthalbahn	—	29.58	1 932 062	64 813	596 200	20 000	1 224 436	41 394	
20	Möckmühl—Dörzbach	38.59	—	2 000 000	51 827	771 000	20 000	1 229 000	31 827	ganze Strecke.
	Von Ordn.-Zahl 20 Badischer Anteil . . .	11.95	—	621 924	51 827	239 000	20 000	382 924	31 827	Badischer Anteil

Zusammenstellung.

	Schmal-spur km	Normal-spur km	Im Ganzen km
Die Gesamtlänge der Nebenbahnen beträgt .	335.14	187.90	523.04
Hiervon liegen auf			
hessischem Gebiet . . . . . . 5.79 km			
württembergischen Gebiet. . . 31.44 „	37.23	—	—
Bleiben im badischen Gebiet	297.91	187.90	485.81

Die Baukosten stellen sich für die badischen Strecken im Ganzen:

	Erstmalige Baukosten $\mathscr{M}$.	Staats-beitrag $\mathscr{M}$.	Jetziges Anlagekapital der Unternehmung $\mathscr{M}$.
	34 429 062	6 253 855	27 619 393
Bei 48 581 km daher auf das km rund.	70 870	12 870	56 850
Für die nicht vom Staate unterstützten Bahnen			
mit 104.2 km.	8 219 117	—	8 219 117
auf das Kilometer	78 974	—	78 974
Für die vom Staate unterstützten Bahnen mit			
381.61 km	26 209 945	6 253 855	19 400 276
auf das Kilometer rund.	68 680	16 400	50 840

A n m e r k u n g. Die Barzuschüsse zu den eigentlichen Baukosten seitens der Interessenten sind nicht berücksichtigt.

Erträgnis

der vom badischen Staate unterstützten Nebenbahnen mit Ausnahme der Linien
Möckmühl–Dörzbach, Wiesloch—Meckesheim—Waldangelloch.

Bezeichnung der Linie	Baukosten ohne Grunderwerb *M.*	Anlagekapital der Bahnunternehmung *M.*	Erträgnis im letzten Rechnungsjahre *M.*	
Bruchsal—Hilsbach—Menzingen . .	2 640 835	1 937 555	36 490	
Karlsruhe—Herrenalb—Pforzheim .	5 960 800	5 000 000	131 705	
Bühl—Bühlerthal.	882 498	652 498	27 609	
Achern—Ottenhöfen	944 753	698 753	23 682	
Kehl—Lichtenau—Bühl	1 558 098	1 139 193	34 465	
Kehl—Ottenheim—Offenburg . . .	1 409 491	1 052 061	24 631	
Rhein—Lahr—Seelbach	851 311	631 311	— 2 457	Unterbilanz
Ettenheimmünster—Rhein	673 138	375 450	— 921	Unterbilanz
Kaiserstuhlbahn	2 473 863	1 415 748	117 186	
Krozingen—Sulzburg	715 737	383 787	12 075	
Müllheim—Badenweiler	502 589	376 593	9 085	
Haltingen—Kandern	674 709	375 009	41 961	
Zell—Todtnau.	1 365 443	1 217 573	58 227	
Bregthalbahn	1 932 062	1 224 436	54 360	
Zusammen	22 585 327	16 479 967	571 476	

D. h. ohne Staatsbeitrag würden sich die 22 585 327 M. Baukosten verzinsen
mit 2.53 %.

In Folge des Staatsbeitrages haben sich die 16 479 967 M. Anlagekapital der
Unternehmer verzinst mit 3.46 %.

VII. Schlusswort.

In Vorstehendem ist versucht worden, dasjenige Material in objektiver Weise zusammenzutragen, welches zur Beurteilung des Kleinbahnwesens in Preussen dienen kann.

Es kann nicht Aufgabe dieser Arbeit sein, den Erwägungen der kompetenten Behörden und der Landesvertretung darüber vorzugreifen, welche der in Vorstehendem dargelegten Vorschläge zur Förderung des Kleinbahnwesens annehmbar und durchführbar erscheinen, weil nur eine kontradiktorische Verhandlung über die einzelnen Punkte zu einer erwünschten Klarheit führen kann und vielfach politische Gründe zu beachten sein werden, welche nicht im Rahmen dieser wirtschaftlichen Betrachtung liegen.

Immerhin mag es gestattet sein, die Hauptpunkte, welche sich aus Vorstehendem als geeignet zur weiteren Förderung des Kleinbahnwesens ergeben haben, zu rekapitulieren.

Billiges Geld, sach- und fachmännische Leitung von Bau und Betrieb und die Beförderung der Rentabilität der Kleinbahnen, darüber sind alle Beteiligten einig, bilden die Grundbedingungen zur weiteren Belebung des Kleinbahnwesens.

Zunächst ist billiges Geld in so grossem Masse, wie es für den gewünschten Ausbau des Kleinbahnnetzes erforderlich ist, und welches für eine immerhin lange Zeit festgelegt werden muss, nach den bisherigen Erfahrungen nur unter Beteiligung des Privatkapitals zu beschaffen.

Das Publikum wird am willigsten sein, Kapital in Obligationen anzulegen, welche einen festen, sicheren Zinsfuss gewähren.

Da bisher aber die Kleinbahnen im allgemeinen noch keine verlockenden Erträge abgeworfen haben, ist diese Art der Geldbeschaffung auf Schwierigkeiten gestossen, die jüngsten Vorgänge auf dem Geldmarkt haben diese Schwierigkeiten gesteigert.

Der Weg den die Preussische Pfandbriefbank durch Ausgabe von Kleinbahnobligationen betreten hat, hat noch keine grossen Erfolge zeitigen können.

Die acht Beleihungsgeschäfte dieser Bank kommen kaum in Betracht angesichts der grossen Summe, um welche es sich handelt.

Hierzu kommt noch, dass ein solches Privatinstitut, wie solide es auch fundiert sei, in der Zeit von Krisen am wenigsten bereit und fähig sein wird, grössere Beträge zur Beleihung von Kleinbahnen zur Verfügung zu stellen; denn es wird einfach nicht möglich sein, diese Papiere zu vertreiben.

In solchen Zeiten wird erfahrungsgemäss —die jüngste Emission von Reichs- und Preussischen Staatsanleihen hat dies wiederum bestätigt — die Kauflust im Publikum nach sicheren, wenn auch weniger hohen Zinsen gebenden Papieren rege.

Nach dem Beispiele Oesterreichs könnten aber gerade diese Kleinbahnobligationen zu solchen Papieren mit pupillarischer Sicherheit werden, wenn der Staat dazwischentritt und die Garantie für einen Mindestertrag übernimmt.

Durch die Autorität des Staates werden dann gerade in Zeiten wirtschaftlicher Notlage dem Fonds für Kleinbahnen willig baare Mittel zufliessen, mit welchen die geplanten und wünschenswerten Kleinbahnen richtig gefördert werden und dem Arbeitsmangel gesteuert werden könnte.

Es ist nun die Frage, ob der Staat ohne Bedenken diese Garantie übernehmen kann.

Die Frage führt uns zu dem vorher erörterten Punkte, der es wünschenswert erscheinen lässt, dass der Staat eine besondere Behörde schaffe, welche jedes Kleinbahnprojekt auf seine Bauwürdigkeit, nicht nur bezüglich der Rentabilität, prüfe. Nur für solche Bahnunternehmungen, welchen dann auch das Enteignungsrecht mit der Genehmigungsurkunde zu verleihen wäre, kann selbstredend der Staat mit seinem Kredit eintreten.

Durch eine solche Behörde würde auch den mehrfach geäusserten Wünschen auf Einsetzung einer Vermittelungsinstanz zwischen den Kleinbahnen und der Staatsbahnverwaltung entsprochen werden, wenn dieser Behörde, etwa nach dem Vorgange der früheren Eisenbahnkommissariate, weitere Befugnisse erteilt, insbesondere auch die Ueberwachung von Bau und Betrieb der Kleinbahnen übertragen werden würde.

Es ist eine nicht wegzuläugnende Thatsache, dass bei Anlage, Bau und Betrieb von Kleinbahnen durch nicht sachverständige Unternehmer und Behörden beim besten Willen der Beteiligten Fehler gemacht worden sind, welche das Vertrauen zum Kleinbahnwesen ungünstig beeinflusst haben.

Aus diesem Grunde hat auch dem Vernehmen nach der Minister der öffentlichen Arbeiten kürzlich verfügt, dass in die Komitees für Kleinbahnen an welchen sich der Staat beteiligen soll, ein technisch gebildeter Staatseisenbahnbeamter delegiert wird, welcher Projekt und Kostenanschlag der zu erbauenden Bahn zu prüfen und den Bau und Betrieb derselben mit Rat und That zu fördern hat.

Es ist dies schon eine teilweise Erfüllung der ausgesprochenen Wünsche; nur gehen letztere noch einen Schritt weiter und erbitten, dass besondere Beamte ad hoc ernannt werden möchten, welche unabhängig von der Staatseisenbahn-Verwaltung nur dem Minister der öffentlichen Arbeiten unterstehen und durch längere Praxis im Kleinbahnwesen die Erfahrungen gesammelt haben, welche zu einer erspriesslichen Thätigkeit in einem solchen Amte unentbehrlich erscheinen.

Es ist nicht zu verlangen, dass ein Staatseisenbahnbeamter, welcher im grossen Staatsbetriebe ein spezielles umfangreiches Dezernat zu bearbeiten hat und dessen Arbeitskraft hierdurch beansprucht ist, den relativ kleinlichen Interessen der Kleinbahn die volle Würdigung entgegenbringe und solche Interessen auch seiner eigenen Dienstbehörde gegenüber wahrt.

Ueber die Organisation einer solchen Behörde sind vorher mehrfach Vorschläge erörtert worden.

Es erscheint geboten, dass für das Kleinbahnwesen, wenn es der gehofften grossen Entwickelung zugeführt werden soll, eine eigene Behörde, etwa eine besondere Abteilung im Ministerium der öffentlichen Arbeiten gebildet wird, welcher dann die in den Hauptprovinzialstädten zu errichtenden Kommissariate unterstellt sind, die nach einheitlichen Instruktionen selbständig zu arbeiten haben.

Mit dem obersten Kleinbahnamt könnte auch ein staatliches Finanz-Institut verbunden sein, welches die Gewährung von Mitteln für Kleinbahnbauten und die Ausgabe von Obligationen für solche Zwecke überwacht und etwa wie die preussische Zentral-Genossenschaftskasse eingerichtet sein könnte.

Durch eine solche Organisation wäre der Staat in der Lage, genau zu kontrollieren, welche Tragweite die von ihm zu übernehmende Zinsgarantie hat und würde das Publikum das nötige Vertrauen zur Anlage von Kapitalien im Kleinbahnbau gewinnen.

Es könnten damit zugleich Zustände angebahnt werden, wie solche ähnlich in Belgien zur Zeit bestehen.

Nach dem Vorgange der société nationale des chemins de fer vicinaux könnten eine oder mehrere staatlich verwaltete oder beaufsichtigte Kleinbahn-Gesellschaften mit privatrechtlichem Charakter geschaffen werden, an welchen der Staat, die Kommunalverbände und Privat-Interessenten beteiligt sein könnten.

Die Société nationale unterscheidet zweierlei Arten von Papieren:

1. Ihre eigenen, d. h. diejenigen Aktien, welche für Kleinbahnen ausgegeben werden, deren Bau und Betrieb die Gesellschaft aus eigenem Antrieb übernommen hat.

Die Erträgnisse aller dieser Bahnen werden zusammengeworfen und ergeben eine gleiche Verzinsung aller dieser Aktien.

2. Die zweite Art der Kleinbahn-Papiere wird von einer Reihe von Aktienserien gebildet, die für Bahnen ausgegeben werden, deren Bau und Betrieb die Gesellschaft für die Rechnung Dritter übernommen hat. Jede dieser einzelnen Serien bringt Dividenden, je nachdem die Betriebsergebnisse der Bahn, für welche sie ausgegeben wurden, ausgefallen sind.

Eine ähnliche Teilung in 2 Sorten Kleinbahnpapiere in Preussen würde den Vorteil bieten, dass alle Unternehmungen, an welchen der Staat kein Interesse hat und für welche er keine Garantie übernehmen will, bezw. welche nur einzelnen privaten Interessen dienen, in die 2. Gruppe verwiesen werden könnten.

Die erste Gruppe, mit einem Minimalzinsfuss vom Staate garantiert, könnte mit pupillarischer Sicherheit versehen werden.

Solche Papiere würden im grossen Publikum mit Leichtigkeit untergebracht werden können. Die Aktienserien der zweiten Gruppe würden den Interessenten oder Eigentümern der Bahn verbleiben.

Die Schaffung einer solchen Gesellschaft, bezw. mehrere solcher Gesellschaften würde die günstige Folge haben, dass eine sachverständige Behandlung des Kleinbahnwesens, unter Ausschliessung dilettantischer Elemente gesichert wäre. Ob und inwieweit dabei bestehende, mit sachverständigem Personal und reichen Erfahrungen ausgerüsteten Gesellschaften benützt und berücksichtigt werden könnten, wird der näheren Erwägung bedürfen.

Eine sehr wünschenswerte, ja kaum entbehrliche Erleichterung für das Kleinbahnwesen wäre die Abgaben- und Gebührenfreiheit, welche in anderen Ländern derartigen Unternehmungen gewährt werden. Man braucht darin nicht so weit zu gehen, wie etwa Rumänien; vor allem müsste aber der $2\,^0/_0$ige Aktienstempel in Fortfall kommen.

Die Prüfungen und Revisionen der Kleinbahnen, welche jetzt durch Beamte der Staatseisenbahn, gegen Zahlung entsprechender Kosten seitens der Kleinbahnen, besorgt werden, müssten künftig zur Ersparnis von Kosten den qualifizierten Beamten und Sachverständigen, deren die zu bildenden Gesellschaften ohnehin nicht entraten können, übertragen werden.

Die beste finanzielle Massnahme besteht aber natürlich darin, das Unternehmen an sich selbst derartig zu gestalten, dass es aus eigener Kraft wächst und gedeiht.

Die nebenbahnähnlichen Kleinbahnen müssen rentabel gemacht werden und eines der wirksamsten Mittel dazu ist ihnen im Anschluss an die Staatsbahn die halbe Expeditionsgebühr, wie früher erläutert, aufzulassen, damit nicht der an die Staatsbahn angrenzende Teil der ohnehin meist kurzen Bahnen für den Güterverkehr unbenutzbar wird.

Eventuell könnte der Staat nach dem Vorgange anderer Staaten — Rumänien hat sich z. B. nach 30 Jahren eine Gewinnbeteiligung vorbehalten — einen Anteil an einem den üblichen Zinsfuss überschreitenden Reinertrage der Kleinbahnen als Aequivalent für etwaige Ausfälle der Staatsbahnen vorbehalten.

Im Uebrigen bietet Baden einen Anhalt für eine Reform des Kleinbahnwesens, indem dort die nebenbahnähnlichen Kleinbahnen auch rechtlich als Nebenbahnen behandelt werden und als Kleinbahnen nur die ausgesprochenen Strassenbahnen angesehen werden.

Anlagen.

Das Gesetz über
Kleinbahn-Unternehmungen vom 3. November 1838.

Wir Friedrich Wilhelm, von Gottes Gnaden, König von Preussen etc. etc.
haben für nötig erachtet, über die Eisenbahnunternehmungen und insbesondere über die
Verhältnisse der Eisenbahngesellschaften zum Staate und zum Publikum allgemeine Bestimmungen zu treffen, und verordnen demnach auf den Antrag Unseres Staatsministeriums und nach erfordertem Gutachten Unseres Staatsrates wie folgt:

§ 1. Jede Gesellschaft, welche die Anlegung einer Eisenbahn beabsichtigt, hat
sich an das Handelsministerium zu wenden, und demselben die Hauptpunkte der Bahnlinie, sowie die Grösse des zu der Unternehmung bestimmten Aktienkapitals genau anzugeben. Findet sich gegen die Unternehmung im allgemeinen nichts zu erinnern, so
ist der Plan derselben, nach den bereits erteilten und künftig etwa noch zu erlassenden Instruktionen, einer sorgfältigen Prüfung zu unterwerfen. Wird infolge dieser
Prüfung Unsere landesherrliche Genehmigung erteilt, so hat das Handelsministerium,
unter Eröffnung der etwa nötig befundenen besonderen Bedingungen und Massgaben,
eine Frist festzusetzen, binnen welchen der Nachweis zu führen ist, dass das bestimmte
Aktienkapital gezeichnet und die Gesellschaft, nach einem unter den Aktienzeichnern
vereinbarten Statute, wirklich zusammengetreten sei.

§ 2. Hinsichtlich der Aktien und der Verpflichtungen der Aktienzeichner finden
folgende Grundsätze Anwendung.

1. die Aktien dürfen auf den Inhaber gestellt werden und sind stempelfrei;
2. die Ausgabe der Aktien darf vor Einzahlung des ganzen Nominalbetrags derselben nicht erfolgen, und eben so wenig die Erteilung auf den Inhaber gestellter
   Promessen, Interimsscheine etc. Ueber Partialzahlungen dürfen nur Quittungen,
   auf den Namen lautend, erteilt werden:
3. der Zeichner der Aktie ist für die Einzahlung von 40 Prozent des Nominalbe-
   trages der Aktie unbedingt verhaftet; von dieser Verpflichtung kann derselbe
   weder durch Uebertragung seines Anrechts auf einen Dritten sich befreien,
   noch seitens der Gesellschaft entbunden werden. Für den Fall, dass die aus-
   geschriebenen Partialzahlungen in Rückstand bleiben, ist die Bestimmung von
   Konventionalstrafen, ohne Rücksicht auf die sonst hinsichtlich deren Höhe gesetzlich bestehenden Beschränkungen, zulässig;
4. nach Einzahlung von 40 Prozent hat die Gesellschaft, wenn der ursprüngliche
   Zeichner der Aktie sein Anrecht auf einen andern übertragen hat, die Wahl, ob sie
   a) den ursprünglichen Zeichner seiner Verpflichtung entlassen und sich lediglich
      an den Cessionar halten, oder

b) der Abtretung ungeachtet, den ursprünglichen Zeichner noch ferner in Anspruch nehmen will, in welchem Fall die Gesellschaft gegen den Cessionar keinen Anspruch hat,

Der hierüber von dem Vorstande der Gesellschaft zu fassende Beschluss ist beim Ausschreiben der nächsten Partialzahlung bekannt zu machen.

5. Bei jeder folgenden Cession treten dieselben Bestimmungen ein, welche unter 4 für die erste gegeben worden sind.

6. Wenn nach Einzahlung von 40 Prozent die ferneren Partialzahlungen nicht eingehen, so ist die Gesellschaft berechtigt, entweder

a) den Zahlungspflichtigen weiter in Anspruch zu nehmen,

oder

b) denselben, unter Aufhebung seiner Verpflichtung gegen die Gesellschaft, des bereits Gezahlten und aller Rechte aus den bisherigen Zahlungen verlustig zu erklären. Bis zu dem Betrage, mit welchem die auf diese Weise ausscheidenden Interessenten beteiligt waren, dürfen neue Aktienzeichnungen zugelassen werden.

§ 3. Das Statut ist zu Unserer landesherrlichen Bestätigung einzureichen; es muss jedoch zuvor der Bauplan im wesentlichen festgestellt worden sein.

So lange die Bestätigung nicht erfolgt ist, bestimmen sich die Verhältnisse der Gesellschaft und ihrer Vertreter nach den allgemeinen gesetzlichen Vorschriften über Gesellschafts- und Mandatsverträge. Mittelst der Bestätigung des Statuts, welches durch die Gesetzsammlung zu publizieren ist, werden der Gesellschaft die Rechte einer Korporation oder einer anonymen Gesellschaft erteilt.

§ 4. Die Genehmigung der Bahnlinie in ihrer vollständigen Durchführung durch alle Zwischenpunkte wird dem Handelsministerium vorbehalten, ebenso sind die Verhältnisse der Konstruktion, sowohl der Bahn als der anzuwendenden Fahrzeuge, an diese Genehmigung gebunden. Alle Vorarbeiten zur Begründung der Genehmigung hat die Gesellschaft auf ihre Kosten zu beschaffen.

§ 5. Die Anlage von Zweigbahnen kann ebenso, wie die von neuen Eisenbahnen überhaupt nur mit Unserer landesherrlichen Genehmigung stattfinden.

§ 6. Zur Emission von Aktien über die ursprünglich fesgesetzte Zahl hinaus, ist Unsere Genehmigung notwendig. Die Aufnahme von Gelddarlehen (womi der Kauf auf Kredit nicht gleichgestellt werden soll) bedarf der Zustimmung des Handelsministeriums, welches dieselbe an die Bedingung eines festzustellenden Zins- und Tilgungsfonds zu knüpfen befugt ist.

§ 7. Die Gesellschaft ist befugt, die für das Unternehmen erforderlichen Grundstücke ohne Genehmigung einer Staatsbehörde zu erwerben; zur Gültigkeit der Veräusserung von Grundstücken ist jedoch die Genehmigung der Regierung nicht nötig.

§ 8. Für den Fall, dass über den Erwerb der für die Bahnanlage notwendigen Grundstücke eine Einigung mit den Grundbesitzern nicht zustande kommt, wird der Gesellschaft das Recht zur Expropriation, welchem auch die Nutzungsberechtigten unterworfen sind, verliehen.

Dasselbe erstreckt sich insonderheit:

1. auf den zu der Bahn selbst erforderlichen Grund und Boden;

2. auf den zu den nötigen Ausweichungen erforderlichen Raum;

3. auf den Raum zur Unterbringung der Erde und des Schuttes etc., bei Einschnitten, Tunnels und Abtragungen;

4. auf den Raum für die Bahnhöfe, die Aufseher- und Wärterhäuser, die Wasserstationen und längs der Bahn zu errichtenden Kohlenbehältnisse zur Versorgung der Dampfmaschinen, und

5. überhaupt auf den Grund und Boden für alle sonstigen Anlagen, welche zu dem Behufe, damit die Bahn als eine öffentliche Strasse zur allgemeinen Benutzung dienen könne, nötig oder infolge der Bahnanlage im öffentlichen Interesse erforderlich sind.

Die Entscheidung darüber, welche Grundstücke für die obigen Zwecke (No. 1—5.) in Anspruch zu nehmen sind, steht in jedem einzelnen Falle der Regierung, mit Vorbehalt des Rekurses an das Ministerium, zu. Dagegen ist das Expropriationsrecht auf solche Anlagen nicht auszudehnen, welche, wie Warenmagazine und dergleichen, nicht den unter No. 5 gedachten allgemeinen Zweck, sondern nur das Privatinteresse der Gesellschaft angehen.

§ 9. Ausser dem Expropriationsrechte wird der Gesellschaft auch das Recht zur vorübergehenden Benutzung fremder Grundstücke behufs der Einrichtung von Interimswegen, der Materialiengewinnung etc., ebenso, wie es bei der Anlegung und Unterhaltung von Kunststrassen dem Staate zusteht, eingeräumt. In welchem Umfange dieses Recht nach den, in den verschiedenen Landesteilen bestehenden Vorschriften geltend zu machen, und welche Grundstücke dabei in Anspruch zu nehmen sind, hat die Regierung, vorbehaltlich des Rekurses an das Handelsministerium, zu bestimmen. Jedoch ist überall das Ausgraben der Erde zur Ziegelfabrikation und von Feldsteinen, sowie die Eröffnung von Steinbrüchen und die Benutzung schon vorhandener Steinbrüche, in den durch gegenwärtigen Paragraphen den Gesellschaften beigelegten Befugnissen, nicht enthalten.

§ 10. Wenn die Gesellschaft ein benachbartes Grundstück zur Unterbringung der Erde und des Schuttes in Anspruch genommen hat (§ 8 No. 3), so soll, nachdem dieser Zweck vollständig erreicht ist, der Eigentümer die Wahl haben, dieses Grundstück (nach § 8) der Gesellschaft fortwährend zu überlassen, oder (nach § 9) gegen Ersatz der Wertsverminderung zurückzunehmen. Sollte jedoch der fortwährende Besitz desselben der Gesellschaft für die Sicherheit der Bahn nötig sein, so fällt der Anspruch des Eigentümers auf Rückgabe hinweg.

§ 11. Die Expropriation erfolgt in denjenigen Landesteilen, wo das Allgemeine Landrecht in Kraft ist, nach Vorschrift der §§ 8—11, Teil I, Titel 11.

Die Regierung ernennt die Taxatoren und leitet das Abschätzungsverfahren unter Zuziehung beider Teile. Der Eigentümer ist verpflichtet, gegen Empfang oder gerichtliche Deposition des Taxwerts, das Grundstück der Gesellschaft zu übergeben, und wird nötigenfalls von der Regierung hierzu angehalten.

Der Eigentümer kann, wenn er mit der Schätzung der Taxatoren nicht zufrieden ist, auf richterliche Entscheidung über den Wert antragen. Der Gesellschaft steht ein solches Recht nicht zu.

In der Rheinprovinz, soweit das Allgemeine Landrecht daselbst nicht in Kraft ist, erfolgt die Ausübung des Expropriationsrechts (§ 8) und die Feststellung der Entschädigungen nach den für die Expropriation dort geltenden Bestimmungen.

§ 12. Wenn bei der Entschädigung, ausser dem Eigentümer, auch Realberechtigte in Betracht kommen, so hängt es von dem Ermessen der Regierung ab, ob die Entschädigungssumme gerichtlich deponiert, oder ob dafür Kaution gestellt werden soll, in welchem letzten Fall die Gesellschaft, vom Zeitpunkt der Uebergabe an, landesübliche Zinsen zu zahlen hat.

§ 13. Für die vorübergehende Benutzung von Grundstücken (§ 9) ist die Entschädigung in gleicher Art, wie bei der Expropriation (§ 11), zu bestimmen. Es kann aber für deren Gewährung die Bestellung einer angemessenen Kaution verlangt werden, in welchem Falle die Regierung die Sache interimistisch zu regulieren hat.

§ 14. Ausser der Geldentschädigung ist die Gesellschaft auch zur Einrichtung und Unterhaltung aller Anlagen verpflichtet, welche die Regierung an Wegen, Ueberfahrten, Triften, Einfriedigungen, Bewässerungs- oder Vorflutsanlagen etc. nötig findet, damit die benachbarten Grundbesitzer gegen Gefahren und Nachteile in Benutzung ihrer Grundstücke gesichert werden.

Entsteht die Notwendigkeit solcher Anlagen erst nach Eröffnung der Bahn durch eine mit den benachbarten Grundstücken vorgehende Veränderung, so ist die Gesellschaft zwar auch zu deren Einrichtung und Unterhaltung verpflichtet, jedoch nur auf Kosten der dabei interessierten Grundbesitzer, welche deshalb auf Verlangen der Gesellschaft Kaution zu bestellen haben.

§ 15. Bei der Zahlung der Geldvergütungen für Grundstücke, welche nach § 8 der Expropriation unterworfen sind, ohne Unterschied, ob die Veräusserung selbst durch Expropriation oder durch freien Vertrag bewirkt wird, kommen die, für den Chausseebau in den verschiedenen Landesteilen hierüber bestehenden gesetzlichen Bestimmungen zur Anwendung, auch sollen die dabei vorkommenden Verhandlungen stempel- und sportelfrei erfolgen.

§ 16. Hat die Gesellschaft ein nach § 8 der Expropriation unterworfenes Grundstück, sei es durch Expropriation oder durch freien Vertrag erworben, so soll für dasselbe ein Anspruch sowohl auf Wiederkauf, als auf Vorkauf eintreten, wenn in der Folge entweder die Anlage dieser Eisenbahn aufgegeben oder das Grundstück zu ihren Zwecken entbehrlich wird.

§ 17. Den Anspruch auf Wiederkauf und Vorkauf hat der zeitige Eigentümer des durch den ursprünglichen Erwerb (§ 16) verkleinerten Grundstücks.

§ 18. Den Wiederkauf kann dieser Eigentümer in solchem Fall zu jeder Zeit geltend machen, bestreitet die Gesellschaft das Dasein der im § 16 bestimmten Bedingungen, so tritt richterliche Entscheidung ein. Die Gesellschaft kann von ihrer Seite den Eigentümer auffordern, sich über die Ausübung dieses Rechts zu erklären, und er verliert dasselbe, wenn er nicht binnen zwei Monaten diese Erklärung abgiebt. Bei dem Wiederkauf zahlt der Eigentümer den ursprünglichen Kaufpreis, nach Abzug der durch die bisherige Benutzung in dem Grundstück entstandenen Wertsverminderung. Dagegen kann die Gesellschaft keine Verbesserungen in Anrechnung bringen, wohl aber die von ihr auf diesem Boden etwa errichteten Gebäude oder andere Anlagen hinwegnehmen.

§ 19. Der Vorkauf tritt ein, wenn die Gesellschaft das entbehrlich gewordene Grundstück anderweit zu verkaufen Gelegenheit findet. Sie hat diese Absicht, sowie den angebotenen Kaufpreis dem nach § 17 berechtigten Eigentümer anzuzeigen, welcher sein Vorkaufsrecht verliert, wenn er sich nicht binnen zwei Monaten darüber erklärt. Unterlässt die Gesellschaft die Anzeige, so kann der Berechtigte seinen Anspruch gegen jeden Besitzer geltend machen.

§ 20. Für alle Entschädigungs - Ansprüche, welche infolge der Bahnanlage an den Staat gemacht, und entweder von der Gesellschaft selbst anerkannt, oder unter ihrer Zuziehung richterlich festgestellt werden, ist die Gesellschaft verpflichtet.

§ 21. Das Handelsministerium wird nach vorgängiger Vernehmung der Gesellschaft die Fristen bestimmen, in welchen die Anlage fortschreiten und vollendet werden soll, und kann für deren Einhaltung sich Bürgschaften stellen lassen. Im Falle der Nichtvollendung binnen der bestimmten Zeit bleibt vorbehalten, die Anlage, so wie sie liegt, für Rechnung der Gesellschaft unter der Bedingung zur öffentlichen Versteigerung, zu bringen, dass dieselbe von den Ankäufern ausgeführt werde. Es muss jedoch dem Antrage auf Versteigerung die Bestimmung einer schliesslichen Frist von sechs Monaten zur Vollendung der Bahn vorangehen.

§ 22. Die Bahn darf dem Verkehr nicht eher eröffnet werden, als, nach vorgängiger Revision der Anlage, von der Regierung die Genehmigung dazu erteilt worden.

§ 23. Die Handhabung der Bahnpolizei wird, nach einem darüber von dem Handelsministerium zu erlassenden Reglement, der Gesellschaft übertragen. Das Reglement wird zugleich das Verhältnis der mit diesem Geschäft beauftragten Beamten der Gesellschaft näher festsetzen.

§ 24. Die Gesellschaft ist verpflichtet, die Bahn nebst den Transportanstalten fortwährend in solchem Stande zu erhalten, dass die Beförderung mit Sicherheit und auf die der Bestimmung des Unternehmens entsprechende Weise erfolgen könne, sie kann hierzu im Verwaltungswege angehalten werden.

§ 25. Die Gesellschaft ist zum Ersatz verpflichtet für allen Schaden, welcher bei der Beförderung auf der Bahn, an den auf derselben beförderten Personen und Gütern, oder auch an anderen Personen und deren Sachen, entsteht und sie kann sich von dieser Verpflichtung nur durch den Beweis befreien, dass der Schade entweder durch

die eigene Schuld des Beschädigten, oder durch einen unabwendbaren äussern Zufall bewirkt worden ist.   Die gefährliche Natur der Unternehmung selbst ist als ein solcher,
von dem Schadenersatz befreiender, Zufall nicht zu betrachten.

§ 26.   Für die ersten drei Jahre nach dem auf die Eröffnung der Bahn folgenden
1. Januar wird, vorbehaltlich der Bestimmungen des § 45, der Gesellschaft das Recht zugestanden, ohne Zulassung eines Konkurrenten, den Transportbetrieb allein zu unternehmen und die Preise sowohl für den Personen- als für den Warentransport nach ihrem
Ermessen zu bestimmen.   Die Gesellschaft muss jedoch

1. den angenommenen Tarif beim Beginn des Transportbetriebes und die späteren
   Aenderungen sofort bei deren Einritt, im Falle der Erhöhung aber sechs Wochen
   vor Anwendung derselben, der Regierung anzeigen und öffentlich bekannt
   machen, und

2. für die angesetzten Preise alle zur Fortschaffung aufgegebene Waren, ohne
   Unterschied der Interessenten, befördern, mit Ausnahme solcher Waren, deren
   Transport auf der Bahn durch das Bahnreglement oder sonst polizeilich für
   unzulässig erklärt ist.

§ 27.   Nach Ablauf der ersten drei Jahre können, zum Transportbetriebe auf der
Bahn, ausser der Gesellschaft selbst, auch andere, gegen Entrichtung des Bahngeldes
oder der zu regulierenden Vergütung (§§ 28—31 vergl. mit § 45), die Befugnis erlangen,
wenn das Handelsministerium, nach Prüfung aller Verhältnisse, angemessen findet, denselben eine Konzession zu erteilen.

§ 28.   Auf solche Konkurrenten sind, in Ansehung der Bahnpolizei der guten Erhaltung ihrer Anstalten, sowie die Verpflichtung zum Schadenersatz, dieselben Bestimmungen anzuwenden, welche in den §§ 23, 24, 25 für die ursprüngliche Gesellschaft
gegeben sind.

§ 29.   Die Höhe des Bahngeldes, zu dessen Forderung die Gesellschaft, in Ermangelung gütlicher Einigung mit den Transportunternehmern, berechtigt ist, wird in
der Art festgesetzt, dass durch dessen Entrichtung, unter Zugrundelegung der wirklichen
Erträge aus den letztverflossenen Jahren,

1. die Kosten der Unterhaltung und Verwaltung der Bahn nebst Zubehör (mit Ausschluss der das Transportunternehmen angehenden Betriebs- und Verwaltungs-
   kosten) bestritten,

2. der statutenmässige Beitrag zur Ansammlung eines Reservefonds für aussergе-
   wöhnliche, die Bahn und Zubehör betreffende Ausgaben aufgebracht,

3. die von der Gesellschaft zu übernehmenden Lasten (einschliesslich der im § 38
   gedachten) gedeckt werden können; woneben ausserdem

4. der Gesellschaft an Zinsen und Gewinn ein, der bisherigen Nutzung entsprechender, Reinertrag des auf die Bahn und Zubehör verwendeten Anlagekapitals, zu gewähren bleibt, mit der weiteren Massgabe jedoch, dass dieser
   Reinertrag, auch wenn die Erträge der verflossenen Jahre eine höhere Nutzung
   des Anlagekapitals gewährt hätten, nicht höher als zu 10 Prozent des letzteren,
   dagegen umgekehrt, auch wenn die Erträge der Vorjahre sich nicht so hoch be-
   laufen hätten, nicht geringer als zu 6 Prozent des Anlagekapitals in Ansatz
   kommen soll.   Zum Anlagekapital sind auch alle spätere wesentliche, von der
   Regierung als solche anerkannte, Meliorationen zu rechnen, insoweit dieselben
   durch Erweiterung des Grundkapitals bewirkt worden sind.

§ 30.   Die Berechnung des Bahngeldes geschieht in folgender Weise:

1. Aus den von der Gesellschaft im letzten Vierteljahr der ersten Betriebsperiode
   vorzulegenden Rechnungen der verflossenen $2^3/_4$ Jahre ist zunächst der bis dahin
   durchschnittlich gewonnene Reinertrag eines Jahres zu ermitteln.   Dieser Reinertrag wird nach Verhältnis der

            auf die Bahn und deren Zubehör

        und auf das Fuhr- und Transportunternehmen nebst dem dazu gehörigen
            Inventar

   verwendeten Anlagekapitalien verteilt, und der hiervon auf die Bahn und deren

Zubehör fallende Anteil, mit Berücksichtigung der im § 29 No. 4 gegebenen Vorschriften für den Reinertr g der Bahn angenommen. Der sonach festgestellte Reinertrag der Bahn und der jährliche Durchschnittsbetrag der in dem § 29 No. 1—3 bezeichneten Ausgabepositionen zusammengenommen, bilden die Teilungssumme, welche der Festsetzung des Bahngeldes zu Grunde zu legen ist.

2. Die Frequenz der Bahn ist nach der Einnahme an Personen- und Frachtgeld zu berechnen und hierbei entweder die Zentnerzahl der Güterfracht nach Verhältnis des Personengeldes zum Frachtgelde auf Personeneinheiten, oder auch die Personenzahl nach demselben Verhältnis auf Zentnereinheiten zu reduzieren.

3. Die zu 1 ermittelte Summe, durch die Zahl des auf Personen- oder Zentnereinheiten reduzierten Fuhr- und Transportbetriebes zu 2 geteilt, ergiebt die Höhe des zu entrichtenden Bahngeldes für eine Person oder einen Zentner Ware.

Haben bei einer Bahn verschiedene Sätze des Personengeldes oder für den Gütertransport stattgefunden, so soll bei der Reduktion zu 2

hinsichtlich des Personengeldes überall nur der niedrigste Satz

hinsichtlich des Gütertransports aber ein Durchschnittssatz

angenommen werden.

4. Die schliessliche Feststellung des Bahngeldes für Personen- und Güter erfolgt demnächst in dem bei der Reduktion auf Personen- oder Zentnereinheiten zum Grunde gelegten Verhältnisse, mit Rücksicht auf die Verschiedenheit der bisherigen Sätze für den Gütertransport.

§ 31. Bahngeld ist in bestimmten Perioden, welche das Handelsministerium für jede Eisenbahn auf wenigstens drei und höchstens zehn Jahre festzusetzen hat, von neuem zu regulieren. Die Gesellschaft darf das festgesetzte Bahngeld nicht überschreiten, wohl aber vermindern. Sowohl der für die ganze Periode festgesetzte Tarif, als diese in der Zwischenzeit eintretende Veränderungen, sind öffentlich bekannt zu machen und auf alle Transporte ohne Unterschied der Unternehmer gleichmässig anzuwenden. Enthält der neue Tarif eine Erhöhung des Bahngeldes, so kann diese erst sechs Wochen nach der Bekanntmachung zur Anwendung kommen.

§ 32. Es bleibt der Gesellschaft überlassen, nachdem die Regulierung des Bahngeldtarifs nach §§ 29 und 30 erfolgt ist, die Preise, welche sie für die Beförderung an Fuhrlohn neben dem Bahngelde erheben will, nach ihrem Ermessen anzusetzen; es dürfen solche jedoch nicht auf einen höheren Reinertrag als 10 Prozent des in dem Transportunternehmen angelegten Kapitals berechnet werden.

Die Gesellschaft ist hierbei verpflichtet:

1. den Frachttarif (sowohl für den Waren als für den Personentransport), welcher nachher ohne Zustimmung des Handelsministeriums nicht erhöht werden darf, sowie demnächst die innerhalb der tarifmässigen Sätze vorgenommenen Aenderungen und zwar im Falle einer Erhöhung früher ermässigter Sätze sechs Wochen vor Anwendung derselben, der Regierung anzuzeigen und öffentlich bekannt zu machen; auch

2. für die angenommenen Sätze alle zur Fortschaffung aufgegebene Waren, deren Transport polizeilich zulässig ist, ohne Unterschied der Interessenten zu befördern.

§ 33. Sofern nach Abzug der das Transportunternehmen betreffenden Ausgaben, einschliesslich des in dem Statute mit Genehmigung des Ministeriums festzusetzenden jährlichen Beitrags zur Ansammlung eines Reservefonds, für die zuletzt verlaufene Periode sich an Zinsen und Gewinn ein Reinertrag von mehr als zehn Prozent des in dem Unternehmen angelegten Kapitals ergiebt, müssen die Fuhrpreise in dem Masse herabgesetzt werden, dass der Reinertrag diese zehn Prozent nicht überschreite. Wenn jedoch der Ertrag des Bahngeldes das dafür in § 29 verstattete Maximum von zehn Prozent nicht erreicht, so soll der Ertrag des Transportgeldes zehn Prozent so lange übersteigen dürfen, bis beide Einnahmen zusammengerechnet einen Reinertrag von zehn Prozent der in dem gesamten Unternehmen angelegten Kapitale ergeben.

§ 34. Um die Ausführung der in den §§ 29—33 gegebenen Vorschriften möglich zu machen, ist die Gesellschaft verpflichtet, über alle Teile ihrer Unternehmung genaue Rechnung zu führen und hierin die ihr von dem Handelsministerium zugebende Anweisung zu befolgen. Diese Rechnung ist jährlich bei der vorgesetzten Regierung einzureichen.

§ 35. Wenn über die Anwendung des Bahngeld- oder des Fracht-Tarifs zwischen der Gesellschaft und Privatpersonen Streitigkeiten entstehen, so kommt die Entscheidung hierüber, mit Vorbehalt des Rekurses an das Handels-Ministerium, der Regierung zu.

§ 36. Die aus dem Postregale entspringenden Vorrechte des Staats, an festgesetzten Tagen und zwischen bestimmten Orten Personen und Sachen zu befördern, gehen, soweit es für den Betrieb der Eisenbahnen nötig ist, die in jenem Regale enthaltene Ausschliessung des Privatgewerbes aufzugeben, auf dieselben über, wobei der Postverwaltung die Berechtigung vorbehalten bleibt, die Eisenbahnen zur Beförderung von postmässigen Versendungen unter den nachfolgenden näheren Bestimmungen zu benutzen :

1. Die Gesellschaft ist verpflichtet, ihren Betrieb, soweit die Natur desselben es gestattet, in die nothwendige Uebereinstimmung mit den Bedürfnissen der Postverwaltung zu bringen.
2. Sie übernimmt den unentgeltlichen Transport der Briefe, Gelder und aller anderen dem Postzwange unterworfenen Güter.
3. Sie übernimmt ferner den unentgeltlichen Transport derjenigen Postwagen, welche nötig sein werden, um die der Post anvertrauten Güter zu befördern.
4. Findet es die Postverwaltung nötig, der Gesellschaft Reisende zur Beförderung zu überweisen, so ist die Gesellschaft verpflichtet, dieselben vorzugsweise vor anderen Personen auf derjenigen Klasse von Bahnwagen, die dazu von der Post für immer bestimmt werden sollen, gegen Entrichtung des gewöhnlichen Personengeldes dieser Wagen, zu befördern.
5. Die Gesellschaft ist verpflichtet, die mit Post-Freipässen versehenen Personen unentgeltlich zu befördern, vorausgesetzt, dass diese nur einen Theil ihrer Reise auf der Eisenbahn, einen andern Teil aber mit gewöhnlichem Postfuhrwerk zurücklegen.
6. Wird der regelmässige Postbetrieb auf einer Eisenbahn dergestalt durch die Schuld der Gesellschaft unterbrochen, dass die Postverwaltung ihren Betrieb einstweilen durch andere Anstalten zu besorgen genötigt wird, so ist die Gesellschaft zum Ersatz des hierdurch veranlassten Kostenaufwandes verpflichtet.

§ 37. Wird eine Konkurrenz im Transport auf der Eisenbahn verstattet (§ 27), so sind die Konkurrenten gegen die Post zu denselben Leistungen verpflichtet, wie die ursprünglichen Unternehmer (§ 36). Für die angemessene Verteilung dieser Lasten unter den verschiedenen Unternehmern ist bei Erteilung der Konzession Bedacht zu nehmen.

§ 38. Von den Eisenbahnen ist eine Abgabe zu entrichten, welche im Verhältnisse des auf das gesamte Aktien-Kapital, nach Abzug aller Unterhaltungs- und Betriebskosten und des jährlich inne zu behaltenden Beitrages zum Reservefonds, treffenden Ertrags sich abstuft. Die Höhe dieser Abgabe soll aber erst dann reguliert werden, wenn die zweite, innerhalb Unserer Staaten konzessionierte Eisenbahn drei Jahre in vollständigem Betriebe gewesen ist und dadurch zu einer angemessenen Regulierung die nötigen Erfahrungen gesammelt worden sind; bis dahin ist die Post für den Verlust, welchen sie durch die Eisenbahnen in ihrer Einnahme erweislich erleidet, von jeder Gesellschaft mit Berücksichtigung der im § 36 zum Vorteile der Post bestimmten Leistungen zu entschädigen.

Von der Entrichtung einer Gewerbesteuer bleiben die Eisenbahn-Gesellschaften befreit.

§ 39. Der Ertrag der im § 38 vorbehaltenen Abgabe soll zu keinen andern Zwecken, als zur Entschädigung der Staatskasse für die ihr durch die Eisenbahnen entzogenen Einnahmen und zur Amortisation des in dem Unternehmen angelegten Kapitals, verwendet werden. Ueber die Art dieser Verwendung werden Wir Unser Handels-ministerium mit besonderer Anweisung versehen.

§ 40. Nach vollendeter Amortisation soll dem Unternehmen eine solche Einrichtung gegeben werden, dass der Ertrag des Bahngeldes die Kosten der Unterhaltung der Bahn und der Verwaltung nicht übersteige.

§ 41. Sollte künftig eine Konkurrenz in der Transport-Unternehmung bewilligt werden (§ 27), so wird den Konkurrenten gleichfalls eine angemessene Abgabe aufgelegt und darüber in der Konzession das Nötige bestimmt werden.

§ 42. Dem Staate bleibt vorbehalten, das Eigentum der Bahn mit allem Zubehör gegen vollständige Entschädigung anzukaufen.

Hierbei ist, vorbehaltlich jeder anderweiten, hierüber durch gütliches Einvernehmen zu treffenden Regulierung, nach folgenden Grundsätzen zu verfahren:

1. Die Abtretung kann nicht eher als nach Verlauf von dreissig Jahren, von dem Zeitpunkt der Transporteröffnung an, gefordert werden.
2. Sie kann ebenfalls nur von einem solchen Zeitpunkt an gefordert werden, mit welchem, zufolge des § 31, eine neue Festsetzung des Bahngeldes würde eintreten müssen.
3. Es muss der Gesellschaft die auf Uebernahme der Bahn gerichtete Absicht mindestens ein Jahr vor dem zur Uebernahme bestimmten Zeitpunkte angekündigt werden.
4. Die Entschädigung der Gesellschaft erfolgt sodann nach folgenden Grundsätzen:
   a) der Staat bezahlt an die Gesellschaft den fünf und zwanzigfachen Betrag derjenigen jährlichen Dividende, welche an sämtliche Aktionäre im Durchschnitt der letzten fünf Jahre ausbezahlt worden ist.
   b) Die Schulden der Gesellschaft werden ebenfalls vom Staate übernommen und in gleicher Weise, wie dies der Gesellschaft obgelegen haben würde, aus der Staatskasse berichtigt, wogegen auch alle etwa vorhandenen Aktiv-Forderungen auf die Staatskasse übergehen.
   c) Gegen Erfüllung obiger Bedingungen geht nicht nur das Eigentum der Bahn und des zur Transport-Unternehmung gehörigen Inventariums samt allem Zubehör auf den Staat über, sondern es wird demselben auch der von der Gesellschaft angesammelte Reservefonds mit übereignet.
   d) Bis dahin, wo die Auseinandersetzung mit der Gesellschaft nach vorstehenden Grundsätzen reguliert, die Einlösung der Aktien und die Uebernahme der Schulden erfolgt ist, verbleibt die Gesellschaft im Besitze und in der Benutzung der Bahn.

§ 43. Für Kriegsbeschädigungen und Demolierungen, es mögen solche vom Feinde ausgehen, oder im Interesse der Landesverteidigung veranlasst werden, kann die Gesellschaft vom Staat einen Ersatz nicht in Anspruch nehmen.

§ 44. Die Anlage einer zweiten Eisenbahn durch andere Unternehmer, welche neben der ersten in gleicher Richtung auf dieselben Orte mit Berührung derselben Hauptpunkte fortlaufen würde, soll binnen einem Zeitraum von dreissig Jahren nach Eröffnung der Bahn nicht zugelassen werden, anderweite Verbesserungen der Kommunikation zwischen diesen Orten und in derselben Richtung sind jedoch hierdurch nicht beschränkt.

§ 45. Die Gesellschaft ist verpflichtet, nach der Bestimmung des Handels-Ministeriums, den Anschluss anderer Eisenbahn-Unternehmungen an ihre Bahn, es möge die beabsichtigte neue Bahn in einer Fortsetzung, oder in einer Seitenverbindung bestehen, geschehen zu lassen und der sich anschliessenden Gesellschaft den eigenen Transportbetrieb auf der früher angelegten Bahn, auch vor Ablauf des im § 26 gedachten Zeitraums, zu gestatten. Sie muss sich gefallen lassen, dass die zu diesem Behuf erforderlichen baulichen Einrichtungen, z. B. die Anlage eines zweiten Geleises, von der sich anschliessenden Gesellschaft bewirkt werden. Das Handels-Ministerium wird hierüber, sowie über die Verhältnisse beider Unternehmungen zu einander, und besonders wegen der vor Ablauf der ersten drei Jahre (§ 26) statt des Bahngeldes zu entrichtenden Vergütung, das Nötige bei der Konzession des Anschlusses festsetzen.

§ 46. Zur Ausübung des Aufsichtsrechts des Staates über das Unternehmen wird, nach Erteilung Unserer Genehmigung (§ 1), ein beständiger Kommissarius ernannt werden, an welchen die Gesellschaft sich in allen Beziehungen zur Staatsverwaltung zu wenden hat. Derselbe ist befugt, ihre Vorstände zusammen zu berufen und deren Zusammenkünften beizuwohnen.

§ 47. Die erteilte Konzession wird verwirkt und die Bahn mit den Transportmitteln und allem Zubehör für Rechnung der Gesellschaft öffentlich versteigert, wenn diese eine der allgemeinen oder besonderen Bedingungen nicht erfüllt und eine Aufforderung zur Erfüllung binnen einer endlichen Frist von mindestens drei Monaten ohne Erfolg bleibt.

§ 48. Die Bestimmungen dieses Gesetzes über die Verhältnisse der Eisenbahn-Gesellschaften zum Staate und zum Publikum, sollen auch bei den Unternehmungen derjenigen Eisenbahn-Gesellschaften, deren Statuten bereits Unsere Genehmigung erhalten haben, zur Anwendung kommen.

§ 49. Wir behalten Uns vor, nach Massgabe der weiteren Erfahrung und der sich daraus ergebenden Bedürfnisse, die im gegenwärtigen Gesetze gegebenen Bestimmungen, durch allgemeine Anordnungen oder durch künftig zu erteilende Konzessionen, zu ergänzen und abzuändern und nach Umständen denselben auch andere ganz neue Bestimmungen hinzuzufügen. Sollten Wir es für notwendig erachten, auch den bereits konzessionierten oder in Gemässheit dieses Gesetzes zu konzessionierenden Gesellschaften die Beobachtung dieser Ergänzungen, Abänderungen oder neuen Bestimmungen aufzulegen, so müssen sie sich denselben gleichfalls unterwerfen. Sollte jedoch durch neue, in diesem Gesetze weder festgesetzte noch vorbehaltene (§ 38) und, sofern von künftig zu konzessionierenden Gesellschaften die Frage ist, später als die ihnen erteilte Konzession erlassene Bestimmungen, eine Beschränkung ihrer Einnahmen oder eine Vermehrung ihrer Ausgaben herbeigeführt werden, so ist ihnen eine angemessene Geldentschädigung dafür zu gewähren.

Urkundlich unter Unserer Höchsteigenhändigen Unterschrift und beigedrucktem Königlichen Insiegel.

Gegeben Berlin, den 3. November 1838.

        (L. S.)   Friedrich Wilhelm.

v. Müffling.   v. Kamptz.   Mühler.   v. Rochow.   v. Nagler.

Graf v. Alvensleben.   v. Stülpnagel.
für den Kriegsminister.

                          Beglaubigt:
                          Düesberg.

Das Gesetz über

Kleinbahnen und Privatanschlussbahnen vom 28. Juli 1892.

I. Kleinbahnen.

§ 1.

Kleinbahnen sind die dem öffentlichen Verkehre dienenden Eisenbahnen, welche wegen ihrer geringen Bedeutung für den allgemeinen Eisenbahnverkehr dem Gesetze über die Eisenbahnunternehmungen vom 3. November 1838 (Gesetz-Samml. S. 505) nicht unterliegen.

Insbesondere sind Kleinbahnen der Regel nach solche Bahnen, welche hauptsächlich den örtlichen Verkehr innerhalb eines Gemeindebezirks oder benachbarter Gemeindebezirke vermitteln, sowie Bahnen, welche nicht mit Lokomotiven betrieben werden.

Ob die Voraussetzung für die Anwendbarkeit des Gesetzes vom 3. November 1838 vorliegt, entscheidet auf Anrufen der Beteiligten das Staatsministerium.

§ 2.

Zur Herstellung und zum Betriebe einer Kleinbahn bedarf es der Genehmigung der zuständigen Behörde. Dasselbe gilt für wesentliche Erweiterungen oder sonstige wesentliche Aenderungen des Unternehmens, der Anlage oder des Betriebes. Diese Genehmigung ist zu versagen, wenn die Erweiterung oder Aenderung die Unterordnung des Unternehmens unter das Gesetz vom 3. November 1838 bedingt.

§ 3.

Zur Erteilung der Genehmigung ist zuständig:

1. wenn der Betrieb ganz oder teilweise mit Maschinenkraft beabsichtigt wird: der Regierungspräsident, für den Stadtkreis Berlin der Polizeipräsident, im Einvernehmen mit der von dem Minister der öffentlichen Arbeiten bezeichneten Eisenbahnbehörde;
2. in allen übrigen Fällen, und zwar:
    a) sofern Kunststrassen, welche nicht als städtische Strassen in der Unterhaltung und Verwaltung von Stadtkreisen stehen, benutzt oder von der Bahn mehrere Kreise oder nichtpreussische Landesteile berührt werden sollen: der Regierungspräsident, im ersten Falle für den Stadtkreis Berlin der Polizeipräsident,
    b) sofern mehrere Polizeibezirke desselben Landkreises berührt werden: der Landrat,
    c) sofern das Unternehmen innerhalb eines Polizeibezirks verbleibt: die Ortspolizeibehörde.

Wenn die zum Betriebe mit Maschinenkraft einzurichtende Bahn die Bezirke mehrerer Landespolizeibehörden berührt, oder in dem Falle der No. 2a die betreffenden Kreise nicht in demselben Regierungsbezirke liegen, bezeichnet der Oberpräsident, falls jedoch die Landespolizeibezirke beziehungsweise Kreise verschiedenen Provinzen angehören, oder in Berlin beteiligt ist, der Minister der öffentlichen Arbeiten im Einvernehmen mit dem Minister des Innern die zuständige Behörde.

Die Zuständigkeit zur Genehmigung von wesentlichen Erweiterungen oder sonstigen wesentlichen Aenderungen des Unternehmens, der Anlage und des Betriebes regelt sich so, als ob das Unternehmen in der nunmehr geplanten Art neu zu genehmigen wäre. Jedoch bleibt zur Genehmigung von Aenderungen des Betriebes der in Absatz 1 No. 1 erwähnten Unternehmungen diejenige Behörde zuständig, welche die Genehmigung zum Bau und Betriebe erteilt hat.

19*

§ 4.

Die Genehmigung wird auf Grund vorgängiger polizeilicher Prüfung erteilt. Diese Prüfung beschränkt sich auf:

1. die betriebssichere Beschaffenheit der Bahn und der Betriebsmittel,
2. den Schutz gegen schädliche Einwirkungen der Anlage und des Betriebes,
3. die technische Befähigung und Zuverlässigkeit der in dem äusseren Betriebsdienste anzustellenden Bediensteten,
4. die Wahrung der Interessen des öffentlichen Verkehrs.

§ 5.

Dem Antrage auf Erteilung der Genehmigung sind die zur Beurteilung des Unternehmens in technischer und finanzieller Hinsicht erforderlichen Unterlagen, insbesondere ein Bauplan, beizufügen.

§ 6.

Soweit ein öffentlicher Weg benutzt werden soll, hat der Unternehmer die Zustimmung der aus Gründen des öffentlichen Rechtes zur Unterhaltung des Weges Verpflichteten beizubringen.

Der Unternehmer ist mangels anderweitiger Vereinbarung zur Unterhaltung und Wiederherstellung des benutzten Wegeteiles verpflichtet und hat für diese Verpflichtung Sicherheit zu bestellen.

Die Unterhaltungspflichtigen (Absatz 1) können für die Benutzung des Weges ein angemessenes Entgelt beanspruchen, ingleichen sich den Erwerb der Bahn im Ganzen nach Ablauf einer bestimmten Frist gegen angemessene Schadloshaltung des Unternehmers vorbehalten.

§ 7.

Die Zustimmung der Unterhaltungspflichtigen kann ergänzt werden:

soweit eine Provinz oder ein den Provinzen gleichstehender Kommunalverband beteiligt ist, durch Beschluss des Provinzialrates, wogegen die Beschwerde an den Minister der öffentlichen Arbeiten zulässig ist;

soweit eine Stadtgemeinde oder ein Kreis beteiligt ist, oder es sich um einen mehrere Kreise berührenden Weg handelt, durch Beschluss des Bezirksausschusses, im übrigen durch Beschluss des Kreisausschusses.

Durch den Ergänzungsbeschluss wird unter Ausschluss des Rechtsweges zugleich über die nach § 6 an den Unternehmer gestellten Ansprüche entschieden.

§ 8.

Vor Erteilung der Genehmigung ist die zuständige Wegepolizeibehörde und, wenn die Eisenbahnanlage sich dem Bereiche einer Festung nähert, die zuständige Festungsbehörde zu hören. In diesem Falle darf die Genehmigung nur im Einverständnis mit der Festungsbehörde erteilt werden.

Wenn die Bahn sich dem Bereiche einer Reichstelegraphenanlage nähert, so ist die zuständige Telegraphenbehörde vor der Genehmigung zu hören.

Soll das Gleis einer dem Gesetze über die Eisenbahnunternehmungen vom 3. November 1838 unterworfenen Eisenbahn gekreuzt werden, so darf auch in den Fällen, in denen die Eisenbahnbehörde im übrigen nicht mitwirkt (§ 3), die Genehmigung nur im Einverständnis mit der letzteren erteilt werden.

§ 9.

Ausser den durch die polizeilichen Rücksichten (§ 4) gebotenen Verpflichtungen sind in der Genehmigung zugleich diejenigen zu bestimmen, welchen der Unternehmer im Interesse der Landesverteidigung und der Reichspostverwaltung in Gemässheit des § 42 zu genügen hat.

§ 10.

Bei der Genehmigung von Bahnen, auf welchen die Beförderung von Gütern stattfinden soll, kann vorbehalten werden, den Unternehmer jederzeit zur Gestattung der Einführung von Anschlussgleisen für den Privatverkehr anzuhalten. Art und Ort der Einführung unterliegt der Genehmigung der eisenbahntechnischen Aufsichtsbehörde.

Die Behörde (§ 3) hat mangels gütlicher Vereinbarung der Interessenten auch die Verhältnisse des Bahnunternehmens und des den Anschluss Beantragenden zu einander zu regeln, insbesondere die dem Ersteren für die Benutzung oder Veränderung seiner Anlagen zu leistende Vergütung vorbehaltlich des Rechtsweges festzusetzen.

§ 11.

Bei der Genehmigung ist die Art und Höhe der Sicherstellung für die Unterhaltung und Wiederherstellung öffentlicher Wege, soweit diese nicht bereits erfolgt ist, vorzuschreiben.

Für die Ausführung der Bahn und für die Eröffnung des Betriebes kann eine Frist festgesetzt und die Erlegung von Geldstrafen für den Fall der Nichteinhaltung derselben, sowie Sicherheitsstellung hierfür gefordert werden.

Auch können Geldstrafen und Sicherheitsstellung zur Sicherung der Aufrechterhaltung des ordnungsmässigen Betriebes während der Dauer der Genehmigung vorgesehen werden.

§ 12.

Der nach den Bestimmungen dieses Gesetzes erforderlichen Sicherstellung bedarf es nicht, wenn das Reich, der Staat oder ein Kommunalverband Unternehmer ist.

§ 13.

Die Genehmigung kann dauernd oder auf Zeit erteilt werden. Sie erfolgt unter dem Vorbehalte der Rechte Dritter, der Ergänzung und Abänderung durch Feststellung des Bauplanes (§§ 17 und 18).

§ 14.

Im Interesse des öffentlichen Verkehrs ist bei der Genehmigung (§ 2) durch die zuständige Behörde über den Fahrplan und die Beförderungspreise das Erforderliche festzustellen; zugleich sind die Zeiträume zu bezeichnen, nach deren Ablauf diese Feststellungen geprüft und wiederholt werden müssen.

Von der Feststellung über den Fahrplan kann für einen bei der Genehmigung festzusetzenden Zeitraum abgesehen werden. Dieser Zeitraum kann verlängert werden.

Die Feststellung der Beförderungspreise steht innerhalb eines bei der Genehmigung festzusetzenden Zeitraumes von mindestens 5 Jahren nach der Eröffnung des Bahnbetriebes dem Unternehmer frei. Das alsdann der Behörde zustehende Recht der Genehmigung der Beförderungspreise erstreckt sich lediglich auf den Höchstbetrag derselben. Hierbei ist auf die finanzielle Lage des Unternehmens und auf eine angemessene Verzinsung und Tilgung des Anlagekapitals Rücksicht zu nehmen.

§ 15.

Der Aushändigung der Genehmigungsurkunde müssen die nach § 11 geforderten Sicherstellungen vorausgehen.

§ 16.

Die Genehmigung, welche für eine Aktiengesellschaft, eine Kommanditgesellschaft auf Aktien oder eine Gesellschaft mit beschränkter Haftung behufs Eintragung in das Handelsregister (Artikel 210 Absatz 2 No. 4, Artikel 176 Absatz 2 No. 4 des Deutschen Handelsgesetzbuchs, § 8 No. 4 des Reichsgesetzes vom 20. April 1892 — Reichs-Gesetzblatt S. 477 —) ausgehändigt worden ist, tritt erst in Wirksamkeit, wenn der Nachweis der Eintragung in das Handelsregister geführt ist.

§ 17.

Mit dem Bau von Bahnen, welche für den Betrieb mit Maschinenkraft bestimmt sind, darf erst begonnen werden, nachdem der Bauplan durch die genehmigende Behörde in folgender Weise festgestellt worden ist:
1. Der Planfeststellung werden die bei der Genehmigung vorläufig getroffenen Festsetzungen zu Grunde gelegt.
2. Plan nebst Beilagen sind in dem betreffenden Gemeinde- oder Gutsbezirke während vierzehn Tagen zu Jedermanns Einsicht offenzulegen. Zeit und Ort der Offenlegung ist ortsüblich bekannt zu machen.

Während dieser Zeit kann jeder Beteiligte im Umfange seines Interesses Einwendungen gegen den Plan erheben. Auch der Vorstand des Gemeinde- oder Gutsbezirkes hat das Recht, Einwendungen zu erheben, welche sich auf die Richtung des Unternehmens oder auf Anlagen der in § 18 dieses Gesetzes gedachten Art beziehen.

Diejenige Stelle, bei welcher solche Einwendungen schriftlich einzureichen oder mündlich zu Protokoll zu geben sind, ist zu bezeichnen.

3. Nach Ablauf der Frist (No. 2 Absatz 1) sind die gegen den Plan erhobenen Einwendungen in einem nötigenfalls an Ort und Stelle durch einen Beauftragten abzuhaltenden Termine, zu dem der Unternehmer und die Beteiligten (No. 2 Absatz 2) vorgeladen werden müssen und Sachverständige zugezogen werden können, zu erörtern.

4. Nach Beendigung der Verhandlungen wird über die erhobenen Einwendungen beschlossen und erfolgt darnach die Feststellung des Planes sowie der Anlagen, zu deren Errichtung und Unterhaltung der Unternehmer verpflichtet ist (§ 18).

Der Beschluss wird dem Unternehmer und den Beteiligten zugestellt.

Der Feststellung (Absatz 1) bedarf es nicht, wenn eine Planfestsetzung zum Zwecke der Enteignung stattfindet.

Wenn aus der beabsichtigten Bahnanlage Nachteile oder erhebliche Belästigungen der benachbarten Grundbesitzer und des öffentlichen Verkehrs nicht zu erwarten sind, kann, sofern es sich nicht um die Benutzung öffentlicher Wege, mit Ausnahme städtischer Strassen handelt, der Minister der öffentlichen Arbeiten den Beginn des Baues ohne vorgängige Planfestsetzung gestatten.

§ 18.

Dem Unternehmer ist bei der Planfeststellung (§ 17) die Herstellung derjenigen Anlagen aufzuerlegen, welche die den Bauplan festsetzende Behörde zur Sicherung der benachbarten Grundstücke gegen Gefahren und Nachteile oder im öffentlichen Interesse für erforderlich erachtet, desgleichen die Unterhaltung dieser Anlagen, soweit dieselbe über den Umfang der bestehenden Verpflichtungen zur Unterhaltung vorhandener, demselben Zwecke dienenden Anlagen hinausgeht.

§ 19.

Zur Eröffnung des Betriebes bedarf es der Erlaubnis der zur Erteilung der Genehmigung zuständigen Behörde. Die Erlaubnis ist zu versagen, sofern wesentliche in der Bau- und Betriebsgenehmigung gestellte Bedingungen nicht erfüllt sind.

§ 20.

Die Betriebsmaschinen sind vor ihrer Einstellung in den Betrieb und nach Vornahme erheblicher Aenderungen, ausserdem aber zeitweilig der Prüfung durch die zur eisenbahntechnischen Aufsicht über die Bahn zuständige Behörde (§ 22) zu unterwerfen.

§ 21.

Der Fahrplan und die Beförderungspreise sowie die Aenderungen derselben sind vor ihrer Einführung öffentlich bekannt zu machen.

Die angesetzten Beförderungspreise haben gleichmässig für alle Personen oder Güter Anwendung zu finden.

Ermässigungen der Beförderungspreise, welche nicht unter Erfüllung der gleichen Bedingungen jedermann zu gute kommen, sind unzulässig.

§ 22.

Rücksichtlich der Erfüllung der Genehmigungsbedingungen und der Vorschriften dieses Gesetzes ist jede Kleinbahn der Aufsicht der für ihre Genehmigung jeweilig zuständigen Behörde unterworfen. Bei den für den Betrieb mit Maschinenkraft eingerichteten Bahnen steht die eisenbahntechnische Aufsicht der zur Mitwirkung bei der Genehmigung berufenen Eisenbahnbehörde zu, sofern nicht der Minister der öffentlichen Arbeiten die Aufsicht einer anderen Eisenbahnbehörde überträgt.

§ 23.

Die Genehmigung kann durch Beschluss der Aufsichtsbehörde für erloschen erklärt werden, wenn die Ausführung der Bahn oder die Eröffnung des Betriebes nicht innerhalb der in der Genehmigung bestimmten oder der verlängerten Frist erfolgt.

§ 24.

Die Genehmigung kann zurückgenommen werden, wenn der Bau oder Betrieb ohne genügenden Grund unterbrochen oder wiederholt gegen die Bedingungen der Genehmigung oder die dem Unternehmer nach diesem Gesetze obliegenden Verpflichtungen in wesentlicher Beziehung verstossen wird.

§ 25.

Ueber die Zurücknahme entscheidet auf Klage der zur Erteilung der Genehmigung zuständigen Behörde, das Oberverwaltungsgericht.

§ 26.

Bei Erlöschen oder Zurücknahme der Genehmigung wird die für die Unterhaltung und Wiederherstellung öffentlicher Wege bestellte Sicherheit, soweit sie für den bezeichneten Zweck nicht in Anspruch zu nehmen ist, herausgegeben. Mangels anderweiter Vereinbarung hat die Wegeunterhaltungspflichtige ·die Wahl, die Wiederherstellung des früheren Zustandes, nötigenfalls unter Beseitigung in den Weg eingebauter Teile der Bahnanlage, oder gegen angemessene Entschädigung den Uebergang der letzteren in sein Eigentum zu verlangen.

Macht der Unterhaltungspflichtige von dem ersteren Rechte Gebrauch, so geht das Eigentum der zurückgelassenen Teile der Bahnanlage auf den Unterhaltungspflichtigen unentgeltlich über.

Im öffentlichen Interesse kann die Aufsichtsbehörde eine Frist festsetzen, vor deren Ablauf der Unterhaltungspflichtige nicht berechtigt ist, die Wiederherstellung des früheren Zustandes zu verlangen.

§ 27.

Ob und inwieweit das Erlöschen (§ 23) oder Zurücknahme der Genehmigung wegen Unterbrechung des Baues oder Betriebes (§ 24) die für die Ausführung der Bahn oder die fristgemässe Eröffnung oder die Aufrechterhaltung des Betriebes bestimmten Geldstrafen verfallen, entscheidet unter Ausschluss des Rechtsweges der Minister der öffentlichen Arbeiten. Dieser beschliesst über die Verwendung solcher Geldstrafen. Letztere sind zu Gunsten des früheren Unternehmens, anderenfalls ähnlicher Unternehmungen in dem betreffenden Landesteile zu verwenden.

§ 28.

Unternehmer von Kleinbahnen sind verpflichtet, sich den Anschluss anderer Bahnen gefallen zu lassen, sofern die Behörde, welche die Genehmigung für die Bahn, an welche der Anschluss erfolgen soll, erteilt hat, mit Rücksicht auf die Konstruktion und den Betrieb der Bahn den Anschluss für zulässig erachtet. Dieselbe Behörde entscheidet auch darüber, wo und in welcher Weise der Anschluss erfolgen soll, regelt in Ermangelung einer gütlichen Vereinbarung die Verhältnisse beider Unternehmer zu einander und setzt vorbehaltlich des Rechtsweges die dem erstgedachten Bahnunternehmer für die Benutzung oder Veränderung seiner Anlagen zu leistende Vergütung fest.

§ 29.

Unternehmer von Kleinbahnen können die Gestattung des Anschlusses ihrer Bahnen an Eisenbahnen verlangen, welche dem Gesetze über die Eisenbahnunternehmungen vom 3. November 1838 unterliegen, sofern der Minister der öffentlichen Arbeiten mit Rücksicht auf die Konstruktion und den Betrieb der letzteren den Anschluss für zulässig erachtet. Darüber, wo und in welcher Weise der Anschluss herzustellen ist, und über die Verhältnisse beider Unternehmer zu einander, insbesondere über die dem Eisenbahnunternehmer für die Benutzung oder Veränderung seiner Anlagen zu leistende Vergütung entscheidet, in letzterer Beziehung unter Vorbehalt des Rechtsweges, der Minister der öffentlichen Arbeiten.

§ 30.

Haben Kleinbahnen nach Entscheidung des Staatsministeriums eine solche Bedeutung für den öffentlichen Verkehr gewonnen, dass sie als Teil des allgemeinen Eisenbahnnetzes zu behandeln sind, so kann der Staat den eigentümlichen Erwerb solcher Bahnen gegen Entschädigung des vollen Wertes nach einer mit einjähriger Frist vorangegangenen Ankündigung beanspruchen.

§ 31.

Der Erwerb (§ 30) erfolgt unter sinngemässer Anwendung der Bestimmungen des § 42 No. 4a bis d des Gesetzes über die Eisenbahnunternehmungen vom 3. November 1838, mit der Massgabe, dass der Berechnung des 25 fachen Betrages nach § 42 No. 4a des vorerwähnten Gesetzes das steuerpflichtige Einkommen nach den Bestimmungen des Einkommensteuergesetzes vom 24. Juni 1891 (Gesetz-Samml. S. 175) zu Grunde zu legen ist, jedoch bei den Aktiengesellschaften und Kommanditgesellschaften auf Aktien der Abzug $3\frac{1}{2}$ Prozent des eingezahlten Aktienkapitals (§ 16 Einkommensteuergesetz) fortfällt. Erstreckt sich die Kleinbahn über das Gebiet des Preussischen Staates hinaus in andere Deutsche Bundesstaaten, so ist gleichwohl das Einkommen aus dem gesammten Betriebe der Berechnung der Entschädigung zu Grunde zu legen. War das zu erwerbende Unternehmen noch nicht 5 Jahre im Betriebe, so ist für die Berechnung der Entschädigung der Jahresdurchschnitt des bisher erzielten Reingewinnes massgebend. — Ist eine Aktiengesellschaft Unternehmer der zu erwerbenden Bahn, so bedarf es nicht der Einlösung der Aktien von den einzelnen Aktionären, sondern nur der Zahlung der Gesammtentschädigung an die Gesellschaft.

§ 32.

Der Unternehmer kann verpflichtet werden, über jede Bahn, für welche ihm eine besondere Genehmigung erteilt worden ist, dergestalt Rechnung zu führen, das der Reinertrag derselben, und wenn der Unternehmer eine Aktiengesellschaft ist, die von derselben gezahlte Dividende daraus mit Sicherheit entnommen werden kann.

Die Vernachlässigung dieser Verpflichtung begründet für den Staat das Recht, die Berechnung der Entschädigung nach dem Sachwerte (§§ 33 bis 35) zu verlangen.

§ 33.

Der Unternehmer kann Entschädigung nach dem Sachwerte verlangen, wenn das Unternehmen noch nicht länger als fünfzehn Jahre im Betriebe ist. Erfolgt die Erwerbung durch den Staat in den ersten fünf Jahren des Betriebes, so werden dem Sachwert 20 Prozent, erfolgt sie in den nachfolgenden zehn Jahren, so werden demselben 10 Prozent zugeschlagen.

§ 34.

Im Falle der Entschädigung nach dem Sachwerte bilden den Gegenstand des Erwerbes alle dem Unternehmen unmittelbar oder mittelbar gewidmeten Sachen und Rechte des Unternehmers, die Forderungen und Schulden jedoch nur insoweit, als dieselben nach beiderseitigem Einverständnisse auf den Staat übergehen sollen. In die mit den Beamten und Arbeitern bestehenden Verträge tritt der Staat ein, ebenso in solche Verträge, welche zur Beschaffung des für das Unternehmen erforderlichen Materials abgeschlossen sind.

Für alle Bestandteile ist der volle Wert zu vergüten.

§ 35.

Die Abschätzung und die Festsetzung der Entschädigung für die Bestandteile des Unternehmens (§ 34) erfolgt nach einem von dem Unternehmer aufzustellenden Inventar, über dessen Richtigkeit und Vollständigkeit erforderlichen Falles zu verhandeln und von dem Bezirksausschusse zu entscheiden ist.

§ 36.

Die Festsetzung der Entschädigung (§§ 31 und 33 bis 35) erfolgt, vorbehaltlich des beiden Teilen zustehenden, innerhalb sechs Monaten nach Zustellung des Festsetzungsbeschlusses zu beschreitenden Rechtsweges, durch den Bezirksausschuss unter sinngemässer Anwendung der §§ 24 bis 29 des Enteignungsgesetzes vom 11. Juni 1874. Der Bezirksausschuss ist auch für das Vollziehungsverfahren zuständig.

§ 37.

Auf die Ermittelung der Entschädigung finden die §§ 24 bis 28, auf die Vollziehung der Enteignung die §§ 32 bis 37, auf das Verfahren vor dem Bezirksausschusse und auf die Wirkungen der Enteignung die §§ 39 bis 46 des Enteignungsgesetzes vom 11. Juni 1874 sinngemässe Anwendung.

Die Entschädigung für Bestandteile des Unternehmens, welche im Inventar verzeichnet und bei Feststellung der Gesamtentschädigung berücksichtigt, bei der Vollziehung der Enteignung aber nicht mehr vorhanden sind, ist von dem Unternehmer zurückzuerstatten. Für Bestandteile, welche bei Vollziehung der Enteignung über das Inventar hinaus vorhanden sind, ist auf Antrag des Unternehmers von dem Bezirksausschusse nachträglich die vom Staate zu gewährende Entschädigung festzusetzen.

§ 38.

Erwerbsberechtigten (§ 6) gegenüber greift das Erwerbungsrecht des Staates gleichfalls Platz. Ihnen ist der volle Wert des Erwerbsrechtes zu erstatten.

§ 39.

Zur Anlegung von Bahnen in den Strassen Berlins und Potsdams bedarf es Königlicher Genehmigung.

§ 40.

Die Kleinbahnen werden der Gewerbesteuer auf Grund des Gewerbesteuergesetzes vom 24. Juni 1891 (Gesetz-Samml. S. 205) unterworfen.

Bezüglich der Kommunalbesteuerung sind Kleinbahnen als Privateisenbahnunternehmungen im Sinne des § 4 des Gesetzes vom 27. Juli 1885, betreffend Ergänzung und Abänderung einiger Bestimmungen über Erhebung der auf das Einkommen gelegten direkten Kommunalabgaben (Gesetz-Samml. S. 327), nicht zu erachten.

§ 41.

Die auf Grund des Allerhöchsten Erlasses vom 16. September 1867 (Gesetz-Samml. S. 1528), des Gesetzes vom 7. März 1868 (Gesetz-Samml. S. 223), des Gesetzes vom 11. März 1872 (Gesetz-Samml. S. 257) und der §§ 2 und 3 des Gesetzes vom 8. Juli 1875 (Gesetz-Samml. S. 497) den dort genannten Provinzial- und Kommunalverbänden überwiesenen Kapitalien und Summen können auch zur Förderung des Baues von Kleinbahnen verwendet werden.

§ 42.

Die Kleinbahnen unterliegen nachfolgenden Verpflichtungen gegenüber der Postverwaltung:

1. Die Unternehmer haben auf Verlangen der Postverwaltung mit jeder für den regelmässigen Beförderungsdienst bestimmten Fahrt einen Postunterbeamten mit einem Briefsack und, soweit der Platz reicht, auch andere zur Mitfahrt erscheinende Unterbeamte im Dienst gegen Zahlung der Abonnementsgebühr oder, falls solche nicht besteht, der Hälfte des tarifmässigen Personengeldes zu befördern.

2. Die Unternehmer solcher Bahnen, welche sich nicht ausschliesslich mit der Personenbeförderung befassen, sind ausserdem verpflichtet, auf Verlangen der Postverwaltung mit jeder für den regelmässigen Beförderungsdienst bestimmten Fahrt:

    a) Postsendungen jeder Art durch Vermittelung des Zugpersonals zu befördern, und zwar Briefbeutel, Brief- und Zeitungspackete gegen eine Vergütung von 50 Pfennig für jede Fahrt, die anderen Sendungen gegen Zahlung des Stückguttarifsatzes der betreffenden Bahn oder, sofern dieser Betrag höher ist, gegen eine Vergütung von zwei Pfennig für je 50 Kilogramm und das Kilometer der Beförderungsstrecke nach dem monatlichen Gesamtgewicht der von Station zu Station beförderten Poststücke;

   b) in Zügen, mit welchen in der Regel mehr als ein Wagen befördert wird, eine
      Abteilung eines Wagens für die Postsendungen, das Begleitpersonal und die
      erforderlichen Postdienstgeräte, gegen Zahlung der in den Artikeln 3 und 6
      des Reichsgesetzes vom 20. Dezember 1875 (Reichs-Gesetzbl. S. 318) und den
      dazu gehörigen Vollzugsbestimmungen festgesetzten Vergütung, sowie gegen
      Entrichtung des halben Stückguttarifsatzes der betreffenden Bahn einzuräumen.
3. Die Postverwaltung ist berechtigt, auf ihre Kosten an den Bahnwagen einen
   Briefkasten anbringen und dessen Auswechselung oder Leerung an bestimmten
   Haltestellen bewirken zu lassen.

II. Privatanschlussbahnen.

§ 43.

Bahnen, welche dem öffentlichen Verkehre nicht dienen, aber mit Eisenbahnen,
welche den Bestimmungen des Gesetzes über die Eisenbahnunternehmungen vom
3. November 1838 unterliegen, oder mit Kleinbahnen derart in unmittelbarer Gleis-
verbindung stehen, dass ein Uebergang der Betriebsmittel stattfinden kann, bedürfen,
wenn sie für den Betrieb mit Maschinen eingerichtet werden sollen, zur baulichen
Herstellung und zum Betriebe polizeilicher Genehmigung.

§ 44.

Zur Erteilung der Genehmigung (§ 43) ist der Regierungspräsident, für den
Stadtkreis Berlin der Polizeipräsident, im Einvernehmen mit der von dem Minister der
öffentlichen Arbeiten bezeichneten Eisenbahnbehörde zuständig.

Berührt die Bahn mehrere Landespolizeibezirke, so bestimmt, wenn sie derselben
Provinz angehören, der Oberpräsident, falls sie verschiedenen Provinzen angehören
oder Berlin dabei beteiligt ist, der Minister der öffentlichen Arbeiten im Einvernehmen
mit dem Minister des Innern die zuständige Landespolizeibehörde.

§ 45.

Die polizeiliche Prüfung beschränkt sich:
1. auf die betriebssichere Beschaffenheit der Bahn und der Betriebsmittel,
2. auf die technische Befähigung und Zuverlässigkeit der in dem äusseren Betriebsdienste anzustellenden Bediensteten,
3. auf den Schutz gegen schädliche Einwirkungen der Anlage und des Betriebes.
   Soll eine Bahn, welche an eine dem Gesetze über die Eisenbahnunternehmungen
vom 3. November 1838 unterliegende Eisenbahn Anschluss hat, von dem Unternehmer
der letzteren angelegt und betrieben werden, so beschränkt sich die Prüfung auf den
Schutz gegen schädliche Einwirkungen der Anlage und des Betriebes.

§ 46.

Zur Benutzung öffentlicher Wege bedarf es der Zustimmung der Unterhaltungspflichtigen und der Genehmigung der Wegepolizeibehörde.

§ 47.

Die Bestimmungen der §§ 8, 17 bis 20 und 22 Satz 1 finden auf diese Bahnen
gleichmässige Anwendung.

§ 48.

Polizeiliche Bestimmungen über den Betrieb auf solchen Bahnen können nur im
Einverständnis mit der Eisenbahnbehörde (§ 44) erlassen werden.

§ 49.

Die Genehmigung kann zurückgenommen werden, wenn wiederholt gegen die
Bedingungen derselben in wesentlicher Beziehung verstossen wird.

Ueber die Zurücknahme der Genehmigung entscheidet auf Klage der Behörde (§ 44) das Oberverwaltungsgericht.

§ 50.

Die eisenbahntechnische Aufsicht und Ueberwachung der Privatanschlussbahnen erfolgt durch diejenige Behörde, welcher diese Aufgaben bezüglich der dem öffentlichen Verkehre dienenden Bahn, an welche sie anschliessen, obliegen.

§ 51.

Die Bestimmungen der §§ 43 bis 49 finden auf diejenigen Bahnen, welche Zubehör eines Bergwerks im Sinne des Allgemeinen Berggesetzes vom 24. Juni 1865 (Gesetz-Samml. S. 705) bilden, keine Anwendung.

Durch die Bestimmung in § 50 wird das auf dem Allgemeinen Berggesetze vom 24. Juni 1865 (Gesetz-Samml. S. 705) beruhende Aufsichtsrecht der Bergbehörden gegenüber diesen Bahnen nicht berührt.

III. Gemeinsame und Uebergangsbestimmungen.

§ 52.

Gegen die Beschlüsse und Verfügungen, für welche die Landespolizeibehörden in Verbindung mit den Eisenbahnbehörden zuständig sind, und gegen die Beschlüsse und Verfügungen der eisenbahntechnischen Aufsichtsbehörden findet die Beschwerde an den Minister der öffentlichen Arbeiten statt. Im übrigen greifen die nach den Bestimmungen der §§ 127 bis 130 des Gesetzes über die allgemeine Landesverwaltung vom 23. Juli 1883 (Gesetz-Samml. S. 195) zulässigen Rechtsmittel Platz.

§ 53.

Für die bereits vor Inkrafttreten dieses Gesetzes genehmigten Kleinbahnen und Privatanschlussbahnen ist diejenige Behörde zuständig, welcher die Genehmigung nach Inkrafttreten dieses Gesetzes gemäss §§ 3 und 44 obgelegen hätte.

Auf diese Bahnen finden die §§ 2, 20 bis 22, 24, 25, 40, 42 und 52, beziehungsweise 48 bis 50 des gegenwärtigen Gesetzes, sowie die Bedingungen und Vorbehalte, welche bei ihrer Genehmigung vorgesehen sind, Anwendung.

Die Unternehmer sind jedoch berechtigt, sich durch eine an die zuständige Aufsichtsbehörde zu richtende Erklärung den sämtlichen Bestimmungen dieses Gesetzes zu unterwerfen.

Die Genehmigung von wesentlichen Erweiterungen oder wesentlichen Aenderungen des Unternehmens, der Anlage oder des Betriebes kann von der Unterwerfung des Unternehmens unter sämtliche Bestimmungen dieses Gesetzes abhängig gemacht werden.

Der Zeitpunkt der Unterstellung unter dieses Gesetz ist öffentlich bekannt zu machen.

Wohlerworbene Rechte Dritter werden durch die Unterwerfung nicht berührt.

§ 54.

Dieses Gesetz tritt bezüglich des § 40 am 1. April 1893, bezüglich aller anderen Bestimmungen am 1. Oktober 1892 in Kraft.

§ 55.

Mit der Ausführung dieses Gesetzes werden der Minister der öffentlichen Arbeiten und der Minister des Innern betraut.

Ausführungsanweisung

zu dem Gesetze über Kleinbahnen und Privatanschlussbahnen vom 28. Juli 1892.

(Ges.-Samml. S. 225 ff. und Eisenb.-Verordn.-Bl. Seite 245 ff.)

Das Gesetz über Kleinbahnen und Privatanschlussbahnen bezweckt, durch feste und zweckmässige Ordnung der Rechtsverhältnisse der bezeichneten Bahnen, die Entwicklung dieser wichtigen Verkehrsmittel zu fördern. Es beschränkt demzufolge die Einwirkung der Organe des Staates bei der Genehmigung von Unternehmungen der bezeichneten Art, sowie bei der Aufsicht über dieselben auf das geringste Mass dessen, was für die Sicherung der von ihnen wahrzunehmenden öffentlichen Interessen notwendig ist, und gewährt den Unternehmungen innerhalb der hiernach gezogenen Grenzen volle Bewegungsfreiheit.

Die mit der Ausführung des Gesetzes betrauten Behörden (§ 3) werden sich bei der Wahrnehmung ihrer Obliegenheiten diese Absicht des Gesetzgebers gegenwärtig zu halten und demzufolge in der Einwirkung auf den Bau und den Betrieb der bezeichneten Bahnen nicht über das Mass dessen hinauszugehen haben, was zur Wahrung der ihnen anvertrauten öffentlichen Interessen, namentlich der in den §§ 4 und 45 aufgeführten polizeilichen Interessen, notwendig ist. Neben der Vermeidung unnötiger und lästiger Eingriffe in die Bewegungsfreiheit des Verkehrszweiges werden sich die mit der Staatsaufsicht betrauten Behörden die Förderung desselben aber auch durch entgegenkommende und insbesondere rasche Erledigung der ihnen obliegenden Geschäfte angelegen sein zu lassen haben.

Unter den zum Betriebe mit Maschinenkraft eingerichteten Kleinbahnen sind nach ihrer Zweckbestimmung und Ausdehnung zwei Klassen zu unterscheiden. Die eine umfasst die städtischen Strassenbahnen und solche Unternehmungen, welche trotz der Verbindung von Nachbarorten infolge ihrer hauptsächlichen Bestimmung für den Personenverkehr und ihrer baulichen und Betriebseinrichtungen einen den städtischen Strassenbahnen ähnlichen Charakter haben. Der zweiten Klasse sind diejenigen Kleinbahnen zuzurechnen, welche darüber hinaus den Personen- und Güterverkehr von Ort zu Ort vermitteln und sich nach ihrer Ausdehnung, Anlage und Einrichtung der Bedeutung der nach dem Gesetze über die Eisenbahnunternehmungen vom 3. November 1838 konzessionierten Nebeneisenbahnen nähern (nebenbahnähnliche Kleinbahnen). Ueber die Durchführung der Trennung und die verschiedene Behandlung dieser beiden Gruppen von Kleinbahnen wird in den nachfolgenden Ausführungen zu §§ 3, 5, 11, 22 und 32 das Nähere bestimmt.

Indem zur Vermeidung von Wiederholungen im übrigen auf das Gesetz, seine Begründung und die Verhandlungen in den beiden Häusern des Landtages sowie darauf hingewiesen wird, dass die ausserhalb der bisherigen allgemeinen Ausführungsanweisung vom 22. August 1892 getroffenen Bestimmungen in Geltung bleiben, soweit sie nicht in nachstehendem abgeändert werden sei im einzelnen folgendes bemerkt:

Zu § 1) Behufs Bezeichnung derjenigen Eisenbahnbehörde, welche bei der Genehmigung mitzuwirken hat, ist von allen zunächst bei dem örtlich zuständigen Regierungspräsidenten bezw. dem Polizeipräsidenten in Berlin anzubringenden Anträgen auf Genehmigung, wesentliche Aenderung oder Erweiterung einer zum Betriebe mit Maschinenkraft bestimmten Bahn (§ 3 No. 1) sowie auf Einführung des Maschinenbetriebes auf einer anderen Bahn (§ 3 No. 2) dem Minister der öffentlichen Arbeiten Anzeige zu erstatten. Behufs Prüfung der Frage, ob eine solche Bahn dem Gesetze über die Eisenbahnunternehmungen vom 3. November 1838 zu unterstellen ist, ist bei der Erstattung der Anzeige auch hierüber unter Beibringung der zur Beurteilung dienlichen Unterlagen zu berichten.

Ebenso ist von anderen Anträgen auf Genehmigung einer Kleinbahn, soweit es sich nicht um Pferdebahnen innerhalb städtischer Strassen handelt, dem Minister der öffentlichen Arbeiten Anzeige zu erstatten. Während jedoch bei einer für den Betrieb mit Maschinenkraft bestimmten Bahn dem Genehmigungsverfahren nicht Fortgang zu geben ist, bevor nicht die Entschliessung des Ministers der öffentlichen Arbeiten vorliegt, ist in dem letztgedachten Falle dem Verfahren Fortgang zu geben, sofern nicht ausnahmsweise die zur Genehmigung zuständige Behörde die Anwendung des Gesetzes über die Eisenbahnunternehmungen vom 3. November 1838 für angezeigt oder doch wenigstens für fraglich erachtet und hierüber die Entscheidung des Ministers der öffentlichen Arbeiten einholt.

Die Anzeige von Anträgen wegen wesentlicher Aenderungen oder Erweiterungen der den sämtlichen Bestimmungen des Kleinbahngesetzes unterworfenen Bahnen mit Maschinenbetrieb hat zu unterbleiben, wenn die Bahn über das Weichbild eines Gemeindebezirks nicht hinausgeht und eine Verbindung mit anderen Bahnen nicht stattfinden soll, die bei der Genehmigung mitwirkende Eisenbahnbehörde auch bereits bestimmt ist.

Von den hiernach vorgeschriebenen Anzeigen ist seitens der Regierungspräsidenten bezw. des Polizeipräsidenten in Berlin zugleich eine Abschrift dem Kriegsminister vorzulegen, wenn es sich um Kleinbahnen mit Maschinenbetrieb handelt, die über das Weichbild eines Gemeindebezirks hinaus hergestellt werden sollen:

a) östlich der Linie Danzig — Dirschau — Schneidemühl — Posen — Breslau— Oderberg,

b) westlich des linken Rheinufers,

c) in einem Küstenkreise,

d) in den sonstigen Grenzkreisen und denselben gleichgestellten Gebieten,

e) auch ausserhalb dieser Grenzen, sofern sie zwei oder mehrere Haupt- oder Nebenbahnen unmittelbar oder im Zusammenhange mit anderen Kleinbahnen verbinden.

Sofern der Antrag auf Genehmigung, Erweiterung oder Veränderung einer Kleinbahn aus dem Grunde abgelehnt wird, weil die Bahn dem Gesetze vom 3. November 1838 zu unterstellen sein würde, ist in der Verfügung der Grund hierfür anzugeben und zugleich zu bemerken, dass ein etwaiger Antrag auf Entscheidung des Staatsministeriums bei dem verfügenden Regierungspräsidenten binnen einer angemessen festzusetzenden Frist einzureichen sei. Geht ein solcher Antrag ein, so ist von dem Regierungspräsidenten Bericht an den Minister der öffentlichen Arbeiten zu erstatten.

Zu § 2.) Die Genehmigung für das Unternehmen ist dem Antragsteller für seine Person zu erteilen. Ist der Antragsteller eine physische Person, so wird indes in der Regel nichts entgegenstehen, die Genehmigung auch auf die Erben und sonstigen Rechtsnachfolger unter der Voraussetzung zu erstrecken, dass gegen die Person der letzteren als Betriebsunternehmer sich nicht etwa Bedenken ergeben sollten (Ausländer, Staatsbeamte usw.). Ist der Unternehmer ein Ausländer, so ist bei der Genehmigung vorzuschreiben, dass er im Inlande Domizil mit der Wirkung zu nehmen hat, dass er von demselben aus regelmässig die Verträge mit den dem Reiche Angehörigen abzuschliessen und wegen aller aus seinen Geschäften mit solchen entstehenden Verbindlichkeiten bei den Gerichten des betreffenden Orts Recht zu nehmen hat.

Zu § 3.) Wenn auch der Regierungspräsident nach aussen für die Erteilung der Genehmigung allein zuständig ist, so ist doch in der Genehmigungsurkunde und deren Nachträgen diejenige Eisenbahnbehörde zu bezeichnen, mit deren Einvernehmen die Genehmigung erteilt wird, damit der Unternehmer weiss, welche Eisenbahnbehörde für das Unternehmen bestellt ist.

Vor Erteilung der Genehmigung ist seitens der Genehmigungsbehörden, in Zweifelfällen nach Anrufung des Ministers der öffentlichen Arbeiten, darüber Entscheidung zu treffen und in der Genehmigungsurkunde zum Ausdrucke zu bringen, in welche der beiden Klassen von Kleinbahnen — Strassenbahnen oder nebenbahnähnlichen Kleinbahnen — das betreffende Unternehmen einzureihen ist (vgl. Einleitung Absatz 3 und zu §§ 5, 11, 22 und 32).

Als Kunststrassen sind anzusehen:

a) für den Geltungsbereich des Gesetzes vom 20. Juni 1887 (G.-S. S. 301) die im § 12 daselbst näher bezeichneten Kunststrassen;

b) für die Provinz Hannover: die Chausseen und Landstrassen;

c) für Schleswig-Holstein mit Ausnahme des Kreises Herzogtum Lauenburg: die in der Unterhaltung der Provinz befindlichen Haupt- und Neben-Landstrassen und die in der Unterhaltung der Kreise befindlichen ausgebauten Neben-Land-strassen;

d) für die Provinz Hessen-Nassau; die vormaligen Staatsstrassen, die Provinzial-Distrikts und chaussierten Verbindungsstrassen, sowie die Landwege;

e) für die Hohenzollernschen Lande: die Landstrassen;

f) für den Kreis Herzogtum Lauenburg: die Landstrassen.

Welche Kuns strassen als städtische Strassen in der Unterhaltung und Verwaltung von Stadtkreisen stehen, ist eine Thatfrage, welche für jeden Fall besonders zu entscheiden ist. Es empfiehlt sich indessen, mit den städtischen Behörden der einen Stadtkreis bildenden Städte alsbald in Verhandlung zu treten und eine Verständigung darüber herbeizuführen, betreffs welcher Teile von Kunststrassen die Zuständigkeit der Regierungspräsidenten auszuschliessen sein wird. Für den Fall von Meinungsverschiedenheiten ist unsere Entscheidung einzuholen.

Es wird sich empfehlen, in denjenigen Fällen, in denen eine Bahn öffentliche Wege berührt, Flüsse überschreiten muss oder sonst nicht ganz einfache Bauverhältnisse vorliegen, bei der Prüfung des Genehmigungsgesuches sich technischen Beirates zu bedienen (Königliche Provinzial-, Kreis- oder städtische Baubeamte usw.).

Die hierdurch erwachsenden baren Ausgaben fallen, wie alle baren Auslagen in dem Genehmigungsverfahren, dem Unternehmer zur Last; andere Kosten sind demselben dagegen nicht aufzuerlegen.

Zu dem Schlusssatze im dritten Absatze ist zu bemerken, dass bei dem Uebergange vom Betriebe mit Maschinenkraft zu einem anderen Betriebe zwar zur Genehmigung der Regierungspräsident im Einvernehmen mit der Eisenbahnbehörde zuständig bleibt, dass aber von der Rechtskraft der Genehmigung ab die Aufsicht auf diejenige Behörde übergeht, welche zur Erteilung der Genehmigung zuständig gewesen wäre, wenn die Bahn von vornherein nicht für den Betrieb mit Maschinenkraft bestimmt gewesen wäre.

Zu § 4). Die Nummern 1 bis 4 bezeichnen diejenigen Punkte, auf welche sich die polizeiliche Prüfung überhaupt nur erstrecken darf; es ist aber nicht notwendig, dass alle dort aufgeführten Punkte zum Gegenstande polizeilicher Festsetzung gemacht werden; insbesondere ist es durch die Bestimmungen des § 4 der genehmigenden Behörde keineswegs zur Pflicht gemacht, bezüglich aller dortselbst erwähnten Punkte in den Genehmigungen Vorschriften oder Auflagen oder Vorbehalte zu machen, vielmehr wird in jedem einzelnen Falle zu prüfen sein, ob und wie weit zur Wahrung der beteiligten öffentlichen Interessen Vorschriften zu machen oder Bedingungen zu stellen sein werden.

Ueber das, was nach Lage des einzelnen Falles nach dem pflichtmässigen Ermessen der Behörde zur Sicherung der beteiligten öffentlichen Interessen notwendig ist, darf in keinem Falle hinausgegangen werden. Insbesondere hat die Prüfung der Baupläne lediglich nach dem Gesichtspunkte dieser Sicherung zu erfolgen; abgesehen hiervon sind technische Verbesserungen nicht zu fordern.

Sofern die von dem Unternehmer beigebrachten Unterlagen seines Gesuches (Pläne vom Bau und Betriebe usw.) eine erforderliche Prüfung im einzelnen noch nicht gestatten, kann dieselbe und dementsprechend die Stellung von Bedingungen und Auflagen bis zur Ausführung des Baues und des Betriebes vorbehalten werden.

Was die Bedeutung der No. 3 anlangt, so ist zunächst die Bezeichnung „im äusseren Betriebsdienste“ enger als das, was in der Eisenbahnverwaltung unter „äusserem Dienste“ verstanden wird. Während die letztgedachte Bezeichnung das gesamte mit dem Publikum in Berührung kommende Personal zum Unterschiede von dem Bureaupersonal umfasst, wird als im äusseren Betriebsdienst stehend nur das Personal zu verstehen sein, welches mit der Beförderung oder Bahnunterhaltung unmittelbar zu thun hat (Lokomotivführer, Heizer, Zugführer, Schaffner, Kutscher, Bahnmeister, das mit der Abfertigung der Züge betraute Personal usw.).

Der Ausdruck „technische" Zuverlässigkeit ist gleichbedeutend mit Zuverlässigkeit in Bezug auf die Berufspflicht.

Endlich wird bei der Genehmigung selbstverständlich nur zu bestimmen sein, ob, inwiefern und in welcher Weise eine vorgängige Prüfung der technischen Befähigung vorzunehmen ist, oder ob, wie dies bei Pferdebahnen angängig sein wird, lediglich die Entfernung technisch nicht befähigter oder nicht zuverlässiger Bediensteten vorzusehen ist.

Die bei der Genehmigung allgemein vorgeschriebene Prüfung wird bezüglich der einzelnen Bediensteten in jedem Falle besonders zu erfolgen haben.

Den Kleinbahnunternehmern kann es überlassen werden, Prüfungsvorschriften ausschliesslich für das Personal des äusseren Betriebsdienstes zu entwerfen und der Aufsichtsbehörde zur Genehmigung vorzulegen. Die auf Grund solcher genehmigten Vorschriften unter geeigneter Kontrole der Aufsichtsbehörde geprüften Bediensteten sind alsdann auch in anderen Aufsichtsbezirken und bei anderen Kleinbahnen bis zu ihrer Beanstandung aus bestimmten Anlässen als technisch befähigt und zuverlässig für dieselbe Dienstverrichtung im Sinne des § 4, No. 3 des Gesetzes zu erachten.

Bedingungen und Vorbehalte, an welche die Genehmigung geknüpft wird, sind stets in die Genehmigungsurkunde selbst aufzunehmen, sodass aus derselben in Verbindung mit dem Gesetze Mass und Art der dem Unternehmer obliegenden Verpflichtungen mit Sicherheit erhellt.

Von Vorbehalten, wonach der Unternehmer sich von vornherein etwaigen Anforderungen hinsichtlich der Erweiterung oder Aenderung des Unternehmens infolge der späteren Verkehrsentwicklung zu unterwerfen hat, ist abzusehen.

Zu § 5. Die in technischer Hinsicht beizufügenden Unterlagen haben lediglich den Zweck, die nach § 4, No. 1 erforderliche Prüfung zu ermöglichen. Sie sind deshalb nur soweit zu erfordern, als es für diese Prüfung geboten ist.

Welcher Unterlagen es bedarf, muss für jeden Fall ermessen werden. In der Regel werden nicht entbehrt werden können

1. für Bahnen, welche zum Betriebe mit Maschinenkraft eingerichtet und welche als nebenbahnähnliche Kleinbahnen (vgl. Einleitung und zu §§ 3 und 22) nach den Betriebsvorschriften vom 13. August 1898 betrieben werden sollen:

    a) Eine Uebersichtskarte, in welcher der Bahnzug mit kräftiger roter Linie unter Kenntlichmachung der Halteplätze und der kilometrischen Längeneinteilung einzutragen ist. Zu den Uebersichtskarten können Generalstabskarten, Kreiskarten, Messstichblätter, Bergwerkskarten sowie andere geeignete, im Buchhandel erhältliche Karten verwendet werden.

    b) Lage- und Höhenpläne, aus welchen die Längen der geraden und gekrümmten Strecken, die Krümmungshalbmesser, die Halteplätze, die Höhen- und Neigungsverhältnisse, sowie alle diejenigen Anlagen ersehen werden können, welche für die Festsetzung der Lage der Bahn, ihren Bau und zukünftigen Betrieb im öffentlichen Interesse oder dem des benachbarten Eigentums in Frage kommen können oder welche für das Unternehmen selbst von Bedeutung sind.

    Für den Lage- und Höhenplan ist ein Massstab von mindestens 1 : 10 000 für die Längen, der 10- bis 20fache Massstab für die Höhen zu wählen. Führt die Bahn durch schwieriges Gelände, durch Dörfer, Städte, an Bächen und Flüssen entlang oder über diese hinweg, sowie auf eigenem Bahnkörper, so ist der grössere Massstab 1 : 2500 oder 1 : 2000, unter Umständen auch 1 : 1000 in Anwendung zu bringen.

    c) Eine für den Unterbau der Bahn in den Auf- und Abtragsstrecken massgebende Querschnittzeichnung und eine gleiche Zeichnung für die Umgrenzung des lichten Raumes, sowie der grössten zulässigen Breiten- und Höhenmasse der

Betriebsmittel, sofern die vorbezeichneten Betriebsvorschriften darüber keine Bestimmung enthalten.

d) Eine Zeichnung des Oberbaues mit Darstellung des Schienenquerschnittes und des Kleineisenzeuges in natürlicher Grösse, der Stossverbindung (Ansicht und Grundriss) im Massstabe 1 : 50. Auf der Zeichnung sind zu vermerken; der grösste zulässige Raddruck, die grösste zulässige Fahrgeschwindigkeit der Züge, die Länge und das Gewicht der Schienen für das laufende Meter, das Material und das Gewicht der Schwellen, ihre Abmessungen und bei Querschwellen ihre Entfernungen von einander.

e) Zeichnungen der Betriebsmittel, insbesondere auch der Bremsvorrichtungen, nebst den zur Erläuterung erforderlichen Beschreibungen, jedoch nur in solchen Fällen, in welchen Betriebsmittel verwendet werden sollen, die von den vorbezeichneten Betriebsvorschriften abweichen oder für welche nicht entweder bereits anderweitig genehmigte Zeichnungen vorliegen oder vorhandene Muster als massgebend in allen ihren Einzelheiten bezeichnet werden können.

f) Zeichnungen von Kreuzungen mit Eisenbahnen, die dem Gesetze vom 3. November 1838 unterstehen, sowie von Anschlüssen an solche Eisenbahnen, und zwar in einer Ausführung, dass die hierzu erforderliche Genehmigung des Ministers der öffentlichen Arbeiten eingeholt werden kann.

Die Beibringung von Bauzeichnungen für Brücken, Ueber- und Unterführungen, Durchlässe, Drehscheiben, Weichen usw. darf bis zum Beginn der Bauausführung ausgesetzt werden.

Ob einzelne Zeichnungen durch Beschreibungen ersetzt werden können, bleibt dem Ermessen der Genehmigungsbehörden überlassen. Es darf hierbei jedoch die Rücksicht auf das Vorhandensein beweiskräftigen Materials für die Gestalt und Beschaffenheit der genehmigten Anlagen nicht aus dem Auge gelassen werden.

2. für Bahnen, welche zum Betriebe mit Maschinenkraft eingerichtet, aber als Strassenbahnen im Sinne der Einleitung und der Ausführungsanweisung zu §§ 3 und 22 auf Grund besonderer Polizeivorschriften betrieben werden sollen.

a) ein Lage- und Höhenplan;

b) Zeichnungen der Schienen und Weichen;

c) Umgrenzung des lichten Raumes sowie der grössten zulässigen Breiten- und Höhenmasse der Betriebsmittel;

d) Zeichnungen der Betriebsmittel usw., sofern nicht der Fall vorliegt, wie er in 1. unter e. vorstehend bezeichnet ist.

Hinsichtlich der Bauzeichnungen gilt das am Schluss für 1. Vermerkte.

3. für andere Bahnen:

a) ein Lageplan;

b) Zeichnungen der Schienen und Weichen;

$\left.\begin{array}{l} c \\ d \end{array}\right\}$ die vorstehend unter 2 c. und d. aufgeführten Vorlagen.

In finanzieller Beziehung gilt es zu prüfen, ob der Unternehmer die Mittel zur Herstellung der Bahn besitzt oder in zuverlässiger und gesetzlich zulässiger Weise beschaffen werde, und ob dieselben zur plan- und anschlagmässigen Vollendung und Ausrüstung der Bahn genügen. Das letztere kann nur auf Grund eines Kostenanschlages geprüft werden, welcher daher in der Regel zu erfordern ist. In welcher Weise die genehmigende Behörde sich die Ueberzeugung von dem Vorhandensein oder der Möglichkeit der Beschaffung des Anlagekapitals verschaffen will, bleibt ihrem pflichtmässigen Ermessen überlassen.

Zu § 7. Die Ergänzung der Zustimmung des Unterhaltungspflichtigen ist ganz in das pflichtmässige Ermessen der zuständigen Behörde gestellt. Die Prüfung der letzteren ist daher keineswegs auf die Angemessenheit der von dem ersteren erhobenen Forderungen beschränkt, hat sich vielmehr auch darauf zu erstrecken, ob nach Lage des Falles ausreichender Anlass vorliegt, zwangsweise in das Verfügungsrecht des Unterhaltungspflichtigen einzugreifen. Dass dabei auch die Leistungsfähigkeit und Zuverlässigkeit des Unternehmers in Betracht kommen muss, bedarf der Erwähnung nicht.

Zu § 8 und § 9. Behufs Sicherung der Interessen der Reichs- Post- und Telegraphenverwaltung (§ 8, Abs. 2 und § 9) ist mit der zuständigen Kaiserlichen Oberpostdirektion in Verbindung zu treten.

Im Interesse der Landesverteidigung (§ 8, Absatz 1 und § 9) ist folgendes zu beachten:

Zu § 8, Absatz 1. Die dem Antrage auf Erteilung der Genehmigung in technischer Hinsicht beizufügenden Unterlagen (Ausführungsanweisung zu § 5) sind, wenn Bahnen (gleichgiltig ob mit mechanischen Motoren oder mit Pferden zu betreibende) in Festungen angelegt werden, bezw. sich den äusseren Werken von Festungen im ganzen oder auch nur mit Teilen bis auf etwa 15 km nähern sollen, vor Erteilung der Genehmigung der Festungsbehörde vorzulegen. Zur Genehmigung bedarf es des Einverständnisses dieser Behörde. Die Erfüllung der an die Kleinbahnen mit Zustimmung der Festungsbehörde zu stellenden Anforderungen ist in der Genehmigungsurkunde — erforderlichenfalls durch einen geeigneten Vorbehalt — sicher zu stellen.

Zu § 9. A) Die Einrichtung der Bahnanlagen und der Betriebsmittel ist bei allen für den Betrieb mit mechanischen Motoren eingerichteten Kleinbahnen durch die Genehmigungsurkunde an folgende Bedingungen zu knüpfen.

1. Gleise.

a) Es sind ausser der Normalspur nur Spurweiten von 0,600, 0,750 und 1,000 m zuzulassen.

b) Sofern Querschwellen-Oberbau angewendet wird, soll das Mindestgewicht der Schienen 9,5 kg auf das Meter betragen.

c) Bei einer Spurweite von 0,600 m soll der kleinste Krümmungshalbmesser 30 m betragen.

d) Die lichte Spurweite der Spurrinnen bei Weichen, Kreuzungen, Ueberwegen usw. soll nicht unter 0,035 m betragen.

Die Bestimmungen unter c. und d. gelten nicht für Strassenbahnen.

2. Rollendes Material.

a) Für Bahnen mit einer Spurweite von 0,600 m sollen Lokomotiven und Wagen derartig gebaut sein, dass sie Krümmungen von 30 m Halbmesser anstandslos durchfahren können.

b) Es sind nur einflanschige Räder zu verwenden.

c) Die Betriebsmittel der Bahnen mit 0,600 m Spurweite sollen zentrale Buffer in einer Höhe von 0,300 bis 0,340 m über Schienenoberkante erhalten.

d) Das Ladegewicht der Wagen, in Kilogramm ausgedrückt, soll durch 500 teilbar sein.

3. Bahnhofseinrichtungen.

Sofern die Kleinbahnen an andere Bahnen anschliessen und ein Uebergang der Wagen nicht angängig ist, sind zweckentsprechende Vorrichtungen zum Umladen herzustellen.

4. Sofern es sich lediglich um die Erweiterung eines bestehenden Bahnunternehmens handelt, kann die Beibehaltung der bisherigen Spurweite und des bisherigen Schienengewichts für die Erweiterungsstrecke auch dann genehmigt werden, wenn beides den Bestimmungen zu 1 a) und b) nicht entspricht.

5. Falls im übrigen ausnahmsweise aus besonderen Gründen eine Abweichung von den vorstehenden Bestimmungen für notwendig erachtet werden sollte, ist an den Minister der öffentlichen Arbeiten behufs der im Einverständnis mit dem Herrn Kriegsminister zu treffenden Entscheidung Bericht zu erstatten.

6. Ob ausserdem ausnahmsweise für einzelne Kleinbahnen besondere — und dann ebenfalls in die Genehmigungsurkunde aufzunehmende — Anforderungen an die Leistungsfähigkeit der Anlagen zu stellen sind, wird im Einverständnis mit dem Herrn Kriegsminister bestimmt.

B) Bezüglich des Betriebes sind die aus den nachfolgenden Bestimmungen sich ergebenden Verpflichtungen durch die Genehmigungsurkunde allen für den Betrieb mit mechanischen Motoren eingerichteten Kleinbahnen aufzuerlegen, mit Ausnahme derjenigen, welche lediglich städtische Strassenbahnen sind oder nicht mehr als drei Gemeindebezirke berühren und der Regel nach nur der Personenbeförderung in einzelnen Wagen dienen.

1. Die Kleinbahnen sind nach Massgabe ihrer Leistungsfähigkeit im Frieden und im Kriege verpflichtet, Militärtransporte aller Art — während des Kriegsverhältnisses auch Privatgut für die Militärverwaltung — zu befördern.

2. Werden Abweichungen von den für die Annahme, Abfertigung, Ver- und Entladung sowie für die Beförderung geltenden Einrichtungen und Bestimmungen des öffentlichen Verkehrs im Interesse der Ausführung von Militärtransporten erforderlich, so unterliegen dieselben im Einzelfalle der Vereinbarung zwischen der absendenden Militärbehörde und Bahnverwaltung. Die für die Betriebssicherheit getroffenen allgemeinen Bestimmungen dürfen hierdurch nicht berührt werden.

3. Lassen sich im Mobilmachungs- und Kriegsfalle die Militärtransporte nicht mit den Zügen des öffentlichen Verkehrs bewältigen, so ist die Militärverwaltung berechtigt, in den Fahrplan des öffentlichen Verkehrs Militär-, Bedarfs- und Sonderzüge einzuschalten, auch zeitweise die Beschränkung, Vereinfachung und vollständige Aussetzung der Züge des öffentlichen Verkehrs anzuordnen und einen besonderen Militärfahrplan einzuführen.

4. Die Kleinbahnverwaltungen sind im Mobilmachungs- und Kriegsfalle verpflichtet, ihr Personal und ihr zur Herstellung und zum Betriebe von Kleinbahnen dienliches Material herzugeben. Die demnächstige Entschädigung regelt sich sinngemäss nach den entsprechenden Bestimmungen der Militär-Eisenbahn-Ordnung Teil II D und des Gesetzes über die Kriegsleistungen vom 13. Juni 1873 (R.-G.-Bl. S. 137) unter Berücksichtigung des geringeren Kapitalwertes nach Massgabe sachverständiger Schätzung.

5. Die Militärverwaltung ist im Mobilmachungs- und Kriegsfalle berechtigt, den Betrieb einer auf dem Kriegsschauplatz oder in dessen Nähe gelegenen Kleinbahn selbst zu übernehmen. Das bei der Uebernahme und Betriebsführung sowie bei der Rückgabe massgebende Verfahren richtet sich nach der Instruktion, betreffend Kriegsbetrieb und Militärbetrieb der Eisenbahnen (Militär-Eisenbahn-Ordnung, Teil II E).

6. Auf Anfordern der Eisenbahn-Aufsichtsbehörde hat die Kleinbahn zwecks Ermittlung ihrer militärischen Leistungsfähigkeit im Frieden und im Kriege über ihre Anlagen, Einrichtungen und Betriebsmittel Auskunft zu geben.

Die Militärverwaltung ist ausserdem berechtigt zur Vervollständigung dieser Auskunft sowie zu sonstigen militärischen Zwecken auch unmittelbar Erkundigungen anzuordnen. Den entsandten Offizieren und Beamten ist dabei jede wünschenswerte Unterstützung zu gewähren.

7. Jeder Militärtransport wird mit einem von der zuständigen Dienststelle ausgefertigten Ausweis versehen.

Als Ausweise gelten:

a) Berechtigungsscheine nach dem in der Anlage beigefügten Muster 1. (Anl. 1),

b) Einberufungs-, Entlassungspapiere sowie Urlaubspässe (letztere auch, wenn sie von Zivilbehörden für die bei ihnen zur Probedienstleistung kommandierten oder beurlaubten Militärpersonen ausgefertigt sind),

c) Frachtbriefe.

Auf Grund derartiger Ausweise erfolgt die Beförderung zu den Sätzen des Militärtarifs, im Frieden gegen sofortige Barbezahlung, im Kriege auch unter Stundung der Fahrgelder.

Im Mobilmachungsfall sind die zum Heere einberufenen Personen mit Ausnahme der im Offizierrang stehenden ohne Lösung von Fahrkarten zu befördern. Die Transportvergütung wird besonders geregelt.

Bei Vorzeigung der oben unter a) und b) bezeichneten Ausweise sind Militärfahrkarten zu verabfolgen, die den Transportführern für die Rechnungslegung zu belassen sind. Werden von der Militärbehörde statt der Berechtigungsscheine Fahrtausweise nach anliegendem Muster 2 (Anl. 2) ausgefertigt, so dienen diese gleichzeitig als Fahrkarten und sind von dem zuständigen Bahnbediensteten hinsichtlich des gezahlten Fahrpreises auszufüllen und mit dem Dienststempel oder mit Namensunterschrift zu versehen.

Soll die Vergütung gestundet werden, so geschieht die Beförderung gleichfalls auf Grund der Fahrtausweise nach Muster 2, indes unter Berücksichtigung der daselbst für diesen Fall angegebenen Aenderungen, oder auf Grund von Frachtbriefen, welche letztere mit dem Vermerk „Fracht ist zu stunden" versehen werden.

Gestundete Fahr- und Frachtgelder sind bei der Intendantur des stellvertretenden Generalstabes der Armee zur Liquidation zu bringen, und bleiben zu diesem Zwecke die Fahrtausweise (Muster 2) bezw. Frachtbriefe in den Händen der Kleinbahn.

8. Die Telegraphen- und Fernsprecheinrichtungen der Kleinbahnen dürfen zu dringlichen militärischen Mitteilungen benutzt werden, soweit die Erfordernisse des Eisenbahndienstes dies zulassen. Im Mobilmachungs- und Kriegsfalle erfolgen diese Mitteilungen kostenfrei.

9. Die Bezeichnungen: Militärverwaltung, Militärbehörde, Militärtransport, Truppenteil gelten sinngemäss auch für die Marine und die Schutztruppen.

Vorstehende Bestimmungen zu § 9 gelten auch für die Genehmigung von wesentlichen Erweiterungen oder Aenderungen des Unternehmens, der Anlage oder des Betriebes der vorgedachten Bahnen.

Zu § 10. Der Bestimmungszweck der dem Güterverkehr dienenden Kleinbahnen und das hierbei beteiligte öffentliche Interesse werden nur dann in vollem Umfange gewahrt, wenn den Absendern und Empfängern erheblicher Gütermengen die Möglichkeit der Anlage von Anschlussgleisen zur erleichterten Anbringung und Abholung ihrer Frachtgüter gegeben ist.

Der Vorbehalt der Verpflichtung der Unternehmer von Kleinbahnen, auf welchen Güterverkehr stattfinden soll, zur Gestattung von Privatanschlussbahnen bei der Genehmigung muss daher die Regel bilden. Nur aus ganz besonderen Gründen erscheint es gerechtfertigt, davon Abstand zu nehmen, wie z. B. für solche Bahnen, welche, ohne mit dem Enteignungsrechte oder dem Rechte zur Benutzung öffentlicher Wege ausgestattet zu sein, vornehmlich Privatzwecken des Unternehmers, zugleich aber auch nebenbei dem öffentlichen Verkehr zu dienen bestimmt sind.

Zu § 11. Ebenso wird bei der Genehmigung von Kleinbahnen jeglicher Art dem Unternehmer die Verpflichtung zur Ausführung der Bahn und zur Aufrechterhaltung des ordnungsmässigen Betriebes während der Dauer der Genehmigung auferlegt werden müssen, sofern nach der Ansicht der genehmigenden Behörde nicht etwa die Bahn für das öffentliche Verkehrsinteresse ohne Wert sein sollte. Diese Annahme wird namentlich in den am Schlusse der Anweisung zu § 10 bezeichneten Fällen Platz greifen können. Zweifel in dieser Richtung können aber auch in Betreff solcher Bahnen entstehen, welche, z. B. Drahtseilbahnen nach Aussichtspunkten, lediglich Vergnügungszwecken dienen und ohne Hülfe des Enteignungsrechts und ohne Benutzung öffentlicher Wege hergestellt werden sollen. In derartigen Fällen ist daher sorgfältig zu erwägen, ob die öffentlichen Interessen den Vorbehalt der Bau- und Betriebspflicht erheischen.

Die Höhe der in dem Abs. 2 und 3 erwähnten Geldstrafen ist nach dem Grade, in welchem das öffentliche Interesse an dem Bestande und Betriebe der Bahn beteiligt ist, zu bemessen. Die Bemessung erfolgt zweckmässig nach bestimmten Prozenten des Anlagekapitals. Eine Geldstrafe im Betrage von 10 Prozent des Anlagekapitals ist als die äusserste Grenze anzusehen, deren Ueberschreitung selbst durch erhebliche öffentliche Interessen nicht gerechtfertigt wird.

Den Unternehmern nebenbahnähnlicher Kleinbahnen (vgl. Einleitung und zu § 3) ist durch die Genehmigungsurkunde aufzugeben, im Interesse der Aufrechterhaltung eines regelmässigen und sicheren Betriebes einen Erneuerungsfonds, sowie — neben dem nach den jeweiligen handelsrechtlichen Vorschriften für Aktiengesellschaften und Kommanditgesellschaften auf Aktien erforderlichen Bilanzreservefonds — einen Spezialreservefonds nach Massgabe der folgenden Bestimmungen zu bilden:

I. Der **Erneuerungsfonds** dient zur Bestreitung der Kosten der regelmässig wiederkehrenden Erneuerung des Oberbaues und der Betriebsmittel.

Es sind jedoch hieraus von den **Betriebsmitteln** nur die Kosten ganzer Lokomotiven und **Wagen**, von den **Oberbaumaterialien** dagegen auch die Kosten einzelner Stücke zu bestreiten. Der Ersatz einzelner Teile von Betriebsmitteln (Siederohre u. s. w.) muss auf Rechnung des Betriebsfonds erfolgen.

In den Erneuerungsfonds fliessen:

1. der Erlös aus den entsprechenden abgängigen Materialien,
2. die Zinsen des Fonds selbst,
3. eine aus den Brutto-Betriebseinnahmen zu entnehmende jährliche Rücklage.

Die Höhe dieser Jahresrücklagen ist unter Berücksichtigung der besonderen Verhältnisse und Bedürfnisse des einzelnen Unternehmens auf:

a) 1 bis 2 $\%$ von dem zusammengerechneten Beschaffungswerte der Schienen, der Weichen und des Kleineisenzeuges,

b) 2,5 bis 5 $\%$ vom Beschaffungswerte der Schwellen,

c) 1,25 bis 2,5 $\%$ von dem der Lokomotiven,

d) 0,75 bis 1,5 $\%$ von dem der Wagen zu bemessen.

Wird das Unternehmen nicht mit Dampfmaschinen, sondern in anderer Weise (z. B. elektrisch) betrieben, so haben die Genehmigungsbehörden den Rücklagesatz c) von Fall zu Fall selbst zu bestimmen.

Die Genehmigungsbehörden sind ermächtigt, auf Antrag des Unternehmers von der Zuführung weiterer Rücklagen zum Erneuerungsfonds dann zeitweilig abzusehen, wenn derselbe eine nach ihrem Ermessen ausreichende Höhe erlangt hat.

II. Der **Spezialreservefonds** dient zur Bestreitung von Ausgaben, die durch aussergewöhnliche Elementarereignisse und grössere Unfälle hervorgerufen werden.

Diesem Fonds sind zuzuführen:

1. der Betrag der verfallenen, nicht abgehobenen Dividenden und Zinsen,
2. die Zinsen des Fonds selbst,
3. eine aus dem Reinertrage zu entnehmende jährliche Rücklage.

Die Höhe der jährlichen Rücklagen zum Spezial-Reservefonds ist auf $\frac{1}{2}$ bis 3 $\%$ des Reinertrags zu bemessen. Erreicht der Spezial-Reservefonds den Betrag von 5 $\%$ des Anlagekapitals, so können für die Dauer dieses Bestandes weitere Rücklagen unterbleiben.

Die Genehmigungsbehörden sind ermächtigt, von der Pflicht zur Ansammlung eines Spezial-Reservefonds ganz zu befreien, wenn und so lange die Erreichung seines Zwecks durch die Zugehörigkeit zu einem für zuverlässig erachteten Versicherungsunternehmen gewährleistet ist.

III. Die Anordnungen über die **Höhe** der Rücklagen zum Erneuerungs- und zum Spezial-Reservefonds (No. I. und II.) sind einem besonderen Regulative vorzubehalten, welches in Zeiträumen von 5 Jahren einer Nachprüfung hinsichtlich der Zweckmässigkeit der bisherigen Sätze, beim Erneuerungsfonds auch hinsichtlich der Beschaffungswerte zu unterziehen ist. Hierbei kommen Beschaffungen, Aenderungen der Betriebsweise u. s. w., welche innerhalb einer fünfjährigen Periode vorgenommen sind, erst für die nächstfolgende Periode in Betracht.

IV. Der Erneuerungsfonds und der Spezial-Reservefonds sind sowohl von einander, als auch von anderen Fonds des Unternehmens getrennt zu verwalten.

Die zu jenen Fonds zu vereinnahmenden Beiträge sind, sofern sie nicht sofort zur Verwendung gelangen, in Wertpapieren, welche bei der Reichsbank beleihbar sind, zinstragend anzulegen.

V. Ist der Unternehmer bereits durch das Gesellschaftsstatut oder sonst privatrechtlich (z. B. durch Verträge mit dem Staate, der Provinz oder dem Kreise über die Gewährung von Beihülfen oder die Gestellung von Grund und Boden) zur Ansammlung zweckdienlicher und ausreichender Rücklagefonds verpflichtet, so genügt es, durch die Genehmigungsurkunde die Aufrechterhaltung dieser Verpflichtung für die Dauer der Genehmigung sicher zu stellen und ihre Befolgung zu überwachen.

VI. Kommunalverbände sind als Unternehmer von Kleinbahnen von den vorstehenden Verpflichtungen zur Bildung von Rücklagefonds befreit (§ 12 des Gesetzes), unbeschadet jedoch der von Kommunalaufsichtswegen oder bei Gewährung von Unterstützungen seitens des Staates oder der Provinzen etwa getroffenen Anordnungen bezw. Vereinbarungen.

Zu § 13. Ob eine Genehmigung dauernd oder auf Zeit zu erteilen ist, bleibt dem pflichtmässigen Ermessen der zur Genehmigung zuständigen Behörde freigestellt. Im allgemeinen wird dabei davon auszugehen sein, dass eine Genehmigung ohne zeitliche Begrenzung nicht zu erteilen ist, wenn öffentliche Wege benutzt werden. Auch bei Anlegung eines eigenen Bahnkörpers ist eine Genehmigung ohne zeitliche Begrenzung in der Regel nicht, vielmehr nur dann zu erteilen, wenn die wirtschaftlichen Verhältnisse des Unternehmens es erforderlich erscheinen lassen und öffentliche Interessen nicht entgegenstehen.

Bei Bemessung der Dauer einer zeitlich begrenzten Genehmigung ist ausser auf den Zeitpunkt etwaiger Erwerbsrechte (§ 6) darauf zu sehen, dass die Dauer der Genehmigung ausreichend genug bemessen wird, um dem Unternehmen die Möglichkeit der Amortisation des Anlagekapitals zu gewähren.

Zu § 14. Auch für die Vorbehalte und Anforderungen hinsichtlich des Fahrplans und der Beförderungspreise kann im wesentlichen nur der Grad des an dem Betriebe der Bahn bestehenden öffentlichen Verkehrsinteresses den Massstab abgeben.

Was den Fahrplan betrifft, so erfordert das öffentliche Sicherheitsinteresse in jedem Falle die Festsetzung der höchsten zulässigen Geschwindigkeit der Züge, welche die für Nebeneisenbahnen statthafte Maximalgrenze nicht überschreiten darf. Im übrigen ist nach den besonderen Verhältnissen eines jeden einzelnen Falles zu ermessen, ob hinsichtlich der Zahl und der Zeit sämtlicher oder einzelner Züge weitere Anordnungen bei der Genehmigung zu treffen sind. Wird zunächst hiervon abgesehen, so ist der Zeitraum, nach dessen Ablauf wiederholte Prüfung einzutreten hat, in der Regel auf etwa drei Jahre zu bemessen.

Die Mitteilung aller Tarife, Fahrpläne und aller etwa zu erlassenden Betriebsreglements an die Aufsichtsbehörde wird bei jeder Genehmigung vorzubehalten sein, um diese Behörde zur Erledigung ihrer Aufgabe in den Stand zu setzen.

Zu § 16. Mit der Aushändigung der Genehmigungsurkunde an einen Unternehmer, welcher nicht eine der in § 16 bezeichneten Gesellschaften ist, muss auch die Veröffentlichung der Genehmigung in dem Amtsblatte derjenigen Regierung, in deren Bezirke die Bahn belegen ist, veranlasst werden. Von jeder erteilten Genehmigung ist Abschrift dem Minister der öffentlichen Arbeiten durch die Genehmigungsbehörde einzureichen.

Die Veröffentlichung einer Genehmigung, welche einer der in § 16 bezeichneten Gesellschaften erteilt ist, darf erst erfolgen, nachdem der genehmigenden Behörde der Eintrag im Handelsregister nachgewiesen ist. Die Zeit des Eintrags ist von der letzteren in der Genehmigungsurkunde zu vermerken und in der öffentlichen Bekanntmachung anzugeben.

Sollte die Genehmigung für eine Kleinbahn einer Genossenschaft erteilt werden, so ist die Genehmigungsurkunde vor ihrer Aushändigung an den Unternehmer dem zur Führung des Genossenschaftsregisters zuständigen Gerichte mit dem Ersuchen um Eintrag in dieses Register und demnächstige Rückgabe der Urkunde mitzuteilen. Erst nach deren Wiedereingang und nach Vermerk des Eintrags auf derselben darf die Aushändigung an den Unternehmer und die Veröffentlichung in dem Amtsblatte stattfinden.

Zu § 17. Die Planfeststellung durch den Regierungspräsidenten erfolgt im Einvernehmen mit der zuständigen Eisenbahnbehörde.

Im allgemeinen hat die Planfeststellung erst nach der Genehmigung zu erfolgen. Sofern indessen in einzelnen Fällen Zweckmässigkeitsgründe gegen dies Verfahren sprechen, die Erteilung der Genehmigung nicht von vornherein bedenklich erscheint und der Unternehmer nicht widerspricht, können die Genehmigungsbehörden die Planfeststellung der Genehmigung vorangehen lassen oder die erstere gleichzeitig mit der Vorbereitung der Genehmigung vornehmen. Der Baubeginn darf erst gestattet werden, wenn Genehmigung und Planfeststellung, gleichgültig in welcher Reihenfolge, stattgefunden haben.

Anträge auf Entbindung von der vorgängigen Planfestsetzung sind dem Minister der öffentlichen Arbeiten so vorbereitet vorzulegen, dass alsbald Entscheidung getroffen werden kann.

Zu § 19. Die Erlaubnis zur Eröffnung des Betriebes erfolgt auf Grund einer örtlichen Prüfung der Bahn durch die zur Genehmigung zuständige Behörde, also bei Bahnen, welche mit Maschinenkraft betrieben werden sollen, durch den Regierungspräsidenten in Gemeinschaft mit der zuständigen Eisenbahnbehörde. — Ueber das Ergebnis der Prüfung ist ein Protokoll aufzunehmen.

Zu § 20. Sowohl bei der ihrer Einstellung in den Betrieb vorhergehenden, wie auch bei den späteren periodischen Prüfungen der Betriebsmaschinen sind diejenigen Vorschriften gleichmässig zu beachten, welche jeweilig für die entsprechenden Prüfungen der auf Nebeneisenbahnen zur Verwendung kommenden Betriebsmaschinen gelten.

Die Bestimmungen der von dem Minister für Handel und Gewerbe am 15. März 1897 erlassenen Anweisung, betreffend die Genehmigung und Untersuchung der Dampfkessel, haben für das Verfahren bei Genehmigung und Beaufsichtigung der Dampfkessel in den Betriebsmaschinen der Kleinbahnen zufolge des § 20 keine Gültigkeit.

Zu § 21. Der Fahrplan und die Beförderungspreise für Personen und für Güter sind mindestens in einem öffentlichen Blatte, welches in der Genehmigungsurkunde zu diesem Zweck zu bestimmen ist, zur Kenntnis des Publikums zu bringen. Ausserdem hat die Veröffentlichung durch Aushang in den dem Beförderungsverkehr gewidmeten Räumen, und zwar die Veröffentlichung des Fahrplans und der Personalbeförderungspreise in den Personenbahnhöfen, Wartehallen u. s. w., der Güterbeförderungspreise in den für die Güterbeförderung bestimmten Gebäuden oder Räumen stattzufinden.

Zu § 22. Die Aufsicht über die Kleinbahnen steht, soweit sie nicht eisenbahntechnischer Natur ist, mit Ausnahme des zu § 3 am Schlusse erwähnten Falls immer derjenigen Behörde zu, welche zuletzt für eine der dem Unternehmen zugehörigen Bahnen, eine Genehmigung nach Massgabe der §§ 2 und 3 erteilt hat. Ist eine Genehmigung zur wesentlichen Erweiterung oder Aenderung des Unternehmens von einer anderen als derjenigen Behörde erteilt worden, durch welche die frühere Genehmigung erfolgt war, so beginnt die Zuständigkeit zur Beaufsichtigung des erweiterten oder veränderten Unternehmens mit der Rechtskraft der die Erweiterung oder Aenderung genehmigenden Urkunde an den Unternehmer.

Die Aufsicht über die zum Betriebe mit Maschinenkraft eingerichteten Kleinbahnen soweit sie nicht eisenbahntechnischer Natur ist, erfolgt ebenso, wie die Genehmigung im Einvernehmen mit der vom Minister der öffentlichen Arbeiten zur Mitwirkung bei der Genehmigung berufenen Eisenbahnbehörde, sofern nicht eine andere Eisenbahnbehörde zur Aufsicht bestimmt wird. Bezügliche Anträge sind von der zur Mitwirkung bei der Genehmigung bezeichneten Eisenbahnbehörde an den Minister zu richten, falls sie die Uebertragung der Aufsicht an eine andere Eisenbahnbehörde nach Lage der Verhältnisse für zweckmässig erachtet.

Die eisenbahntechnische Beaufsichtigung der Kleinbahnen mit Maschinenbetrieb wird von der Eisenbahnbehörde selbständig ohne Mitwirkung des Regierungs- (Polizei-) Präsidenten gehandhabt. Sie beschränkt sich auf die Ueberwachung des Betriebes im engeren Sinne, welcher die betriebssichere Unterhaltung der Bahnanlage und der Betriebsmittel und die sichere und ordnungsmässige Durchführung der Züge begreift. Bei Ausübung dieser Aufsicht muss sich die zuständige Behörde stets gegenwärtig halten, dass, worauf eingangs dieser Anweisung hingewiesen ist, Anforderungen an die Unternehmer, welche die Rücksicht auf die Betriebssicherheit nicht notwendig erheischt, unbedingt zu vermeiden sind.

Der Betrieb der **nebenbahnähnlichen** Kleinbahnen (vgl. Einleitung und zu § 3) regelt sich nach den durch den Minister der öffentlichen Arbeiten erlassenen, als

Anlage (Anl. 3) dieser Ausführungsanweisung beigefügten Betriebsvorschriften vom 13. August 1898, deren Innehaltung seitens der Unternehmer und ihres Personals ausschliesslich durch die Aufsichtsbehörden mittels der diesen gegen die Unternehmer zustehenden Zwangsmittel zu sichern ist. Bei Strassenbahnen hat die Ordnung des Betriebes, soweit es dabei weiterer Bestimmungen bedarf, als in der Genehmigung gegeben sind, im Wege der Polizeiverordnung zu erfolgen, durch deren Strafsanktion auch das pflichtmässige Verhalten der Unternehmer und des Betriebspersonals sicher zu stellen ist.

Polizeiverordnungen und andere polizeiliche Bestimmungen über den Betrieb auf den zum Betriebe mit Maschinenkraft eingerichteten Kleinbahnen sind nicht ohne die Zustimmung der Eisenbahnbehörde zu erlassen. Im Falle der Versagung der Zustimmung ist die Entscheidung des Ministers der öffentlichen Arbeiten einzuholen. Sofern zum Erlasse derartiger Verordnungen eine dem Regierungspräsidenten untergeordnete Behörde zuständig sein sollte, ist diese anzuweisen, sich vor dem Erlasse derselben seines Einverständnisses zu versichern. Auch für dies Einverständnis bedarf es der Zustimmung der Eisenbahnbehörde.

In Bedürfnisfällen können die örtlichen Polizeibehörden innerhalb ihrer Zuständigkeit Angestellten des äusseren Betriebsdienstes der Kleinbahnen (§ 4, No. 3 des Gesetzes) nach Prüfung ihrer Befähigung und Zuverlässigkeit für die Dauer der betreffenden Beschäftigung durch Ausfertigung von jederzeit widerruflichen Bestallungsurkunden unter Abnahme des Staatsdienereides die Rechte und Pflichten von Polizeiexekutivbeamten für den Bereich der bahnpolizeilichen Geschäfte übertragen. Hierbei sind selbstverständlich die für die Bestallung von Polizeiexekutivbeamten massgebenden gesetzlichen Bestimmungen zu beachten. Auch finden, was die Vorbedingungen für die Bestallung, den Umfang der Befugnisse, sowie die Handhabung des Dienstes anlangt, die Vorschriften im § 47, Abs. 2 bis 5, § 49, Abs. 1 und 2, § 50, Abs. 1 und 2, § 50, Abs. 1 und § 52 der Bahnordnung für die Nebeneisenbahnen Deutschlands vom 5. Juli 1892 (R.-G.-Bl. S. 764) analoge Anwendung.

Zu §§ 23/24. Das Erlöschen und die Zurücknahme einer Genehmigung ist von der aufsichtsführenden Behörde in dem Regierungs-Amtsblatt bekannt zu machen.

Zu § 26, letzter Absatz. Bevor von der Aufsichtsbehörde über die Festsetzung der dort erwähnten Frist Beschluss gefasst wird, ist ausser dem Wegeunterhaltungspflichtigen auch die Wegepolizeibehörde zu hören.

Zu § 27. Liegt beim Erlöschen oder bei der Zurücknahme der Genehmigung wegen Unterbrechung des Baues und des Betriebes der Fall vor, dass über den Verfall und die Verwendung von Geldstrafen Entscheidung zu treffen ist, so ist von der Aufsichtsbehörde dem Minister der öffentlichen Arbeiten darüber Bericht zu erstatten, an welchen geeignetenfalls Vorschläge über die Verwendung verfallener Geldstrafen im Sinne des Gesetzes zu knüpfen sind. Bei Bahnen, welche mit Maschinenkraft betrieben werden, haben die Regierungspräsidenten ihren Bericht zunächst der eisenbahntechnischen Behörde mitzuteilen, damit diese in der Lage ist, sich auch ihrerseits zur Sache zu äussern.

Zu § 30. Von der Aufsichtsbehörde ist an den Minister der öffentlichen Arbeiten zu berichten, sobald ihres Erachtens die Voraussetzungen für die Anwendung des § 30 eingetreten sind. Ist die Bahn zum Betriebe mit Maschinenkraft eingerichtet, so bedarf es dieser Berichterstattung, wenn auch nur eine der beteiligten Behörden, der Regierungspräsident oder die Eisenbahnbehörde, den Fall des § 30 für gegeben erachtet. Der Bericht ist von der diese Voraussicht bejahenden Behörde zu erstatten und mit der gutachtlichen Aeusserung der dissentierenden Behörde einzureichen.

Zu § 32. Von der Verpflichtung des Unternehmers zur Führung getrennter Betriebsrechnungen kann abgesehen werden, wenn die Gesamtunternehmung keine anderen Bahnen enthält, als städtische Bahnen für den Personenverkehr und Bahnen, welche, wie z. B. Drahtseilbahnen, zum Anschlusse an das Eisenbahnnetz sich nicht eignen.

Bei nebenbahnähnlichen Kleinbahnen (vgl. Einleitung und zu § 3) ist stets die Führung getrennter Betriebsrechnungen vorzuschreiben.

Zu § 45. Die Prüfung der betriebssicheren Beschaffenheit der Bahn und der Betriebsmittel, welche der genehmigenden Behörde obliegt, bedingt auch für die Anträge auf Genehmigung der Privatanschlussbahnen die in technischer Hinsicht erforderlichen Unterlagen, wenn es auch an einer diesbezüglichen Vorschrift in dem Gesetze fehlt. Es ist daher auch für diese Bahnen die Anweisung zu § 5, soweit sie die technischen Unterlagen betrifft, gleichmässig zu beachten. Dagegen ist von dem Verlangen von Unterlagen in finanzieller Hinsicht abzusehen.

Zu § 47. Die Genehmigungsbehörden werden ermächtigt, den Beginn des Baues ohne vorgängige Planfeststellung für alle ausschliesslich auf dem Eigentum des Unternehmers und der Staatseisenbahnverwaltung auszuführenden Privatanschlussbahnen zu gestatten, wenn nach dem Ermessen jener Behörden die übrigen Voraussetzungen des § 17 (letzter Absatz) vorliegen.

Zu § 53, Absatz 3. In dem Falle vollständiger Unterwerfung eines Unternehmens unter die Bestimmungen des vorliegenden Gesetzes empfiehlt sich in der Regel die Ausstellung einer neuen Genehmigungs-Urkunde, damit die Rechte und Verpflichtungen des Unternehmens völlig zweifelsfrei gestellt werden.

Die in dem fünften Absatze vorgesehene Bekanntmachung der Unterstellung unter das Kleinbahngesetz hat durch das Amtsblatt der Regierung stattzufinden.

Zu § 55. Diese Anweisung nebst den zugehörigen Betriebsvorschriften (Anlage 3) tritt unter Aufhebung der Anweisungen vom 22. August 1892 und 19. November 1892 (zu § 8, Abs. 1 und § 9 des Gesetzes) für die Erteilung neuer Genehmigungen (auch bei wesentlichen Aenderungen im Sinne des § 2 des Gesetzes) sofort in Kraft. Auf schon genehmigte Kleinbahnen findet sie unbeschadet der konzessionsmässigen Rechte der Unternehmer vom 1. Januar 1899 ab Anwendung.

Berlin, den 13. August 1898.

Der Minister der öffentlichen Arbeiten.   Der Minister des Innern.

Im Auftrage Dr. Micke.   In Vertretung: Braunbehrens.

Muster 1 (Anlage 1.)

Berechtigungsschein

für

d   (Name des Transportführers)   mit   Mann

vom   (Truppenteil)

zur einmaligen Hin- und   fahrt zu den Sätzen des Militärtarifs in   Wagen-

klasse von   bis   den ᵗᵉⁿ   18

(Siegel oder Stempel.)   (Unterschrift der Militärbehörde.)

Muster 2 (Anlage 2).

Giltig als Militärfahrkarte.

Offizier

Unteroffizier und Gemeine mit

Pferd

Fahrzeug im Gewicht von   kg (nur auszufüllen, soweit der Stückgutsatz zur
    Anwendung kommt)

    kg Gepäck

des   (Truppenteil)

fahren von   nach   =   km

    [Die Zahlung ist zu stunden.]

      den   ten   18

(Siegel oder Stempel.)   (Unterschrift der Militärbehörde).

(und haben an Fahrgeld bezahlt

	Einheitspreis			
für Offizier	Pf.	=	ℳ.	Pf.
„ Unteroffizier und Gemeine . .	„	=	„	„
„ Pferd	„	=	,.	„
„ Desinfektion von Wagen . . .	„	=	,.	„
„ Fahrzeug (Gewicht = .kg)	,.	=	„	„
.. kg Gepäck 1000 kg=	„	=	„	„
Abfertigungsgebühr „	„	=	„	„
Zusammen			ℳ.	Pf.

(Stempel.)   (Unterschrift des Bahnbediensteten.)

Anmerkung: 1) Bei Stundung des Fahrgeldes ist die () eingeklammerte, bei Barzahlung
die [] eingeklammerte Stelle zu streichen.

2) Auf der Rückseite sind etwaige Erläuterungen über den Zweck des Kommandos
usw. zu machen, ähnlich wie es durch die Militär-Transportordnung vorgeschrieben ist.

Anlage 3.

Betriebsvorschriften für Kleinbahnen mit Maschinenbetrieb

(zu § 22, Absatz 4 der Ausführungsanweisung vom 13. August 1898 zu dem Gesetze über
Kleinbahnen und Privatanschlussbahnen vom 28. Juli 1892).

I. Zustand der Bahn.

§ 1. Gleise.

1. Für Vollspurbahnen soll die Spurweite, im lichten zwischen den Schienenköpfen
gemessen, in geraden Gleisen 1,435 m betragen, für Schmalspurbahnen 1,00 m oder 750 mm
oder 600 mm.

2. Ausnahmen regeln sich nach der Ausführungsanweisung zu § 9 unter A (Ziffer 5).

§ 2. Längsneigung.

Die Längsneigung der Bahn soll bei Reibungsbahnen das Verhältniss von 40 $^0/_{00}$
(1 : 25) in der Regel nicht überschreiten. Bei vollspurigen Zahnradbahnen auf welche
Betriebsmittel von Haupt- und Nebeneisenbahnen übergeen, soll die Längsneigung nicht
über 100 $^0/_{00}$ (1 : 10), bei allen anderen Zahnradbahnen nicht über 250 $^0/_{00}$ (1 : 4) betragen.
Stärkere Neigungen sind zulässig. Es sind jedoch in solchen Fällen ergänzende, von den
Ergebnissen eines Probebetriebes abhängig zu machende Sicherheitsvorschriften, deren
Festsetzung durch die eisenbahntechnische Aufsichtsbehörde zu erfolgen hat vorzu-
behalten.

§ 3. Krümmungen.

1. Der Halbmesser der Krümmungen auf freier Strecke soll in der Regel bei Vollspurbahnen nicht kleiner als 100 m sein, bei Schmalspurbahnen

> mit   1 m   Spurweite nicht kleiner als 50 m,
> „   750 mm   „   „   „   „ 40 m.
> „   600 mm   „   „   „   „ 20 m.

2. Kleinere Halbmesser sind zulässig, sofern Maschinen und Wagen derartig gebaut sind, dass sie Krümmungen mit den zugelassenen Halbmessern anstandslos durchfahren können.

§ 4. Spurerweiterungen.

1. In Krümmungen darf die Spurerweiterung bei Vollspurbahnen das Mass von 35 mm nicht überschreiten.

2) Die Spurerweiterung darf bei Schmalspurbahnen mit

> 1 m Spurweite das Mass von 25 mm,
> 750 mm   „   „   „   „ 20 mm,
> 600 mm   „   „   „   „ 18 mm

nicht überschreiten, sofern die Betriebsmittel nicht besonders für grössere Spurerweiterungen eingerichtet sind.

§ 5. Fahrbarer Zustand der Bahn.

1. Die Bahn ist fortwährend in einem solchen Zustande zu halten, dass jede Strecke, soweit sie sich nicht in Ausbesserung befindet, ohne Gefahr mit der für sie festgesetzten grössten Geschwindigkeit (§ 24) befahren werden kann.

2. Bahnstrecken, auf welchen zeitweise die für sie zulässige Fahrgeschwindigkeit ermässigt werden muss, sind durch Signale zu kennzeichnen und unfahrbare Strecken, auch wenn kein Zug erwartet wird, durch Signale abzuschliessen.

§ 6. Umgrenzung des lichten Raumes und der Betriebsmittel.

1. Für Vollspurbahnen ist die Umgrenzung des lichten Raumes in Uebereinstimmung mit den Vorschriften der Bahnordnung für die Nebeneisenbahnen Deutschlands nach den auf der Anlage A dargestellten Umrisslinien einzuhalten. Die gleichen Vorschriften gelten für die Umgrenzung der Betriebsmittel.

2. Für solche Schmalspurbahnen, auf welchen Güterwagen der Vollspurbahnen mittels besonderer Fahrzeuge (Rollschemel) befördert werden sollen, ist die durch Absatz 1 vorgeschriebene Umgrenzung des lichten Raumes in den Höhen- und Breitenabmessungen von der Unterkante der Radlaufkreise des auf dem Rollschemel stehenden Vollspurbahnwagens ab einzuhalten. Hierbei ist, je nach der Höhe und Breite der zu befördernden Wagen und der Art ihrer Beladung eine Einschränkung der gesamten Höhe und Breite des lichten Raumes zulässig.

3. Für Schmalspurbahnen, auf welche Fahrzeuge der Vollspurbahnen nicht übergeführt werden sollen, ist die Umgrenzung des lichten Raumes von Fall zu Fall nach den zu verwendenden Betriebsmitteln zu bemessen. Die auf Anlage B dargestellten Abmessungen gelten als Mindestmass. Bei ihrer Anwendung dürfen die festen Teile der Betriebsmittel nur soweit an die Umgrenzung heranreichen, dass in einer Höhe von 100 mm bis 1 m über Schienenoberkante ein Abstand von 30 mm, in weiterer Höhe überall ein Abstand von 100 mm verbleibt.

4. Für Vollspurbahnen mit Zahnradbetrieb darf eine Erhöhung der Zahnstange über die Schienenoberkante bis zu 100 mm in einer grössten Breite von 250 mm beiderseits der Gleismitte stattfinden, ist aber auf Strecken ohne Zahnstange wegzulassen.

5. Für schmalspurige Zahnradbahnen ist die wegen der Anordnung der Zahnstange erforderliche Einschränkung des lichten Raumes für jedes Unternehmen besonders zu bestimmen.

6. Bei Anordnung der Umgrenzungen ist in Krümmungen auf die Spurerweiterung der Gleise sowie auf die Ueberhöhung der äusseren Schiene Rücksicht zu nehmen.

Anlage A.

Umgrenzung des lichten Raumes für Vollspurbahnen für die
freie Strecke.   Stationen.

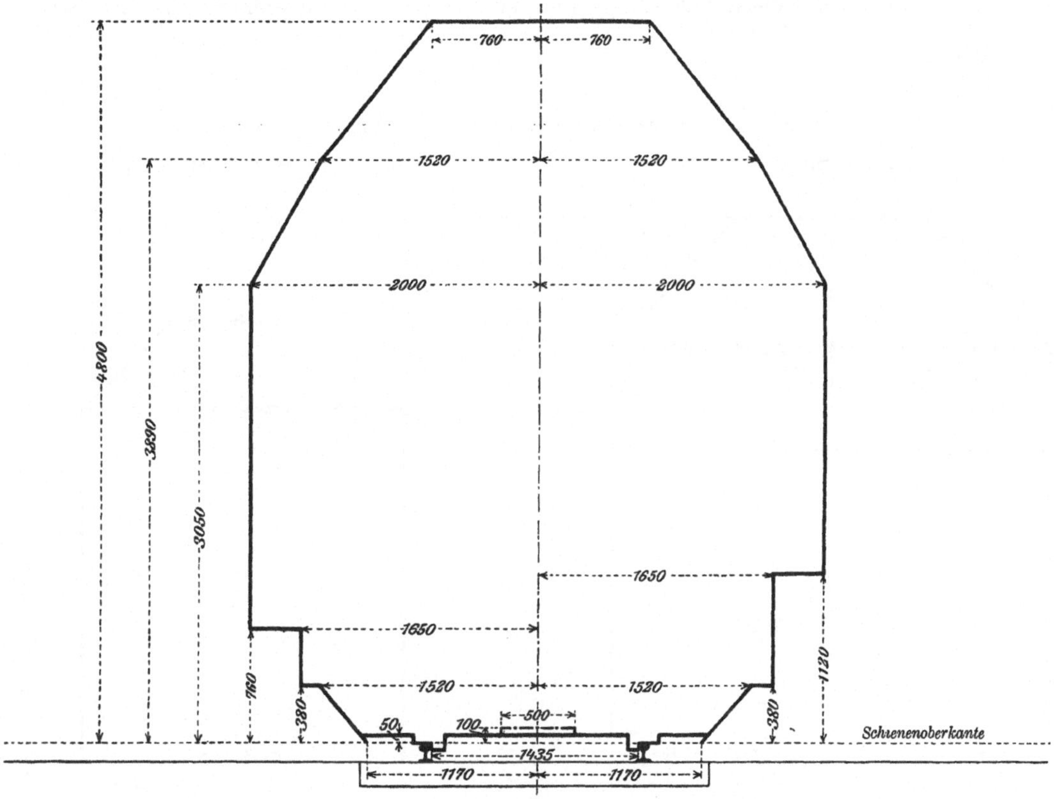

Abb. 1.

Unterer Theil der Umgrenzung des lichten Raumes.

Abb. 2.   Abb. 4.   Abb. 3.

Masse Millimeter.   Zwangschienen der Weichen.

— · — · — Nur für Zahnradstrecken zulässig bis zu 100 mm Höchstmass über Schienenoberkante und bis zu 500 mm grösster Breite (siehe Abb. 4).

Anmerkung. Bei Gleisanlagen in Strassen können die Masse der Spurrinne äusserstenfalls auf 45 mm Breite und 35 mm Tiefe herabgemindert werden. Die mit 150 mm vorgeschriebene Mindestentfernung fester, über Schienenoberkante ausserhalb des Gleises bis zum Höchstmasse von 50 mm erhöhter Theile, kann auf 135 mm eingeschränkt werden, wenn der erhöhte Theil mit der Fahrschiene fest verbunden ist (siehe Abb. 2 u. 3).

7. Bei Bahnen, welche nur dem Güterverkehr dienen sollen, sowie an Ladegleisen
der Stationen kann ein Einschränkung des lichten Raumes zugelassen werden. Seine
Umgrenzung ist in solchen Fällen nach den Abmessungen der zur Verwendung kommenden Betriebsmittel besonders zu bestimmen.

8. Bei vollspurigen Gleisen müssen die bis zu 50 mm über Schienenoberkante
hervortretenden unbeweglichen Gegenstände ausserhalb des Gleises mindestens 150 mm
von der Innenkante des Schienenkopfes entfernt bleiben; bei unveränderlichem Abstande

Anlage B.

Umgrenzung des lichten Raumes für Schmalspurbahnen

von 1 m Spurweite.   von 750 u. 600 mm Spurweite.

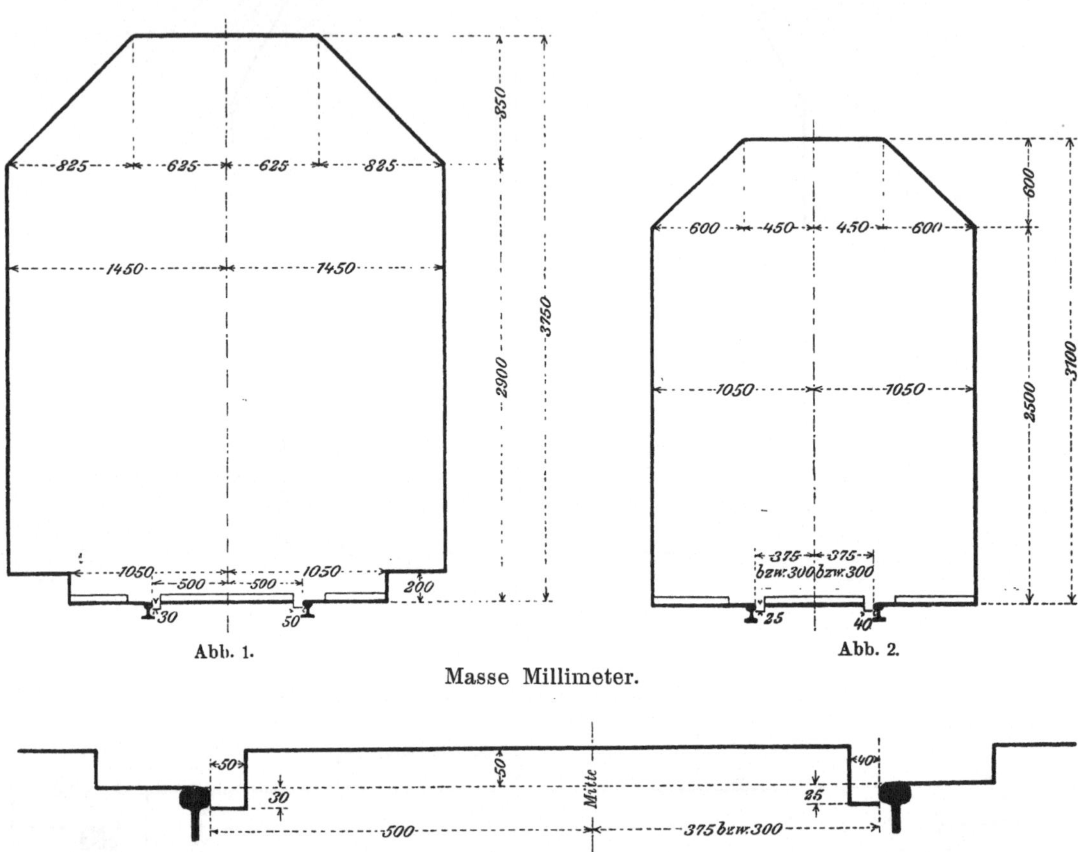

Darstellung der Spurrinnen.

derselben von der Fahrschiene darf dies Mass auf 135 mm eingeschränkt werden. Innerhalb des Gleises muss ihr Abstand von der Innenkante des Schienenkopfes mindestens
67 mm betragen, jedoch kann dieser Abstand bei Zwangsschienen nach dem mittleren
Teile hin allmählich bis auf 41 mm eingeschränkt werden. In gekrümmten Strecken
mit Spurerweiterung muss der Abstand der innerhalb des Gleises hervortretenden unbeweglichen Gegenstände von der Innenkante des Schienenkopfes um den Betrag der
Spurerweiterung grösser sein als die vorgenannten Masse.

§ 7. Einfriedigungen der Bahn.

Einfriedigungen der Bahn sowie Sicherheitsvorrichtungen an Wegeübergängen und Wegen sind nur ausnahmsweise herzustellen, wenn und wo dies durch besondere örtliche Verhältnisse bedingt erscheint.

§ 8. Abteilungszeichen, Neigungszeiger, Merkzeichen.

1. Die Bahn muss mit Abteilungszeichen versehen sein, welche Entfernungen von ganzen Kilometern angeben.

2. Bei mehr als 500 m langen Neigungen von mehr als $10\,^0/_{00}$ (1 : 100) sind an den Gefällwechseln Neigungszeiger anzubringen.

3) Krümmungen mit einem kleineren Halbmesser als:

$$\text{bei } 1{,}435 \text{ m Spurweite } 150 \text{ m,}$$
$$\text{„ } 1 \text{ m } \quad\quad \text{„} \quad 100 \text{ m,}$$
$$\text{„ } 750 \text{ mm } \quad \text{„} \quad 80 \text{ m,}$$
$$\text{„ } 600 \text{ mm } \quad \text{„} \quad 60 \text{ m}$$

sind auf denjenigen Strecken zu bezeichnen, welche mit einer Geschwindigkeit von mehr als 20 km in der Stunde befahren werden.

4. Ob und wo vor den in Schienenhöhe liegenden unbewachten Wegeübergängen ein Kennzeichen anzubringen ist, welches dem Maschinenführer eines die Strecke befahrenden Zuges die Annäherung an einen derartigen Uebergang anzeigt, ist für jeden Uebergang besonders zu bestimmen.

5. Zwischen zusammenlaufenden Schienensträngen muss ein Merkzeichen angebracht sein, welches die Stelle angiebt, über die hinaus auf dem einen Gleise Fahrzeuge mit keinem ihrer Teile vorgeschoben werden dürfen, ohne dass der Durchgang von Fahrzeugen auf dem anderen Gleise gehindert wird.

6. Die Sicherungseinrichtungen und Massregeln bei Kreuzungen in Schienenhöhe der Kleinbahnen unter einander sind für jede Kreuzung besonders vorzuschreiben. Der eisenbahntechnischen Aufsichtsbehörde ist hierbei die Befugnis zu Abänderungen, welche etwa nach den Ergebnissen des Betriebes sich als notwendig erweisen sollten, vorzubehalten.

II. Zustand, Unterhaltung und Untersuchung der Betriebsmittel.

§ 9. Zustand der Betriebsmittel.

Die Betriebsmittel müssen fortwährend in einem solchen Zustande gehalten werden, dass die Fahrten mit der grössten zulässigen Geschwindigkeit (§ 24) ohne Gefahr stattfinden können.

§ 10. Einrichtung der Maschinen.

1. Für jede Maschine ist nach Massgabe ihrer Bauart eine Fahrgeschwindigkeit vorzuschreiben, welche in Rücksicht auf die Sicherheit niemals überschritten werden darf. Diese Geschwindigkeit muss an der Maschine angezeichnet sein.

2. An jedem Dampfkessel muss sich eine Einrichtung zum Anschlusse eines Prüfungsmanometers befinden, durch welches die Belastung der Sicherheitsventile und die Richtigkeit der Federwaagen und Manometer geprüft werden kann.

3. Jede Lokomotive muss versehen sein:

a) Mit mindestens zwei zuverlässigen Vorrichtungen zur Speisung des Kessels, welche unabhängig von einander in Betrieb gesetzt werden können, und von denen jede für sich während der Fahrt imstande sein muss, das zur Speisung erforderliche Wasser zuzuführen. Eine dieser Vorrichtungen muss geeignet sein, auch beim Stillstand der Lokomotive dem Kessel Wasser zuzuführen.

b) Mit mindestens zwei von einander unabhängigen Vorrichtungen zur zuverlässigen Erkennung der Wasserstandshöhe im Innern des Kessels. Bei einer dieser Vorrichtungen muss die Höhe des Wasserstandes vom Stande des Führers ohne besondere Proben fortwährend erkennbar und eine in die Augen fallende Marke des niedrigsten zulässigen Wasserstandes angebracht sein.

c) Mit wenigstens zwei Sicherheitsventilen, von welchen das eine so eingerichtet
sein soll, dass die Belastung desselben nicht über das bestimmte Mass gesteigert
werden kann.   Die Sicherheitsventile sind so einzurichten, dass sie vom ge-
spannten Dampfe nicht weggeschleudert werden können, wenn eine unbeab-
sichtigte Entlastung derselben eintritt.   Die Einrichtung der Sicherheitsventile
muss denselben eine senkrechte Bewegung von 3 mm gestatten.

d) Mit einer Vorrichtung (Manometer), welche den Druck des Dampfes zuverlässig
und ohne Anstellung besonderer Proben fortwährend erkennen lässt.   Auf den
Zifferblättern der Manometer muss der höchste zulässige Dampfüberdruck durch
eine in die Augen fallende Marke bezeichnet sein.

e) Mit einer Dampfpfeife und mit einer Läutevorrichtung.

§ 11. Abnahmeprüfung und wiederkehrende Untersuchungen der Dampf-
lokomotiven.

1. Neue oder mit neuen Kesseln versehene Lokomotiven dürfen erst in Betrieb gesetzt werden, nachdem sie der vorgeschriebenen Prüfung unterworfen und als sicher
befunden sind.   Der hierbei als zulässig erkannte höchste Dampfüberdruck, sowie der
Name des Fabrikanten der Lokomotive und des Kessels, die laufende Fabriknummer
und das Jahr der Anfertigung müssen in leicht erkennbarer und dauerhafter Weise an
der Lokomotive bezeichnet sein.

2. Nach jeder umfangreicheren Ausbesserung des Kessels, im übrigen in Zeitabschnitten von höchsten drei Jahren, sind die Lokomotiven in allen Teilen einer gründlichen Untersuchung zu unterwerfen, mit welcher eine Kesseldruckprobe zu verbinden
ist.   Diese Zeitabschnitte sind vom Tage der Inbetriebsetzung nach beendeter Untersuchung bis zum Tage der Ausserbetriebsetzung zum Zweck der nächs en Untersuchung
zu bemessen.

3. Bei den Druckproben ist der Kessel vom Mantel zu entblössen, mit Wasser zu
füllen und mittels einer Druckpumpe zu prüfen.   Der Probedruck soll den höchsten zulässigen Dampfüberdruck um fünf Atmosphären übersteigen.

4. Kessel, welche bei dieser Probe ihre Form bleibend ändern, dürfen in diesem
Zustande nicht wieder in Dienst genommen werden.

5. Bei jeder Kesselprobe ist gleichzeitig die Richtigkeit der Manometer und Ventil-
belastungen der Lokomotiven zu prüfen.

6. Der angewandte Probedruck ist mittels eines Prüfungsmanometers zu messen,
welches in angemessenen Zeitabschnitten auf seine Richtigkeit untersucht werden muss.

7. Längstens acht Jahre nach Inbetriebsetzung eines Lokomotivkessels muss eine
innere Untersuchung desselben vorgenommen werden, bei welcher die Siederohre zu
entfernen sind.   Nach spätestens je sechs Jahren ist diese Untersuchung zu
wiederholen.

8. Ueber die Ergebnisse der Kesseldruckproben und der sonstigen mit den Lokomotiven vorgenommenen Untersuchungen ist Buch zu führen.

§ 12. Bahnräumer, Aschkasten, Funkenfänger.

1. An der Stirnseite der Maschinen sowohl wie an der Rückseite müssen Bahnräumer angebracht sein.   Zahnradmaschinen sollen ausserdem mit Bahnräumern vor
den Zahnrädern versehen sein.   In geeigneten Fällen sind Schutzkasten als Bahnräumer
anzubringen.

2. Dampflokomotiven müssen mit einem verschliessbaren Aschkasten und mit Vorrichtungen versehen sein, welche den Auswurf glühender Kohlen aus dem Aschkasten
und dem Schornstein zu verhüten bestimmt sind.

§ 13. Bremsen der Maschinen.

Die Maschinen müssen ohne Rücksicht auf etwa vorhandene anderweite Bremsvorrichtungen mit einer Handbremse versehen sein, die jederzeit leicht und schnell in
Thätigkeit gesetzt werden kann.

§ 14. Federn, Zug- und Stossvorrichtungen.

Sämtliche Wagen, mit Ausnahme der nur in Arbeitszügen sowie der im reinen Güterverkehr mit nicht mehr als 20 km Fahrgeschwindigkeit laufenden, müssen mit Tragfedern sowie an beiden Stirnseiten mit federnden Zug- und Stossvorrichtungen versehen sein.

§ 15. Spurkränze.

Sämtliche Räder müssen Spurkränze haben, mit Ausnahme der Räder an den Mittelachsen der dreiachsigen Maschinen und Wagen.

§ 16. Stärke der Radreifen.

1. Auf Vollspurbahnen muss bei den Maschinen die Stärke der Radreifen mindestens 20 mm betragen, bei Wagen können die Radreifen bis auf 16 mm abgenutzt werden. Die Stärke der Reifen ist in der senkrechten Ebene des Laufkreises zu messen, welche 750 mm von der Mitte der Achse entfernt anzunehmen ist. Bei Rädern, deren Reifen durch eine Befestigungsnut unter der der Abnutzung unterworfenen Fläche geschwächt sind, müssen noch an der schwächsten Stelle die bezeichneten Masse innegehalten werden.

2. Auf Schmalspurbahnen muss die Stärke der Radreifen der Maschinen mindestens 12 mm, die der Wagen mindestens 10 mm betragen.

§ 17. Untersuchung der Wagen.

1. Es dürfen nur solche Wagen in Gebrauch genommen werden, welche den nach § 4,1 des Gesetzes genehmigten Entwürfen entsprechen.

2. Jeder Wagen ist von Zeit zu Zeit durch den Unternehmer einer gründlichen Untersuchung zu unterwerfen, bei welcher die Achsen, Lager und Federn abgenommen werden müssen. Diese Untersuchung hat spätestens drei Jahre nach der ersten Ingebrauchnahme oder nach der letzten Untersuchung zu erfolgen.

§ 18. Bezeichnung der Wagen.

Jeder Wagen muss Bezeichnungen haben, aus welchen zu erfahren ist:
a) die Kleinbahn, zu welcher er gehört,
b) das eigene Gewicht einschliesslich der Achsen und Räder und ausschliesslich der losen Ausrüstungsgegenstände,
c) bei Güter- und Gepäckwagen das Ladegewicht und die Tragfähigkeit,
d) der Zeitpunkt der letzten Untersuchung.

III. Einrichtungen und Massregeln für die Handhabung des Betriebes.

§ 19. Bewachung der Bahn.

1. Die Bahnstrecke muss mindestens einmal an jedem Tage auf ihren ordnungsmässigen Zustand untersucht werden, sofern die zulässige Fahrgeschwindigkeit der Züge mehr als 20 km in der Stunde beträgt, bei geringeren Fahrgeschwindigkeiten ist die Untersuchung mindestens jeden dritten Tag vorzunehmen. Für Zahnstangenstrecken bestimmt die vorzunehmenden Untersuchungen die eisenbahntechnische Aufsichtsbehörde.

2. Bei Annäherung eines Zuges oder einer einzeln fahrenden Maschine an einen in Schienenhöhe liegenden unbewachten Wegeübergang hat der Maschinenführer von der etwa gekennzeichneten Stelle an oder, sofern Kennzeichen nicht angebracht sind, in angemessener Entfernung bis nach Erreichung des Ueberganges die Läutevorrichtung in Thätigkeit zu halten oder ein anderes Warnungszeichen zu geben. Gleiches gilt, wenn Menschen oder Fuhrwerke auf der Bahn oder in gefahrdrohender Nähe derselben bemerkt werden. Ob und wo vor dem Ueberfahren derartiger Uebergänge verlangsamtes Fahren oder vorheriges Halten der Züge erfolgen soll, bestimmt die eisenbahntechnische Aufsichtsbehörde im Einvernehmen mit der Genehmigungsbehörde.

3. Von der Bedienung und Beleuchtung von Weichen kann in der Regel abgesehen werden, wenn sie unter Verschluss gehalten werden.

§ 20. Stärke der Züge.

1. Auf vollspurigen Bahnen sollen nicht mehr als 80 Wagenachsen, auf Schmal-spurbahnen von 1 m Spurweite höchstens 60, von 750 mm und 600 mm Spurweite höchstens 50 Wagenachsen in einem Zuge laufen.

2. Auf Zahnradbahnen darf zur Beförderung eines Zuges nur eine Maschine ver-wendet werden, auf Reibungsbahnen dagegen ausser der Maschine an der Spitze des Zuges und einer etwaigen Vorspannmaschine noch eine an seinem Schluss, jedoch nur bei Güterzügen, sowie zum Ingangsetzen von Personenzügen in den Stationen.

§ 21. Zahl der Bremsen eines Zuges.

1. In jedem Zuge müssen ausser den Bremsen an der Maschine so viele Bremsen bedient oder auf ndere Weise wirksam zu machen sein, dass mindestens der aus nach-stehendem Verzeichnisse zu berechnende Teil der im Zuge befindlichen Wagenachsen gebremst werden kann.

Auf Neigungen		Bei einer Fahrgeschwindig-keit von		
		15	20	30
von $^0/_{00}$	vom Verhältnis	Kilometer in der Stunde müssen von je 100 Wagen-achsen zu bremsen sein		
0	1 : ∞	6	6	6
2,5	1 : 400	6	6	9
5,0	1 : 200	6	7	12
7,5	1 : 133	8	10	15
10	1 : 100	10	13	18
12,5	1 : 80	13	15	21
15	1 : 66	15	18	24
17,5	1 : 57	18	21	27
20	1 : 50	20	23	31
22,5	1 : 44	22	26	34
25	1 : 40	25	29	37
30	1 : 33	30	34	43
35	1 : 28	34	39	49
40	1 : 25	39	45	56

2. Bei der hiernach auszuführenden Berechnung der Zahl der zu bremsenden Wagenachsen ist folgendes zu beachten:

a) Für Fahrgeschwindigkeiten und Neigungen, welche zwischen den in dem Ver-zeichnisse aufgeführten liegen, gilt jedesmal die grösste der dabei in Frage kommenden Bremszahlen.

b) Die Anzahl der zu bremsenden W genachsen ist für die stärkste, auf der frag-lichen Strecke vorkommende Bahnneigung (Steigung oder Gefälle), welche sich ununterbrochen auf eine Länge von 1000 m oder darüber erstreckt, zu be-stimmen. Erreicht die stärkste vorkommende Neigung an keiner Stelle die Länge von 1000 m, so ist die gerade Verbindungslinie zwischen denjenigen zwei Punkten des Längenschnitts, welche bei 1000 m Entfernung den grössten Höhenunterschied zeigen, als stärkstgeneigte Strecke anzusehen.

c) Als massgebende Fahrgeschwindigkeit ist diejenige anzunehmen, welche der Zug auf der die Höchststeigung enthaltenden Strecke erreichen darf.

d) Sowohl bei Zählung der vorhandenen Wagenachsen als auch bei Feststellung der erforderlichen Bremsachsen ist eine unbeladene Güterwagenachse als halbe

Achse zu rechnen. Die Achsen von Personen-, Post- und Gepäckwagen sind stets voll in Ansatz zu bringen.

e) Der bei Berechnung der Anzahl der zu bremsenden Wagenachsen sich etwa ergebende überschiessende Bruchteil ist, wenn er grösser ist als ein Halb, stets als ein Ganzes zu rechnen, anderenfalls zu vernachlässigen.

3. Für Bahnstrecken, welche stärkere Neigungen als 40 $^0/_{00}$ (1 : 25) haben, sind für das Bremsen der Züge von der eisenbahntechnischen Aufsichtsbehörde besondere Vorschriften zu erlassen. Gleiches gilt für Züge und Wagen, welche auf längeren Strecken ausschliesslich durch die Schwerkraft oder mit Hülfe stehender Maschinen bewegt werden, sowie für Zahnrad- und andere Bahnen von aussergewöhnlicher Bauart.

4. Den Stationsbediensteten, sowie den Zugbediensteten ist schriftlich bekannt zu geben, der wievielte Teil der Wagenachsen auf jeder Strecke bei der zugelassenen höchsten Fahrgeschwindigkeit zu bremsen ist.

§ 22. Bildung der Züge.

Bei Bildung der Züge ist darauf zu achten, dass die Wagen gehörig zusammengekuppelt sind, die Belastung in den einzelnen Wagen thunlichst gleichmässig verteilt ist, die nötigen Signalvorrichtungen angebracht, die erforderlichen Bremsen bedienbar, bedient und thunlichst gleichmässig im Zuge verteilt sind.

§ 23. Erleuchtung der Wagen.

Das Innere der zur Beförderung von Personen benutzten Wagen ist während der Fahrt bei Dunkelheit angemessen zu erleuchten.

§ 24. Grösste zulässige Fahrgeschwindigkeit.

1. Die grösste zulässige Fahrgeschwindigkeit für Züge und einzelne Maschinen darf in der Regel bei Bahnen mit

1,435 m Spurweite	30 km,
1 m	„	30 „
750 mm	„	25 „
600 „	„	20 „
bei Zahnradbahnen	15 „

in der Stunde nicht übersteigen.

2. Grössere Fahrgeschwindigkeiten können mit Genehmigung des Ministers der öffentlichen Arbeiten zugelassen werden, sofern ein Verkehrsbedürfnis dafür nachweisbar ist. Ueber die in solchen Fällen vorzuschlagende Ergänzung der Sicherheitsvorschriften bleibt die Entscheidung dem Minister der öffentlichen Arbeiten vorbehalten.

§ 25. Langsamfahren.

1. Wenn ein Zeichen zum Langsamfahren gegeben ist oder ein Hindernis auf der Bahn bemerkt wird, muss die Fahrgeschwindigkeit in einer den Umständen angemessenen Weise ermässigt werden.

2. Auf Strecken, in welchen eine Drehbrücke liegt, oder welche wegen scharfer Krümmungen, starker Neigungen oder aus sonstigem Grunde stets mit besonderer Vorsicht befahren werden müssen, ist die grösste zulässige Geschwindigkeit für die einzelnen Zuggattungen von der eisenbahntechnischen Aufsichtsbehörde festzusetzen.

§ 26. Abfahrt der Züge.

1. Kein Zug darf eine Station verlassen, bevor die Abfahrt von dem zuständigen Bediensteten gestattet ist.

2. Bei einer Fahrgeschwindigkeit von mehr als 15 km in der Stunde darf ein fahrplanmässiger Zug einem anderen in derselben Richtung abgelassenen Zuge in der Regel nur in Stationsabstand — nach Ablauf der planmässigen Fahrzeit des voraufgegangenen Zuges — und zwar nur mit einer um 5 km in der Stunde verringerten Fahr-

geschwindigkeit folgen. Für unübersichtliche oder mit starken Neigungen behaftete Strecken, sowie für ungünstige Witterungsverhältnisse kann die eisenbahntechnische Aufsichtsbehörde weitere Einschränkungen vorschreiben.

§ 27. Sonderzüge.

Sonderzüge und einzelne Maschinen, welche den beteiligten Stationen sowie dem etwa vorhandenen Bahnbewachungspersonal nicht vorher angekündigt sind, dürfen mit keiner grösseren Geschwindigkeit als 10 km in der Stunde fahren.

§ 28. Schieben der Züge.

Das Schieben von Zügen auf freier Strecke, an deren Spitze sich eine führende Maschine nicht befindet, ist auf Reibungsbahnen nur dann zulässig, wenn ihre Stärke nicht mehr als 40 Wagenachsen beträgt und ihre Geschwindigkeit 15 km in der Stunde nicht übersteigt. Der vorderste Wagen muss alsdann mit einem wachthabenden Bediensteten besetzt sein, welcher vor unbewachten Uebergängen oder, wo sonst das Bedürfnis eintritt, ein weithin hörbares Warnungszeichen mittels Glocke, Horn oder dergleichen abzugeben hat. Für Zahnradbahnen werden die betreffenden Vorschriften von der eisenbahntechnischen Aufsichtsbehörde erlassen.

§ 29. Begleitpersonal.

Das Begleitpersonal darf während der Fahrt nur einem Bediensteten untergeordnet sein.

§ 30. Stillstehende Maschinen und Wagen.

1. Stillstehende, fahrfertige Maschinen müssen stets unter Aufsicht stehen.

2. Die ohne ausreichende Aufsicht, sowie die über Nacht auf den Gleisen verbleibenden Wagen sind durch geeignete Vorrichtungen festzustellen.

§ 31. Mitfahren auf der Maschine.

Ohne Erlaubnis der zuständigen Bediensteten darf ausser den durch ihren Dienst dazu berechtigten Personen niemand auf der Maschine mitfahren.

§ 32. Gebrauch der Signalpfeife u. s. w.

1. Der Gebrauch der Dampfpfeife oder der Pressluftpfeife ist auf die im § 38 vorgeschriebenen Signale, sowie aussergewöhnliche Fälle zu beschränken.

2. In der Nähe einer dem öffentlichen Verkehr dienenden Strasse soll vorzugsweise die Läutevorrichtung der Maschine oder ein anderes Warnungszeichen zur Anwendung kommen. Das Oeffnen der Cylinderhähne der Dampflokomotiven ist an solchen Stellen zu vermeiden.

§ 33. Führung der Maschine.

1. Die Führung der Maschine darf nur solchen Personen übertragen werden, welche eine förmliche Prüfung abgelegt haben und sich durch ein Zeugnis darüber ausweisen können, dass sie die erforderliche technische Befähigung und Zuverlässigkeit besitzen.

2. Die Bedienung der Maschine kann mit Zustimmung der eisenbahntechnischen Aufsichtsbehörde dem Führer allein übertragen werden, wenn die Betriebsmittel einen Uebergang zwischen der Maschine und den Wagen gestatten und ausser dem Führer ein Zugbediensteter sich auf dem Zuge befindet, der es versteht, den Zug zum Stillstand zu bringen.

§ 34. Aussergewöhnliche Maschinen.

Sofern andere, als mit Dampfkraft betriebene Maschinen Verwendung finden, sind die für ihren Zustand, ihre Unterhaltung, Untersuchung und Handhabung zu beachtenden Sicherheitsvorschriften bis auf weiteres von der eisenbahntechnischen Aufsichtsbehörde, für jedes Unternehmen besonders festzusetzen, im übrigen aber diejenigen der vorstehenden und der noch folgenden Vorschriften, deren Anwendung Bedenken nicht entgegenstehen, unverändert einzuführen oder, soweit notwendig, zu ändern und zu ergänzen.

IV. Signalwesen.

§ 35. Verständigung zwischen den Stationen.

Einrichtungen, welche die Verständigung zwischen den Stationen ermöglichen, können zur Sicherheit des Betriebes von der eisenbahntechnischen Aufsichtsbehörde gefordert werden, sofern im regelmässigen Betriebe sich gleichzeitig zwei oder mehrere Züge in entgegengesetzter Fahrtrichtung bewegen oder sonstige Rücksichten solche erfordern.

§ 36. Streckensignale.

Auf der Bahn müssen die Signale gegeben werden können:

    der Zug soll langsam fahren und

    der Zug soll halten.

§ 37. Zugsignale.

Jeder geschlossen fahrende Zug muss mit Signalen versehen sein, welche bei Tage den Schluss, bei Dunkelheit die Spitze und den Schluss erkennen lassen; gleiches gilt für einzeln fahrende Maschinen.

§ 38. Signale des Maschinenführers.

Der Maschinenführer muss die Signale geben können:

    Achtung,

    Bremsen anziehen und

    Bremsen loslassen,

oder er muss

    die Bremsen selbst wirksam machen und lösen können.

§ 39. Signalordnung.

Soweit Farbensignale zur Anwendung kommen, dürfen nur die Farben weiss, grün und rot verwendet werden, und zwar soll die rote Farbe als Haltesignal dienen.

V. Betriebsführung.

§ 40. Betriebsleitung.

Die mit der Leitung der Bahnunterhaltung und des Betriebes betrauten Personen sind sowohl der eisenbahntechnischen Aufsichtsbehörde als dem zuständigen Regierungs-(Polizei-) Präsidenten namhaft zu machen, auch sind diesen Behörden alle hierbei eintretenden Aenderungen anzuzeigen.

§ 41. Dienstanweisungen und Dienstaufsicht.

1. Den im äusseren Betriebsdienst angestellten Bediensteten sind über ihre Dienstverrichtungen und ihr gegenseitiges Dienstverhältnis schriftliche oder gedruckte Anweisungen zu geben. Die eisenbahntechnische Aufsichtsbehörde, welcher diese Anweisungen vorgelegt werden müssen, kann sie beanstanden, wenn sie die Betriebssicherheit der Kleinbahn dadurch nicht für gewahrt erachtet. Auch ist diese Behörde befugt, eine Prüfung der Bediensteten des äusseren Betriebsdienstes zu fordern, sowie die Entlassung derjenigen, welche nach ihrem Ermessen nicht als technisch fähig und zuverlässig anzusehen sind.

2. Die Befugnisse der eisenbahntechnischen Aufsichtsbehörde sind in den Dienstverträgen vorzusehen.

3. Bei Ausübung ihrer Aufsicht wird sich die eisenbahntechnische Aufsichtsbehörde zu Entscheidungen, welche die Entlassung von Bediensteten oder grundlegende für den unveränderten Bestand des Unternehmens erhebliche Aenderungen der bestehenden Anordnungen betreffen, des Einverständnisses des zuständigen Regierungs- (Polizei-) Präsidenten versichern oder — in dringenden Fällen — diesen nachträglich verständigen.

VI. Schlussbestimmungen.

§ 42.

1. Diese Betriebsvorschriften werden durch den Reichs- und Staatsanzeiger, das Ministerialblatt für die innere Verwaltung, das Eisenbahn-Verordnungsblatt, das Zentralblatt der Bauverwaltung, die Zeitschrift für Kleinbahnen und die Amtsblätter der Königlichen Regierungen veröffentlicht.

2. Auf bereits genehmigte Kleinbahnen finden diese Betriebsvorschriften unbeschadet der konzessionsmässigen Rechte der Unternehmer Anwendung. Im übrigen bleibt bei diesen Bahnen die Genehmigung zur Beibehaltung von Abweichungen der eisenbahntechnischen Aufsichtsbehörde überlassen.

3. Weitere Abweichungen, als solche in diesen Vorschriften selbst bereits als zulässig bezeichnet und von der Genehmigungsbehörde beziehungsweise der eisenbahntechnischen Aufsichtsbehörde festzusetzen sind, können bei Kleinbahnen, welche auf Grund dieser Vorschriften betrieben werden, von dem Minister der öffentlichen Arbeiten zugelassen werden, sofern ein Betriebsbedürfnis dafür nachweisbar ist.

Berlin, den 13. August 1898.

Der Minister der öffentlichen Arbeiten.

Im Auftrage: Dr. M i c k e.

Erlass des Ministers der öffentlichen Arbeiten

vom 29. Dezember 1901.

Aus einem Spezialfall habe ich ersehen, dass die — schon in der älteren Ausführungs-Anweisung vom 22. August 1892 zum Kleinbahngesetz enthaltene — Vorschrift der Ausführungs-Anweisung vom 13. August 1898 zu § 32 jenes Gesetzes mehrfach nicht beachtet worden ist, wonach den Kleinbahnunternehmern in der Regel die Verpflichtung zur Führung getrennter Betriebsrechnungen für jede besonders genehmigte Kleinbahn — mit den a. a. O. ausdrücklich hervorgehobenen Ausnahmen — konzessionsmässig auferlegt werden soll.

Wo diese konzessionsmässige Verpflichtung besteht, ergiebt sich im übrigen, wie ich zur Behebung hervorgetretener Zweifel im Anschluss an den allgemeinen Erlass vom 8. Mai 1899 — IV. A. 1855. III. 3939 — hinzufüge, die weitere Verpflichtung der Kleinbahnunternehmer zur Vorlegung der Rechnungsabschlüsse und dazu gehörigen Unterlagen von selbst.

Ich ersuche die Herren Regierungs-Präsidenten, in eine Prüfung darüber gefälligst einzutreten, in welchen Genehmigungsurkunden für die in Frage kommenden Kleinbahnen die vorher erörterte Bestimmung der Ausführungs-Anweisung unbeachtet geblieben ist, und in diesen Fällen die Verpflichtung zur Rechnungsführung u. s. w. und zwar, soweit dies erforderlich ist, nach vorherigem Benehmen mit dem Konzessionar durch einen Nachtrag zur Genehmigungsurkunde im Einverständnisse mit den zuständigen Eisenbahnbehörden sicherzustellen. Sollte die erforderliche Zustimmung des Konzessionars auf diesem Wege nicht zu erreichen sein, so würde dafür Sorge getragen werden müssen, dass die in Rede s ehende Verpflichtung zur Rechnungsführung u. s. w. bei erster Gelegenheit, z. B. bei der Genehmigung wesentlicher Aenderungen des betreffenden Unternehmens, konzessionsmässig festgelegt wird.

An der Forderung der getrennten Rechnungsführung und Rechnungslegung für jede der besonders genehmigten, bestimmungsmässig nicht ausgenommenen Kleinbahnen muss ferner auch dann festgehalten werden, wenn der Betrieb einer solchen Kleinbahn seitens des Konzessionars an eine Gesellschaft, die sich mit dem Bau und Betriebe verschiedener Kleinbahnen befasst, für deren Rechnung gegen Zahlung eines bestimmten Prozentsatzes der Bruttoeinnahmen verpachtet ist, oder wenn die Kleinbahngenehmigung einer Gesellschaft erteilt ist, von der mehrere, nicht völlig selbständig finanzierte Kleinbahnen verwaltet werden. Insbesondere ist es auch in diesen Fällen erforderlich, dass die Betriebsausgaben für jede Kleinbahn nachgewiesen werden; gegebenen Falles müsste dies durch Schätzung nach einem betrieblichen oder Verkehrsmassstabe geschehen, der von den Aufsichtsbehörden festzusetzen sein würde.

- Dieselben Gesichtspunkte gelten auch bezüglich des notwendigen Nachweises über die Erfüllung der bezüglich der Rücklagefonds bestehenden Bestimmungen.

Dass die Forderung der Rechnungsführung u. s. w. in der vorher erörterten Weise durchführbar, ist auf eine Umfrage bei mehreren kleinbahngesetzlichen Aufsichtsbehörden bestätigt worden.

Schliesslich weise ich noch aus Anlass eines besonderen Vorganges darauf hin, dass in denjenigen Fällen, in denen die Vorlage der ersten Betriebsrechnung von einer verzögerten Feststellung der Baurechnung eines Unternehmens anscheinend abhängt, im Benehmen mit der zuständigen Königlichen Eisenbahndirektion zu erwägen sein würde, ob nicht durch Vorschreibung eines besonders frü en Termins für die Prüfung der ersten Betriebsrechnung auf die Beschleunigung jener Baurec nung im öffentlichen Interesse zur alsbaldigen Klärung der Rechtsverhältnisse hinzuwirken sein möchte.

Das Gesetz, betreffend

das Pfandrecht an Privateisenbahnen und Kleinbahnen und die Zwangsvollstreckung in dieselben vom 19. August 1895.

(Gesetz-Sammlung S. 499 No. 36.)

Wir Wilhelm, von Gottes Gnaden König von Preussen etc. verordnen, unter Zustimmung der beiden Häuser des Landtages Unserer Monarchie was folgt:

Erster Abschnitt.

Bahneinheit.

§ 1.

Eine Privateisenbahn, welche dem Gesetze über die Eisenbahnunternehmungen vom 3. November 1838 (Gesetz-Sammlung S. 505) unterliegt, und eine Kleinbahn, deren Unternehmer verpflichtet ist, für die Dauer der ihm erteilten Genehmigung das Unternehmen zu betreiben, bildet mit den dem Bahnunternehmen gewidmeten Vermögenswerten als Einheit (Bahneinheit) einen Gegenstand des unbeweglichen Vermögens.

§ 2.

Jedes Bahnunternehmen, für welches eine besondere Genehmigung erteilt ist, ist als eine selbständige Bahneinheit anzusehen. Ist jedoch eine Privateisenbahn nach den Bestimmungen der für dieselbe erteilten Genehmigung einheitlich mit einer anderen bereits bestehenden Privateisenbahn (Stammbahn) zu betreiben, so bilden beide eine einzige Bahneinheit.

Wer zur Verfügung über eine Bahn berechtigt ist und in welchem Umfange das Verfügungsrecht ausgeübt werden kann, bestimmt sich nach den gesetzlichen Vorschriften und dem Inhalte der Genehmigung.

§ 3.

Die Bahneinheit entsteht, sobald die Genehmigung zur Eröffnung des Betriebes auf der ganzen Bahnstrecke erteilt ist und wenn die Bahn vorher in das Bahngrundbuch eingetragen wird, mit dem Zeitpunkt der Eintragung. Sie hört auf mit dem Erlöschen der Genehmigung für das Unternehmen, wenn jedoch die Bahn im Bahngrundbuch eingetragen ist, erst mit der Schliessung des Bahngrundbuchblatts.

Als ein Erlöschen der Genehmigung im Sinne dieses Gesetzes ist die Verwirkung derselben in Gemässheit des § 47 des Gesetzes vom 3. November 1838 nicht anzusehen. Dagegen steht es dem Erlöschen der Genehmigung gleich, wenn in einer Zwangsversteigerung ein wiederholter Versteigerungstermin nicht zur Erteilung eines Zuschlags (§ 45 Satz 1) geführt hat und die zur Einleitung der Zwangsverwaltung erforderliche Erklärung der Bahnaufsichtsbehörde (§ 38) versagt worden ist.

§ 4.

Zur Bahneinheit gehören:

1) der Bahnkörper und die übrigen Grundstücke, welche dauernd, unmittelbar oder mittelbar, dem Bahnunternehmen gewidmet sind, mit den darauf errichteten Baulichkeiten, sowie die für das Bahnunternehmen dauernd eingeräumten Rechte an fremden Grundstücken;

2) die von dem Bahnunternehmer angelegten, zum Betriebe und zur Verwaltung der Bahn erforderlichen Fonds, die Kassenbestände der laufenden Bahnverwaltung, die aus dem Betriebe des Bahnunternehmens unmittelbar erwachsenen Forderungen und die Ansprüche des Bahnunternehmens aus Zusicherungen Dritter, welche die Leistung von Zuschüssen für das Bahnunternehmen zum Gegenstande haben;

3) die dem Bahnunternehmer gehörigen beweglichen körperlichen Sachen, welche zur Herstellung, Erhaltung oder Erneuerung der Bahn oder der Bahngebäude oder zum Betriebe des Bahnunternehmens dienen. Dieselben gelten, einer Veräusserung ungeachtet, als Teile der Bahneinheit, so lange sie sich auf den Bahngrundstücken befinden, rollendes Betriebsmaterial auch nach der Entfernung von den Bahngrundstücken, so lange dasselbe mit Zeichen, welche nach den Verkehrsgebräuchen die Annahme rechtfertigen, dass es dem Eigentümer der Bahn gehöre, versehen und dem Bahnbetriebe nicht dauernd entzogen ist. Ist die Bahn bereits vor der Genehmigung zur Eröffnung des Betriebes auf der ganzen Bahnstrecke im Bahngrundbuche eingetragen (§ 3 Absatz 1), so gehören die nur zur ersten Herstellung der Bahn zu benutzenden Gerätschaften und Werkzeuge der Bahneinheit nicht an.

So lange die Bahn nicht in das Bahngrundbuch eingetragen ist, gelten nur diejenigen Grundstücke, welche mit dem Bahnkörper zusammenhängen oder deren Widmung für das Bahnunternehmen sonst äusserlich erkennbar ist, als Teile der Bahneinheit. Nach der Anlegung des Bahngrundbuchblattes gehören ausserdem alle auf dem Titel desselben verzeichneten Grundstücke zur Bahneinheit. Die Entscheidung darüber, ob ein vom Bahnunternehmer angelegter Fonds zum Betriebe und zur Verwaltung der Bahn erforderlich ist, steht der Bahnaufsichtsbehörde zu.

Besteht die Bahneinheit nach Erlöschen der Genehmigung fort, so wird dieselbe durch alle zur Zeit des Erlöschens zu ihr gehörigen Gegenstände und Rechte gebildet.

§ 5.

Veräusserungen oder Belastungen einzelner zur Bahneinheit gehöriger Grundstücke sind ungiltig, soweit nicht die Bahnaufsichtsbehörde bescheinigt, dass durch die Verfügung die Betriebsfähigkeit des Bahnunternehmens nicht beeinträchtigt wird. Sobald die Genehmigung für das Unternehmen erloschen ist, können Veräusserungen oder Belastungen ohne diese Bescheinigung erfolgen, jedoch unbeschadet der an der Bahn begründeten Pfandrechte (§ 19). Hinsichtlich der unter Grundbuchrecht stehenden Grundstücke kann die durch die Zugehörigkeit zur Bahneinheit begründete Verfügungsbeschränkung gegen den Erwerber nur unter der Voraussetzung geltend gemacht werden, dass die Zugehörigkeit des Grundstücks zur Bahneinheit ihm bekannt oder im Grundbuch vermerkt war.

Dadurch, dass ein dem Bahnunternehmen gewidmetes Grundstück von dem Eigentümer einem anderen Zwecke dauernd gewidmet wird, hört es nicht auf, ein Teil der Bahneinheit zu sein, soweit nicht die im vorstehenden Absatze bezeichnete Bescheinigung erteilt wird.

§ 6.

Die Verfolgung dinglicher Rechte an einzelnen zur Bahneinheit gehörigen Grundstücken findet bis zum Erlöschen der Genehmigung nur statt, soweit die Bahnaufsichtsbehörde bescheinigt, dass durch die Verfolgung die Betriebsfähigkeit des Bahnunternehmens nicht beeinträchtigt werde.

Wird die Bescheinigung versagt, so kann der Berechtigte gegen Aufgabe seines Rechtes von dem Eigentümer der Bahn eine Entschädigung fordern, welche sich nach den Vorschriften über die Entschädigung für den Fall der Enteignung bestimmt.

§ 7.

Die Vorschriften der §§ 5 und 6 finden auf die Veräusserung und Belastung der für das Bahnunternehmen dauernd eingeräumten Rechte an fremden Grundstücken, auf die Verfolgung dringlicher Rechte an diesen Rechten, sowie auf den Widerspruch des Eigentümers des Grundstücks gegen die Geltendmachung dieser Rechte entsprechende Anwendung.

Zweiter Abschnitt.

Bahngrundbücher.

§ 8.

Für die in § 1 bezeichneten Bahnen werden nach Massgabe der Bestimmungen dieses Gesetzes Bahngrundbücher geführt. Die Eintragung einer Bahn in das Bahngrundbuch kann von dem Eigentümer beantragt werden, sobald die Genehmigung für das Bahnunternehmen erteilt ist. Der Antrag ist an die Bahnaufsichtsbehörde zu richten, welche das Amtsgericht (§ 10) um die Eintragung zu ersuchen hat. Veräusserungen oder Belastungen einer Bahneinheit können erst nach Eintragung derselben in das Bahngrundbuch erfolgen. Im Falle der Zwangsvollstreckung geschieht die Eintragung nach Massgabe der Vorschriften der §§ 33, 34 und 46.

§ 9.

Auf das Verfahren bei Prüfung der Bahngrundbücher finden die Vorschriften der Grundbuchordnung vom 5. Mai 1872 (G.-S. S. 446) und der dieselbe ergänzenden und abändernden Gesetze entsprechende Anwendung, soweit nicht in diesem Gesetze ein anderes bestimmt ist. Die Vorschriften der Einführungsgesetze zur Grundbuchordnung mit Ausschluss der Bestimmungen über die Anlegung der Grundbücher sind in ihrem Geltungsbereiche auch hinsichtlich der Bahngrundbücher massgebend. Für die Anwendung dieses Gesetzes sind der Kreis Herzogtum Lauenburg und die Insel Helgoland als zum Geltungsbereich des Gesetzes vom 27. Mai 1873 über das Grundbuchwesen und die Verpfändung von Seeschiffen in der Provinz Schleswig-Holstein

(G.-S. S. 241) und die vormals Grossherzoglich Hessischen Landesteile, das vormals
Landgräflich Hessische Amt Homburg, das vormalige Herzogtum Nassau und die vormals freie Stadt Frankfurt als zum Geltungsbereich des Gesetzes vom 29. Mai 1873 über
das Grundbuchwesen in dem Bezirke des Apellationsgerichts zu Cassel mit Ausschluss
des Amtsgerichtsbezirks von Vöhl (G.-S. S. 273) gehörig anzusehen, so lange nicht besondere Einführungsgesetze für die bezeichneten Landesteile erlassen sind.

§ 10.

Für die Bahngrundbücher kommt das Formular I zur Grundbuchordnung zur
Anwendung. Jede selbständige Bahneinheit erhält, unbeschadet der Anwendung des
§ 13 der Grundbuchordnung und unbeschadet der Befugnis des Eigentümers einer
Bahneinheit, diese als Zubehör einer anderen Einheit zuschreiben zu lassen, ein eigenes
Grundbuchblatt.

Die Eintragung der Bahn erfolgt in dem Bahngrundbuch des Amtsgerichts, in
dessen Bezirk die Hauptverwaltung des Bahnunternehmens ihren Sitz hat. Befindet
sich der Sitz der Hauptverwaltung nicht innerhalb des Preussischen Staatsgebietes, so
wird das zur Führung des Bahngrundbuchs zuständige Amtsgericht durch den Justizminister bestimmt.

§ 11.

In den Titel des Bahngrundbuchblatts ist eine Beschreibung des Bahnunternehmens aufzunehmen. Dieselbe hat den Anfangs- und Endpunkt der Bahn und den
übrigen wesentlichen Inhalt der Genehmigung, insbesondere eine etwaige Begrenzung
der Zeitdauer für das Bahnunternehmen zu enthalten. Von der Genehmigungsurkunde
ist eine beglaubigte Abschrift zu den Grundakten zu nehmen. So lange die Genehmigung zur Eröffnung des Betriebes nicht erteilt ist, ist dies auf dem Titel zu
vermerken.

In den Titel sind ferner folgende Angaben aufzunehmen:

1) die Länge der auf eigenem und der auf fremdem Grund und Boden belegenen
   Bahnstrecken;
2) die katastermässige Bezeichnung derjenigen zur Bahneinheit gehörigen Grundstücke, deren Widmung für das Bahnunternehmen weder aus ihrem Zusammenhange mit dem Bahnkörper noch sonst äusserlich erkennbar ist. Soweit die
   Grundstücke in Grundbüchern oder anderen gerichtlichen Büchern verzeichnet
   sind, ist auch das Grundbuchblatt oder die sonstige buchmässige Bezeichnung
   derselben anzugeben;
3) die zur Bahneinheit gehörigen Fonds;
4) die Bestimmungen für das Anteilsverhältnis an denjenigen Gegenständen,
   welche mehreren Bahnunternehmungen gewidmet sind.

In den Grundakten ist der Betrag des zur Anlage und Ausrüstung der Bahn verwendeten Kapitals (Baukapitals) und der Betrag der Betriebseinnahmen und Betriebsausgaben eines jeden Geschäftsjahres zu verzeichnen.

Die nähere Einrichtung des Titels und der Grundakten wird durch den Justizminister bestimmt.

§ 12.

Der Vermerk von Grundstücken (§ 11 Absatz 2 Ziffer 2) auf dem Titel setzt den
Nachweis voraus, dass das Grundstück dem Bahneigentümer gehört und frei von
Pfandrechten ist. Sofern für das Grundstück das Grundbuchrecht massgebend ist,
wird dieser Nachweis durch Vorlegung einer zu den Grundakten zu nehmenden be-
glaubigten Abschrift des Grundbuchblatts geführt. Bei anderen Grundstücken hat das
Amtsgericht nach Massgabe des in den einzelnen Landesteilen geltenden Rechts auf
Grund der ihm vorzulegenden Auszüge aus den über die Eigentums- und Belastungs-
verhältnisse des Grundstücks geführten Büchern zu entscheiden, ob der Nachweis als
geführt zu erachten ist. Auf Erfordern des Amtsgerichts ist eine Bescheinigung des
Ortsvorstandes oder der sonst zur Ausstellung solcher Bescheinigungen berufenen Be-

hörde über den Eigentumsbesitz und die bekannten dinglichen Rechte beizubringen. Auch kann von dem Amtsgericht eine öffentliche Aufforderung zur Anmeldung von Eigentums- und anderen Ansprüchen erlassen werden.

Ist dem Amtsgericht bei der von ihm vorgenommenen Prüfung bekannt geworden, dass auf dem Grundstücke andere dingliche Rechte als Pfandrechte lasten, so darf der Vermerk auf dem Titel nur stattfinden, falls von der Bahnaufsichtsbehörde bescheinigt wird, dass diese Rechte mit der Betriebsfähigkeit des Bahnunternehmens vereinbar sind.

§ 13.

Das Ersuchen der Bahnaufsichtsbehörde um Anlegung des Bahngrundbuchs (§ 8) muss die Person des Bahneigentümers und die in § 11 Absatz 1 bezeichneten Angaben enthalten.

Die Aufnahme der übrigen nach § 11 erforderlichen Angaben in den Titel oder die Grundakten, sowie die Abänderung von Angaben des Titels erfolgt gleichfalls auf Ersuchen der Aufsichtsbehörde. Den Ersuchen sind die Genehmigungsurkunde in Urschrift oder in beglaubigter Abschrift, sowie die in § 12 bezeichneten beglaubigten Abschriften und Auszüge beizufügen.

Der Bahneigentümer ist verpflichtet, der Aufsichtsbehörde die erforderlichen Angaben und Urkunden zu liefern, und kann zur Beibringung derselben von der Bahnaufsichtsbehörde angehalten werden. Von der letzteren ist die Uebereinstimmung der Angaben in Betreff des Baukapitals, sowie in Betreff der jährlichen Betriebseinnahmen und Betriebsausgaben mit den Abschlüssen der ihr von dem Bahneigentümer vorzulegenden Rechnungsbücher zu bescheinigen.

§ 14.

Von dem Erlöschen der Genehmigung hat die Bahnaufsichtsbehörde dem Amtsgericht Kenntnis zu geben. Das Amtsgericht hat nach Empfang dieser Mitteilung das Grundbuchblatt zu schliessen, wenn keine Pfandrechte im Bahngrundbuche eingetragen sind. Sind Pfandrechte eingetragen, so wird das Erlöschen der Genehmigung vom Amtsgericht im Bahngrundbuche vermerkt und öffentlich bekannt gemacht. Die Schliessung des Bahngrundbuchblattes erfolgt in diesem Falle bei der Löschung der eingetragenen Pfandrechte oder nach Beendigung des Zwangsliquidationsverfahrens oder mit Ablauf von sechs Monaten seit Bekanntmachung des Erlöschens der Genehmigung, sofern bis zu diesem Zeitpunkt ein Antrag auf Einleitung der Zwangsliquidation nicht gestellt ist oder die gestellten Anträge durch Zurücknahme oder rechtskräftige Zurückweisung erledigt sind. Werden Anträge auf Einleitung der Zwangsliquidation erst nach Ablauf der sechs Monate zurückgenommen oder rechtskräftig zurückgewiesen, so erfolgt die Schliessung des Bahngrundbuchblattes mit dem Zeitpunkte der Erledigung aller Anträge.

§ 15.

Nach Anlegung des Bahngrundbuchs ist die Zugehörigkeit eines Grundstücks zur Bahneinheit in dem über das Grundstück geführten Grundbuche oder Stockbuche oder in dem in der vormals freien Stadt Frankfurt geführten Verbotsbuche einzutragen. Nach Aufhören der Bahneinheit ist der Vermerk unter gleichzeitiger Eintragung eines durch eine Veräusserung derselben eingetretenen Eigentumswechsels zu löschen.

Der Bahneigentümer ist verpflichtet, die Eintragung und Löschung zu beantragen, und kann hierzu von der Bahnaufsichtsbehörde, welcher er ein Verzeichnis der zur Bahneinheit gehörigen Grundstücke mitzuteilen hat, angehalten werden. Soweit die Grundstücke auf dem Titel des Bahngrundbuchblatts vermerkt sind, wird die Eintragung und Löschung von dem das Bahngrundbuch führenden Amtsgericht von Amtswegen veranlasst. Wird ein Grundstück, welches bisher gemäss § 2 der Grundbuchordnung im Grundbuch nicht eingetragen war, in das Grundbuch aufgenommen, so ist die Zugehörigkeit zur Bahneinheit von Amtswegen zu vermerken.

Vor dem Aufhören der Bahneinheit kann der Vermerk über die Zugehörigkeit eines Grundstückes zu derselben nur mit Zustimmung der Bahnaufsichtsbehörde oder des Liquidators im Falle der Zwangsliquidation gelöscht werden.

In den vormals Grossherzoglich Hessischen Landesteilen, in dem vormals Landgräflich Hessischen Amte Homburg und in den Landgemeinden der vormals freien
Stadt Frankfurt tritt bis zum Inkrafttreten des Grundbuchrechts an die Stelle des Ver-
merks im Grundbuche und der Löschung desselben eine von dem Amtsgerichte, in
dessen Bezirk das Grundstück belegen ist, dem Ortsgerichte (Feldgerichte) über die
Zugehörigkeit zur Bahneinheit und das Aufhören derselben zu machende Mitteilung.

Dritter Abschnitt.

Dingliche Rechtsverhältnisse an Bahnen im allgemeinen.

§ 16.
Auf den Erwerb des Eigentums und der sonstigen dinglichen Rechte an der
Bahneinheit, den Umfang, die Wirkung, Uebertragung und Aufhebung dieser Rechte
finden, soweit nicht dieses Gesetz ein anderes bestimmt, im ganzen Umfange der
Monarchie die in den Grundbuchgesetzen für Grundstücke gegebenen Vorschriften
Anwendung. Neben denselben kommen die am Sitze des für die Führung des Bahngrundbuchs zuständigen Gerichts geltenden Vorschriften der Einführungsgesetze und
die nach Massgabe der Grundbuchgesetze und der Einführungsgesetze an diesem Ort
noch geltenden Vorschriften des bisherigen Immobiliarsachenrechts zur Anwendung.
Der Geltungsbereich der Einführungsgesetze bestimmt sich nach den Vorschriften in
§ 9 dieses Gesetzes.

§ 17.
Die Eintragung einer Hypothek oder Grundschuld an einer Bahn (Bahnpfandschuld) kann auf Grund einer vor der Eintragung der Bahn in das Bahngrundbuch
von dem Eigentümer erklärten Bewilligung erfolgen. Die Eintragung einer Grundschuld an einer Privateisenbahn bedarf der Genehmigung des Ministers der öffentlichen Arbeiten.

§ 18.
Das Kündigungsrecht des Gläubigers einer Bahnpfandschuld kann auch über die
Dauer von 30 Jahren hinaus ausgeschlossen werden.

§ 19.
Sofern nach dem Erlöschen der Genehmigung die Bahneinheit fortbesteht, sind
Verfügungen des Bahneigentümers über einzelne Bestandteile der Bahnheinheit den
Bahnpfandgläubigern gegenüber unwirksam; jedoch finden die Vorschriften zu Gunsten
derjenigen, welche Rechte von einem Nichtberechtigten herleiten, insbesondere die
Vorschriften über den öffentlichen Glauben des Grundbuchs entsprechende Anwendung.
Das Recht der Bahnpfandgläubiger, die Unwirksamkeit einer Verfügung des Bahn-
eigentümers geltend zu machen, erlischt mit der Schliessung des Bahngrundbuchblatts.

Vierter Abschnitt.

Teilschuldverschreibungen auf den Inhaber.

§ 20.
Eine Bahnpfandschuld kann ohne Bezeichnung des Gläubigers im Bahngrundbuch
eingetragen werden, wenn die Schuld in Teile zerlegt und die Genehmigung zur Ausstellung von Teilschuldverschreibungen auf den Inhaber erteilt ist. In diesem Falle
sind in der Eintragung neben dem Gesamtbetrage die Teilschuldverschreibungen nach
Anzahl, Bezeichnung und Betrag anzugeben. Ist ein Tilgungsplan vorhanden, so bedarf es nicht der Angabe der Zahlungsbedingungen in der Eintragung, sondern es genügt die Verweisung auf den zu den Grundakten zu nehmenden Plan. Die Vorlegung
einer Schuldurkunde ist auch dann nicht erforderlich, wenn der Schuldgrund bei der
Eintragung angegeben wird.

§ 21.

Die Vorschriften des Gesetzes vom 17. Juni 1833 wegen Ausstellung von Papieren, welche eine Zahlungsverpflichtung an jeden Inhaber. enthalten (Gesetz-Samml. S. 75), finden auf die Ausstellung der Teilschuldverschreibungen (§ 20) Anwendung.

§ 22.

Die Eintragung der Teilschulden ist öffentlich bekannt zu machen. Die Bildung eines Hypotheken- oder Grundschuldbriefes findet nicht statt. Zur Geltendmachung der Rechte aus der Eintragung ist der Inhaber der Teilschuldverschreibung berechtigt.

§ 23.

Auch eine für einen bestimmten Gläubiger eingetragene Bahnpfandschuld kann mit Zustimmung des eingetragenen Eigentümers in Teilschuldverschreibungen auf den Inhaber zerlegt werden. Die Umwandlung ist unter Vernichtung der Urkunde, welche über die Bahnpfandschuld gebildet war, in das Bahngrundbuch einzutragen. Die Vorschriften der §§ 21, 22 finden Anwendung.

Teilabtretungen einer für einen bestimmten Gläubiger eingetragenen Bahnpfandschuld können ohne Bezeichnung des Erwerbers nicht erfolgen.

§ 24.

Zur Löschung von Teilschulden hat der Eigentümer eine gerichtliche oder notarielle Urkunde über die durch ihn erfolgte Vernichtung der Teilschuldverschreibungen beizubringen. Im Falle einer Kraftloserklärung derselben ist ausser dem Ausschlussurteile die Löschungsbewilligung desjenigen, der das Ausschlussurteil erwirkt hat, beizubringen.

Die Beibringung der in Absatz 1 gezeichneten Urkunden wird durch die unter Verzicht auf Zurücknahme erfolgte Hinterlegung des Betrages der fälligen Teilschuld ersetzt.

§ 25.

Soweit nicht nach Inhalt der Urkunde (§ 24) auch die Vernichtung der für die Teilschuldverschreibungen ausgegebenen Zinsscheine erfolgt ist, sind die letzteren vorzulegen. Zinsscheine über verjährte Zinsen brauchen nicht vorgelegt zu werden.

Die Vorlegung der nach der Fälligkeit der Teilschuld fällig werdenden Zinsscheine ist im Falle des § 24 Absatz 2 nicht erforderlich, in anderen Fällen nur insoweit, als der Aussteller zur Einlösung trotz der Fälligkeit der Hauptschuld verpflichtet ist.

Die Vorlegung eines Zinsscheines wird die unter Verzicht auf Zurücknahme erfolgte Hinterlegung des Betrages desselben ersetzt. Die Vorschriften des § 96 der Grundbuchordnung finden auf die Zinsscheine entsprechende Anwendung.

§ 26.

Die Löschung der Teilschuld ist öffentlich bekannt zu machen, sofern der Antrag auf Löschung ganz oder zum Teil auf Hinterlegung (§ 24 Absatz 2) gestützt war.

§ 27.

In einer Versammlung der Gläubiger einer Bahnpfandschuld kann die gänzliche oder teilweise Aufgabe des Pfandrechts, die Einräumung eines Vorrechts, die Gewährung einer Stundung oder einer Ermässigung des Zinsfusses, der Verzicht auf Sicherungsmassregeln, sowie die Zustimmung zur Einstellung des Konkursverfahrens beschlossen werden.

§ 28.

Die Versammlung der Gläubiger wird durch das Gericht, bei welchem das Bahngrundbuch geführt wird, berufen. Die Berufung findet statt, wenn sie unter Angabe des Zwecks, sowie unter Einzahlung eines zur Deckung der Kosten hinreichenden Betrages von Gläubigern, deren Teilschuldverschreibungen zusammen den 25. Teil des Betrages der Bahnpfandschuld darstellen, oder von dem Eigentümer der Bahn oder dem Konkursverwalter beantragt oder wenn sie von der Bahnaufsichtsbehörde verlangt wird.

Die Berufung erfolgt durch öffentliche Bekanntmachung derselben unter Angabe des Zwecks.

Gegen den die Berufung ablehnenden Beschluss des Gerichts findet Beschwerde nach Massgabe der Deutschen Zivilprozessordnung (§§ 531 bis 538) statt.

§ 29.

Die Versammlung findet unter Leitung des Gerichts statt.

Der Beschluss (§ 27) wird nach Mehrheit der Stimmen gefasst. Stimmenmehrheit ist vorhanden, wenn die Mehrzahl der im Termine anwesenden Gläubiger ausdrücklich zustimmt und die Gesamtsumme der Teilschuldbeträge der Zustimmenden wenigstens zwei Dritteile der Gesamtsumme der Bahnpfandschuld beträgt. Gezählt werden nur die Stimmen der Gläubiger, welche die Teilschuldverschreibungen nach Anordnung des Gerichts hinterlegt haben.

§ 30.

Der Beschluss der Versammlung bedarf der Bestätigung des Gerichts, welches vor Erteilung derselben die Bahnaufsichtsbehörde zu hören hat. Auf die Bestätigung, deren Wirkung und Anfechtung finden die Bestimmungen der §§ 168, 170 Absatz 2, 171, 172 No. 1, 173, 174, 178, 181, 182 der Deutschen Konkursordnung entsprechende Anwendung. Der Antrag auf Verwerfung des Beschlusses, sowie die sofortige Beschwerde gegen die Entscheidung über die Bestätigung desselben steht dem Inhaber einer Teilschuldverschreibung zu. Der rechtskräftig bestätigte Beschluss ist in Ausfertigung zu den Grundakten der Bahn zu bringen.

§ 31.

Vor der rechtskräftigen Bestätigung des Beschlusses findet auf Grund desselben eine endgiltige Eintragung im Bahngrundbuch nicht statt. Zur Eintragung bedarf es nicht der Vorlegung der in den §§ 24, 25 bezeichneten Urkunden. Die Eintragung ist öffentlich bekannt zu machen.

Fünfter Abschnitt.

Zwangsvollstreckung.

§ 32.

Auf die Zwangsvollstreckung in die Bahneinheit finden der erste, dritte und fünfte Abschnitt des Gesetzes vom 13. Juli 1883, betreffend die Zwangsvollstreckung in das unbewegliche Vermögen (Gesetz-Samml. S. 131) im ganzen Umfange der Monarchie Anwendung, soweit nicht nachstehend ein anderes bestimmt ist.

Nach Erlöschen der für das Bahnunternehmen erteilten Genehmigung ist eine Zwangsverwaltung oder Zwangsversteigerung der Bahn nicht mehr einzuleiten und ein etwa eingeleitetes Verfahren einzustellen.

§ 33.

Ist zur Zeit des Antrags auf Eintragung einer vollstreckbaren Forderung im Bahngrundbuche die Bahneinheit in dem letzteren nicht eingetragen, so ist der Antrag vom Amtsgericht der Bahnaufsichtsbehörde mitzuteilen, welche von Amtswegen das Ersuchen um Anlegung des Bahngrundbuchblatts in Gemässheit der Vorschriften des zweiten Abschnitts dieses Gesetzes zu stellen hat. Die Eintragung der vollstreckbaren Forderungen erfolgt bei Anlegung des Grundbuchblattes auf Grund des vorher gestellten Antrages mit dem nach der Zeit des letzteren zu bestimmenden Range; bei der Bestimmung der Reihenfolge für die Befriedigung von Realansprüchen und Forderungen, für welche die Bahn in Beschlag genommen ist (§ 30 des Gesetzes vom

13. Juli 1883), gilt der Zeitpunkt des Eingangs des Antrags als Zeit der Entstehung des Pfandrechts.

§ 34.

Wird die Zwangsversteigerung oder Zwangsverwaltung einer nicht im Bahngrundbuch eingetragenen Bahn beantragt, so bedarf es der Anlegung des Bahngrundbuchs nur dann, wenn gemäss § 124 des Gesetzes vom 13. Juli 1883 rückständiges Kaufgeld als Hypothek einzutragen ist. In diesem Falle erfolgt die Anlegung auf das in Gemässheit der bezeichneten Vorschrift zu stellende Ersuchen des Vollstreckungsgerichts. Bei der Anlegung wird in den Titel die in § 11 Absatz 1 bezeichnete Beschreibung des Bahnunternehmens aufgenommen. Die Aufnahme der übrigen nach § 11 erforderlichen Angaben erfolgt auf Ersuchen der Bahnaufsichtsbehörde (§ 13 Absatz 2 und 3), welcher von der erfolgten Anlegung seitens des Grundbuchrichters Mitteilung zu machen ist.

Wird im Laufe des Verfahrens der Zwangsversteigerung oder Zwangsverwaltung das Bahngrundbuch angelegt, so ist der Vermerk über den Antrag auf Zwangsversteigerung oder Zwangsverwaltung (§§ 18, 139 des Gesetzes vom 13. Juli 1883 bei der Anlegung von Amtswegen einzutragen. Zu diesem Zweck hat das Vollstreckungsgericht von der Stellung eines solchen Antrages dem Grundbuchrichter Mitteilung zu machen.

§ 35.

Für die Zwangsvollstreckung in die Bahn ist als Vollstreckungsgericht des zur Führung des Bahngrundbuchs berufene Amtsgericht ausschliesslich zuständig. Die Vorschriften des § 755 Absatz 2 und des § 756 Absatz 2 der Deutschen Civilprozessordnung finden entsprechende Anwendung.

§ 36.

An unbeweglichen oder beweglichen Gegenständen und Rechten, welche zu mehreren Bahnen desselben Eigentümers gehören, bestimmt sich das Anteilsverhältnis durch das Verhältniss der im letzten Geschäftsjahre vor der Beschlagnahme (§ 36 des Gesetzes vom 13. Juli 1883) auf den einzelnen Bahnen zurückgelegten Wagenachskilometer, soweit nicht aus dem Bahngrundbuch ein anderes Verhältniss sich ergiebt. Ist die Zahl der Wagenachskilometer nicht buchmässig festzustellen, so wird das Anteilsverhältnis durch das Vollstreckungsgericht nach Anhörung der Bahnaufsichtsbehörde bestimmt.

§ 37.

Hinsichtlich der Reihenfolge der aus dem Kaufgelde zu befriedigenden Ansprüche gelten die Vorschriften der §§ 24 bis 30 des Gesetzes vom 13. Juli 1883 mit folgenden Massgaben:

Nach den in § 24 bezeichneten Ausgaben sind die gemäss §§ 6, 7 dieses Gesetzes begründeten Entschädigungsforderungen zu berichtigen. Das Vorrecht erlischt, wenn die Entschädigungsforderung nicht innerhalb eines Jahres seit der Erklärung der Bahnaufsichtsbehörde gerichtlich geltend gemacht und bis zur Eröffnung des Vollstreckungsverfahrens erfolgt ist.

Das in § 26 bestimmte Vorrecht steht denjenigen Personen zu, welche sich dem Eigentümer der Bahn für den Betrieb derselben zu dauerndem Dienste verdungen haben.

Die in den §§ 27, 28 bestimmten Vorrechte stehen für diejenigen Steuern und andere öffentliche Abgaben zu, welche für den Bahnbetrieb oder bezüglich der zur Bahneinheit gehörigen Grundstücke zu entrichten sind.

Nach den in § 28 bezeichneten Forderungen sind zu berichtigen die Forderungen auf Erstattung von Beträgen, welche innerhalb des letzten Jahres im gegenseitigen Bahnverkehr von einem anderen Bahnunternehmer ausgelegt oder für ihn erhoben oder für die Benutzung von Transportmitteln zu entrichten sind (Abrechnungsforderungen).

§ 38.

Mit dem Antrage auf Einleitung der Zwangsverwaltung ist von dem Antragsteller eine Erklärung der Bahnaufsichtsbehörde beizubringen, dass die Einkünfte aus der Zwangsverwaltung den Kosten des Verfahrens mit Einschluss der Ausgaben und Ansprüche aus der Verwaltung voraussichtlich entsprechen werden oder es ist eine nach den Erklärungen der Bahnaufsichtsbehörde voraussichtlich hierzu ausreichende Deckung zu gewähren.

§ 39.

Wird über das Vermögen des Bahneigenthümers das Konkursverfahren eröffnet, so ist die Zwangsverwaltung auch dann einzuleiten, wenn die Bahnaufsichtsbehörde das Vollstreckungsgericht um die Einleitung derselben ersucht. Dies Ersuchen ist nur dann zu stellen, wenn die Einkünfte aus der Zwangsverwaltung den Kosten des Verfahrens mit Einschluss der Ausgaben und Ansprüche aus der Verwaltung voraussichtlich entsprechen werden.

§ 40.

Die in den §§ 142 und 144 d. Ges. v. 13. Juli 1883 dem Gericht zugewiesene Thätigkeit steht der Bahnaufsichtsbehörde zu. Der Minister der öffentlichen Arbeiten kann für die Geschäftsführung der Verwalter und die denselben zu gewährende Vergütung allgemeine Anordnungen treffen.

§ 41.

Bei der Verteilung der Einkünfte der Zwangsverwaltung sind neben den laufenden Abgaben, Leistungen und Zinsen, die in § 37 Abs. 2 und 5 bezeichneten Forderungen in der daselbst bestimmten Rangordnung zu berichtigen. Vor den in Abs. 3 d. Ges. v. 13. Juli 1883 bezeichneten Forderungen sind die während des Verfahrens fällig werdenden Teilschulden zu berichtigen, soweit solche nicht aus den statutenmässig zu ihrer Einlösung bestimmten Fonds, welche nicht zur Bahneinheit gehören, zur Hebung gelangen und sofern nicht andere, den Teilschulden vorgehende Bahnpfandschulden fällig sind oder die Zwangsversteigerung oder das Konkursverfahren eröffnet ist.

§ 42.

Bei dem Antrage auf Einleitung der Zwangsversteigerung bedarf es der Beifügung eines Auszuges aus der Grundsteuermutterrolle und der Gebäudesteuerrolle (§ 44 Ziff. 1 d. Ges. v. 13 Juli 1883) hinsichtlich der zur Bahneinheit gehörigen Grundstücke nicht.

§ 43.

Vor der Feststellung der Kaufbedingungen ist die Bahnaufsichtsbehörde zu hören.

§ 44.

An Stelle des nach der Veranlagung zur Grund- und Gebäudesteuer zu berechnenden Betrages, innerhalb dessen Hypotheken und Grundschulden auf dem zu versteigernden Gegenstande eingetragen sein müssen, um nach der Vorschrift des § 64 Abs. 2 d. Ges. v. 13. Juli 1883 zur Sicherheitsleistung benutzt werden zu können, ist ein bestimmter Betrag von dem Gerichte nach Anhörung der Bahnaufsichtsbehörde festzusetzen. Der festgesetzte Betrag ist in der Bekanntmachung des Versteigerungstermins anzugeben.

An Stelle der in § 40 Ziff. 1 bis 3 d. Ges. v. 14. Juli 1883 bezeichneten Angaben tritt eine den wesentlichen Inhalt der Genehmigung wiedergebende Beschreibung der Bahn.

§ 45.

Die Erteilung des Zuschlages erfolgt unter der Bedingung, dass für die Person des Erstehers die staatliche Genehmigung zum Erwerbe der Bahn beigebracht wird.

Wird diese Genehmigung versagt, so ist das Urteil über die Erteilung des Zuschlages aufzuheben und ein den Zuschlag versagendes Urteil zu erlassen, welches allen Interessenten von Amtswegen zuzustellen ist. Die Zustellung der Entscheidung steht im Sinne des § 99 Abs. 4 d. Ges. v. 13. Juli 1883 der Verkündung des den Zuschlag versagenden Urteils gleich. Ein Termin zur Verkündung dieses Urteils findet nicht statt. Der Termin zur Belegung und Verteilung des Kaufgeldes wird erst nach Beibringung der Genehmigung zum Erwerbe anberaumt.

§ 46.

Die in den §§ 21 und 47 d. Ges. über die Eisenbahnunternehmungen vom 3. November 1838 vorgesehenen öffentlichen Versteigerungen erfolgen nach den für die Zwangsversteigerung der Bahn geltenden Vorschriften. Die Feststellung eines geringsten Gebotes findet nicht statt.

Ist eine Bahn, für welche die Genehmigung zur Eröffnung des Betriebs noch nicht erteilt ist, nicht im Bahngrundbuch eingetragen, so hat die Bahnaufsichtsbehörde bei Stellung des Antrags auf Einleitung der Zwangsversteigerung zugleich um die Anlegung des Bahngrundbuchblatts zu ersuchen.

§ 47.

Eine Zwangsvollstreckung in andere, als die im Reichsgesetze v. 3. Mai 1886, betreffend die Unzulässigkeit der Pfändung von Eisenbahnbetriebsmitteln (Reichs-Gesetzblatt S. 131) bezeichneten, zur Bahneinheit gehörigen Gegenstände findet nur statt, soweit die Bahnaufsichtsbehörde bescheinigt, dass die Vollstreckung mit dem Betriebe des Bahnunternehmens vereinbar ist.

Besteht nach dem Erlöschen der Genehmigung die Bahneinheit fort, so ist bis zur Schliessung des Bahngrundbuchblatts die Zwangsvollstreckung in die zur Bahneinheit gehörigen Gegenstände nur zur Beitreibung eines den Bahnpfandgläubigern gegenüber wirksamen Pfandrechts zulässig. Durch diese Bestimmung werden dieselben im Falle des Konkursverfahrens von der Konkursmasse nicht ausgeschlossen. Soweit eine Zwangsversteigerung zulässig ist, wird derjenige Teil des Erlöses, welcher dem Bahneigentümer zufällt, Bestandteil der Bahneinheit.

Sechster Abschnitt.

Zwangsliquidation.

§ 48.

Nach Erlöschen der Genehmigung für das Bahnunternehmen ist auf Antrag von dem Amtsgericht, bei welchem das Bahngrundbuch geführt wird, zur abgesonderten Befriedigung der Bahnpfandgläubiger aus den einzelnen Bestandteilen der Bahneinheit die Zwangsliquidation zu eröffnen.

Zu dem Antrage ist jeder Bahnpfandgläubiger, sowie der Bahneigentümer und wenn über dessen Vermögen der Konkurs eröffnet ist, der Konkursverwalter berechtigt.

§ 49.

Der Beschluss, durch welchen die Zwangsliquidation eröffnet wird, ist öffentlich bekannt zu machen. Die ihrem Wohnorte nach bekannten Bahnpfandgläubiger sollen von dem Beschluss benachrichtigt werden. Der den Antrag auf Zwangsliquidation abweisende Beschluss des Gerichts ist dem Antragsteller von Amtswegen zuzustellen.

§ 50.

Gegen den Eröffnungsbeschluss steht jedem Bahnpfandgläubiger, sowie dem Bahneigentümer oder Konkursverwalter, gegen den abweisenden Beschluss dem Antragsteller die sofortige Beschwerde nach Massgabe der Deutschen Zivilprozessordnung (§§ 540, 531 bis 538) zu. Die Frist zur Einlegung der Beschwerde gegen den Eröffnungsbeschluss beginnt mit der Bekanntmachung desselben (§ 49).

§ 51.

Nach der Bekanntmachung des Eröffnungsbeschlusses und bis zur Beendigung der Zwangsliquidation findet eine selbständige Verfolgung des Pfandrechts durch einzelne Bahnpfandgläubiger nicht statt.

§ 52.

Zugleich mit der Eröffnung der Zwangsliquidation ernennt das Gericht einen Liquidator und beruft eine Versammlung der Bahnpfandgläubiger zur Bestellung eines Ausschusses von mindestens zwei Mitgliedern.

Die Berufung erfolgt durch öffentliche Bekanntmachung derselben unter Angabe des Zweckes. Die Versammlung findet unter Leitung des Gerichts statt.

Wahlen erfolgen nach relativer Mehrheit, andere Beschlussfassungen nach absoluter Mehrheit der Stimmen der erschienenen Gläubiger. Die Stimmenmehrheit wird nach den Beträgen der Forderungen berechnet. Die Inhaber von Teilschuldverschreibungen müssen dieselben nach Anordnung des Gerichts hinterlegt haben.

§ 53.

Der Name des Liquidators ist öffentlich bekannt zu machen. Ihm ist eine urkundliche Bescheinigung seiner Bestellung zu erteilen, welche er bei Beendigung seiner Geschäftsführung zurückzureichen hat.

Die Vergütung für die Geschäftsführung des Liquidators wird in Ermangelung einer Einigung mit dem Ausschusse der Bahnpfandgläubiger und dem Bahneigentümer oder Konkursverwalter durch das Gericht festgesetzt. Das Gleiche gilt für eine den Mitgliedern des Ausschusses bewilligte Vergütung, wenn über die Höhe derselben eine Einigung mit der Versammlung der Bahnpfandgläubiger und dem Bahneigentümer oder Konkursverwalter nicht erzielt wird.

Der Liquidator steht unter der Aufsicht des Gerichts. Das Gericht kann gegen denselben Ordnungsstrafen bis zu 200 Mark festsetzen und ihn auf Antrag des Gläubigerausschusses oder des Bahneigenthümers oder Konkursverwalters wegen Pflichtverletzung oder aus anderen wichtigen Gründen entlassen. Vor der Entscheidung ist der Liquidator zu hören.

Gegen die in diesem Paragraphen bezeichneten Entscheidungen des Gerichts findet Beschwerde nach Massgabe der deutschen Zivilprozessordnung (§§ 531 bis 538) statt. Die Beschwerde gegen die Entlassung eines Liquidators ist die sofortige (§ 540).

§ 54.

Der Liquidator hat die Verwertung aller Bestandteile der Bahneinheit vorzunehmen. In wichtigeren Fällen hat derselbe dem Ausschusse der Bahnpfandgläubiger von der beabsichtigten Massregel Mitteilung zu machen.

Die Zwangsverwaltung und Zwangsversteigerung von Grundstücken kann durch den Liquidator betrieben werden, ohne dass er einen vollstreckbaren Schuldtitel erlangt hat. Zur Veräusserung von Grundstücken aus freier Hand bedarf der Liquidator der Genehmigung des Ausschusses der Bahnpfandgläubiger, sowie der Zustimmung des Bahneigentümers oder Konkursverwalters.

§ 55.

Wird einem Unternehmer die Genehmigung zum Fortbetrieb des Bahnunternehmens erteilt, so kann der Liquidator mit Zustimmung des Ausschusses der Bahnpfandgläubiger, sowie des Bahneigentümers oder Konkursverwalters die noch vorhandenen Bestandteile der Bahneinheit als Einheit nach den in § 16 bezeichneten Vorschriften veräussern.

§ 56.

So oft aus der Verwertung von Bestandteilen der Bahneinheit hinreichende baare Masse vorhanden ist, hat der Liquidator eine Verteilung vorzunehmen. Die Kosten und Ausgaben der Zwangsliquidation sind vorweg zu berichtigen.

Bei der Verteilung kommen hinsichtlich der Teilnahmerechte, sowie der Reihenfolge und des Umfangs der zu befriedigenden Forderungen, die für die Verteilung des Erlöses einer Zwangsversteigerung geltenden Vorschriften zur Anwendung. Die in § 37 Abs. 2 bezeichneten Entschädigungsforderungen können Befriedigung nur in Höhe des Erlöses des einzelnen Grundstückes beanspruchen. Die Verteilungen an die Bahnpfandgläubiger erfolgen, ohne dass es einer Anmeldung bedarf, auf Grund des Bahngrundbuchs. Soweit für die Bestimmung des Umfangs einer Forderung nach dem Gesetze vom 13. Juli 1883 der Zeitpunkt der Beschlagnahme massgebend ist, tritt der Zeitpunkt, an welchem die Eröffnung der Zwangsliquidation bekannt gemacht ist (§ 49), an die Stelle.

Die Vornahme einer Verteilung unterliegt der Genehmigung des Ausschusses. Von der beabsichtigten Verteilung ist der Bahneigenthümer oder Konkursverwalter zu benachrichtigen.

Nicht erhobene Anteile sind nach der Bestimmung des Ausschusses für Rechnung der Beteiligten zu hinterlegen.

§ 57.

Nach der letzten Verteilung und nach der Rechnungslegung des Liquidators beschliesst auf den von dem Liquidator und dem Ausschusse der Bahnpfandgläubiger gestellten Antrag das Gericht die Aufhebung der Zwangsliquidation.

Das Gericht hat die Einstellung der Zwangsliquidation zu beschliessen, wenn die Bahnpfandgläubiger der Einstellung zustimmen. Auf die Zustimmung der Inhaber von Teilschuldverschreibungen finden die Vorschriften der §§ 28 bis 30 Anwendung.

Gegen die vorstehend bezeichneten Entscheidungen findet Beschwerde nach Massgabe der Deutschen Zivilprozessordnung (§§ 531 bis 538) statt.

Die Aufhebung oder Einstellung ist öffentlich bekannt zu machen.

Siebenter Abschnitt.

Schlussbestimmungen.

§ 58.

Wenn ein anderer als der Eigentümer einer Bahn den Betrieb auf derselben kraft eigenen Nutzungsrechtes ausübt, so gehört dies Nutzungsrecht in Ansehung der Zwangsvollstreckung zum unbeweglichen Vermögen. Die Zwangsvollstreckung erfolgt nach den Vorschriften des fünften Abschnitts dieses Gesetzes als Zwangsverwaltung durch Ausübung des Nutzungsrechts. Zur Immobiliarmasse gehören die in § 4 bezeichneten Gegenstände, soweit sie Eigentum des Nutzungsberechtigten sind. Auf die Zwangsvollstreckung in dieselben finden bis zum Erlöschen der Genehmigung die Vorschriften des § 47 entsprechende Anwendung.

§ 59.

Bei Bahnen, welche nur zum Teil im Gebiet des Preussischen Staates liegen, finden die Vorschriften dieses Gesetzes, sofern nicht durch Staatsvertrag ein anderes bestimmt ist, auf die im Preussischen Gebiet befindlichen Bestandteile Anwendung.

§ 60.

Auf die Beschwerde gegen die nach diesem Gesetz den Aufsichtsbehörden der Kleinbahnen zustehenden Beschlüsse und Verfügungen findet der § 52 des Gesetzes über die Kleinbahnen und Privatanschlussbahnen vom 28. Juli 1892 (Gesetz-Samml. S. 225) Anwendung.

§ 61.

Die in diesem Gesetz angeordneten öffentlichen Bekanntmachungen erfolgen durch mindestens einmalige Einrückung in den Anzeiger des Amtsblatts. Die Bekanntmachung gilt als bewirkt mit dem Ablaufe des zweiten Tages nach der Ausgabe des die Einrückung oder die erste Einrückung enthaltenden Blattes.

Ausserdem erfolgt die Bekanntmachung durch mindestens einmalige Einrückung in die durch die Statuten oder die Bedingungen der Ausgabe der Teilschuldverschreibungen bestimmten Blätter. Diese Bestimmung findet auch auf die Bekanntmachung des Termins einer Zwangsversteigerung Anwendung, im Uebrigen bleiben die Vorschriften dss § 46 des Gesetzes vom 13. Juli 1883 unberührt.

§ 62.

Bei Eintragung einer bereits zur Zeit des Inkrafttretens dieses Gesetzes im Betriebe befindlichen Bahn in das Bahngrundbuch sind auf Ersuchen der Aufsichtsbehörde die vor diesem Zeitpunkte auf Grund des Gesetzes vom 17. Juni 1833 (§ 21) ausgegebenen Teilschuldverschreibungen auf den Inhaber, bei welchen in den Ausgabebedingungen eine vorzugsweise Haftung der Bahn nicht ausgeschlossen worden ist, als Bahnpfandschulden einzutragen.

Die Eintragung erfolgt in der durch die Zeit der Entstehung der Forderungen bestimmten Reihenfolge mit dem Vermerke, dass das Rangverhältnis der Gläubiger zu einander nach dem vor der Eintragung zwischen ihnen begründeten Verhältnisse sich bestimme.

Soweit der Bahneigentümer die im ersten Absatze bezeichnete Eigenschaft der früheren Schuld oder deren Betrag bestreitet, ist bei der Eintragung eine Vormerkung Zur Erhaltung seines Widerspruchs gegen die Pfandhaftung der Bahn einzutragen.

§ 63.

Sind Forderungen der in § 62 bezeichneten Art vorhanden, so hat die Bahnaufsichtsbehörde von Amtswegen das Amtsgericht zu ersuchen, das Bahngrundbuchblatt in Gemässheit der Vorschriften des zweiten Abschnitts dieses Gesetzes anzulegen.

§ 64.

Hinter den §§ 66, 100, 121 des Preussischen Gerichtskostengesetzes werden folgende §§ 66 a, 100 a, 121 a und 121 b eingestellt.

§ 66 a.

Die hinsichtlich der Grundbücher bestehenden Gebührenbestimmungen sind auf die Bahngrundbücher entsprechend anzuwenden. Es werden erhoben für die Anlegung des Bahngrundbuchs die in § 69 Absatz 1 bestimmten Sätze, für den Vermerk des Erlöschens der Genehmigung einschliesslich der öffentlichen Bekanntmachung desselben der Satz des § 59 und für die Schliessung des Bahngrundbuchblatts der Satz des § 61. Die Eintragung des infolge einer Veräusserung der Bahn eingetretenen Eigentumswechsels in dem über ein Bahngrundstück geführten gerichtlichen Buche erfolgt gebührenfrei.

Die Kosten der Anlegung des Bahngrundbuchs, sowie der Vermerke der Zugehörigkeit eines Grundstücks zur Bahneinheit trägt der Bahneigentümer; die bezeichneten Kosten fallen jedoch, wenn ein Gläubiger durch den Antrag auf Eintragung einer vollstreckbaren Forderung die Anlegung des Bahngrundbuchs veranlasst, diesem Gläubiger, und wenn die Anlegung im Zwangsversteigerungsverfahren auf Ersuchen des Vollstreckungsgerichts erfolgt, dem Ersteher zur Last.

§ 100 a.

Für die Erledigung der dem Gerichte in den §§ 28 bis 30 des Gesetzes, betreffend das Pfandrecht an Privateisenbahnen und Kleinbahnen und die Zwangsvollstreckung in dieselben, zugewiesenen Thätigkeit werden drei Zehnteile der Sätze des § 8 des Deutschen Gerichtskostengesetzes erhoben.

§ 121a.

Die Vorschriften des Gesetzes vom 18. Juli 1883, betreffend die Gerichtskosten bei Zwangsversteigerungen und Zwangsverwaltungen von Gegenständen des unbeweglichen Vermögens, finden mit den in § 117 bezeichneten Massgaben auf Zwangsvollstreckungen in eine Bahneinheit im ganzen Umfange der Monarchie Anwendung.

§ 121b.

Für die Zwangsliquidation einer Bahneinheit werden sechs Zehnteile und, wenn die Zwangsliquidation eingestellt wird, nur vier Zehnteile der Sätze des § 8 des Deutschen Gerichtskostengesetzes erhoben. Die Gebühr wird nach dem Gesamtwerte der Bestandteile der Bahneinheit berechnet.

§ 65.

Das gegenwärtige Gesetz tritt mit dem 1. Oktober 1895 in Kraft.

§ 66.

Mit der Ausführung des Gesetzes werden der Justizminister und der Minister der öffentlichen Arbeiten beauftragt.

Urkundlich unter Unserer Höchsteigenhändigen Unterschrift und beigedrucktem Königlichen Insiegel.

Gegeben Neues Palais, den 19. August 1895.

(L. S.)   Wilhelm.

v. Boetticher. Thielen. v. Köller. Schönstedt.

Allgemeine Bedingungen für den Wagenübergang auf Kleinbahnen.

(Erlass des Ministers der öffentlichen Arbeiten vom 7. Mai 1900.)

§ 1. Allgemeine Grundsätze.

1. Der Uebergang von Güterwagen auf Kleinbahnen wird auf Grund der nachstehenden allgemeinen Bedingungen widerruflich gestattet.

2. Derselbe ist in der Regel nur zulässig, wenn der Oberbau der Kleinbahn einen Raddruck von mindestens 6000 kg gestattet (zu vergl. § 19 Abs. 1 der Allgemeinen Bedingungen für die Einführung von Kleinbahnen in Staatsbahnstationen vom 31. Januar 1900 — E.-V.-Bl. S. 36 —).

3. Der Uebergang von Wagen mit einem festen Radstand von 4,5 m ist nur zulässig, wenn auf der zu durchlaufenden Kleinbahnstrecke Krümmungshalbmesser unter 150 m nicht vorhanden sind.

4. Unter welchen technischen Voraussetzungen und Bedingungen der Uebergang von normalspurigen Wagen auf schmalspurige Kleinbahnen mittelst Rollbockbetriebes gestattet und auf welche Strecken er beschränkt werden soll, bleibt besonderer Vereinbarung vorbehalten.

5. Schliesst die Kleinbahn an Strecken mehrerer Königlicher Eisenbahndirektionen an, so bestimmt der Königlich Preussische Minister der öffentlichen Arbeiten diejenige Verwaltung, welche die Uebergangsbedingungen mit der Kleinbahn zu vereinbaren hat.

§ 2. Verpflichtung zur Beschaffung von Wagen seitens der Kleinbahnen; Einstellung dieser Wagen in den Staatsbahnwagenpark.

1. Der Uebergang normalspuriger Wagen auf die Kleinbahn wird davon abhängig gemacht, dass die Kleinbahn vorbehaltlich der nachstehend zugelassenen Ausnahmen (zu vergl. § 2 Abs. 7) eine ihrem Verkehr entsprechende Anzahl von normal-

spurigen Güterwagen beschafft. Die Wagen werden, soweit sie nicht ausschliesslich dem Binnenverkehr auf der eigenen Bahn dienen, in den Staatsbahnwagenpark eingestellt.

2. Bei neu zu eröffnenden Bahnen wird die Anzahl der für die ersten vier Betriebsjahre einzustellenden normalspurigen Güterwagen beim Konzessionsverfahren gelegentlich der Prüfung des Kostenanschlages im Benehmen mit der Kleinbahn festgestellt.

3. Im übrigen ist die Zahl der von einer normalspurigen Kleinbahn zu beschaffenden und einzustellenden Güterwagen — offene und bedeckte — im allgemeinen nach dem Durchschnitt der innerhalb eines Jahres auf dieselbe übergegangenen Wagen zu bemessen; die Berechnung geschieht in folgender Weise:

4. Von den Uebergangsstationen werden fortlaufend auf Grund der für die Wagenmieteberechnung zu machenden Aufschreibungen Nachweise aufgestellt, getrennt nach offenen und bedeckten Wagen — soweit erforderlich auch nach Wagen von besonderer Bauart —, aus welchen hervorgeht, welchen Aufenthalt die einzelnen Wagen auf der Kleinbahn — nach Tagen und Stunden — gehabt haben. Hiernach wird am Schluss eines jeden Betriebsjahres festgestellt, wieviel Wagen der einzelnen Gattungen übergegangen und welche Gesamtaufenthaltszeiten dieselben gehabt haben. Die Gesamtzahl der übergegangenen Wagen jeder Gattung, geteilt durch 365, ergiebt den durchschnittlichen täglichen Uebergang, und die Gesamtaufenthaltszeiten geteilt durch die Gesamtwagenzahl ergiebt die durchschnittliche Aufenthaltszeit eines Wagens. Das Vielfache beider Zahlen stellt den Wagenbedarf der Kleinbahn dar. Die so gewonnene Zahl ist in der Weise abzurunden, dass Bruchteile unter 0,5 ausser Berechnung bleiben und Bruchteile von 0,5 und darüber voll gerechnet werden.

5. Wenn bei einer Kleinbahn ein regelmässig zu bedienender oder zu gewissen Zeitabschnitten wiederkehrender Versandverkehr solcher Güter vorliegt, die nur auf Wagen von besonderer Bauart verladen werden können, so ist die Kleinbahn auch zur Beschaffung einer entsprechenden Anzahl derartiger Wagen verpflichtet.

6. Kommt für die Kleinbahn ein regelmässiger Versandverkehr in Betracht, der sich im wesentlichen nur nach einer oder mehreren bestimmten fremden Stationen bewegt, z. B. Versand einer Zeche nach einer Fabrik, so kann vereinbart werden, dass die Kleinbahn die diesen Transporten dienenden Wagen vorhält und entsprechend beschildert. Die für diese Leistungen der Kleinbahn zu gewährende Vergütung ist in jedem Falle besonders festzusetzen. Diese Wagen werden nicht in den Staatsbahnwagenpark eingestellt.

7. Bei Kleinbahnen, welche bereit und thatsächlich im Stande sind, die übergebenen Wagen allgemein innerhalb der für die Anschlussstation geltenden Ladefristen zurückzugeben, oder einen nennenswerten Uebergangsverkehr nach und von den Strecken der Staatsbahnen nicht haben, kann von der Verpflichtung zur Beschaffung eines über den Bedarf für ihren Binnenverkehr hinausgehenden Wagenparkes abgesehen werden.

§ 3. Vermehrung oder Verminderung des Wagenparks der Kleinbahnen.

Eine Prüfung, ob die Anzahl der eingestellten Wagen dem eigenen Verkehrsbedürfnis der Kleinbahn entspricht, findet in der Regel nach Ablauf jedes vierten Jahres statt, derart, dass der durchschnittliche Wagenbedarf der letzten vier Jahre für den Wagenbedarf der nächsten vier Jahre massgebend ist. In der Zwischenzeit kann eine Aenderung in der Anzahl der eingestellten Wagen nur dann gefordert werden, wenn infolge Vergrösserung oder Verringerung des Bahnnetzes der Kleinbahn oder Eröffnung oder Schliessung grösserer industrieller Anlagen an derselben oder aus sonstigen Gründen ein erheblicher Mehr- oder Minderbedarf an Wagen seitens der Kleinbahn eingetreten ist.

§ 4. Bauart der Wagen.

1. Hinsichtlich ihrer Bauart, insbesondere auch der Tragfähigkeit müssen die von der Kleinbahn beschafften und in den Staatsbahnwagenpark eingestellten Wagen

den Normalien der Staatseisenbahnverwaltung entsprechen. Ein Drittel derselben ist mit Bremsen zu versehen.

2. Die vertragschliessende Königliche Eisenbahndirektion entscheidet nach technischer Prüfung endgültig darüber, ob die Wagen in den Staatsbahnwagenpark eingestellt werden können.

§ 5. Frist für die Beschaffung und Einstellung der Kleinbahnwagen.

1. Die Kleinbahn verpflichtet sich, die auf Verlangen der Staatseisenbahnverwaltung zu beschaffenden Wagen binnen Jahresfrist nach ergangener Aufforderung dem Verkekr behufs Einstellung in den Staatsbahnwagenpark zu übergeben.

2. Falls die Wagen nicht innerhalb dieser Frist entsprechend den Vorschriften des § 4 der Staatsbahn zur Verfügung gestellt sind, hat die Kleinbahn eine Verzugsstrafe von 1 Mark für jeden Tag der Verspätung und jeden Wagen zu entrichten.

§ 6. Vergütung für die Benutzung der eingestellten Kleinbahnwagen.

1. Durch die Einstellung der Wagen der Kleinbahn in ihren Wagenpark erwirbt die Staatseisenbahnverwaltung das Recht, dieselben wie ihre eigenen Wagen zu benutzen. Sie zahlt dafür an die Kleinbahn eine jährliche Vergütung, welche auf 4 % des Beschaffungspreises jedes eingestellten Wagens festgesetzt wird.

2. Für Privatwagen, welche als Stationswagen der Kleinbahn in den Staatsbahnwagenpark eingestellt sind, wird eine Vergütung nicht gewährt. (Zu vergl. § 8.)

3. Wird ein Wagen zertrümmert oder infolge natürlichen Verschleisses oder zur Ausführung grösserer die Zeit von einem Monat übersteigender Ausbesserungen ausser Betrieb gesetzt, so wird die Vergütung nur bis zum Tage der Zertrümmerung oder Ausserbetriebsetzung nach Massgabe der festgesetzten jährlichen Vergütung und der Zeit, während welcher der Wagen im Betriebe gewesen ist, gezahlt.

§ 7. Entschädigung für den Uebergang von Wagen auf die Kleinbahn.

1. Kleinbahnen, welche Wagen in den Staatsbahnwagenpark eingestellt haben, bleiben für jeden auf ihre Strecken übergehenden Wagen, welchen sie innerhalb 24 Zeitstunden nach Empfang wieder zurückgeben, von Zahlung einer Miete befreit. Für jede angefangene weitere Stunde des Aufenthalts ist eine Zeitmiete von 10 Pfg. zu entrichten.

2. Für Wagen, welche der Kleinbahn beladen zugeführt, daselbst entladen und wieder beladen zurückgegeben werden, wird eine weitere mietefreie Benutzungsfrist von 24 Zeitstunden gewährt.

3. Zwischenfallende Sonn- und Festtage unterbrechen den Lauf der mietefreien Zeit. Nach Ablauf der letzteren wird auch für Sonn- und Feiertage die gleiche Zeitmiete erhoben.

4. Kleinbahnen, welche Wagen nicht eingestellt haben (§ 2 Abs. 7), zahlen keine Wagenmiete, haben dagegen bei Ueberschreitung der tarifmässigen Ladefristen Wagenstandgeld zu entrichten. Für diese Bahnen ist eine Abkürzung der Ladefristen insoweit zulässig, als eine solche für die Privatanschlüsse der Anschlussstrecken eingetreten ist.

5. Die Staatseisenbahnverwaltung gewährt ihrerseits für den Lauf von Kleinbahnwagen auf ihren Strecken oder Strecken dritter Verwaltungen keine Entschädigung.

§ 8. Gebührenfreie Benutzungsfrist für Privatwagen.

1. Für den Aufenthalt solcher Privatwagen, welche als Stationswagen der Kleinbahn eingestellt sind, wird eine Zeitmiete nicht erhoben. Desgleichen bleiben Privatwagen mietefrei, welche als Stationswagen der Staatsbahnen eingestellt sind.

2. Für alle übrigen Privatwagen werden vom Uebergange auf die Kleinbahn ab die im § 7 festgesetzten Entschädigungen erhoben, mit der alleinigen Ausnahme, dass für Privatkesselwagen eine dreitägige gebührenfreie Benutzungsfrist gewährt wird.

Vom Beginn des vierten Tages ab kommt in letzterem Falle eine Miete von 10 Pfg.
für die Stunde zur Erhebung.

§ 9. Desinfektion der mit Vieh beladenen Wagen.

1. Die Desinfektion der der Kleinbahn mit Vieh beladen zugeführten Wagen
findet, so lange dieselbe nicht selbst eine Desinfektionsanstalt besitzt, und die
Desinfektion nach Massgabe des Gesetzes vom 25. Februar 1876 und der hierzu erlassenen Ausführungsbestimmungen bewirkt, auf den hierfür bestimmten Staatsbahnstationen statt.

2. Ebenso muss ein ausschliesslich im Binnenverkehr der Kleinbahn zur Vieh-
beförderung benutzter Wagen vor seiner Wiederbeladung in vorbezeichneter Weise
desinfiziert werden.

3. Die Festsetzung einer neben der tarifmässigen Desinfektionsgebühr zu
zahlenden Vergütung für die Zeit, während welcher der Wagen wegen der Desinfektion
dem Verkehre entzogen ist, bleibt besonderen Vereinbarungen entsprechend den örtlichen Verhältnissen vorbehalten.

§ 10. Uebergabe und Uebernahme der Wagen.

1. Die Zuführung und Abholung der Wagen nach und von der Kleinbahn erfolgt
in der Regel durch die Staatseisenbahnverwaltung unentgeltlich.

2. Ob mit Rücksicht auf besondere Verhältnisse (Grösse der Entfernungen u. s. w.)
eine Gebühr zu erheben ist, bleibt besonderer Vereinbarung vorbehalten.

3. Die Wagen gelten als übernommen, wenn sie zu den vereinbarten Zeiten mit
den etwa zugehörigen Papieren der Nachbarbahn zur Verfügung gestellt sind und
zwar auch dann, wenn die Uebergabegleise zeitweilig zur Aufnahme der zuzuführenden
Wagen nicht ausreichen, oder die sonstigen Anlagen und Einrichtungen die sofortige
Uebernahme hindern. Jedoch sollen die von der Kleinbahn zur Beladung angeforderten
leeren Wagen bei etwaiger früherer Zuführung erst mit der ersten Zuführung desjenigen Tages als übergeben gelten, für welchen sie angefordert sind, es sei denn,
dass die Kleinbahn sich zur Uebernahme zu einem früheren Zeitpunkte bereit erklärt.

4. Die zur Beförderung gegenseitig zu übergebenden Wagen müssen ordnungs-
mässig gekuppelt, die zum Weitergang auf den Staatsbahnstrecken bestimmten auch
mit der Frachtbrief-Bestimmungsstation bezeichnet sein. Die Nummern der Wagen
sind in die Frachtbriefe einzutragen.

5. Die Bestimmung des Zeitpunktes des vollendeten Anbringens bleibt besonderer
Vereinbarung vorbehalten.

§ 11. Rückgabe der Wagen.

1. In der Regel sind die der Kleinbahn zugeführten Wagen leer auf derselben
Anschlussstation zurückzugeben, auf welcher sie übergegangen sind.

2. Die Staatseisenbahnverwaltung ist jedoch berechtigt, wenn der Betrieb oder
andere die Beschleunigung des Wagenumlaufs begünstigende Umstände eine Abweichung von dieser Regel geboten erscheinen lassen, die Rückgabe der leeren
Wagen auf einer anderen als der ursprünglichen Uebergangsstation zu fordern.

3. Für die Rückgabe der beladenen Wagen ist der Bestimmungsort der
Ladung massgebend, so dass die Wagen im allgemeinen auf der auf dem kürzesten
Wege von der Versandstation nach der Empfangsstation gelegenen Anschlussstation
zurückzugeben sind.

4. Die nicht zum Preussischen Staatsbahnwagenverbande gehörigen Wagen
dürfen jedoch leer und beladen nur unter Beachtung der Bestimmungen des Vereinswagenübereinkommens oder der sonst in Betracht zu ziehenden Wagenregulative
zurückgegeben werden. Die Folgen einer übereinkommenswidrigen Rücksendung
oder Beladung hat die Kleinbahn zu vertreten.

§ 12. Gestellung leerer Wagen, Wiederbenutzung beladen übergegangener Wagen, Lademittel und Wagenzubehörstücke.

1. Auf Antrag übernimmt die Staatseisenbahnverwaltung die Versorgung der Kleinbahn mit leeren Wagen für den Uebergangsverkehr nach Strecken der Staatseisenbahnen und gesteht der Kleinbahn das Recht auf Wiederbenutzung der ihr beladen zugeführten Wagen für diesen Verkehr zu.

2. Hat die Kleinbahn ihren gesamten Wagenpark in den Staatsbahnwagenpark eingestellt, so übernimmt die Staatseisenbahnverwaltung auf Antrag die Wagenbedienung des Gesamtverkehrs der Kleinbahn und lässt auch die Wiederbenutzung der ihr beladen zugeführten Staatsbahnwagen für den Binnenverkehr der Kleinbahn zu.

3. Die Staatseisenbahnverwaltung wird der Kleinbahn die leeren Wagen möglichst in der angeforderten Anzahl und zu dem erbetenen Zeitpunkte stellen; jedoch wird bei Wagenmangel die Kleinbahn nur in demselben Masse mit Wagen versorgt werden, wie die Stationen der anschliessenden Staatsbahnstrecken.

4. Lademittel und lose, am Wagen nicht angeschriebene Zubehörstücke (Wagendecken, Bindematerial u. s. w.), welche sich auf den der Kleinbahn zugeführten, beladenen Wagen befinden, werden derselben mit Begleitschein übergeben. Für den Binnenverkehr der Kleinbahn dürfen dieselben nicht benutzt werden.

§ 13. Pflichten der Kleinbahn bezüglich der Benutzung der Wagen, Verkürzung der Ladefristen, Vornahme von Teildeckungen.

1. Die Kleinbahn ist gehalten, die einzelnen Wagengattungen den Versendern nicht unter günstigeren Bedingungen zur Verfügung zu stellen, wie dies nach den Bestimmungen der Staatsbahn vorgeschrieben ist; insbesondere sind grosse Wagen und Wagen besonderer Bauart nur für besonders sperrige oder leicht wiegende Güter zu stellen.

2. Die Kleinbahn darf den Versendern und Empfängern, namentlich den an ihren Linien befindlichen Privatanschlüssen keine längeren, als die auf den anschliessenden Staatsbahnstrecken geltenden Ladefristen einräumen und in Bezug auf letztere den Interessenten der Kleinbahn keinerlei sonstige Vergünstigungen gegenüber den Interessenten der Staatsbahn (z. B. durch Rückerstattung verwirkter Wagenstandgelder im Reklamationswege) gewähren. Die Kleinbahn hat demgemäss, sobald die Staatseisenbahnverwaltung eine allgemeine Verkürzung der Ladefristen eintreten lässt, auch ihrerseits eine gleiche Verkürzung einzuführen.

3. Ferner sind von der Kleinbahn bei Wagenmangel Teildeckungen und Verhältniszahlen nach denselben Grundsätzen einzuführen, wie solche für die anschliessenden Staatsbahnstrecken angewandt werden.

§ 14. Beschränkung und Aufhebung der Sonntagsruhe.

Falls die Staatseisenbahnverwaltung im Interesse der Beschleunigung des Wagenumlaufs die Sonntagsruhe auf den Anschlussstrecken beschränkt oder aufhebt, ist auch die Kleinbahn zur Einführung derselben Massregel verpflichtet. Sie hat alsdann auf Verlangen der Staatseisenbahnverwaltung sowohl die leeren als auch die beladenen Wagen zu übernehmen und zu übergeben.

§ 15. Bezeichnung der Wagen der Kleinbahn.

Die in den Staatsbahnwagenpark eingestellten Wagen der Kleinbahn werden mit dem Namen des einstellenden Direktionsbezirks und der Ordnungsnummer unter Fortlassung der Buchstaben K. P. E. V. und des heraldischen Adlers bezeichnet. Ausserdem wird an den Stirnwänden die Eigentumsbezeichnung der Kleinbahnen angebracht.

§ 16. Unterhaltung der Wagen der Kleinbahn.

1. Die Staatseisenbahnverwaltung wird die in ihren Wagenpark eingestellten Wagen in vollkommen lauffähigem Zustande erhalten und sie bei etwaiger Aufhebung des Vertrages in ebensolchem Zustande an die Kleinbahn zurückgeben. Die Unterhaltung der Wagen begreift die Erneuerung der Achsen und Radreifen, sowie die bahnpolizeiliche Untersuchung in sich. Die Kosten der Wiederherstellung von Beschädigungen, welche auf der Eigentumsbahn selbst eingetreten sind, hat jedoch die Eigentümerin der Wagen gemäss § 17 zu übernehmen.

2. Der Ersatz für auszumusternde Wagen fällt ebenfalls der Kleinbahn zur Last.

§ 17. Haftung für Wagenbeschädigung.

1. Vom Augenblicke der Uebernahme haftet jeder der vertragschliessenden Teile für die an den Wagen vorkommenden Beschädigungen jeder Art, sowie für das Fehlen der zu den Wagen gehörenden losen Bestandteile und Lademittel nach den Bestimmungen des Vereinswagenübereinkommens.

2. Dieses Uebereinkommen ist ferner massgebend für die Regelung der Ersatzpflicht für zertrümmerte Wagen, sowie für die Berechnung der Kosten für Wiederherstellung der auf der Kleinbahn beschädigten Wagen.

3. Die Kleinbahn hat von jeder auf ihren Strecken vorgekommenen Entgleisung, soweit sie Wagen betrifft, die auf Staatsbahnstrecken übergehen und also nicht lediglich für den Binnenverkehr der Kleinbahn bestimmt sind, der Anschlussstation, welcher die aufgegleisten Wagen zugeführt werden, Mitteilung zu machen.

§ 18. Vertretung der Kleinbahn den übrigen Eisenbahnverwaltungen gegenüber.

Gegenüber den ausserpreussischen Verwaltungen des Staatsbahnwagenverbandes, den übrigen Mitgliedern des Vereins Deutscher Eisenbahnverwaltungen sowie den fremden Eisenbahnverwaltungen übernimmt die königlich preussische Staatseisenbahnverwaltung die Vertretung der Kleinbahn in allen Angelegenheiten der Wagenbenutzung, insbesondere hinsichtlich der Wagenmietevergütung; die Kleinbahn gilt in diesen Fällen als Strecke der anschliessenden Staatsbahn.

§ 19. Kontrole des Wagenüberganges; Abrechnungen.

1. Die Aufschreibungen bezüglich des Ueberganges und der Rückgabe der Wagen erfolgen durch die Organe der Staatseisenbahnverwaltung auf der Anschlussstation. Diese Aufschreibungen werden in monatlich abgeschlossenen Heften nach Anerkennung seitens der mit dem Uebergabe- und Uebernahmegeschäft betrauten Organe der Kleinbahn an das Betriebsbureau der vertragschliessenden Königlichen Eisenbahndirektion eingesandt. Hier wird die Miete berechnet und festgesetzt, und alsdann die Berechnung der Kleinbahn zur Anerkennung zugesandt.

2. Für die auf die Strecken der Kleinbahn übergegangenen Vereins- und vereinsfremden Wagen — ausgenommen die den Wagen des preussischen Staatsbahnwagenverbandes zuzuzählenden Wagen der Grossherzoglich Oldenburgischen Staatsbahnen, der Reichsbahnen in Elsass-Lothringen und der Militärbahn — haben die Empfangsstationen der Kleinbahn 10tägige Stationsnachweisungen und Anzeigen über die in Reparatur genommenen Wagen durch die zuständige, von der vertragschliessenden Königlichen Eisenbahndirektion zu bezeichnende Verkehrsinspektion an das Zentralwagen-Abrechnungsbureau in Magdeburg einzureichen.

3. Die Abrechnung über die Gebühr für Einstellung der Wagen (§ 6), die Zeitmiete für Benutzung der Wagen (§ 7), die Desinfektionsgebühren (§ 9) u. s. w. erfolgt durch die Königliche Eisenbahndirektion, welche den Wagenübergangsvertrag mit der Kleinbahn abgeschlossen hat.

§ 20.   Zeit und Ort der Zahlungen.

1. Ueber die nach den vorstehenden allgemeinen oder den vereinbarten besonderen Bedingungen von der Kleinbahn zu zahlenden, oder ihr zustehenden Mietsbeträge, Vergütungen und sonstigen Kosten werden vierteljährliche Rechnungen aufgestellt. Die Zahlungen sind porto- und gebührenfrei bei der zuständigen Königlichen Eisenbahnkasse oder bei der von der Kleinbahn zu bezeichnenden Kasse zu leisten.

2. Einwendungen gegen die Berechnungen, auf Grund welcher die Zahlungen gefordert werden, dürfen letztere nicht aufhalten, sind vielmehr nachträglich anzubringen.

§ 21. Beaufsichtigung der Ausführung des Vertrages.

Der vertragschliessenden Königlichen Eisenbahndirektion bleibt das Recht vorbehalten, die Durchführung aller Massregeln und die Erfüllung aller Pflichten, welche die Kleinbahn nach den vorliegenden allgemeinen oder den besonderen Vertragsbedingungen übernommen hat, durch ihre Organe auf den Strecken der Kleinbahn nach vorgängiger Benachrichtigung des Betriebsleiters oder des Bahnverwalters zum Zweck der Teilnahme überwachen zu lassen.

§ 22.   Entscheidung von Streitigkeiten.

1. Streitigkeiten über die durch den Vertrag begründeten Rechte und Pflichten, sowie über die Ausführung des Vertrages sind zunächst der vertragschliessenden Königlichen Eisenbahndirektion zur Entscheidung vorzulegen.

2. Die Entscheidung dieser Behörde gilt als anerkannt, falls die Kleinbahn nicht binnen 4 Wochen vom Tage der Zustellung derselben anzeigt, dass sie auf schiedsrichterliche Entscheidung antrage.

3. Die Fortführung der gegenseitigen Leistungen u. s. w. nach Massgabe des Vertrages darf hierdurch nicht aufgehalten werden.

4. Auf das schiedsrichterliche Verfahren finden die Vorschriften der Deutschen Zivilprozessordnung §§ 1025—1048 Anwendung.

5. Falls über die Bildung des Schiedsgerichts durch die besonderen Vertragsbedingungen abweichende Vorschriften nicht getroffen sind, ernennen die Staatsbahn und die Kleinbahn je einen Schiedsrichter. Dieselben sollen nicht gewählt werden aus der Zahl der unmittelbar Beteiligten oder derjenigen Beamten, zu deren Geschäftskreis die Angelegenheit gehört hat.

6. Falls die Schiedsrichter sich über einen gemeinsamen Schiedsspruch nicht einigen können, wird das Schiedsgericht durch einen Obmann ergänzt. Derselbe wird von den Schiedsrichtern gewählt, oder wenn diese sich nicht einigen können, von dem Präsidenten derjenigen benachbarten Königlichen Eisenbahndirektion ernannt, deren Sitz dem Sitze der vertragschliessenden Behörde am nächs en belegen ist.

7. Der Obmann hat die weiteren Verhandlungen zu leiten und darüber zu befinden, ob und inwieweit eine Ergänzung der bisherigen Verhandlungen (Beweisaufnahmen u. s. w.) stattzufinden hat. Die Entscheidung über den Streitgegenstand erfolgt dagegen nach Stimmenmehrheit.

8. Bestehen in Beziehung auf Summen, über welche zu entscheiden ist, mehr als zwei Meinungen, so wird die für die grösste Summe abgegebene Stimme der für die zunächst geringere abgegebenen hinzugerechnet.

9. Ueber die Tragung der Kosten des schiedsrichterlichen Verfahrens entscheidet das Schiedsgericht nach billigem Ermessen.

10. Wird der Schiedsspruch in den im § 1041 der Zivilprozessordnung bezeichneten Fällen aufgehoben, so hat die Entscheidung des Streitfalles im ordentlichen Rechtswege zu erfolgen.

§ 23. Geltungsdauer und Kündigungsfrist.

Die Wagenübergangsverträge gelten auf unbestimmte Zeit. Die Kündigung steht jeder der den Vertrag schliessenden Parteien mit vierteljährlicher Frist zum ersten Tage eines jeden Vierteljahres zu.

...................., den .....ten..................

Königliche Eisenbahndirektion.

Mit den vorstehenden Bedingungen erklärt sich einverstanden und unterwirft sich denselben.

...................., den .....ten..................

Literaturverzeichnis.

1. **Archiv für Eisenbahnwesen.** „Weichs" über die Förderung des Lokalbahnwesens durch dessen lnteressenten. Berlin 1895.
2. **Archiv.** Das Recht der Kleinbahnen und Privatanschlussbahnen nach dem Gesetz v. 28. 7. 92. Berlin 1892.
3. **Brefeld** über Kleinbahnen in den Preussischen Jahrbüchern. 1893.
4. **Conrad, J.** Handwörterbuch der Staatswissenschaften. 2. Aufl. Bd. 5. Jena 1900.
5. **Denkschrift** der Landesdirektoren, von 1897 u. 1900.
6. **Denkschrift** des Provinzialausschusses des Landtags der Provinz Sachsen. Merseburg 1894.
7. **Drucksachen** des Hauses der Abgeordneten. Band II u. III. Berlin 1899 u. 1900.
8. **Eger, Georg.** Das Gesetz über Kleinbahnen u. Privatanschlussbahnen vom 28. Juli 1892. Hannover 1897.
9. **Eger, Georg.** Das Gesetz betreffend das Pfandrecht an Privateisenbahnen u. Kleinbahnen. Hannover 1898.
10. **Eingabe** der Zentralstelle der preuss. Landwirtschaftskammern, Tarifverhältnisse im Kleinbahnen-, Eisenbahnen-Uebergangsverkehr v. 31. 7. 1899. Bescheid darüber vom Minister.
11. **Gesetzessammlungen,** die einschlägigen: Reichsverfassung, Eisenbahn-Verordnungsblätter.
12. **Gleim, W.** Das Gesetz betreffend das Pfandrecht der Privateisenbahnen und die Zwangsvollstreckung in dieselben. Berlin 1896.
13. **Gleim, W.** Das Gesetz über Kleinbahnen und Privatanschlussbahnen vom 28. J. 1892. Berlin 1892.
14. **Heimburg.** Die Keinbahnen und ihr Platz im heutigen Verkehrsleben. Leipzig 1895.
15. **Hilse, L.** Handbuch der Strassenbahnkunde. München und Leipzig. 1892 u. 1893.
16. **Hostmann, W.** Bau und Betrieb der Schmalspurbahnen und deren volkswirtschaftliche Bedeutung für das Deutsche Reich. Wiesbaden 1881.
17. **Jerusalem, H.** Das Gesetz über Kleinbahnen und Privatanschlussbahnen vom 28. 7. 1892. Berlin 1892.
18. **Ledig und Ulbricht.** Die schmalspurigen Staatseisenbahnen in Sachsen. Leipzig 1895.
19. **v. Lindheim.** Staatsbahnen in Belgien, Deutschland, Grossbritannien und Irland. Wien 1888.
20. **Lohmann.** Entwickelung der Lokalbahnen in Bayern. Leipzig 1901.

21. v. Mühlenfels. Die Bedeutung der Eisenbahnen unterster Ordnung, in den Preussischen Jahrbüchern, Band 68, Heft III. Berlin 1891.

22. Müller, Friedr. Grundzüge des Kleinbahnwesens. Berlin 1895.

23. Mitteilungen des Vereins deutscher Strassenbahnen- und Kleinbahnen-Verwaltungen. Berlin.

24. Platzmann. Einfluss der Verkehrsmittel auf den Betrieb der Landwirtschaft in Thiel's Jahrbüchern, Bd. V, VI. Berlin 1876, Bd. XXIII. Berlin 1891.

25. Plessner, Ferd. Die Herstellung billiger Lokal- und Nebenbahnen in Norddeutschland. Berlin 1870.

26. Plessner, Ferd. Noch ein Wort zur Anregung des Baues der Lokalbahnen und Einrichtung eines billigen Eisenbahnbetriebes. Berlin 1875.

27. v. Schönberg, G. Handbuch der politischen Oekonomie. Tübingen. 4. Auflage, Bd. I. 1896.

28. Schmoller. Jahrbuch für Gesetzgebung und Verwaltung. Leipzig 1894—1901.

29. Sonnenschein, S. Die finanzielle Sicherstellung des Lokalbahnbaues in Oesterreich. Leipzig 1893.

30. Statistiken der im Betriebe befindlichen Eisenbahnen Deutschlands. Reichs-eisenbahn-Amt Berlin.

31. Stenographischer Bericht über die Verhandlungen des Hauses der Abgeordneten Bd. II. Berlin 1900.

32. Supper. Die Entwickelung des Eisenbahnwesens in Württemberg. Stuttgart 1895.

33. Schweder. Die Kleinbahnen im Dienste der Landwirtschaft. Berlin 1895.

34. v. Unruh. Die Kleinbahnen, ihre Entwickelung, Aufgabe, Organisation, Finanzierung, und Tarifbildung. Bromberg 1893.

35. Vierteljahrheft der Statistik des Deutschen Reiches. Bd. III. Berlin 1896.

36. v. Weber. Die Individualisierung und Entwickelbarkeit der Eisenbahnen. Leipzig 1875.

37. v. Weber. Der staatliche Einfluss auf die Entwickelung der Eisenbahnen niederer Ordnung. Leipzig 1878.

38. Zeitschrift für Kleinbahnen. Berlin 1894—1902.

39. Zeitung des Vereins Deutscher Eisenbahn-Verwaltungen. Berlin.